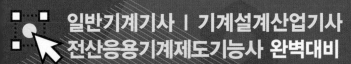

일반기계기사 | 기계설계산업기사
전산응용기계제도기능사 완벽대비

You Tube
유튜브 동영상
무료강좌!!

[2021년 신유형 설계변경 적용]

INVENTOR
기계제도
실기·실무

이강원 저

최신기출문제 복원
모의고사 21종 추가
스윙레버 및 윈치롤러 등

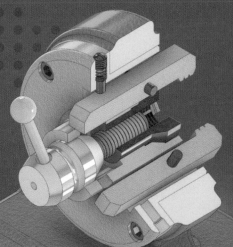

질의응답 사이트 운영 이 책의 내용에 대하여 질의응답을 원하시는 분은 카페나 카톡방으로
문의하시면 정성껏 답하여 드리겠습니다.

N 네이버 카페 cafe.naver.com/rajji   TALK 카톡 단톡방 http://open.kakao.com/o/gCvXWnv

W 도서출판 건기원

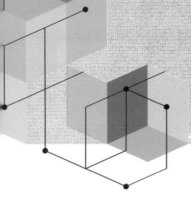

Preface

❝ 기술은 기술자에게 배워야 합니다. ❞

대부분의 온라인 강좌나 오프라인 학원 등에서는 3D 프로그램(Inventor, SolidWorks, Catia 등)을 활용하여 3D 모델링 후, 그 모델링을 2D CAD에서 도면작업을 하고 있습니다. 보통 CAD에 능숙한 분들은 2D 도면작업은 CAD가 빠르다고 말합니다.

하지만 수험생들은 한정된 시간에 익숙지 않은 설계 프로그램인 CAD와 3D 프로그램 (Inventor, SolidWorks, Catia 등) 2가지를 배우고, 제도 규정에 맞는 도면을 작도하기 위해선 많은 시간과 노력을 투자해야 합니다. 2D CAD(AutoCAD, GstarCAD 등)가 설계에서 기본적으로 필요한 프로그램이지만, 최소한 국가기술 자격검정용으로 시험을 준비하신다면, 단 하나의 프로그램인 인벤터 프로그램만 익힌 후 KS 규격집 활용법/ 제도 규정/ 도면 해독 등 도면작성능력 학습에 좀 더 많은 시간을 투자해야 합니다.

자격증 합격이 최종 목표가 아닙니다. 자격증을 취득하면 그때부터 설계인의 첫걸음입니다. 우리가 어릴 때 배우는 말하기, 쓰기, 듣기 등이 기계설계 분야에서는 KS 규격집 활용법,

본서의 특징

● 인벤터 프로그램만을 효율적으로 활용하여 3D 모델링 및 2D 도면을 쉬우면서도 정확하고 빠르게 작업하여 전산응용기계제도기능사, 기계설계산업기사, 일반기계기사 등 기계설계 분야인 실기 작업형 학습에 적합하도록 저술하였습니다.

● 초보자나 실무자들이 기본적인 지식을 알 수 있도록 KS 규격 활용법, 기계제도 및 도면 해독에 대한 전반적인 이론을 그림과 함께 수록하여 이해하기 쉽게 설명하였습니다.

제도 규정, 도면 해독 등으로 비유할 수 있습니다. 잘못 배운 기술과 지식은 나쁜 습관이 되어 오히려 독이 됩니다. 최소한 설계인이라면 현란한 손놀림과 빠른 작업속도보다는, **규정에 맞게 정확하고 확실한 도면작성능력과 설계 변경을 통한 문제 해결 방법을 찾을 수 있는 학습**을 하셔야 합니다.

기계설계 엔지니어를 꿈꾸는 많은 이들이 기본기를 다지기 위해서 본서를 활용한다면 올바른 설계인으로서 발돋움 역할을 할 수 있을 것입니다.

본서를 보면서 발생하는 궁금증은 건기원 홈페이지(http://www.kkwbooks.com)나 네이버카페(https://cafe.naver.com/rajji)에 질의해주시면, 최선을 다해 정성껏 답변드릴 수 있도록 노력하겠습니다.

2021. 4.

저자 이강원

● 도면에 담긴 기술정보의 도면분석 및 이해도를 높이기 위해 각 과제도(75종)에 해설도와 3D 참조도, 2D 참조도를 제시하였으며, 3D 조립도 및 분해도에 시각화 작업을 통해 재질과 표면 거칠기의 이해를 돕고자 하였습니다.

● 교재에서 제시되는 2D 스케치, 3D 모델링(기초, 심화), 단품 작도법, 2D 도면화 설정 및 도면화 기초 작업까지 쉽고 자세히 배울 수 있도록 동영상(QR코드)을 무료로 제공하여 인벤터의 3D 모델링 및 2D 도면작업의 효율성을 확실히 느낄 수 있도록 하였습니다.

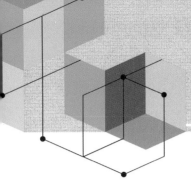

Contents

국가기술자격 실기시험 방법 007

Chapter 01 인벤터 2021 설치와 시작하기 019
- **1.** 인벤터 2021 설치 020
- **2.** 인벤터 2021 시작하기 030
- **3.** 스케치 구속조건 036

Chapter 02 스케치 연습 21강 043

Chapter 03 3D 기초 및 조립 예제 067
- **1.** 3D 기초 12강 068
- **2.** 조립 예제 080

Chapter 04 투상법 087
- **1.** 투상법 088
- **2.** 치수 기입법 109
- **3.** 기초 투상 21강 117
- **4.** 3각법 실습 예제 11강 138
- **5.** 3D 투상 연습 21강 149

Chapter 05 도면 작성을 위한 idw 설정법 171
- • INVENTOR.idw 설정하기 172

Chapter 06 시험에 나오는 부품 작도 연습 183
- • 클램프 184
- • 오일실 커버 185
- • 하우징 186
- • 본체 187
- • 하우징 188
- • 본체 192
- • 가이드 블록 193
- • V—벨트풀리 194
- • 2열—V벨트풀리 195
- • V—벨트풀리 196
- • 스퍼 기어 197
- • 스퍼 기어축 198
- • 스퍼 기어 199
- • 래크 200
- • 체인 스프로킷 201

- • 생크축, 축 203
- • 편심축, 축 204
- • 널링축 205
- • 드릴 지그 206
- • V—블럭, 널링축 207
- • 2D 시험도면 배치법 208

Chapter 07 데이터북 사용법 211
- • 국가기술자격 실기시험용 KS 기계제도 규격 212
- **1.** 표면 거칠기 또는 표면 조도 213
- **2.** 중심거리 허용차 213
- **3.** 널링(Knurling) 215
- **4.** 나사의 틈새 216
- **5.** 멈춤 링(Retaining rings) 217
- **6.** 생크(Shank) 220
- **7.** 평행 키(Parallel key, 平行) 222
- **8.** 반달 키(Woodruff key) 224
- **9.** 베어링(Bearing) 225
- **10.** O—링(원통면/평면) O—ring 227
- **11.** 오일 실(Oil seal) 228
- **12.** 롤러체인, 스프로킷(Sprocket) 229
- **13.** V—벨트 풀리(V—belt pulley) 229
- **14.** 칼라(Collar) 230

Chapter 08 기하공차 235
- **1.** 데이텀 236
- **2.** 기하공차 238

Chapter 09 과제 도면 251
- • 기초 도면(6종) 254
- • 동력전달장치(12종) 260
- • 드릴 지그(6종) 272
- • 클램프(6종) 278
- • 바이스(6종) 284
- • 편심 구동장치(6종) 290
- • 기어 장치(6종) 296
- • 기타 장치 및 기출유사 모의고사(27종) 302
- • 부품명 329

인벤터 기계제도 실기 · 실무

Chapter ⑩ 과제도에 따른 해설도 335

- 기초 01–축받침 장치 336
- 기초 02–클램프 347
- 기초 03–벨트타이트너 359
- 기초 04–동력변환장치 364
- 기초 05–동력전달장치 369
- 기초 06–V–블록 클램프 374
- 동력 01–동력전달장치 379
- 동력 02–동력전달장치 384
- 동력 03–동력전달장치 389
- 동력 04–동력전달장치 394
- 동력 05–동력전달장치 399
- 동력 06–동력전달장치 404
- 동력 07–동력전달장치 409
- 동력 08–동력전달장치 414
- 동력 09–동력전달장치 419
- 동력 10–동력전달장치 424
- 동력 11–동력전달장치 429
- 동력 12–동력전달장치 434
- 지그 01–드릴 지그 439
- 지그 02–드릴 지그 444
- 지그 03–드릴 지그 449
- 지그 04–드릴 지그 454
- 지그 05–드릴 지그 459
- 지그 06–드릴 지그 464
- 클램 01–클램프 469
- 클램 02–클램프 474
- 클램 03–클램프 479
- 클램 04–클램프 484
- 클램 05–클램프 489
- 클램 06–탁상클램프 494
- Vice 01–바이스 499
- Vice 02–바이스 504
- Vice 03–바이스 509
- Vice 04–바이스 514
- Vice 05–바이스 519
- Vice 06–나사바이스 524
- 편심 01–편심 구동장치 529
- 편심 02–편심 구동장치 534
- 편심 03–편심 구동장치 539
- 편심 04–편심 구동장치 544
- 편심 05–편심 구동장치 549
- 편심 06–편심 구동장치 554
- 기어 01–기어펌프 559
- 기어 02–기어펌프 564
- 기어 03–기어펌프 569
- 기어 04–이중스퍼기어 박스 574
- 기어 05–기어 박스 579
- 기어 06–래크와 피니언 584
- Etc 01–소형레버에어척 589
- Etc 02–아이들러풀리 594
- Etc 03–Angle Tightener 599
- Etc 04–운동변환장치 604
- Etc 05–리프트 에어 실린더 609
- Etc 06–펀칭머신 614
- 모의고사–동력전달장치 1 619
- 모의고사–동력전달장치 2 622
- 모의고사–동력전달장치 3 625
- 모의고사–피벗 베어링 하우징 628
- 모의고사–V벨트 전동장치 631
- 모의고사–바이스 634
- 모의고사–기어박스 1 637
- 모의고사–기어박스 2 640
- 모의고사–클램프 643
- 모의고사–동력변환장치 646
- 모의고사–드릴지그 1 649
- 모의고사–드릴지그 2 652
- 모의고사–드릴지그 3 655
- 모의고사–래크와 피니언 구동장치 658
- 모의고사–오일기어펌프 661
- 모의고사–증 감속 장치 664
- 모의고사–베어링 장치 667
- 모의고사–윈치 롤러 670
- 모의고사–편심왕복장치 1 673
- 모의고사–편심구동 펌프 676
- 모의고사–스윙레버 679

Autodesk Inventor

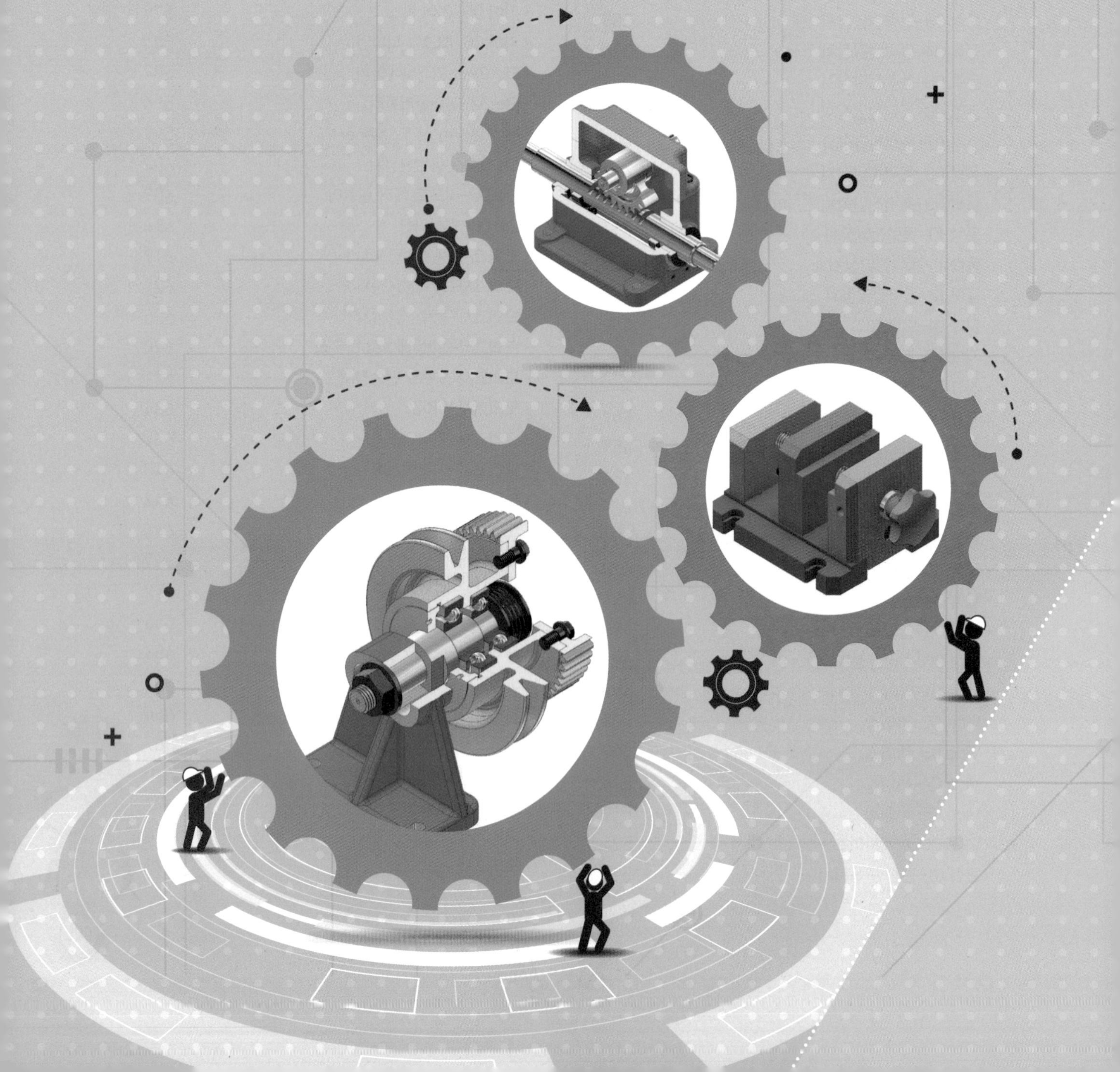

국가기술자격
실기시험 방법

국가기술자격 실기시험 방법
(2021년 1월 변경사항 포함)

※**준비물**: 수험표, 신분증, 자, 색연필, 색볼펜 , 샤프, 지우개, 시계, 물, 필요시 계산기

시험 시작 전

- PC 확인 : 키보드, 마우스, 또는 사용하는 프로그램을 작동하여 이상이 없는지 확인
- 감독관이 시험에 관한 내용 설명 시 2D 및 3D 작도할 부품이 어떤 것인지 정확히 체크
- 과제도가 주어지면 도면 투상 및 중요면(조립 부위 및 동작 부위)에 색볼펜 등으로 체크!
- 투상이 잘 안될 시 투상이 되는 부분부터 색칠 후 조립에 의한 각 부품의 작동원리를 고민 후 나머지 색칠 시작
- 부품의 명칭이 기억 안 나도 빈칸은 절대금지(하우징, 플레이트, 브라켓, 링크, 슬라이더, 걸쇠, 누름판, 돌림판, 가이드, 조, 칼라, 힌지, V블럭, 클램프, 실린더, 피스톤, 핑거, 롤러 등), 부품의 명칭은 상대적으로 하는 역할과 관련된 적합한 명칭을 기재
- 부품 명칭 및 재질은 과제도 품번 위에 미리 기입
- 상호 조립 동작 및 끼워맞춤 부위 미리 체크하여 붉은색으로 표시
- 나사 조립 부위 규격 및 끼워맞춤 사이즈를 붉은색으로 표시

도면 작업

- 재질 확인(GC200, SC480, SM30C, SM45C, ALDC3, STC85)
- 작도할 용지 크기 확인. 경계선 및 중심마크 위치 및 크기 확인
- 표제란 크기와 칸 수, 내용 확인(크기는 보통 가로 폭 약 120~130mm 나오고 있음)
- 작도할 품번 재확인(2D, 3D 부품 개수가 상이한 경우가 많으니 주의할 것! 실격 원인이 됨)
- 도면층 선 굵기 확인(**EX** 0.2 또는 0.15 사용 방법 숙지)
- 기하공차 3개 이상 확인(정확한 부분의 기하공차만 기입 : 틀린 기하공차 부분은 감점)
- 표면 거칠기는 부품당 최소 한 개 이상 확인
- 전체 치수, 조립부 치수, 중간 치수, 구멍 치수, 끼워맞춤 치수 확인
- 기어, 체인스프로킷 이 부위 열처리 확인
- 2D 배치 시 투상이 잘 안될 시 시험도면과 비슷하게 배치(단면 및 투상법 선택)
- 3D 배치부터 마무리하고 2D 작업 시작(3D 배치 시 도면 크기 확인 A2/A3)
- 3D 배치 시 구멍이 보이는지 확인. 축단에 양단 센터 확인. 조립 부위 모따기 확인, 널링 표면 확인 , 접하는 모서리 확인 등
- 3D 배치 시 1/4 단면도 연습(단, 질량 측정 시 단면 전 형태에서 확인해야 함!)
- 동일 축선에 베어링 2개 이상일 때 동심도 기입
- 축은 흔들림, 드릴 지그는 직각도, 평면도 필수
- 제품도(2점 쇄선 확인): 제품은 투상에 포함 금지

도면 출력(마무리)

- 마지막으로 PDF 출력 후 다시 한 번 확인(필요 없는 선이나, 치수 위치 확인)
- 2D, 3D PDF 1차 완성 후 시간적 여유가 있으면, 3D 모델링을 조립하여 동작 확인
- 만약, 이상이 있어 수정 시 3D 수정, 2D 수정 순서로 작업: 최소 15분 이상 수정 작업 시간이 소요되기 때문에 출력 시간을 꼭 확인하여 작업할 것

- 출력 전 최종 점검 시, 다른 사람의 도면을 검도하는 마음으로 최종 확인 후 제출
- 감독관의 USB에 최종 도면 파일 제출
- 감독관이 수험자를 호명하면 감독관 PC에서 수험자가 직접 도면을 2D 1장, 3D 1장을 출력하여 출력상태 확인하여 감독관에게 제출한 후 시험 종료

일반기계기사 / 실기 배점표

유형	항목	세부항목	점수	계
2D작업 (40점)	1. 투상도 선택과 배열	• 올바른 투상도 수	5	13
		• 올바른 단면 선택	4	
		• 투상선 누락	4	
	2. 치수기입	• 치수기입의 적절성	10	10
	3. 치수공차, 기하공차, 표면거칠기 기호	• 올바른 치수공차, 끼워맞춤공차	4	11
		• 올바른 기하공차 사용	4	
		• 올바른 표면거칠기 기호 사용	3	
	4. 주서 및 표제란	• 올바른 주서 및 위치	2	4
		• 올바른 부품표 및 표제란 사용	2	
	5. 도면의 외관	• 선 굵기, 도면의 배치 등	2	2
3D작업 (10점)	6. 올바른 등각배치	• 등각도 선택 및 적절성	2	2
	7. 부품 형상 표현 및 누락	• 부품 표현의 적절성	3	7
	8. 음영, 렌더링	• 형상 표현 누락 (형상, 필렛, 모떼기, 상관선 등)	4	
		• 음영(짙고 옅음)의 적절성 및 렌더링 품질	1	1
총점				50

📖 **실격처리 조건**(다음 중 하나라도 해당하면 실격처리)

- 2D, 3D 도면 중 하나의 부품이라도 제도되지 않은 작품
- 표면거칠기 기호를 기입하지 않았거나, 아무렇게 기입한 작품
- 끼워맞춤 공차를 기입하지 않았거나, 아무렇게 기입한 작품
- 기하공차를 기입하지 않았거나, 아무렇게 기입한 작품
- 서로다른 부품을 한 부품으로 제도한 작품(조립된 형태로 제도한 작품)

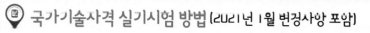

전산응용기계제도 및 기계설계산업기사 실기 배점표(100점 만점)

항목 번호	주요 항목	채점세부내용	항목별 채점방법 (모법답안을 기준으로 함)	배점	종합
1	투상법 선택과 배열	올바른 투상도 수의 선택	전체 투상도 수에서 1개당 누락 3점 감점	15	30
		올바른 단면도 사용	단면 불량또는 누락 1개소당 2점 감점	8	
		상관선의 합리적 도시 및 투 상선 누락	상관선 및 투상선 누락과 불량 1개소당 1점 감점	7	
2	치수 기 입	중요 치수	"2개소"당 누락 및 틀린 경우 1점 감점	5	15
		일반 치수	"2개소"당 누락 및 틀린 경우 1점 감점	5	
		치수 누락	"2개소"당 누락 1점 감점	5	
3	치수공차 및 끼워맞춤 기호	올바른 치수공사 기입	"2개소"당 누락 및 틀린 경우 1점 감점	4	10
		끼워맞춤 공차기호	"2개소"당 누락 및 틀린 경우 1점 감점	4	
		치수공차,끼워맞춤 공차누락	"2개소"당 누락 1점 감점	2	
4	기하공차 기호	올바른 데이텀 설정	"1개소"당 누락 및 틀린 경우 1점 감점	4	10
		기하공차 기호 적절성	"2개소"당 누락 및 틀린 경우 1점 감점	4	
		기하공차 기호 누락	"2개소"당 누락 1점 감점	2	
5	표면거칠기 기호	기차공차부 표면거칠기 기호	"2개소"당 누락 및 틀린 경우 1점 감점	4	10
		중요부 표면거칠기 기호	"2개소"당 누락 및 틀린 경우 1점 감점	4	
		일반부 표면거칠기 기호기입 과 누락	"3개소"당 누락 1점 감점	2	
6	재료선택 및 처리	올바른 재료 선택	재료선택 불량 1개소당 1점 감점	4	7
		열처리 또는 표면처리 적절 성	상: 3점, 중: 2점, 하: 1점 득점	3	
7	주서 및 부품란	상세도의 올바른 척도 지시	척도누락 및 불량 1개소당 1점 감점	2	8
		맞는 수량 기입	누락 및 틀린 경우 1개소당 1점 감점	3	
		올바른 주서 기입	상: 3점, 중: 2점, 하: 1점 득점	3	
8	도면의 외관	도형의 균형있는 배치	상: 5점, 중: 3점, 하: 1점 득점	5	10
		선의 용도에 맞는 굵기 선택	상: 3점, 중: 2점, 하: 1점 득점	3	
		용도에 맞는 문자크기 선택	상: 2점, 하: 1점 득점	2	
총 점					100

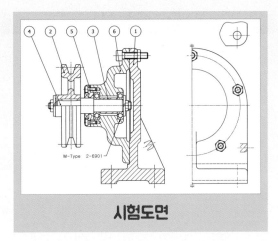

기계제도
(기사/산업기사/기능사)
실기 시험 요령

시험도면

- 시험도면은 치수가 없다.
- 자를 이용해 직접 측정해서 KS 규격집을 활용 도면을 작성한다.
- 통상 부품은 4개를 작성하며 시험기간은 난이도 차이는 있으나 5시간 정도이다.

(기사/산업기사/기능사 공통)

3D 도면배치

- 3D 도면배치는 색을 넣을 필요는 없다.
- 부품을 확인하게 좋은 투상도를 직접 결정해서 적당한 크기로 배치한다.
- 구멍의 위치 및 라운딩 모깍기 등이 잘 보일 수 있도록 배치하는 센스가 필요하다.
- 도면 출력은 직접 해야 한다.

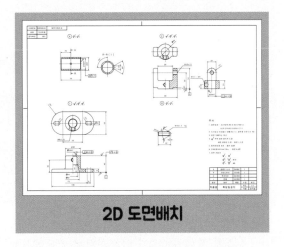

2D 도면배치

- 2D 도면배치는 정답이 없다. 틀리지 않으면 괜찮다. (KS 기계제도 규정에 준해야 한다.)
- 기하공차 및 표면 거칠기 조립 부위 치수 기입 등은 필수이다.
- 전체적인 균형 및 도면의 배치도 신경써야만 좋은 점수를 받을 수 있다.
- 도면 출력은 직접 해야 한다.

④

국가기술자격
실기시험문제
(2021년 1월 변경사항 포함)

자격종목	전산응용기계제도기능사	과제명	도면 참조

※ 문제지는 시험종료 후 반드시 반납하시기 바랍니다.

비번호		시험일시		시험장명	

※ 시험시간 : 5시간

① 요구사항

※ 지급된 재료 및 시설을 사용하여 아래 작업을 완성하시오

가. 부품도(2D) 제도

1) 주어진 문제의 조립도면에 표시된 부품번호 (○, ○, ○, ○, ○)의 부품도를 CAD 프로그램을 이용하여 A2용지에 척도는 1:1로 하여, 투상법은 제3각법으로 제도하시오.

2) 각 부품들의 형상이 잘 나타나도록 투상도와 단면도 등을 빠짐없이 제도하고, 설계 목적에 맞는 기능 및 작동을 할 수 있도록 치수 및 치수공차, 끼워 맞춤 공차와 기하 공차 기호, 표면거칠기 기호, 표면처리, 열처리, 주서 등 부품 제작에 필요한 모든 사항을 기입하시오.

3) 제도 완료 후 지급된 A3(420×297) 크기의 용지(트레이싱지)에 수험자가 직접 흑백으로 출력하여 확인하고 제출하시오.

나. 렌더링 등각 투상도(3D) 제도

1) 주어진 문제의 조립도면에 표시된 부품번호 (○, ○, ○, ○, ○)의 부품을 파라메트릭 솔리드 모델링을 하고, 모양과 윤곽을 알아보기 쉽도록 뚜렷한 음영, 렌더링 처리를 하여 A2용지에 제도하시오.

2) 음영과 렌더링 처리는 예시 그림과 같이 형상이 잘 나타나도록 등각 축 2개를 정해 척도는 NS로 실물의 크기를 고려하여 제도하시오.(단, 형상은 단면하여 표시하지 않습니다.)

3) 부품란 "비고"에는 모델링한 부품 중 (○, ○, ○) **부품의 질량을 g 단위로 소수점 첫째자리에서 반올림하여 기입**하시오.

　　－ 질량은 **렌더링 등각 투상도(3D) 부품란의 비고에 기입**하며, 반드시 **재질과 상관없이 비중을 7.85** 로 하여 계산하시기 바랍니다.

4) 제도 완료 후, 지급된 A3(420×297) 크기의 용지(트레이싱지)에 수험자가 직접 흑백으로 출력하여 확인하고 제출하시오.

다. 도면 작성 기준 및 양식

1) 제공한 KS 데이터에 수록되지 않은 제도규격이나 데이터는 과제로 제시된 도면을 기준으로 하여 제도하거나 ISO규격과 관례에 따라 제도하시오.

2) 문제의 조립도면에서 표시되지 않은 제도규격은 지급한 KS규격 데이터에서 선정하여 제도하시오.

3) 문제의 조립도면에서 치수와 규격이 일치하지 않을 때는 해당규격으로 제도하시오.

   (단, 과제도면에 치수가 명시되어 있을 때는 명시된 치수로 작성하시오.)

4) 도면 작성 양식과 3D 렌더링 등각 투상도는 아래 그림을 참고하여 나타내고, 좌측상단 A부에 수험번호, 성명을 먼저 작성하고, 오른쪽 하단에 B부에는 표제란과 부품란을 작성한 후 제도작업을 하시오.

   (단, A부와 B부는 부품도(2D)와 렌더링 등각 투상도(3D)에 모두 작성하시오.)

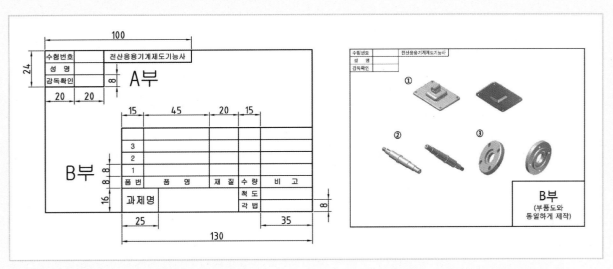

| ◐ 도면 작성 양식 (부품도 및 등각 투상도) | ◐ 3D 렌더링 등각 투상도 예시 |

5) 도면의 크기 및 한계설정(Limits), 윤곽선 및 중심마크 크기는 다음과 같이 설정하고, a와 b의 도면의 한계선(도면의 가장자리 선)이 출력되지 않도록 하시오

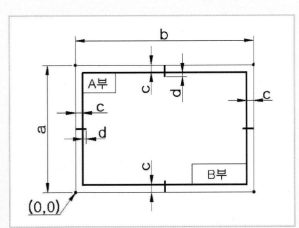

구분	도면의 한계		중심마크	
기호 도면크기	a	b	c	d
A2(부품도)	420	594	10	5

◐ 도면이 크기 및 한계설정, 윤곽선 및 중심마크

6) 선 굵기에 따른 색상은 다음과 같이 설정하시오.

선 굵기	색상	용도
0.70mm	하늘색(Cyan)	윤곽선, 중심 마크
0.50mm	초록색(Green)	외형선, 개별주서 등
0.35mm	노란색(Yellow)	숨은선, 치수문자, 일반주서 등
0.25mm	빨강(Red), 흰색(White)	치수선, 치수보조선, 중심선, 해칭선 등

※ 위 표는 AUTOCAD프로그램 상에서 출력을 용이하게 위한 설정이므로 다른 프로그램을 사용할 경우 위 항목에 맞도록 문자, 숫자, 기호의 크기, 선 굵기를 지정하시기 바랍니다.

7) 문자, 숫자, 기호의 높이는 7.0mm, 5.0mm, 3.5mm, 2.5mm 중 적절한 것을 사용하시오.

8) 아라비아 숫자, 로마자는 컴퓨터에 탑재된 ISO표준을 사용하고, 한글은 굴림 또는 굴림체를 사용하시오.

② 수험자 유의사항

※ 다음 유의사항을 고려하여 요구사항을 완성하시오.

1) 시작 전 감독위원이 지정한 곳에 본인 비번호로 폴더를 생성한 후 이 폴더에서 비번호를 파일명으로 작업 내용을 저장하고, 작업이 끝나면 비번호 폴더 전체를 감독위원에게 제출하시오.(파일제출 후에는 도면(파일) 수정 불가) 그리고 시험 종료 후 PC의 작업내용은 삭제합니다.

2) 수험자에게 주어진 문제는 비번호, 시험일시, 시험장명을 기재하여 반드시 제출합니다.

3) 마련한 양식의 A부 내용을 기입하고 감독위원의 확인 서명을 받아야 하며, B부는 수험자가 작성합니다.

4) 정전 또는 기계고장으로 인한 자료손실을 방지하기 위하여 수시로 저장합니다.
   - 이러한 문제 발생 시 "작업정지시간 + 5분"의 추가시간을 부여합니다.

5) 수험자는 제공된 장비의 안전한 사용과 작업 과정에서 안전수칙을 준수합니다.

6) 연속적인 컴퓨터 작업 시에는 신체에 무리가 가지 않도록 적절한 몸 풀기(스트레칭) 동작을 취하여야 합니다.

7) 도면에는 문제와 관련 없는 불필요한 낙서나 특이한 기록사항 등을 기재하여서는 안되며, 인적사항 기재란 외의 부분에 도면과 관련 없는 특수한 표시를 하거나 특정인임을 암시하는 경우 전체를 0점 처리합니다.

8) 다음 사항에 대해서는 채점 대상에서 제외하니 특히 유의하시기 바랍니다.

가) 기권

(1) 수험자 본인이 수험 도중 기권 의사를 표시한 경우

나) 실격

(1) 시험 시작 전 program 설정을 조정하거나 미리 작성된 Part program(도면, 단축 키 셋업 등) 또는 LISP 등과 같은 Block(도면양식, 표제란, 부품란, 요목표, 주서 및 표면 거칠기 등)을 사용한 경우

(2) 채점 시 도면 내용이 다른 수험자와 일부 또는 전부가 동일한 경우

(3) 파일로 제공한 KS 데이터에 의하지 않고 지참한 노트나 서적을 열람한 경우

(4) 수험자의 장비조작 미숙으로 파손 및 고장을 일으킨 경우

다) 미완성

(1) 시험시간 내에 부품도(1장), 렌더링 등각투상도(1장)를 하나라도 제출하지 아니한 경우

(2) 수험자의 직접 출력시간이 10분을 초과한 경우

(다만, 출력시간은 시험시간에서 제외하며, 출력된 도면의 크기 또는 색상 등이 채점하기 어렵다고 판단될 경우에는 감독위원의 판단에 의해 1회에 한하여 재출력이 허용됩니다.)

- 단, 재출력 시 출력 설정만 변경해야 하며 도면 내용을 수정하거나 할 수는 없습니다.

(3) 요구한 부품도, 렌더링 등각 투상도 중에서 1개라도 투상도가 제도되지 않은 경우 (지시한 부품번호에 대하여 모두 작성해야 하며 하나라도 누락되면 미완성 처리)

라. 오작

(1) 요구한 도면 크기에 제도되지 않아 제시한 출력용지와 크기가 맞지 않는 작품

(2) 투상법이나 척도가 요구사항과 전혀 맞지 않은 도면

(3) 전반적으로 KS 제도규격에 의해 제도되지 않았다고 판단된 도면

(4) 지급된 용지(트레이싱지)에 출력되지 않은 도면

(5) 끼워 맞춤공차 기호를 부품도에 기입하지 않았거나 아무 위치에 지시하여 제도한 도면

(6) 끼워 맞춤 공차의 구멍 기호(대문자)와 축 기호(소문자)를 구분하지 않고 지시한 도면

(7) 기하공차 기호를 부품도에 기입하지 않았거나 아무 위치에 지시하여 제도한 도면

(8) 표면거칠기 기호를 부품도에 기입하지 않았거나 아무 위치에 지시하여 제도한 도면

(9) 조립상태(조립도 혹은 분해조립도)로 제도하여 기본지식이 없다고 판단되는 도면

※ 출력은 수험자 판단에 따라 CAD 프로그램 상에서 출력하거나 PDF 파일 또는 출력 가능한 호환성 있는 파일로 변환하여 출력하여도 무방합니다.
- 이 경우 폰트 깨짐 등의 현상이 발생될 수 있으니 이점 유의하여 CAD 사용 환경을 적절히 설정하여 주시기 바랍니다.

> ※ 국가기술자격 시험문제는 저작권법상 보호되는 저작물이고, 저작권자는 한국산업인력공단입니다. 시험문제의 일부 또는 전부를 무단 복제, 배포, (전자)출판하는 등 저작권을 침해하는 일체의 행위를 금합니다.
> 〈국가기술자격 부정행위 예방 캠페인 : " 부정행위, 묵인하면 계속됩니다."〉

③ 지급재료 목록

일련번호	재료명	자격종목	전산응용기계제도기능사		
		규격	단위	수량	비고
1	프린터 용지	트레이싱지 A3(297×420)	장	2	1인당

※ 국가기술자격 실기시험 지급재료는 시험종료 후(기권, 결시자 포함) 수험자에게 지급하지 않습니다.

자격종목	전산응용기계제도기능사	과 제 명	○○○○○○	척도	1 : 1

④ 도면

도면 생략

※ 동력전달장치, 치공구장치, 그 외 기계조립도면이 문제로 제시되며, 이 부분은 공개 시 변별력 저하가 우려되기 때문에 공개될 수 없음을 알려드립니다.

요목표

확대도

확대도

주서

부품란

GC200 : 주물품 (복잡한 형태/ 외형에 모따기 있는 경우 / 리브가 있는 경우 등)

SC480 : 기어, 체인스프로킷(이 부위는 부분 열처리 HrC50±2 Dp1)

SM45C : 축, 링크, 슬라이더, 조 등(기어 도장 부위가 없을 때 사용)

SM30C : Etc 대부분의 형태들(파커라이징 처리) –Jig류 사용 경우

ALDC3 : 실린더 등 에어를 사용하는 제품, 정밀 V-벨트풀리(할루마이트 처리)

SF440 : 단조품(주서기입 : KS B 0426 보통급)

표제란

= 주물품

= 일반기계가공(선반, 밀링, 드릴 등)

= 접하는 중요면

= 동작되는 아주 중요한 부분

* 베어링 및 오일실 접촉 축단은 고주파 열처리 합니다.(표면거칠기 관리 필요)

기어, 체인스프로킷
V-벨트 등

폭이 좁은 형태 Ex) 커버, 링크 등

길이가 긴 제품
Ex) 축, 슬라이더 등

크고 무거운 제품 Ex) 본체

Autodesk Inventor

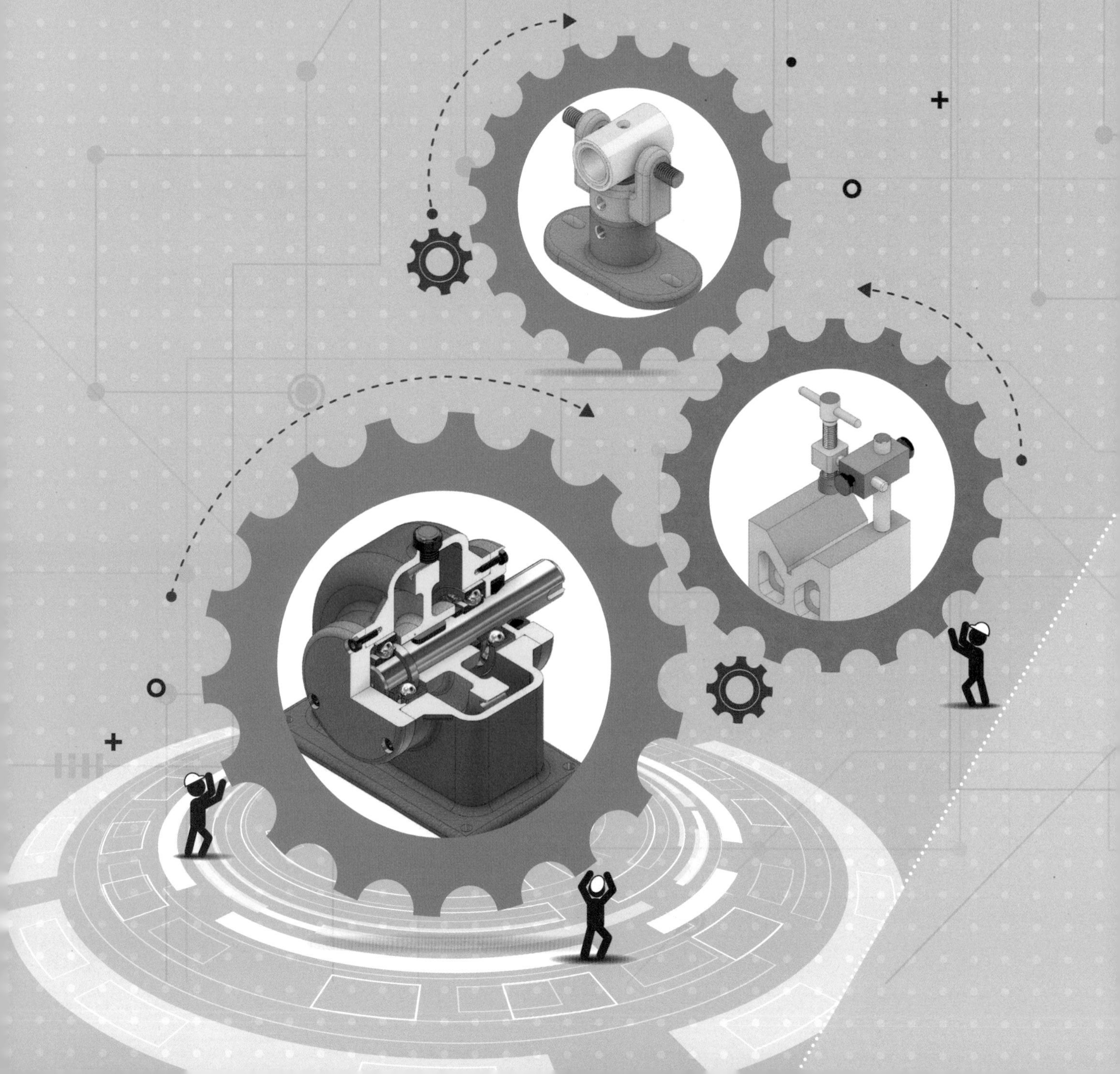

CHAPTER

01

인벤터 2021 설치와 시작하기

1 인벤터 2021 설치

2 인벤터 2021 시작하기

3 스케치 구속조건

01 인벤터 2021 설치

❶ 구글 크롬브라우저 설치 후 Autodesk 홈페이지 접속 → 무료 체험판

https://www.autodesk.co.kr/

❷ "학생용 라이센스 이용"을 클릭

❸ "시작하기" 클릭 → Autodesk 계정이 있다면 바로 로그인하기.

❹ 계정이 없다면 계정 생성 후 국가 및 교육적
역할 입력

❺ 이름과 이메일을 입력하고 로그인 시 사용할
암호를 설정 후 계정 생성

❻ 완료하고 나면 아래와 같은 창 확인

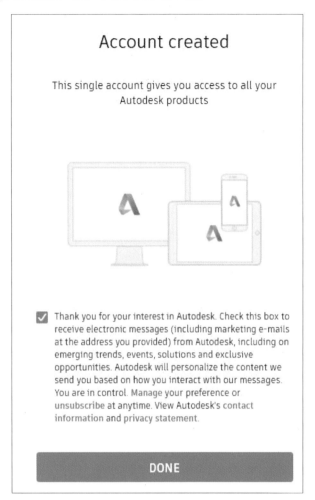

❼ 아래의 창이 나오면 "확인 이메일 받기" 클릭

확인 필요

귀하의 이메일이 당사에서 확인되지 않은 것으로 나타났
습니다. 잠시 시간을 내어 귀하의 계정을 확인하십시오.
추가 지침이 포함 된 이메일을 받으려면 아래 버튼을 클릭
하십시오.

**** @gmail.com

> **확인 이메일 받기**

확인에 문제가 있습니까?
도움말 옵션보기

---

❽ **본인이 등록한 이메일로 접속 – Autodesk에서 받은 이메일 하단 내용 링크 클릭**

※ 주의사항 : 이메일이 스팸메일로 분류될 수 있으므로 스팸메일함도 확인 필수

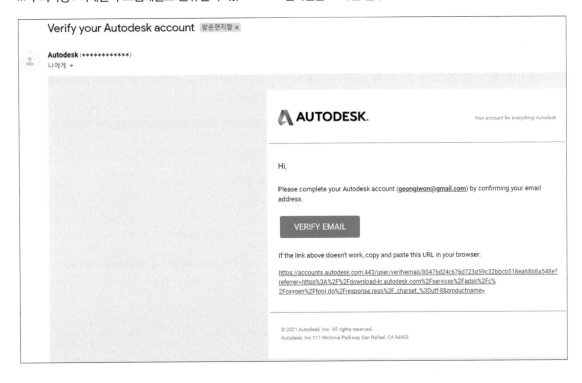

❾ 아래의 창이 확인 후 다운로드 및설치 – 다운로드 방법 선택 클릭

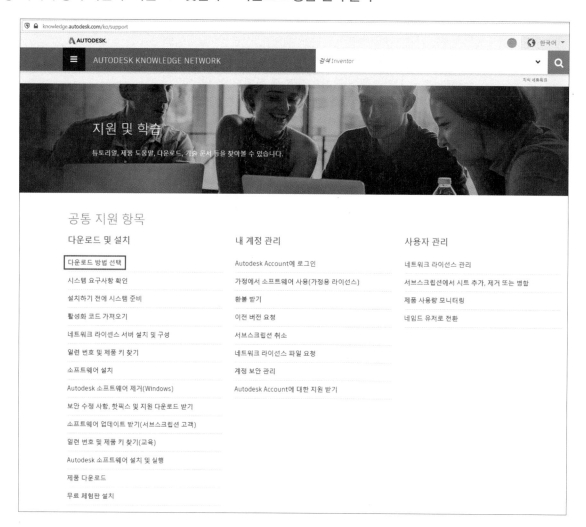

❿ 다운로드 방법 선택 → "교육커뮤니티" 클릭 → "지금 설치 방법 사용(학생 및 교사용)" 클릭

⓫ 아래의 창이 확인되면 교육용 플랜의 "제품 받기" 클릭

⓬ 좌측에 "제품 설계 및 제조" 클릭 → INVENTOR PROFESSIONAL "시작하기" 클릭

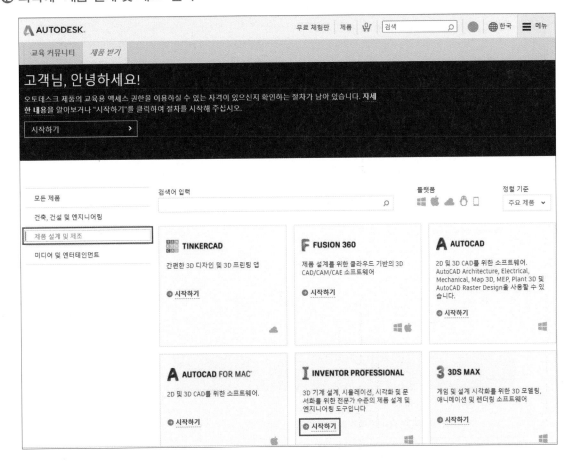

01
|
인벤터
2021
설치와
시작하기

⓭ 등록한 계정으로 로그인

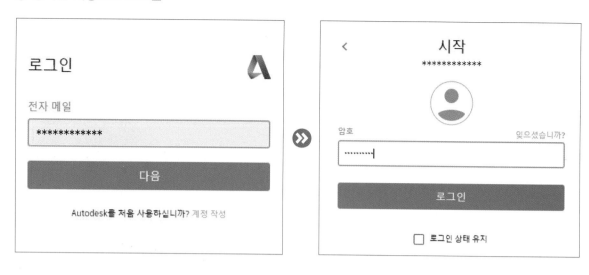

⓮ 국가 및 교육적 역할 입력

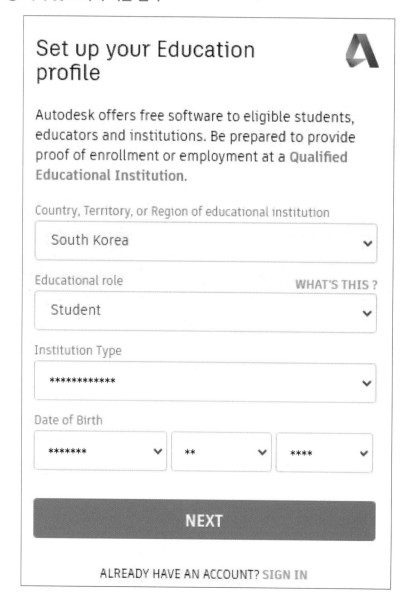

⓯ 학교 정보입력(입학년월 및 졸업 예정년월 입력)

⓰ 입력한 개인정보 확인 창

⑰ 아래의 창 확인 후 필요한 문서 3가지 중 1가지 서류 제출하기

    ＊ 학생증, 또는 학교 성적표 등을 스캔해서 문서를 업로드 하면 48시간 이내 프로그램 사용 가능한 링크가

       본인 계정 이메일로 발송 됨.

⑱ 본인 이메일 계정에서 아래의 창 확인 후 "제품 받기" 클릭

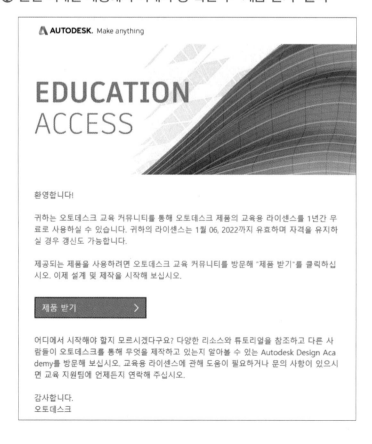

⑲ 원하는 버전을 클릭 후 설치하기

02 인벤터 2021 시작하기

1 초기 설치 후 화면설정 및 옵션 설정방법 안내

인벤터 2021 시작화면

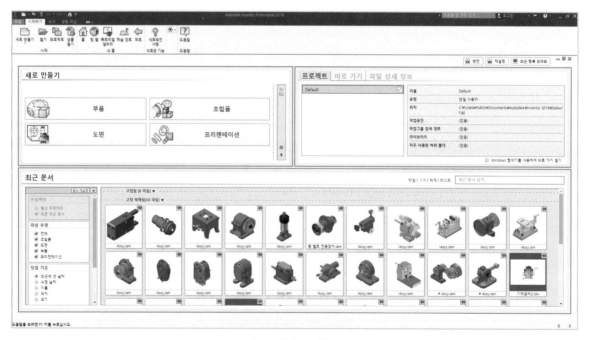

시작 시 초기 화면

인벤터 기계제도 실기 · 실무

– 시작하기 메뉴에서 [새로 만들기] 클릭하면 [새파일 작성] 도구창이 열린다.

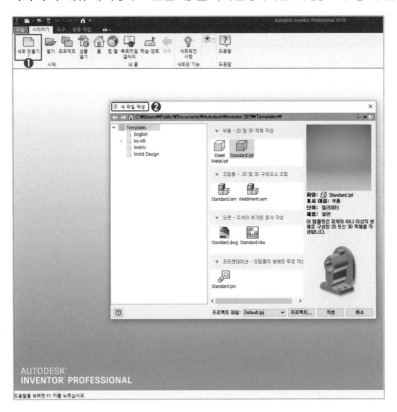

	Sheet Metal.ipt	– 판금 작업을 작성할 때 사용하는 기본 템플릿
	Standard.ipt	– 부품(Part)을 작성할 때 사용하는 기본 템플릿
	Weldment.iam	– 용접 작성할 때 사용하는 기본 템플릿
	Standard.iam	– 조립품 작업을 작성할 때 사용하는 기본 템플릿 – Top-Down 설계방식 적용이 가능하다
	Standard.dwg	– .dwg형식의 도면을 작성할 때 사용하는 기본 템플릿
	Standard.idw	– 2차원 도면을 작성할 때 사용하는 기본 템플릿
	Standard.ipn	– 분해도 작성 및 조립품의 분해된 뷰 구성을 위한 템플릿

① 탭 설명

- Templates 탭 : 기본 표준 파일을 새로 생성
- English 탭 : Inch 계열의 파일(ANSI, Inch계열)을 새로 생성
- Metric 탭 : mm계열의 파일 (JIS–일본, DIN–독일, ISO–국제규격)을 새로 생성
- Mold Design 탭 : 금형 설계의 파일을 새로 생성

② 부품–2D 및 3D 객체 작성

- Sheet Metal.ipt : 판금 부품 파일을 작성
- Standard.ipt : 부품 파일을 작성

③ 조립품–2D 및 3D 구성요소 조립

- Standard.iam : 조립품을 작성
- Weldment.iam : 용접의 조립품(구조물)을 작성

④ 도면–주석이 추가된 문서 작성

- Standard.dwg : Inventor 도면(.dwg)를 작성
- Standard.idw : Inventor 도면(.idw)를 작성

⑤ 프리젠테이션–조립품의 분해된 투영 작성

- Standard.ipn : Autodesk Inventor 프리젠테이션을 작성

※ 기본적으로 한글판을 설치한 경우 "Templates"클릭 후 "Standard.ipt"를 사용(단위 : 밀리미터)

※ 영문판인 경우 Templates–Metric– Standard(mm).ipt 사용

② 인벤터 화면구성

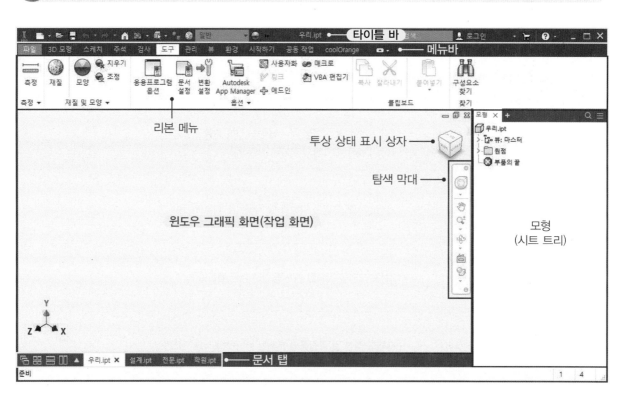

① 상단 메뉴 → [도구] 탭 → [응용 프로그램 옵션] 패널 클릭

② [일반] → [내 홈] → '시작 시 내 홈 표시'체크 해제 → [적용]을 클릭: 시작 시 초기 화면을 없애는 방법

③ 주석 축척을 "1.5"로 변경: 주석 축적이 1인 경우 치수 문자 크기와 좌표계 지시자 표시가 작게 보이므로 1.5로 변경하면 작업하기 편리

④ 색상 탭 설정

– 기본적으로 [색상 체계] → '겨울 밤'을 선택하면 도면 작업 시 구분이 편리

(본서는 '프리젠테이션', 배경 '1색상'을 사용하여 작업)

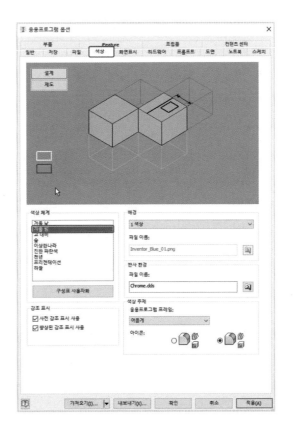

⑤ 화면표시 탭 설정

– [응용프로그램 설정 사용] 체크 후 [설정]을 클릭 : [화면 표시 모양] → [모형 모서리] → '단색 체크'→
[비주얼 스타일] → '모서리로 음영처리'를 선택

– [줌 동작] → [방향반전] 체크

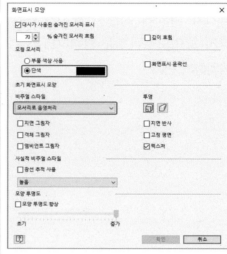

※ 비주얼 스타일별 화면표시형태

사실적 음영처리	음영처리	모서리로 음영처리	숨겨진 모서리로 음영처리	와이어프레임	숨겨진 모서리가 있는 와이어프레임
숨겨진 모서리가 없는 와이어프레임	단색	수채화	스케치 일러스트	기술적 일러스트	

⑥ 스케치 탭 설정

　– [화면표시]의 옵션은 모두 체크 해제

　– [구속조건 설정] 클릭 → [치수] → '작성 시 치수 편집'을 체크

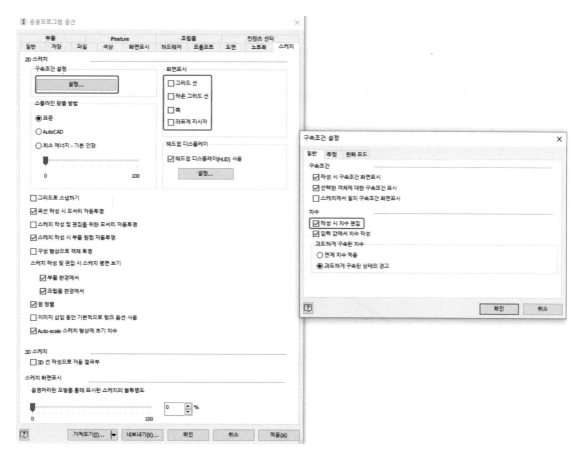

03 스케치 구속조건

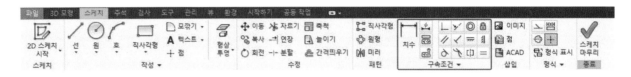

① 일치 구속조건

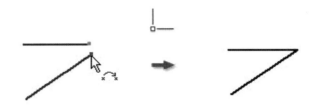

일치 구속조건을 사용하여 2D 및 3D 스케치의 다른 형상에 점을 구속한다.

① 리본에서 스케치 탭 ▶ 구속조건 패널 ▶ 일치 구속조건 ┌ 을 클릭한다.

② 구속할 점을 클릭 후 점을 구속할 형상을 클릭한다.

③ 일치 구속조건 배치를 계속하거나 다음 중 하나를 수행하여 종료한다.

④ Esc 키를 누르거나, 마우스 오른쪽 버튼을 클릭하고 종료를 선택한다.

② 동일선상 구속조건

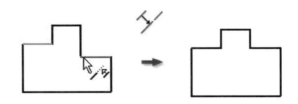

동일선상 구속조건은 선택된 선과 선 또는 선과 타원 축이 동일선상에 놓이도록 한다.

① 리본에서 스케치 탭 ▶ 구속조건 패널 ▶ 동일선상 구속조건 ✓ 을 클릭한다.

② 첫 번째 선이나 타원 축을 클릭한다.

③ 두 번째 선이나 타원 축을 클릭한다.

동일선상 구속조건 배치를 계속하거나 다음 중 하나를 수행하여 종료한다.

④ Esc 키를 누르거나, 마우스 오른쪽 버튼을 클릭하고 종료를 선택한다.

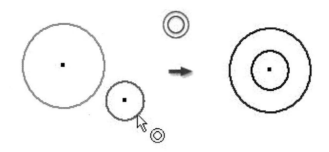

동심 구속조건은 두 개의 호, 원 또는 타원이 동일한 중심점을 갖게 한다.

① 리본에서 스케치 탭 ▶ 구속조건 패널 ▶ 동심 구속조건 ⊚ 을 클릭한다.

② 첫 번째 호, 원 또는 타원을 클릭한다.

③ 첫 번째에 동심이 되도록 두 번째 곡선을 클릭한다.

④ 동심 구속조건 배치를 계속하거나 다음 중 하나를 수행하여 종료한다.

⑤ Esc 키를 누르거나, 마우스 오른쪽 버튼을 클릭하고 종료를 선택한다.

④ 고정 구속조건

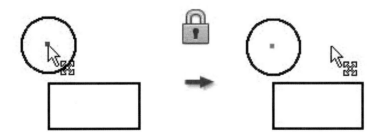

고정 구속조건은 스케치 좌표계에 상대적인 위치에 점과 곡선을 고정시킨다. 스케치 좌표계를 이동하거나 회전하면 고정된 곡선이나 점도 함께 이동한다.

① 리본에서 스케치 탭 ▶ 구속 패널 ▶ 고정 🔒 을 클릭한다.

② 곡선, 중심점, 중간점 또는 점을 클릭한다.

③ 필요하면 고정시킬 곡선이나 점을 계속 클릭한다.

④ 고정 구속조건 배치를 계속하거나 다음 중 하나를 수행하여 종료한다.

⑤ Esc 키를 누르거나, 마우스 오른쪽 버튼을 클릭하고 종료를 선택한다.

평행 구속조건은 선택된 선과 선 또는 선과 타원 축이 서로 평행하게 배치되도록 한다. 3D 스케치에서 평행 구속조건은 선택된 형상에 수동으로 구속하지 않는 한 x, y, z 부품 축에 평행한다.

① 리본에서 스케치 탭 ▶ 구속조건 패널 ▶ 평행 구속조건 // 을 클릭한다.
② 첫 번째 선이나 타원 축을 클릭한다.
③ 두 번째 선 또는 타원 축을 선택한다.
④ 평행 구속조건 배치를 계속하거나 다음 중 하나를 수행하여 종료한다.
⑤ Esc 키를 누르거나, 마우스 오른쪽 버튼을 클릭하고 종료를 선택한다.

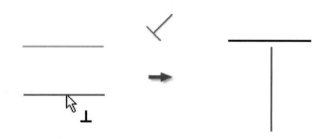

직각 구속조건은 선택된 선과 선, 또는 선과 타원 축이 서로 90도가 되도록 배치한다.

① 리본에서 스케치 탭 ▶ 구속조건 패널 ▶ 직각 구속조건 ∠ 을 클릭한다.
② 첫 번째 선, 곡선 또는 타원 축을 클릭한다.
③ 두 번째 선, 곡선 또는 타원 축을 클릭한다.
④ 직각 구속조건 배치를 계속하거나 다음 중 하나를 수행하여 종료한다.
⑤ Esc 키를 누르거나, 마우스 오른쪽 버튼을 클릭하고 종료를 선택한다.

7 수평 구속조건

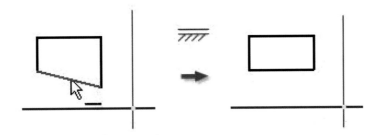

수평 구속조건은 선, 타원 축 또는 점(점과 점)을 스케치 좌표계의 X축에 평행하게 배치한다.

① 리본에서 스케치 탭 ➤ 구속조건 패널 ➤ 수평 구속조건 ▱을 클릭한다.

② 선, 타원 축 또는 두 점을 클릭한다.

③ 선, 타원 축 또는 점 쌍을 원하는 만큼 계속 클릭한다.

④ 수평 구속조건 배치를 계속하거나 다음 중 하나를 수행하여 종료한다.

⑤ Esc 키를 누르거나, 마우스 오른쪽 버튼을 클릭하고 종료를 선택한다.

8 수직 구속조건

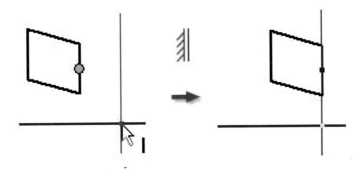

수직 구속조건은 선, 타원 축 또는 점(점과 점)을 좌표계의 Y축과 평행하도록 배치한다.

① 리본에서 스케치 탭 ➤ 구속조건 패널 ➤ 수직 구속조건 ▥ 을 클릭한다.

② 선, 타원 축 또는 두 점을 클릭한다.

③ 수직 구속조건 배치를 계속하거나 다음 중 하나를 수행하여 종료한다.

④ Esc 키를 누르거나, 마우스 오른쪽 버튼을 클릭하고 종료를 선택한다.

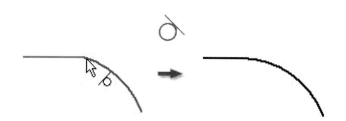

접선 구속조건은 스플라인의 끝을 포함하는 곡선이 다른 곡선에 접하도록 한다. 물리적으로 점을 공유하지 않더라도 곡선은 다른 곡선에 접할 수 있다.

① 리본에서 스케치 탭 ➤ 구속 패널 ➤ 접선 ⟟ 을 클릭한다.
② 첫 번째 곡선을 클릭한다.

  3D 스케치에서는 처음 선택한 곡선이 스플라인이어야 한다. 그 다음에는 모형 모서리를 포함하여 스플라인과 끝점을 공유하는 모든 형상을 3D 스케치에서 선택할 수 있다.

③ 두 번째 곡선을 클릭한다.
④ 접선 구속조건 배치를 계속하거나 다음 중 하나를 수행하여 종료한다.
⑤ Esc 키를 누르거나, 마우스 오른쪽 버튼을 클릭하고 종료를 선택한다.

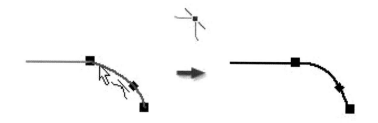

부드럽게(G2)를 사용하여 스플라인과 다른 곡선(예: 선, 호 또는 스플라인) 사이에 곡률 연속(G2) 조건을 작성한다. 부드러운 구속조건은 2D 또는 3D 스케치나 도면 스케치에서 사용할 수 있다.

① 리본에서 스케치 탭 ➤ 구속 패널 ➤ 부드럽게(G2) ⟟ 를 클릭한다.
② 스플라인 끝점에 부착된 스플라인 및 곡선을 클릭하여 부드러운 구속조건을 추가한다. 스플라인 곡률은 G2 조건을 작성하는 데 필요한 만큼 조정된다.
③ 부드럽게(G2) 구속조건 배치를 계속하거나 다음 중 하나를 수행하여 종료한다.
④ Esc 키를 누르거나, 마우스 오른쪽 버튼을 클릭하고 종료를 선택한다.

대칭 구속조건

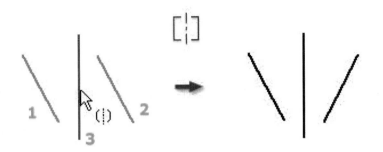

대칭 구속조건은 선택한 선이나 곡선이 선택한 선을 중심으로 대칭으로 구속되도록 한다. 구속조건이
적용되면 선택한 형상에 구속된 세그먼트도 방향이 바뀐다.

① 리본에서 스케치 탭 ▶ 구속 패널 ▶ 대칭 [|] 을 클릭한다.

② 첫 번째 선이나 곡선을 클릭한다.

③ 두 번째 선이나 곡선을 클릭한다.

④ 대칭선을 클릭한다.

⑤ 대칭 구속조건 배치를 계속하거나 다음 중 하나를 수행하여 종료한다.

⑥ Esc 키를 누르거나, 마우스 오른쪽 버튼을 클릭하고 종료를 선택한다.

12 동일 구속조건

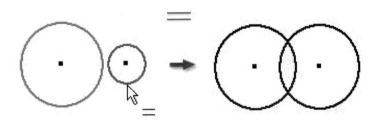

동일 구속조건은 선택된 원과 호가 동일한 반지름을 갖거나 선택된 선과 선이 동일한 길이를 갖도록
한다.

① 리본에서 스케치 탭 ▶ 구속 패널 ▶ 동일 ═══ 을 클릭한다.

② 첫 번째 원, 호 또는 선을 클릭한다.

③ 첫 번째 곡선과 크기를 동일하게 만들 같은 유형의 두 번째 곡선을 클릭한다.

　첫 번째 선택한 곡선이 선이면 선만 선택할 수 있다. 첫 번째 선택한 곡선이 호나 원이면 호와 원만
　선택할 수 있다.

④ 동일한 구속조건 배치를 계속하거나 다음 중 하나를 수행하여 종료한다.

⑤ Esc 키를 누르거나, 마우스 오른쪽 버튼을 클릭하고 종료를 선택한다.

Autodesk Inventor

CHAPTER

02

스케치 연습 21강

작품명	**스케치 연습 ❶**
검증	면적 = 1600mm^2 / 면적 = 173.205mm^2

면적 = 550mm^2 / 면적 = 1060.288mm^2(Hatch 범위)

* 도시되고 지시 없는 모깎기 R3, 모따기 C1

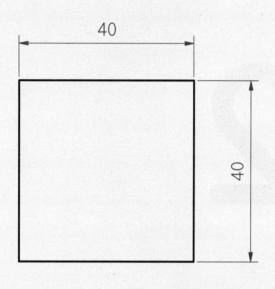

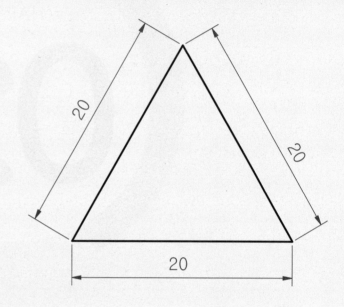

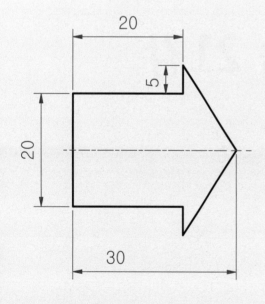

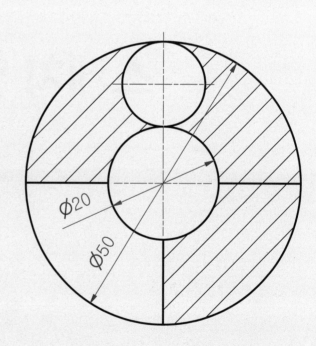

면적 = 450mm^2 / 면적 = 767.81mm^2

* 도시되고 지시 없는 모깎기 R3, 모따기 C1

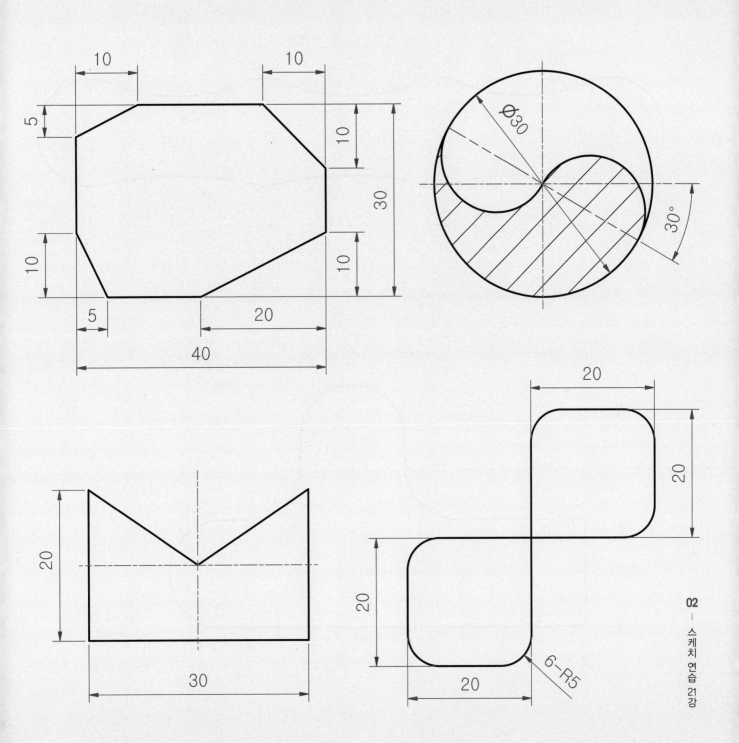

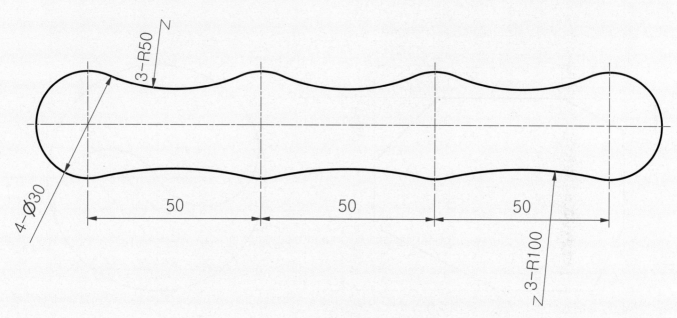

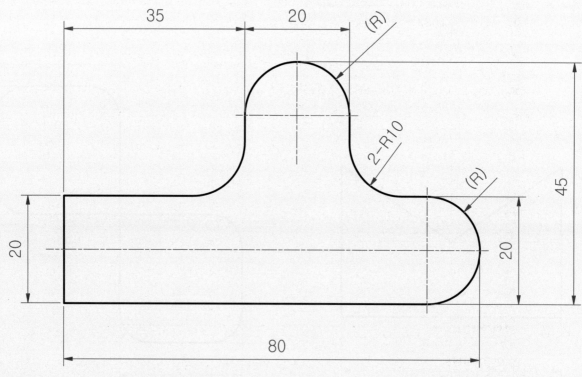

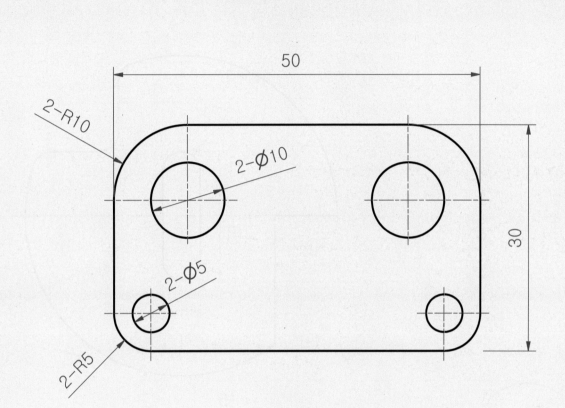

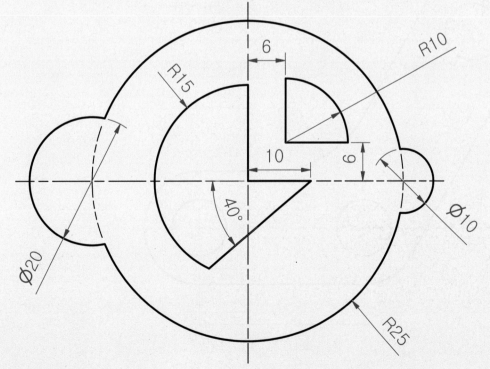

작품명	스케치 연습 ❺
검증	면적 = 1607.24 mm^2 / 면적 = 1494.665 mm^2

* 도시되고 지시 없는 모깎기 R3, 모따기 C1

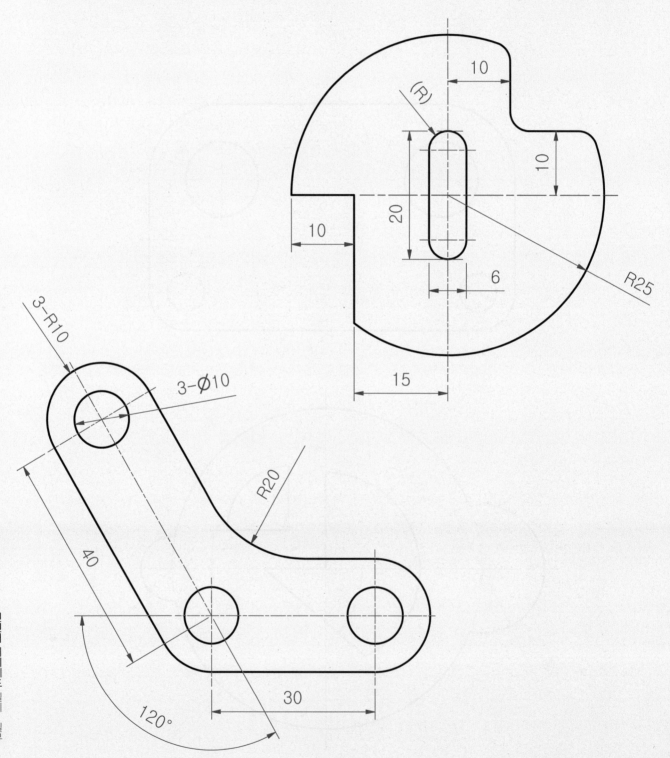

인벤터 기계제도 실기 · 실무

작품명	**스케치 연습 ❻**	
검증	면적 = 1113.446 mm^2	
	* 도시되고 지시 없는 모깎기 R3, 모따기 C1	

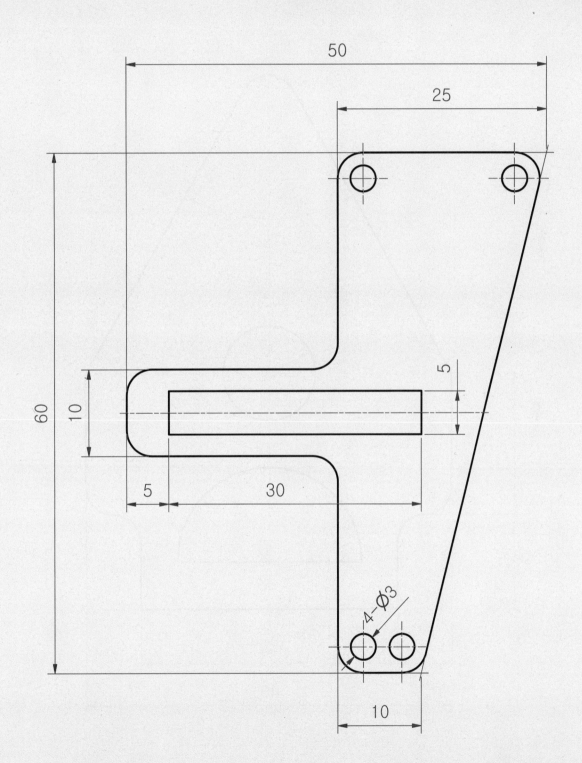

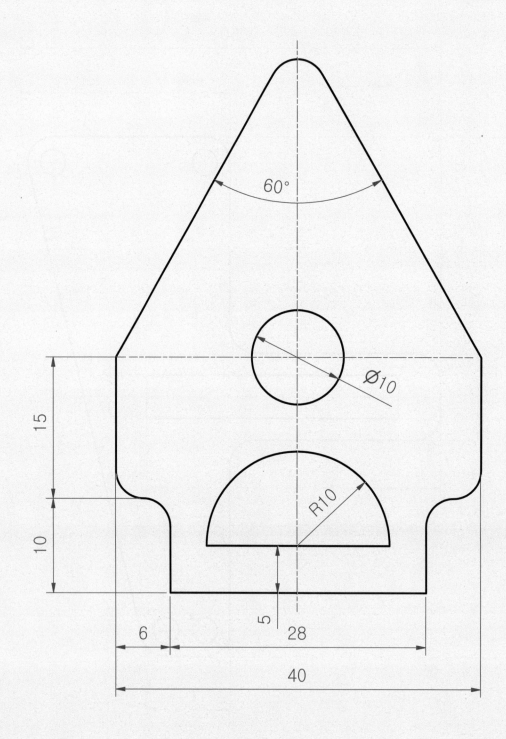

작품명	스케치 연습 ❽
검증	면적 = 4875.029 mm^2 / 면적 = 7312.675 mm^2

* 도시되고 지시 없는 모깎기 R3, 모따기 C1

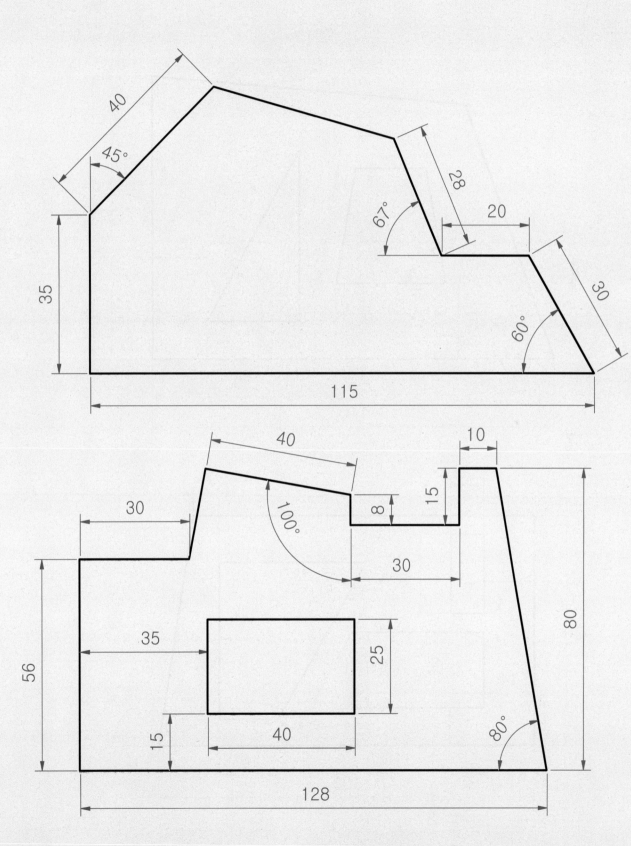

* 도시되고 지시 없는 모깎기 R3, 모따기 C1

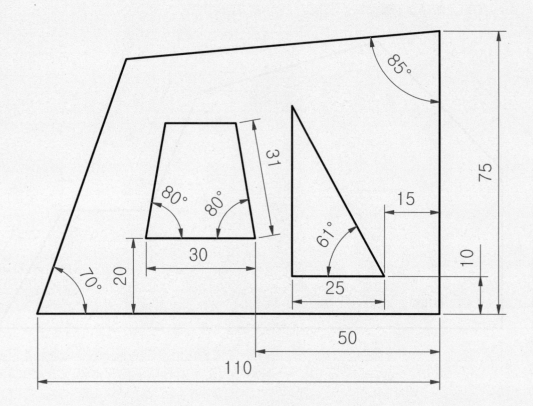

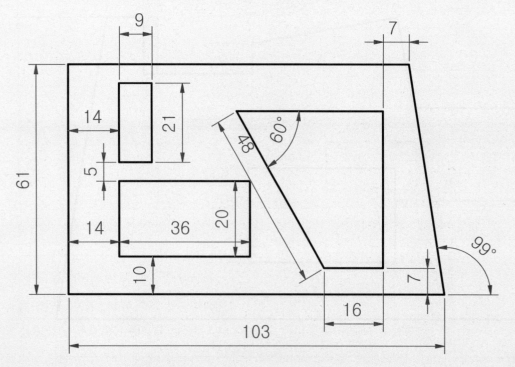

* 도시되고 지시 없는 모깎기 R3, 모따기 C1

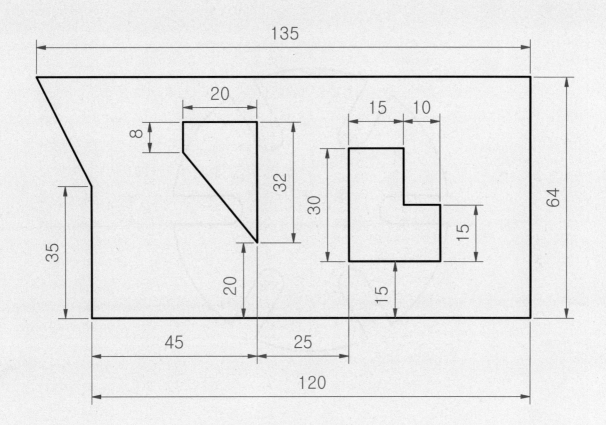

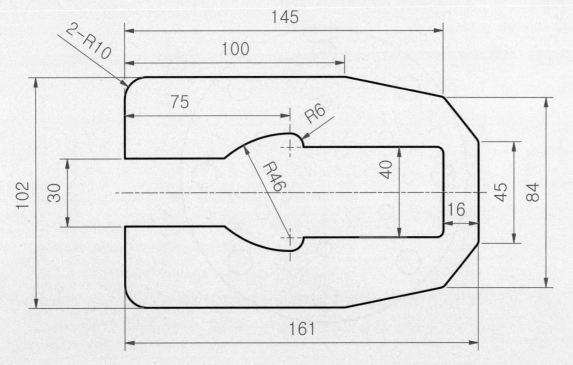

작품명	스케치 연습 ⑪	
검증	면적 = 1605.842 mm^2 / 면적 = 2627.942 mm^2	

원형패턴 활용

* 도시되고 지시 없는 모깎기 R3, 모따기 C1

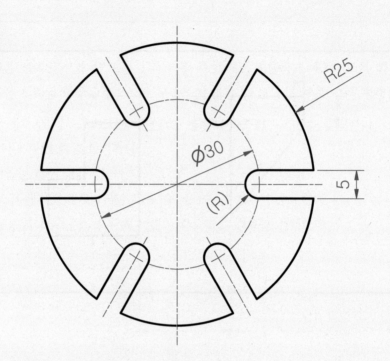

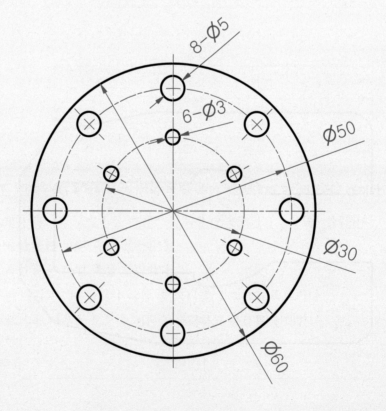

* 도시되고 지시 없는 모깎기 R3, 모따기 C1

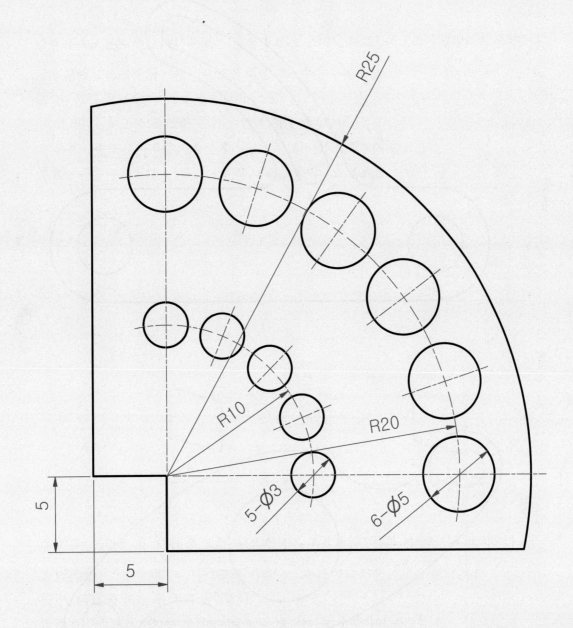

* 도시되고 지시 없는 모깎기 R3, 모따기 C1

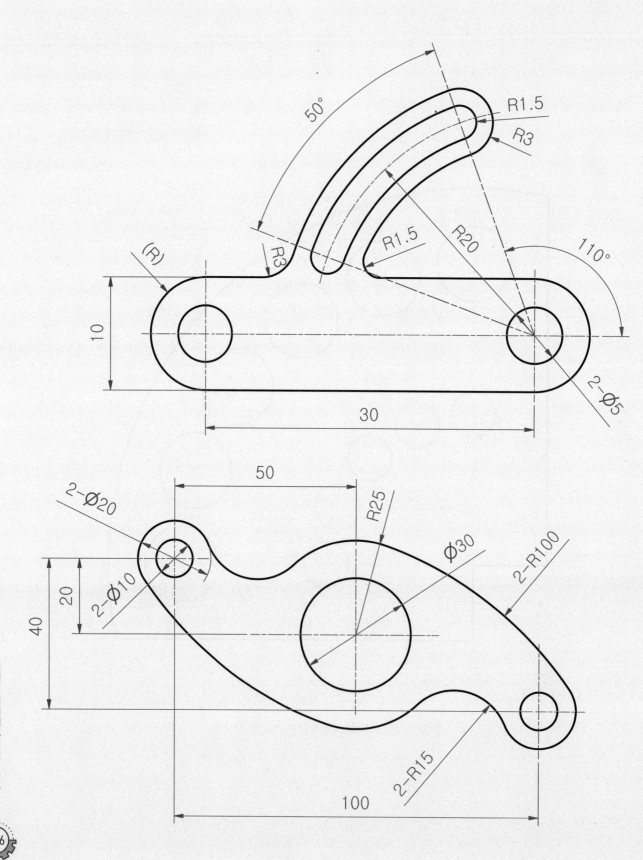

인벤터 기계제도 실기 · 실무

* 도시되고 지시 없는 모깎기 R3, 모따기 C1

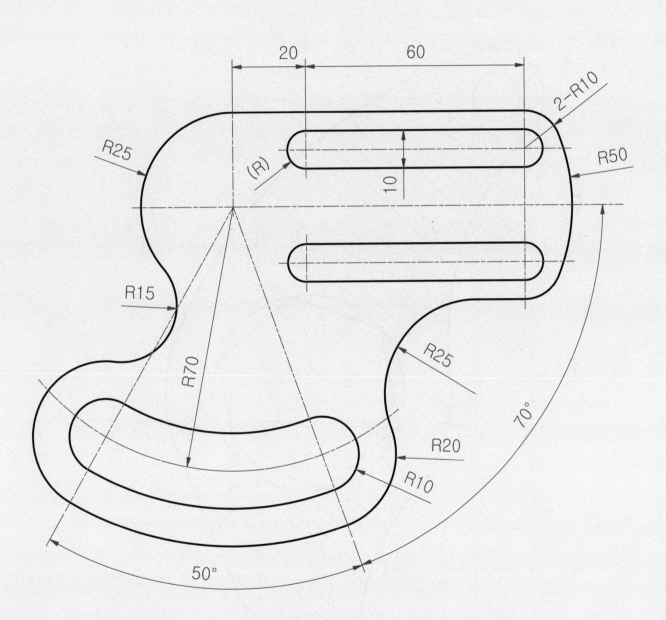

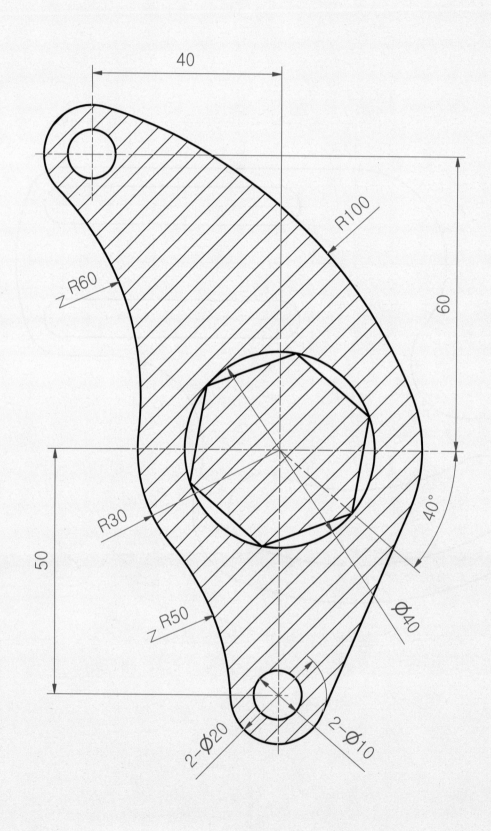

* 도시되고 지시 없는 모깎기 R3, 모따기 C1

□30

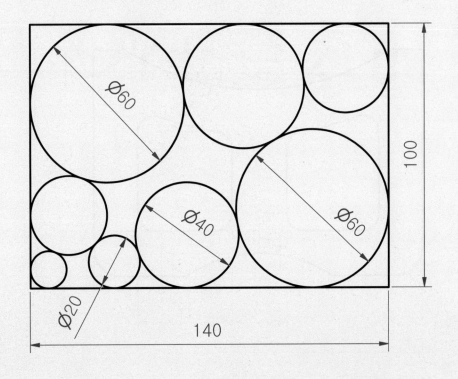

∅60

∅40

∅60

∅20

100

140

* 도시되고 지시 없는 모깎기 R3, 모따기 C1

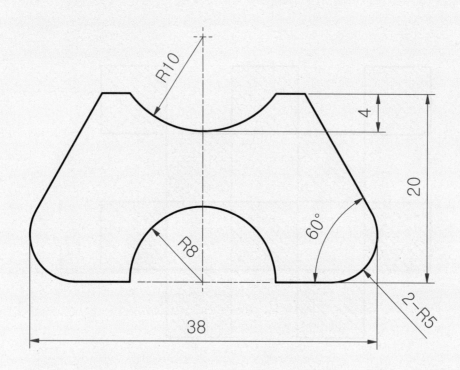

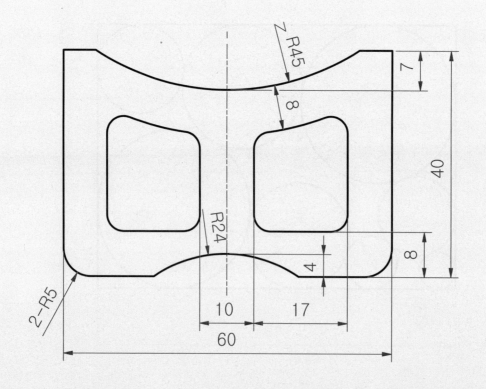

작품명	스케치 연습 ⑱
검증	면적 = 2654.507 mm^2 (Hatch 범위)

* 도시되고 지시 없는 모깎기 R3, 모따기 C1

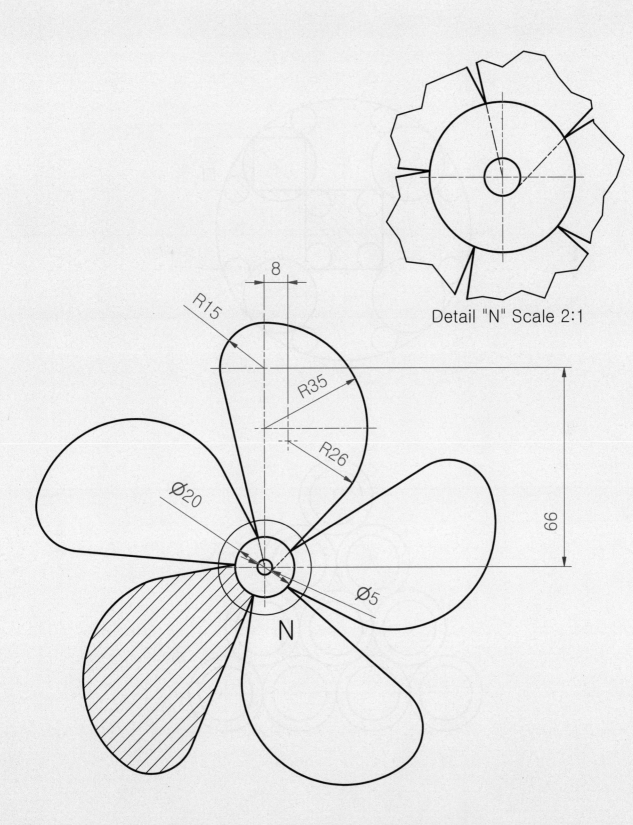

Detail "N" Scale 2:1

8

R15

R35

R26

66

Ø20

Ø5

N

작품명	스케치 연습 ⑲	
검증	면적 = 892.699 mm^2 / 604.704 mm^2 (Hatch 범위)	

* 도시되고 지시 없는 모깎기 R3, 모따기 C1

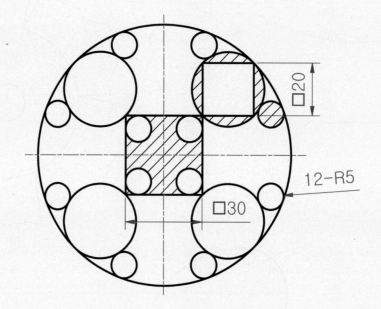

□20

12-R5

□30

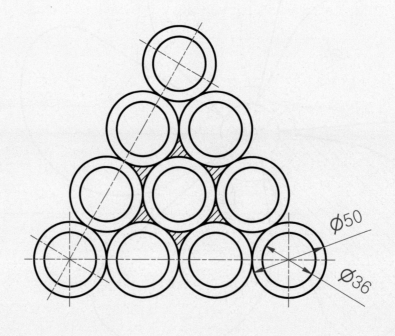

Ø50

Ø36

인벤터 기계제도 실기 · 실무

* 도시되고 지시 없는 모깎기 R3, 모따기 C1

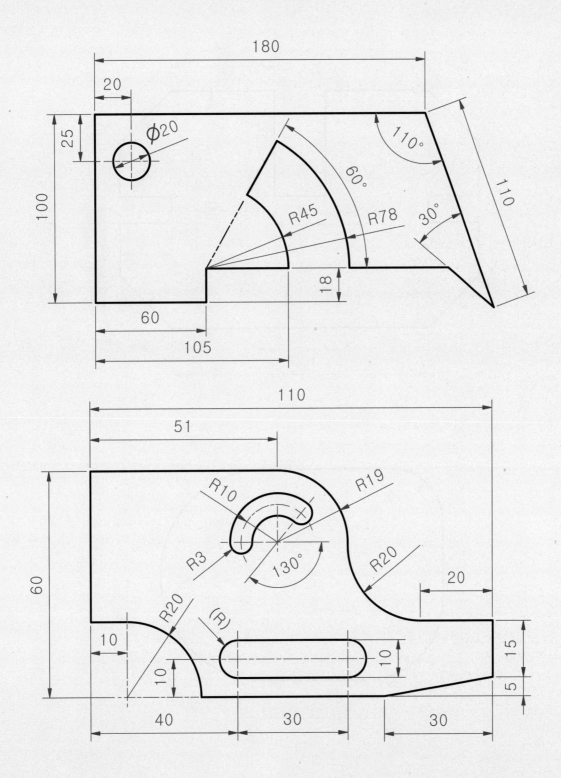

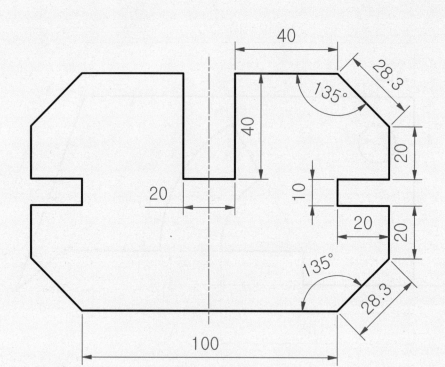

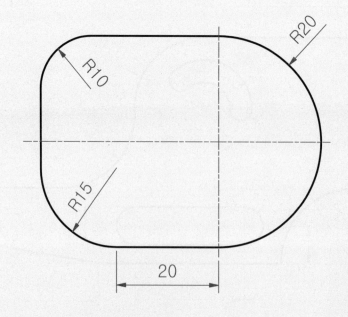

MEMO

Autodesk Inventor

3D 기초 및 조립 예제

1 3D 기초 12강

2 조립 예제

작품명	**3D 기초 ❶**
검증	3165841.384mm^3

돌출 기능 및 옵션 확인

* 도시되고 지시 없는 모깎기 R3, 모따기 C1

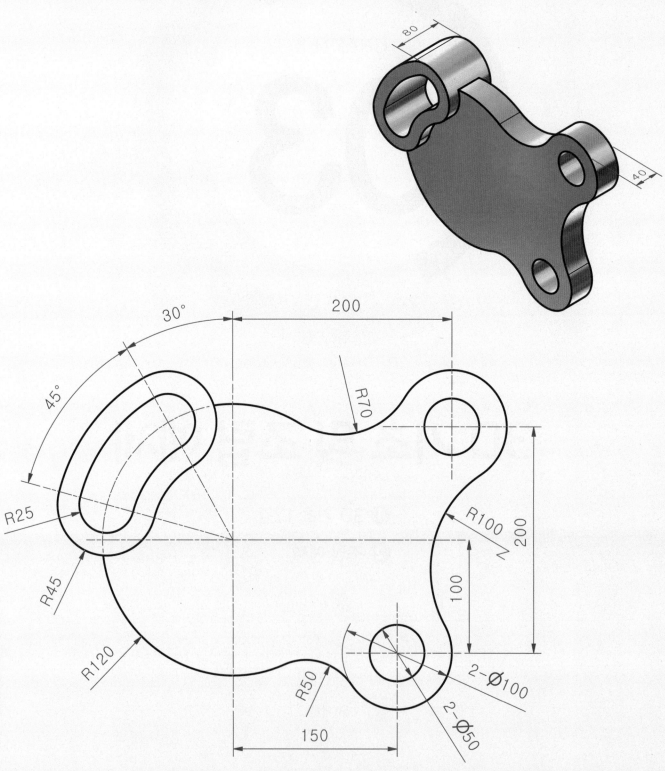

N (1 : 2)

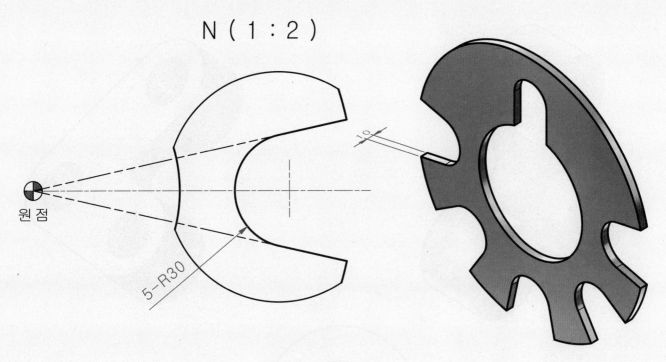

원 점

5-R30

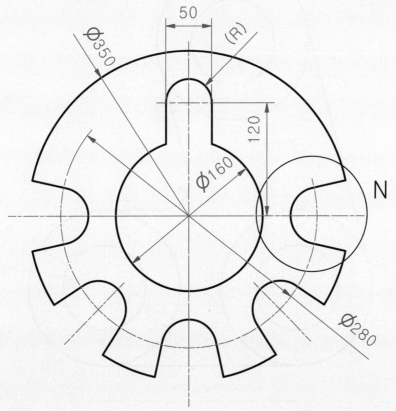

Ø350

50

(R)

Ø160

120

N

Ø280

분할기능 활용

* 도시되고 지시 없는 모깎기 R3, 모따기 C1

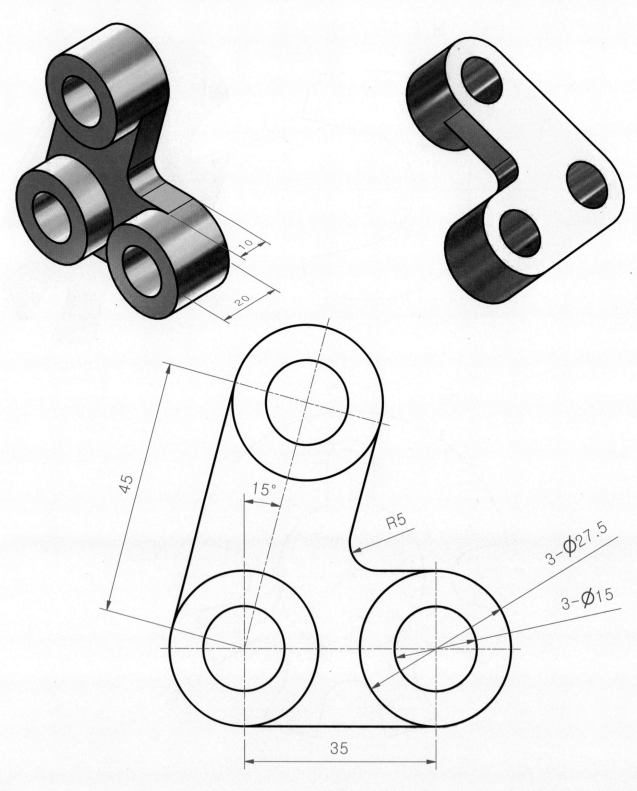

* 도시되고 지시 없는 모깎기 R3, 모따기 C1

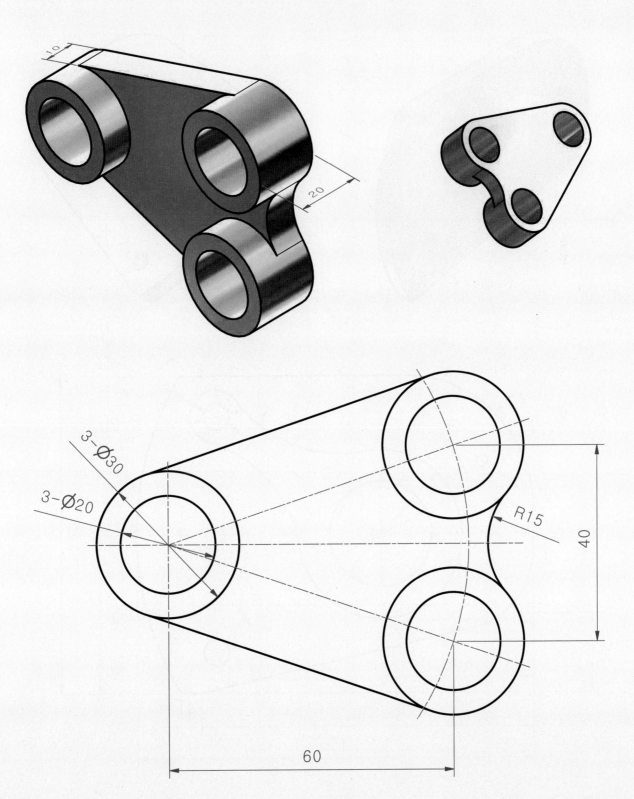

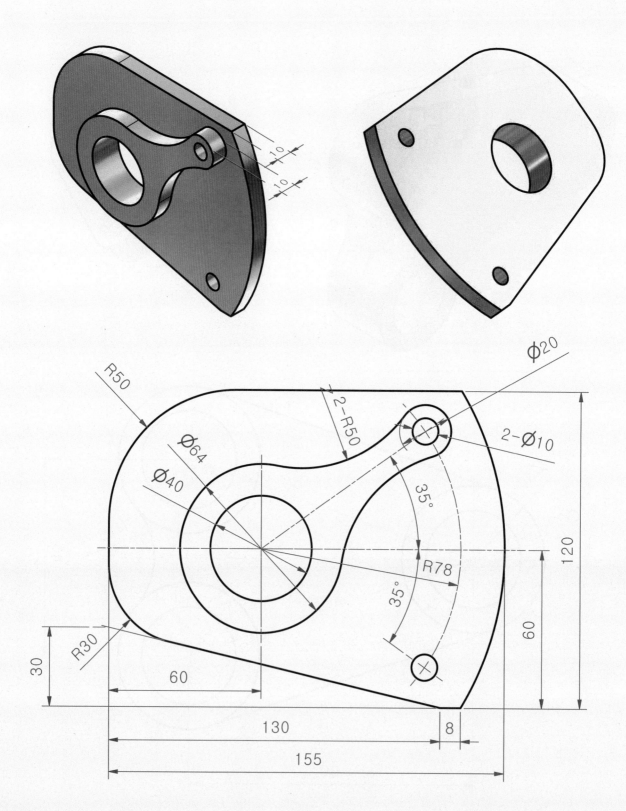

* 도시되고 지시 없는 모깎기 R3, 모따기 C1

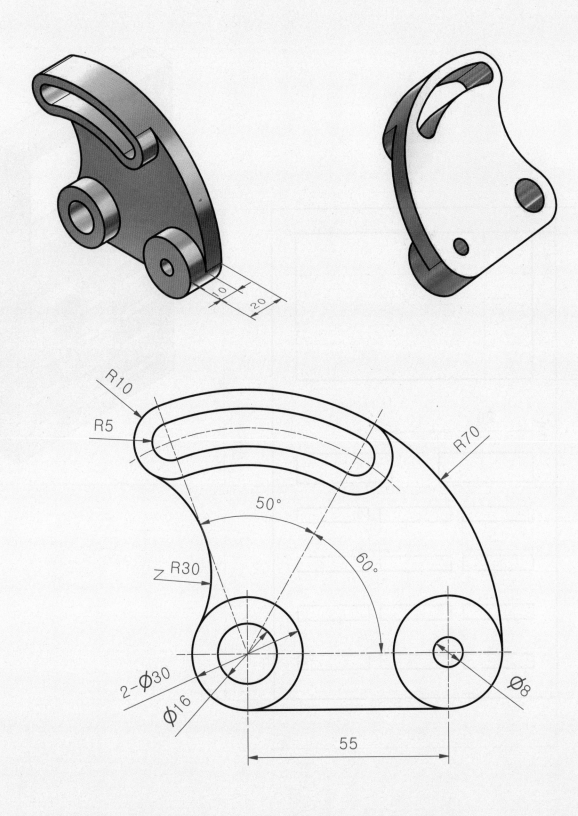

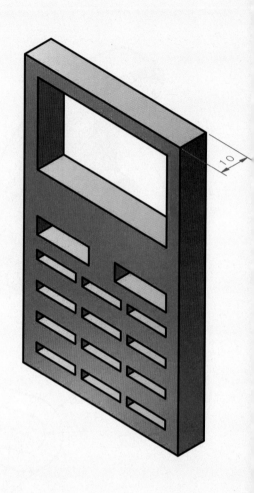

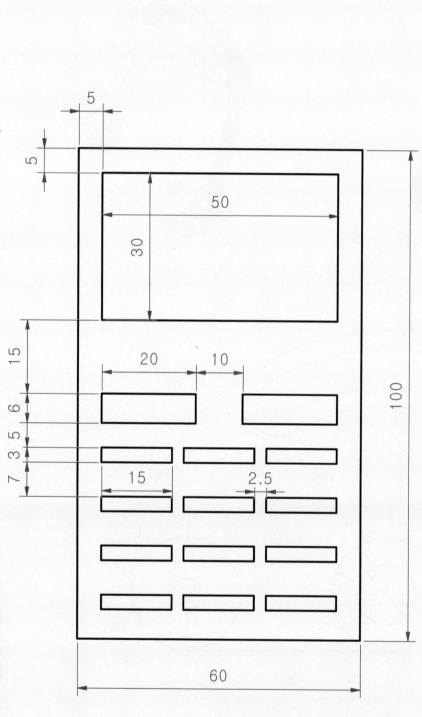

작품명	# 3D 기초 ❽	
검증	24095.557 mm^3	

원형 패턴 활용 및 분할

* 도시되고 지시 없는 모깎기 R3, 모따기 C1

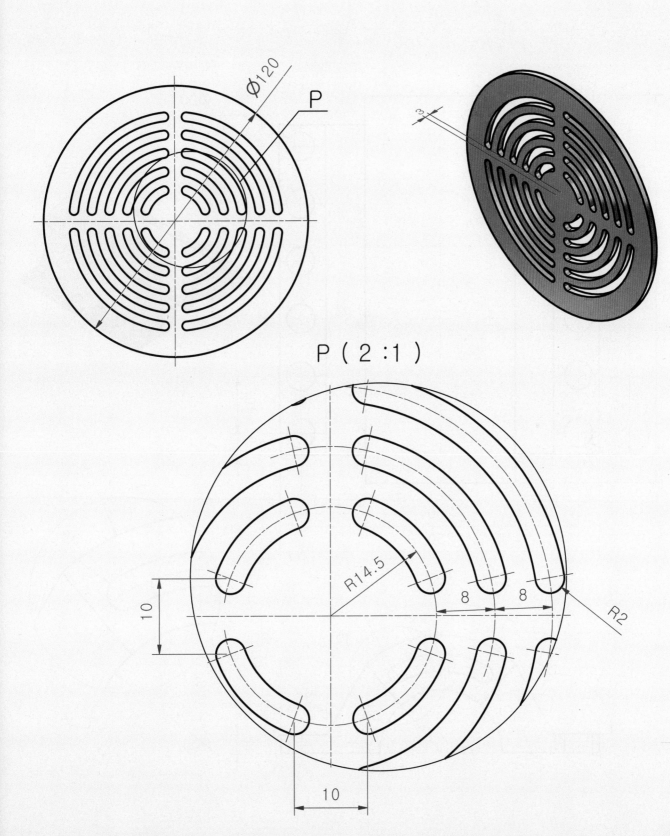

P (2 : 1)

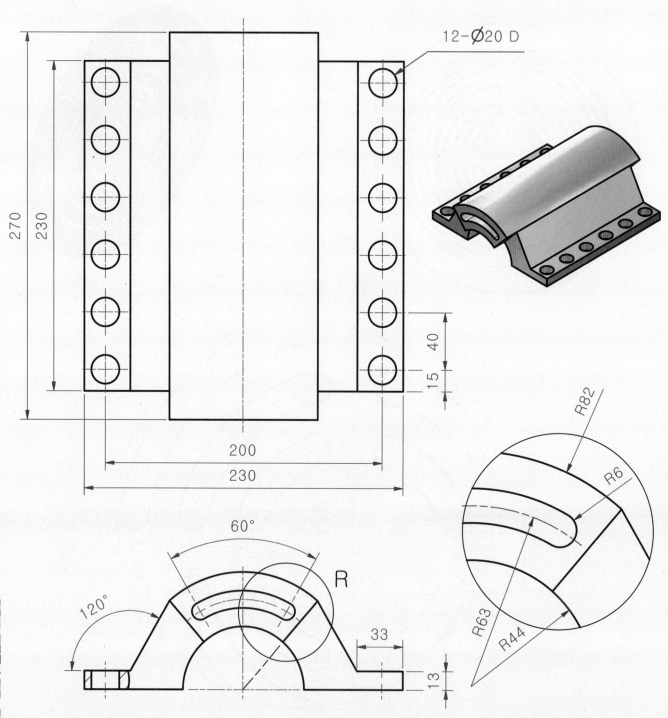

12-Ø20 D

270
230
40
15
200
230

60°
R
120°
33
13

R82
R6
R63
R44

* 도시되고 지시 없는 모깎기 R3, 모따기 C1

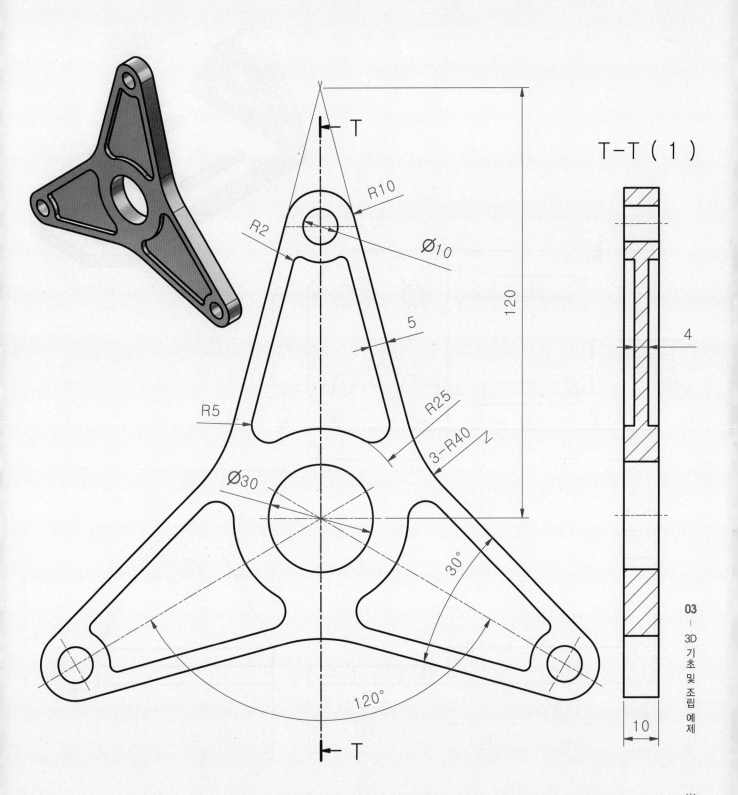

T-T (1)

T

R10

R2

Ø10

5

120

R25

3-R40

R5

Ø30

30°

4

120°

T

10

* 도시되고 지시 없는 모깎기 R3, 모따기 C1

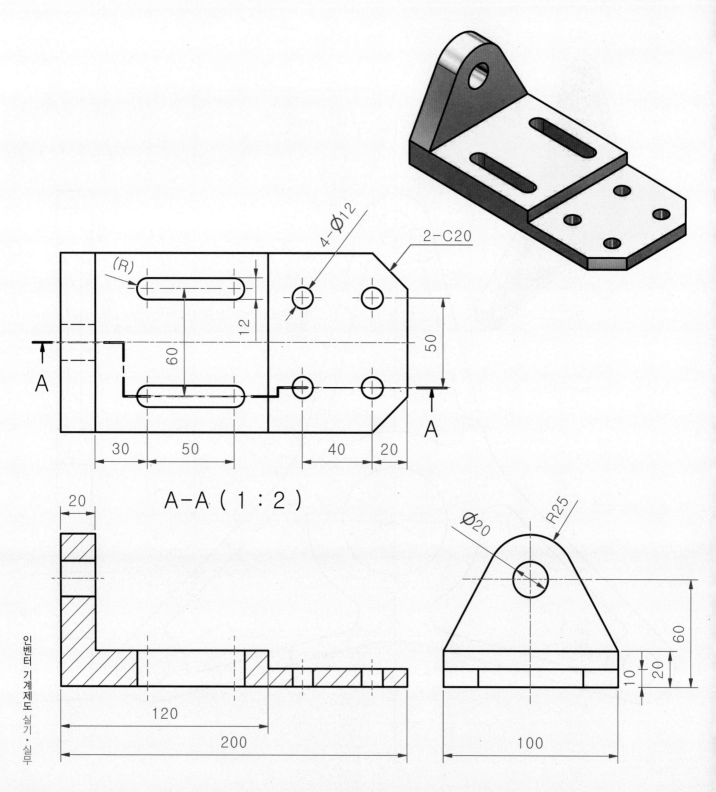

4-Ø12

2-C20

(R)

12

60

50

30   50   40   20

A-A (1 : 2)

20

120

200

Ø20   R25

60

20

10

100

인벤터 기계제도 실기 · 실무

구멍의 종류 이해

* 도시되고 지시 없는 모깎기 R3, 모따기 C1

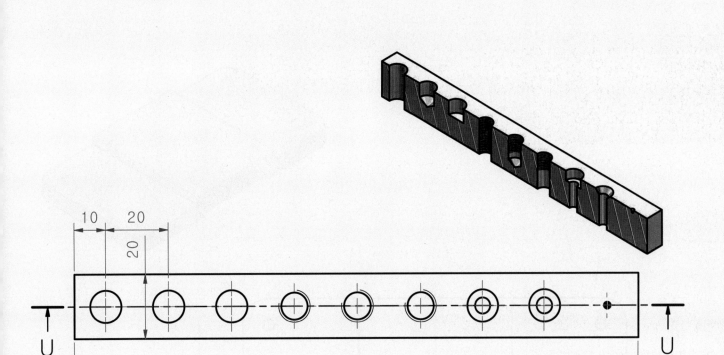

V (5 : 1)

60°
Ø2.12
1.5
Ø1

KS A ISO 6411 – A 1/2.12

M10x1.5 DP10

Ø5 D
Ø10 CB DP 5.5

M10x1.5 –DP10

Ø5 D
Ø10CS 90°

M10x1.5

Ø10 DP8

Ø10 DP8

Ø10 D

13

V

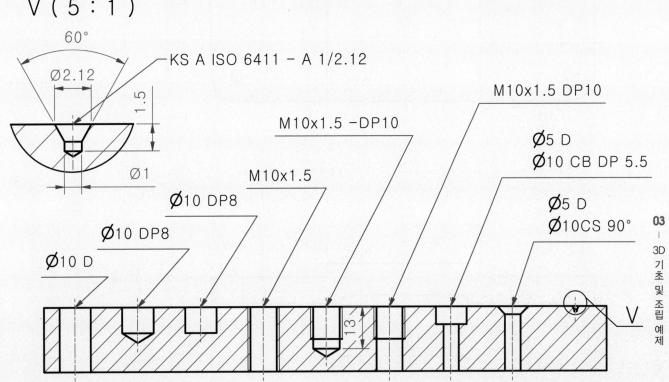

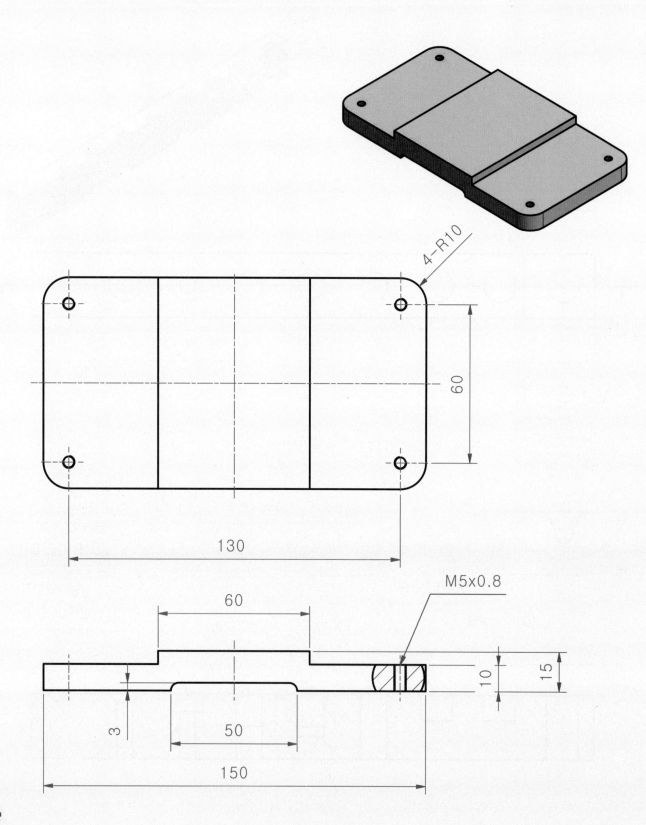

4-R10

M5x0.8

60

130

60

50

3

150

10

15

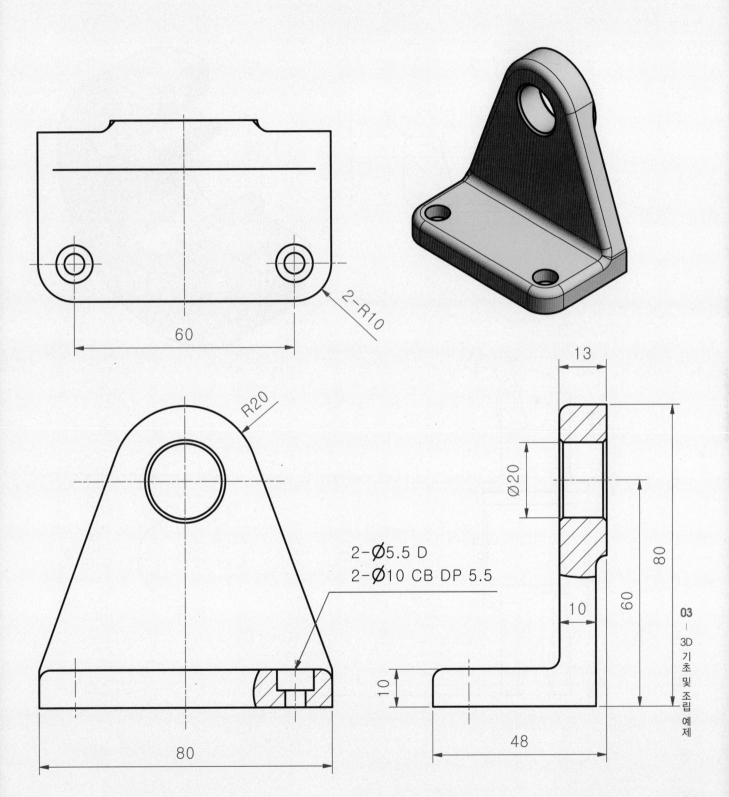

2-R10

R20

2-Ø5.5 D
2-Ø10 CB DP 5.5

60

80

13

Ø20

80

60

10

10

48

B (2 : 1)

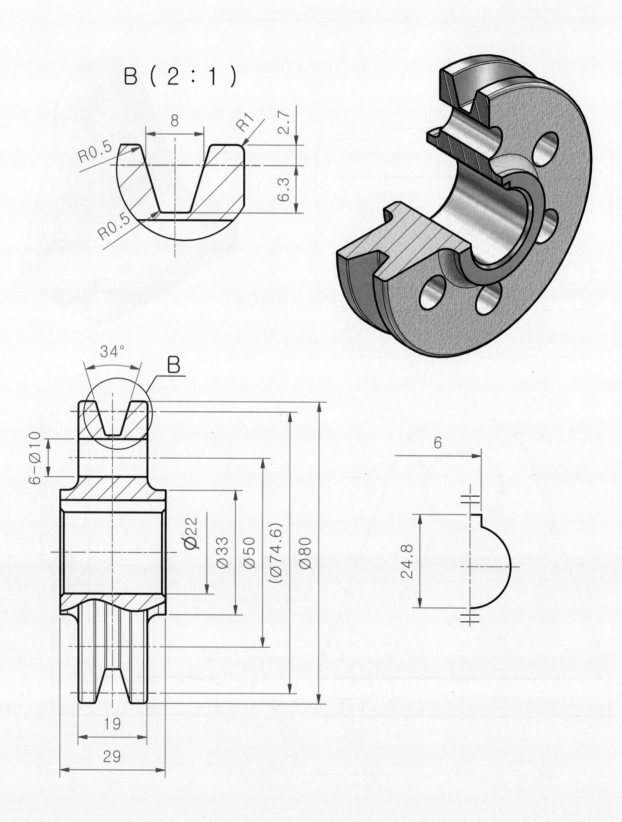

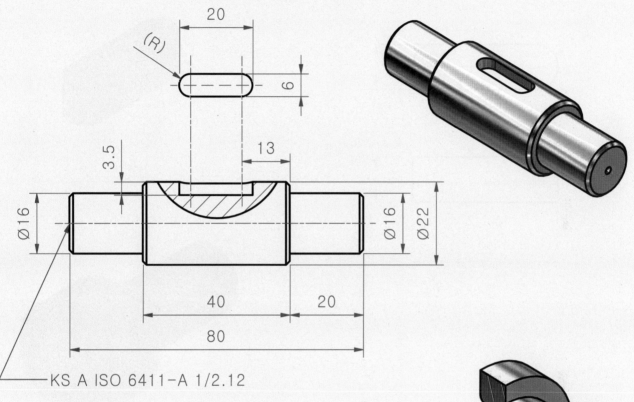

KS A ISO 6411-A 1/2.12

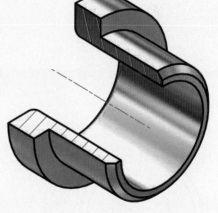

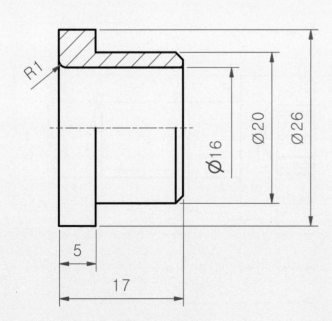

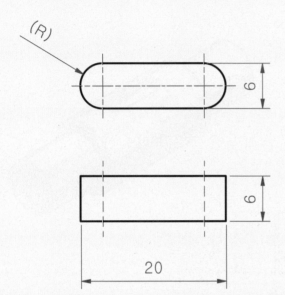

(R)

6

6

20

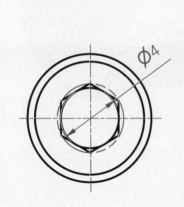

Ø4

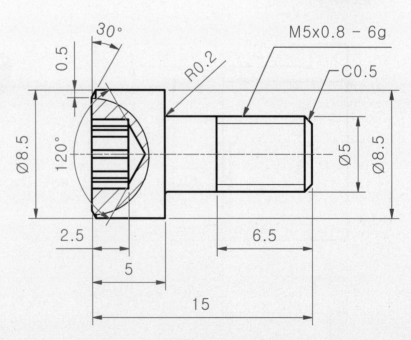

30°

0.5

M5x0.8 – 6g

R0.2

C0.5

Ø8.5

120°

Ø5

Ø8.5

2.5

5

6.5

15

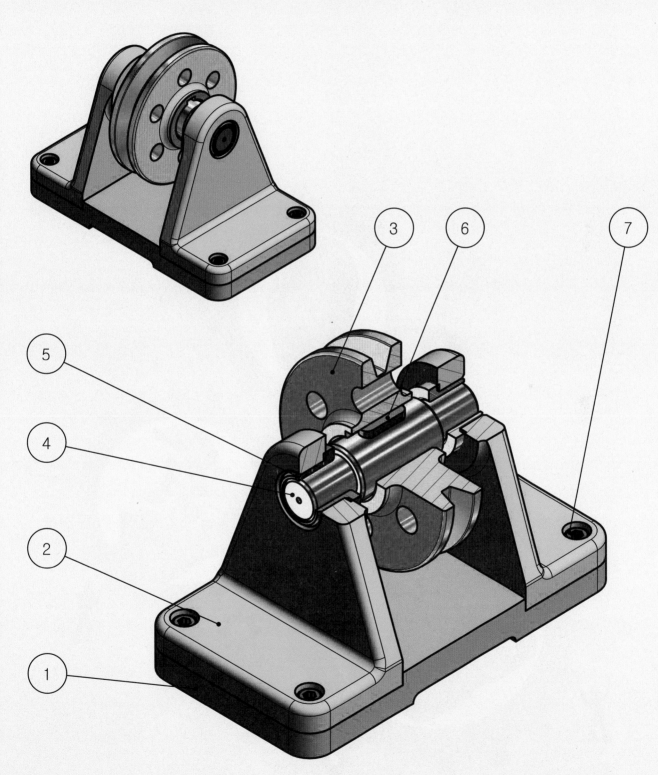

Autodesk Inventor

CHAPTER

04

투상법

1 투상법

2 치수 기입법

3 기초 투상 21강

4 3각법 실습 예제 11강

5 3D 투상 연습 21강

※ 도면에서 사용하는 선

❶ 모양에 따라

- 실선 : 끊어짐 없이 연속되는 선
- 파선 : 짧은 선이 일정한 간격으로 반복되는 선
- 1점 쇄선 : 긴 선과 짧은 선이 일정한 간격으로 반복되는 선
- 2점 쇄선 : 긴 선, 짧은 선, 짧은 선이 일정한 간격으로 반복되 는 선

❷ 용도에 따라

- 외형선 : 물체의 보이는 부분에 나타내며 굵은 실선
- 숨은선 : 물체의 보이지 않는 부분을 나타내며 굵은 파선 또는 가는 파선
- 중심선(피치선) : 주로 도형의 중심을 표시할 때 사용하며 가는 1점 쇄선
- 치수선과 치수보조선 : 치수를 기입할 때 사용하며 가는 실선
- 가상선 : 부품의 동작 상태나 가상의 물체 나타낼 때 사용, 가는 2점 쇄선
- 파단선 : 물체의 일부를 잘라낸 경계선을 의미하며 가는 실선 또는 지그재그 선
- 해칭선 : 물체의 단면을 표시할 때 사용하며 가는 실선
- 지시선 : 개별 주서, 치수, 참조 등을 기입할 때 사용하는 실선
- 특수 지정선 : 특수한 가공을 하는 부분 등 특별한 요구사항을 적용할 때 사용하며 굵은 1점 쇄선
- 절단선 : 단면도를 그리는 경우 절단 위치를 대응하는 그림에 표시할 때 가는 1점 쇄선으로 사용하면서 끝 부분이나 방향이 변하는 부분은 굵게한 선(단, 다른 용도와 혼용할 염려가 없을 때에는 끝부 및 방향이 변하는 부분은 굵게할 필요 없음)

❸ 선의 우선순위

외형선 〉숨은선 〉절단선 〉중심선 〉무게중심선 〉치수 보조선

❹ 치수 보조 기호(KSA0113 , ISO 129)

종류	기호	기입 방법	사용 예
지름	Ø	치수 보조 기호는 치수 문자 앞에 붙이고, 치수 문자와 같은 크기로 작성한다.	Ø5
반지름	R		R5
구의 지름	SØ		SØ5
구의 반지름	SR		SR5
정사각형의 변	□		5
판의 두께	t		t3
45° 모따기	C		C5
이론적으로 정확한 치수	▭	치수 문자를 사각형으로 둘러싼다.	15
참조치수	( )	치수 문자를 괄호 기호로 둘러싼다.	(10)
원호의 길이	⌒	치수 문자 앞에 원호를 붙인다.	⌒12
비례하지 않음	NS	척도표시란에 NS라고 기입한다.	NS
비례치수가 아님	__	숫자 아래에 밑줄을 긋는다.	5

3각법: "눈 → 투상면(스크린) → 물체"

1) 물체를 제3상 공간에 놓고 정투상하는 방법으로, 눈과 물체 사이에 투상면이 있다. 위쪽에서 본 평면도는 정면도 위에, 아래에서 본 저면도는 정면도 아래에, 좌측에서 본 좌면도는 정면도 왼쪽, 우측은 정면도 오른쪽, 배면도는 우측면도 오른쪽이나 좌측면도 왼쪽에 배열할 수 있다.

2) 3각법은 정면도를 중심으로 투상한다.

3) 3각법은 기계, 건축 등 산업 분야에서 많이 사용된다.

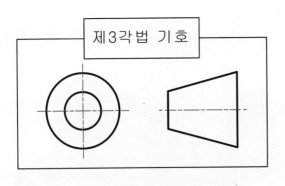
제3각법 기호

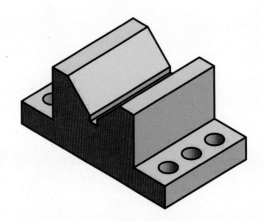
정 투 상 도

<3각법의 표준 배치방법>

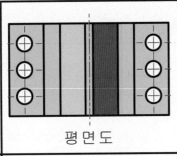
평 면 도

좌 측 면 도

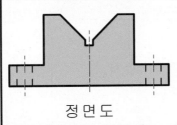
정 면 도

우 측 면 도

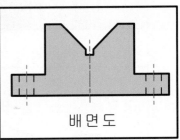
배 면 도

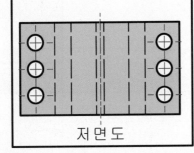
저 면 도

04 ― 투상법

1) **정 투상도** : 물체를 각 면에 평행한 위치에서 바라보는 평행한 투상선이 투상면과 모두 직각으로 교차하는 평행 투상법이다.

2) **정면도** : 물체의 모양, 기능, 특징 등을 가장 뚜렷하게 나타내며, 물체의 모양을 판단하기 쉬운 부위와 숨은선이 적은 면을 그린 투상도를 정면도로 하여 주 투상도로 활용함을 기본으로 한다.

3) 정면도의 높이(H)는 우측면도의 높이(H)와 같고, 정면도의 폭(W)은 평면도의 폭(W)과 같다. 또한 평면도의 측면길이(V)는 우측면도의 폭(V)와 같다.

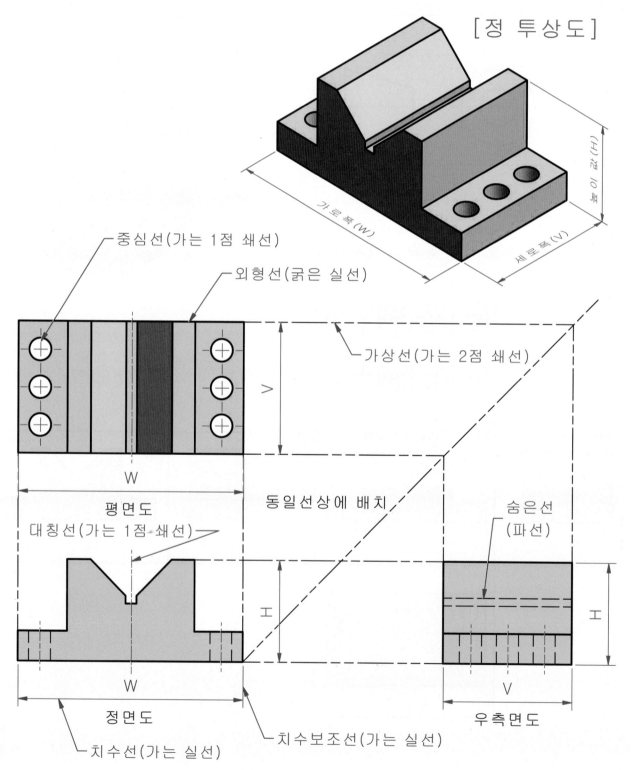

[정 투상도]

중심선(가는 1점 쇄선)

외형선(굵은 실선)

가상선(가는 2점 쇄선)

W

평면도

동일선상에 배치

숨은선
(파선)

대칭선(가는 1점 쇄선)

W

정면도

V

우측면도

치수선(가는 실선)

치수보조선(가는 실선)

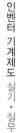

주 투상도 : 물체의 모양 및 기능을 명확하게 도시되게 도면의 목적에 따라 정보를 가장 많이 주는 투상도를 정면도로 그려 주 투상도로 도시한다. 숨은 선이 적고 물체의 특징이 가장 잘 나타나도록 한다.

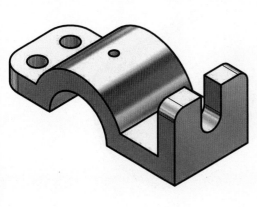

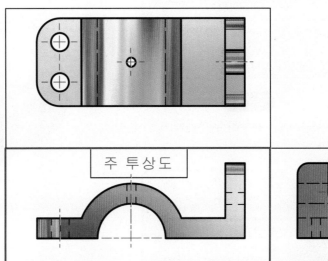

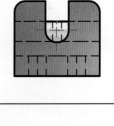

주 투상도

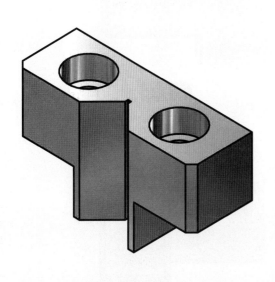

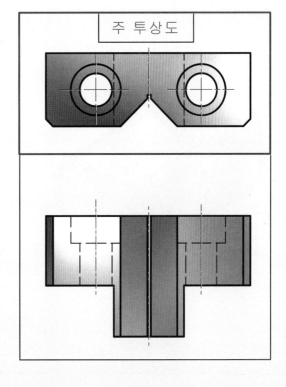

주 투상도

투상도 방향 결정

1) 투상도 방향: 실제 공작물의 가공 되는 방향을 고려해야 한다.

2) 선반의 절삭가공 시 공작물 설치 방향, 절삭 가공 방향 등을 고려해야 한다.

3) 구멍이나 축지름의 크기가 다양한 경우, 많은 가공을 하는 쪽을 우측으로 배치하도록 한다.

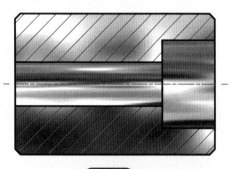

좋은 예

(구멍지름은 큰쪽이 우측 배치)

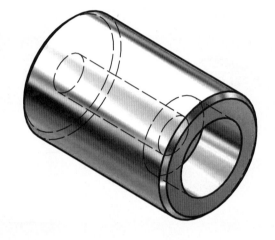

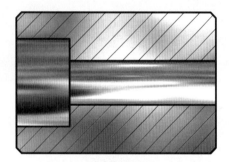

나쁜 예

(내경가공 방향 고려하지 않음)

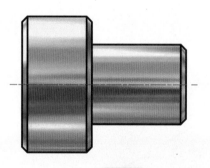

좋은 예

(축 지름은 큰 것을 좌측 배치)

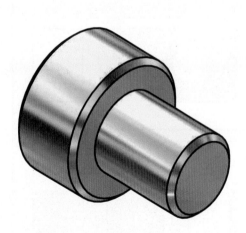

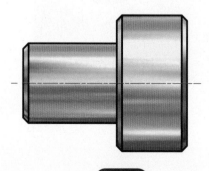

나쁜 예

(가공 방향을 고려하지 않음)

투상도 개수 결정

투상도 개수 : 투상도는 3각법의 표준 배치에 따라 도면을 배치하는 것이 원칙이지만, 제품의 모양에 따라 도면을 이해하기 쉽도록 작도하며, 최소한의 투상도로 그린다.

가) 1면도만으로 표현이 가능한 경우

: 물체의 형상이 원형인 경우 투상은 치수 보조 기호(∅)를 사용(그림 1)하거나 치수 보조 기호(t)를 사용(그림 2)하여 1면도법으로 나타낸다.

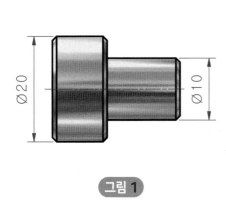

그림 1

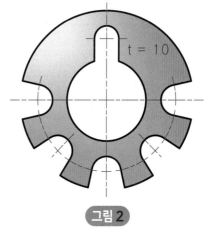

그림 2

나) 2면도만으로 표현이 가능한 경우

: 물체의 형상과 특성이 가장 잘 나타나는 면을 정면도로 하고, 다른 1개의 투상면을 투상하여 표현이 가능한 투상법으로 두 개의 투상도만으로도 충분히 형상을 파악할 수 있다. 정면도와 평면도(좌측) , 정면도와 측면도(우측)

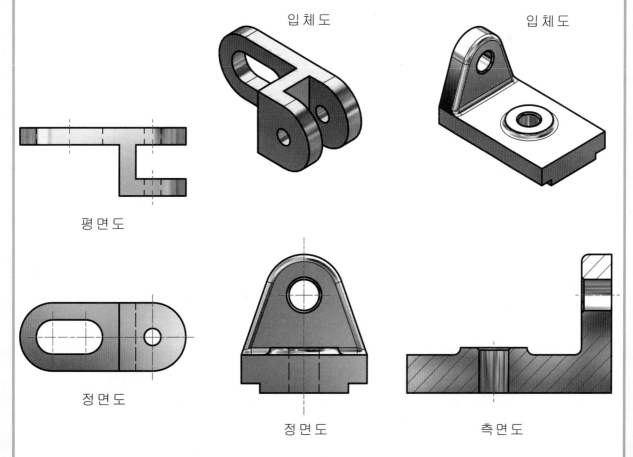

입 체 도   입 체 도

평 면 도

정 면 도   정 면 도   측 면 도

다) 3면도

: 1면도나 2면도로 투상을 표현할 수 없을 때 정면도, 평면도, 측면도의 3면도로 투상하면 대부분
　표현이 가능하다.

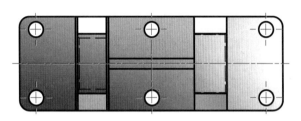

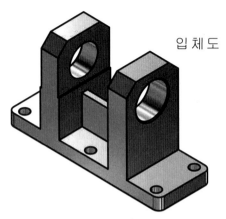

입 체 도

평 면 도

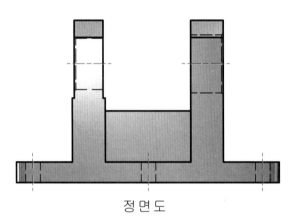

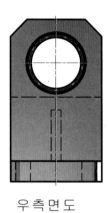

정 면 도　　　　　　　　　　　　　우 측 면 도

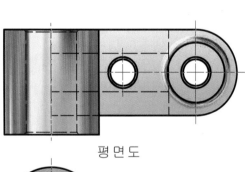

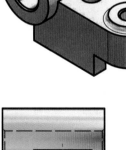

입 체 도

평 면 도

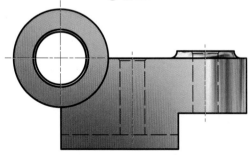

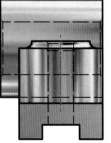

정 면 도　　　　　　　　　　　　　우 측 면 도

보조 투상도 (Auxiliary projection drawing, 補助投相圖)

경사면의 실물 형상을 표시할 필요가 있을 때, 그 경사면에 대응하는 위치에 필요 부분만 그린 도면
을 보조 투상도라 한다.

1) 경사면이 있는 투상면이 잘 표현되도록 경사면 위에 보조 투상면을 나타내며, 보조 투상도에 중심선
을 연결한다.

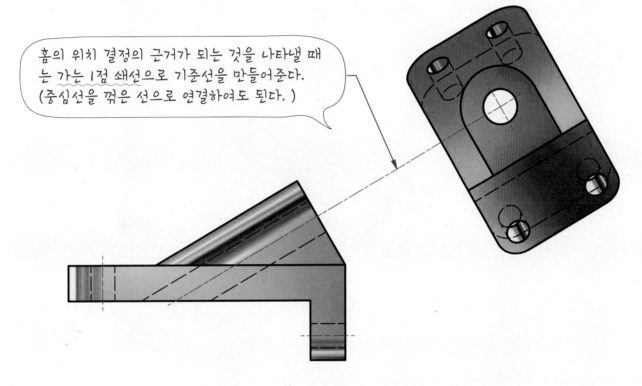

홈의 위치 결정의 근거가 되는 것을 나타낼 때
는 가는 1점 쇄선으로 기준선을 만들어준다.
(중심선을 꺾은 선으로 연결하여도 된다.)

2) 경사면과 맞서는 위치에 배치할 수 없는 경우에는 그 뜻을 화살표와 영문자의 대문자로 나타낸다.

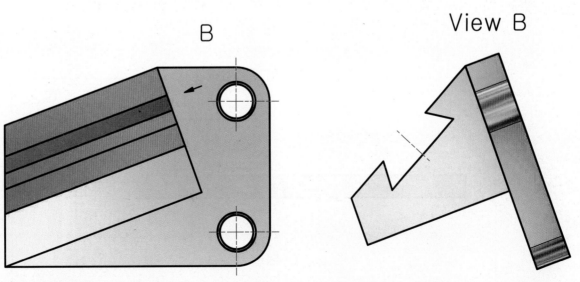

B

View B

1) **회전 투상도(Revolved section view):**

물체의 일부가 어떤 각도를 가지고 있기 때문에 각도 부분을 회전시켜 실제 모양을 나타낸다. 또한 잘못 이해할 우려가 있다고 판단될 경우에는 작도에 사용한 선(단면선)을 남겨 쉽게 알아볼 수 있게 한다.

2) **부분 투상도:**

주 투상도에서 일부 도시만으로도 충분할 경우에는 필요한 일부분만 오려내서 투상법. 생략한 부분과의 경계를 파단선(절단선)으로 나타낸다.

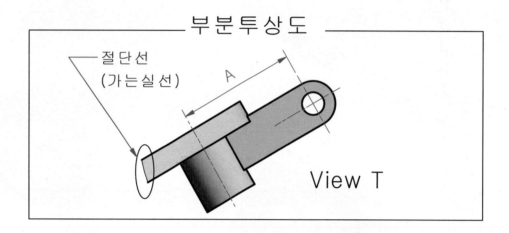

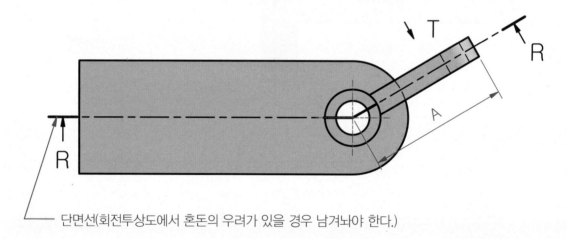

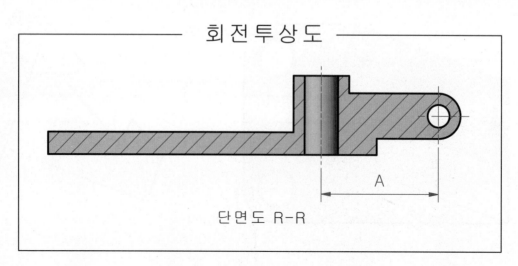

국부 투상도:

물체의 구멍이나 홀 등 한 부분만을 필요로 하는 경우 필요 부분만 도시하고, 나머지 부분은 생략하는 투상법으로 도형 전체를 다 그려주어야 하는 번거로움을 덜고 도형을 간략하게 나타낼 수 있다.

투상관계를 나타내기 위해 원칙적으로 주된 그림에 중심선, 기준선, 치수 보조선으로 연결한다.

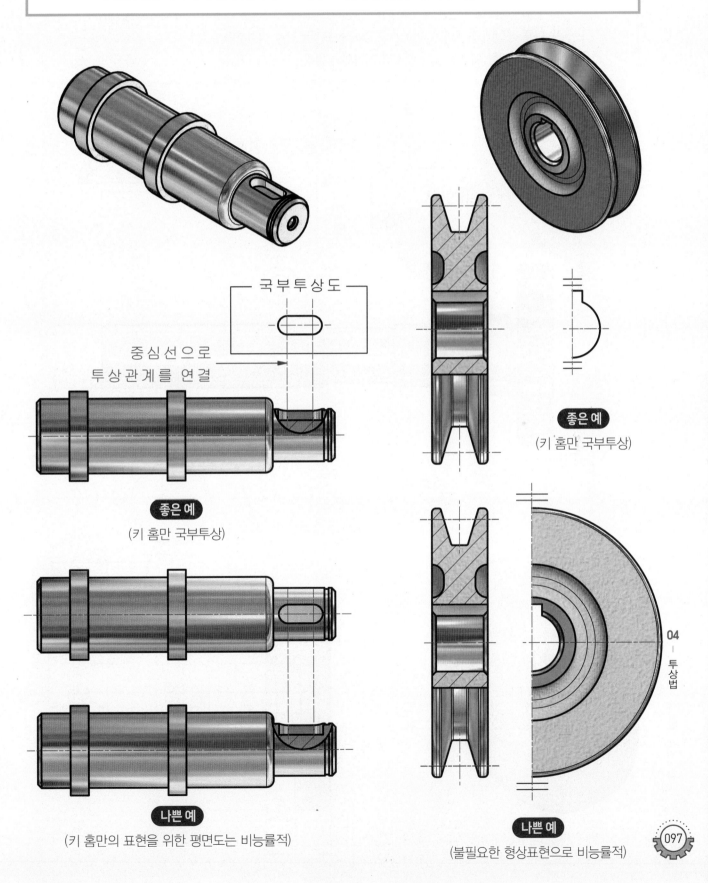

국부투상도

중심선으로 투상관계를 연결

좋은 예
(키 홈만 국부투상)

좋은 예
(키 홈만 국부투상)

나쁜 예
(키 홈만의 표현을 위한 평면도는 비능률적)

나쁜 예
(불필요한 형상표현으로 비능률적)

04
—
투상법

상세도(Detail drawing, 詳細圖, = 부분 확대도)

제품의 특정 부분을 확대하여 상세한 도시나 자세한 치수 기입을 하기 위한 투상법으로 한국 산업 규격(KS A 3007)에서는 구성재의 일부에 대하여 그 형태, 구조 또는 조립, 결합 등의 상세함을 나타낸 제작도로서 큰 척도(배척)로 나타내도록 하고 있다.

자세하게 나타내고 싶은 부분은 가는 실선으로 에워싸고 영문 대문자로 표시함과 동시에 해당 부분을 다른 공간에 확대하여 나타낸 후 척도와 표시문자를 적어준다.

상세도에 대한 치수는 실제 치수를 기입해야 한다.

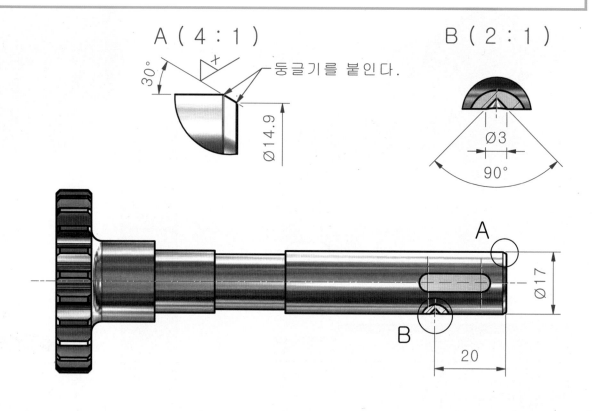

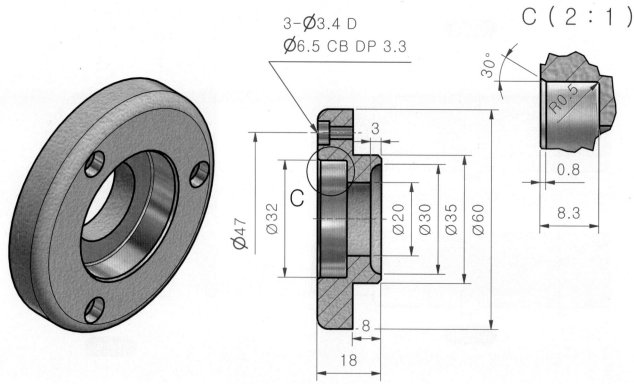

투상법(단면도)

단면도 (Sectional view, 斷面圖)

내부 형상이나 물체의 보이지 않는 부분을 명확하게 나타내기 위해 가상적으로 필요 부분을 절단하여 투상한 후 도면으로 나타내는 투상법.

1) 절단면은 45°의 가는 실선(해칭)을 긋는다.

2) 숨은선은 가능한 생략한다.

3) 단면을 할 경우 단면 위치를 보는 방향의 화살표와 문자로 표시해야 한다.

   단, 단면도의 위치가 분명할 경우는 화살표와 문자를 일부 또는 전부 생략 가능

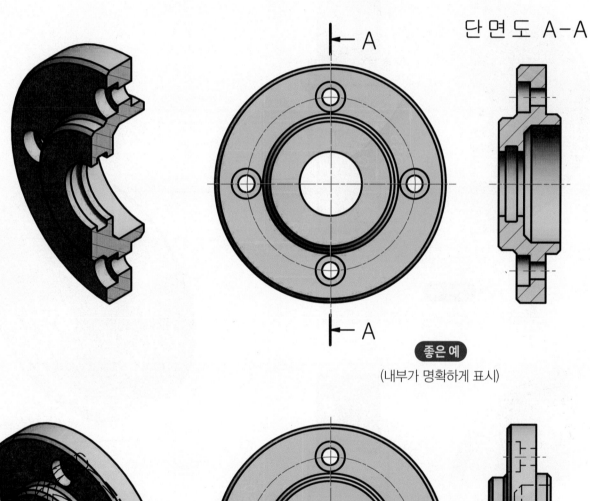

단면도 A-A

좋은 예

(내부가 명확하게 표시)

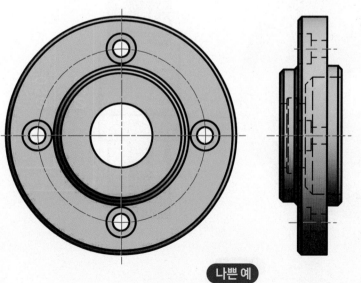

나쁜 예

(숨은선이 많아 물체를 이해하기 힘듦)

대칭 도형 생략:

도형이 대칭 모양인 경우에는 대칭 중심선을 기준으로 한 쪽을 생략할 수 있다.

대칭 중심선 양끝 부에는 짧은 2개의 평행한 가는 실선(대칭도시 기호)을 도시한다.

단, 물체의 형상이 반드시 대칭이어야 하며, 측면 투상 시 투상 방향의 반대쪽을 생략한다.

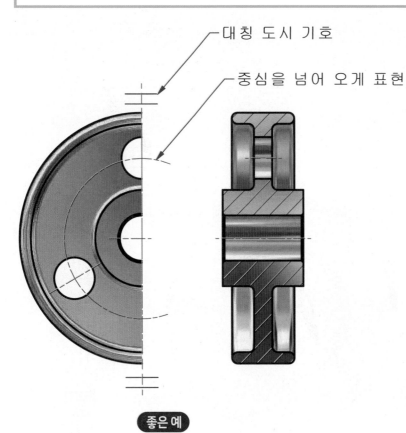

대 칭 도 시 기 호

중 심 을 넘 어 오 게 표 현

좋은 예

(단면도의 좌측 방향 도시 시 좌측 투상)

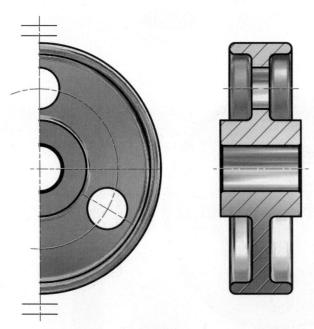

나쁜 예

(좌측 투상이지만 우측을 남김. 투상 방향 오류)

투상법(전단면도 or 온단면도)

전단면도(Full-Sectional view, 全斷面圖)
물체의 중심선을 기준으로 물체의 1/2을 절단하여 투상하는 방법. 반드시 물체의 형상이 대칭이어
야 한다.

입 체 도

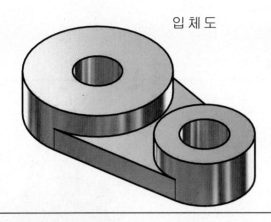

입 체 도

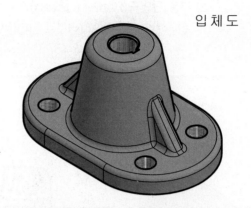

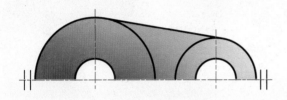

그림 1 좋은 예
(대칭물체로 1/2만 표시)

그림 2 좋은 예
(단면을 통해 형상을 정확히 이해가능)

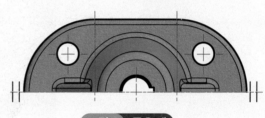

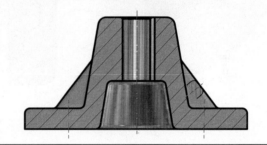

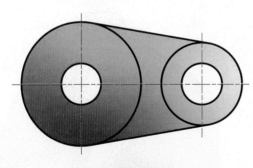

그림 1 나쁜 예
(불명확한 숨은선으로 표시)

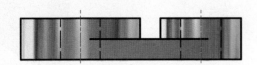

그림 2 나쁜 예
(불명확한 숨은선은 투상에 혼돈을 줌)

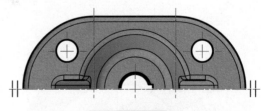

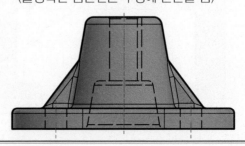

04
—
투
상
법

| 예제명 | 투상법(반 단면도, 부분 단면도) |

1) 반 단면도(Half-section, 半斷面圖)

대칭형 물체에서 중심선을 기준으로 1/4만 절단하여 도시하고, 반대 쪽은 겉 모양 그대로 나타내는 투상법으로 물체의 내경과 외경을 동시에 확인 가능하다. '한쪽 단면도'라고도 한다. 반 단면도의 중심선은 가는실선 또는 1점 쇄선으로 나타낸다 .

2) 부분 단면도(Partial section):

물체의 일부분만을 단면도로 나타내는 투상법으로 파단선을 그어 단면 부분의 경계를 표시한다. 또한 대칭, 비대칭에 관계없이 사용가능하다.

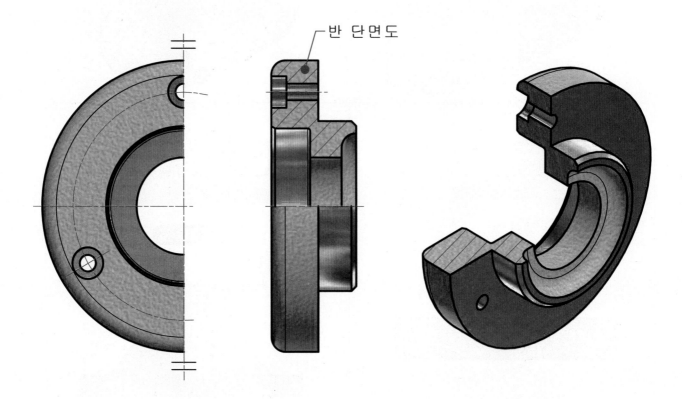

반 단면도

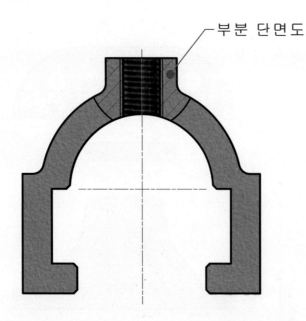

부분 단면도

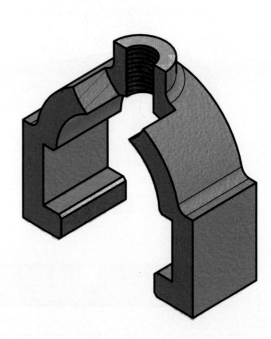

투상법(회전 단면도)

회전 단면도(Revolving section, 回轉斷面圖)

일반 투상법으로 표현하기 어려운 바퀴의 암(arm), 리브 (rib), 후크 (hook), 축 등의 단면 표시법으로, 축 방향으로 수직한 단면으로 절단하여 이면에 그려진 그림을 90°회전하여 그린 그림

가는실선으로 리브의 두께와 모깎기 표현

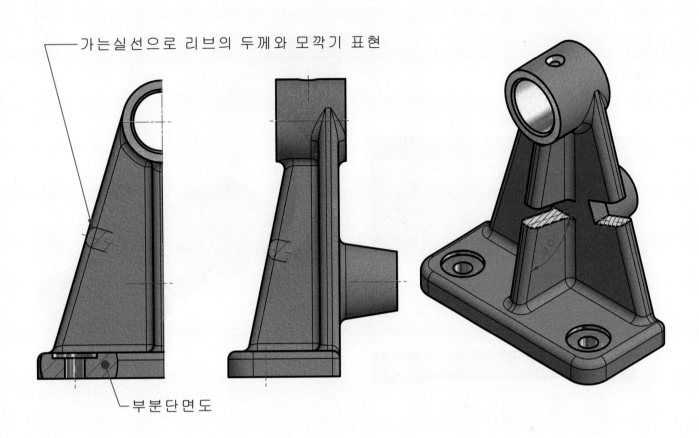

부분단면도

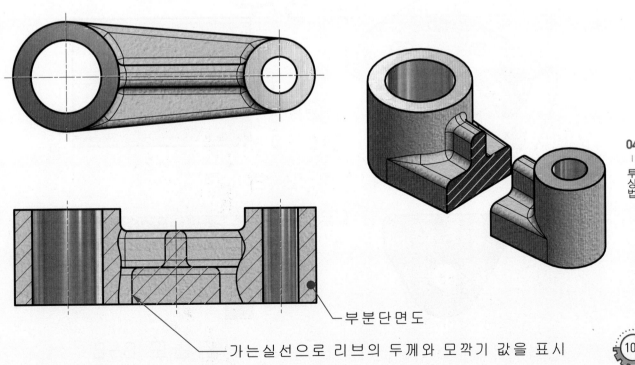

부분단면도

가는실선으로 리브의 두께와 모깎기 값을 표시

103

계단 단면도(Offset section view):

절단면이 투상면에 평행 또는 수직하게 계단 형태로 절단해서 표시한 것을 계단 단면이라고 한다.

수직 절단면의 선은 표시하지 않으며, 절단된 위치는 명확히 하기 위해 1점 쇄선으로 절단선을 표시

한다. (그림 1)

또한, 평행한 2개 이상의 평면에서 절단한 단면도의 필요 부분만을 합성시켜 나타낼 수도 있다.

(그림 2)

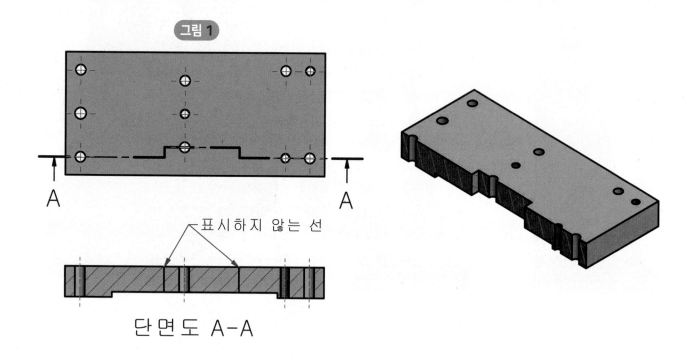

그림 1

표시하지 않는 선

단면도 A-A

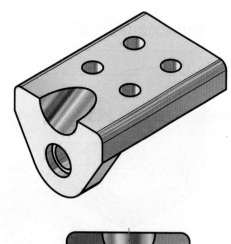

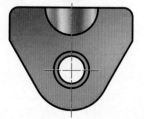

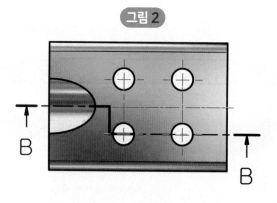

그림 2

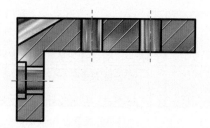

단면도 B-B

인벤터 기계제도 실기 · 실무

대칭 도형의 생략

대칭 도형은 전체 중에서 일부만 그릴 수 있는데, 대칭선의 양 끝에 직교하여 2개의 평행한 가는 실선을 그어 대칭임을 표기한다.

① 좌우 또는 상하 대칭인 경우 중심선의 한쪽만 그린 후 대칭 표시를 표시한다. (그림 1)

② 대칭 부분을 대칭선에서 생략하지 않고 중심선보다 조금 더 그릴 경우 대칭 기호는 그리지 않는다. (그림 2)

③ 물체가 길어서 도면에 나타내기 어려울 때는 중간부분을 생략할 수 있다. 생략되는 부분은 지그재그 선을 사용하고 생략된 양쪽은 서로 가까이 하여 그린다. (그림 3)

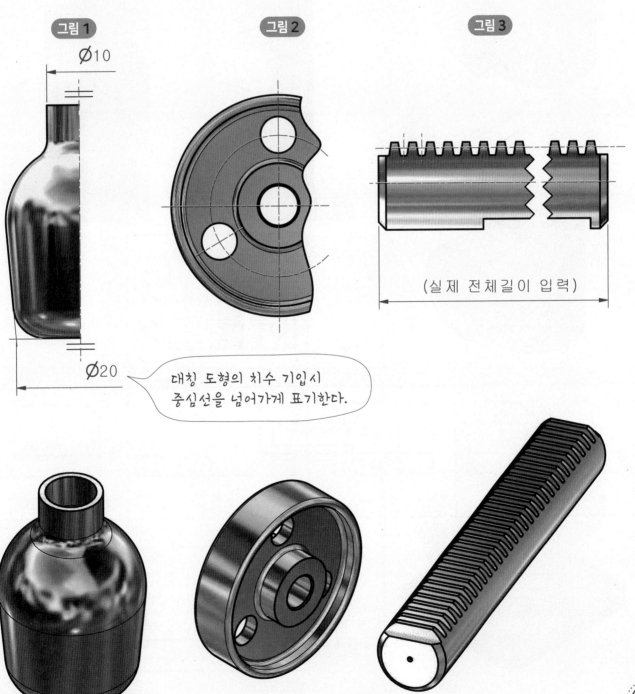

그림 1
Ø10
Ø20

그림 2

그림 3
(실제 전체길이 입력)

대칭 도형의 치수 기입시
중심선을 넘어가게 표기한다.

투상법(상관체 / 상관선)

- **상관체**: 2개 이상의 입체가 서로 관통하여 하나의 입체가 된 모습
- **상관선**: 상관체에서 각 입체가 서로 만나는 곳의 경계선이다.

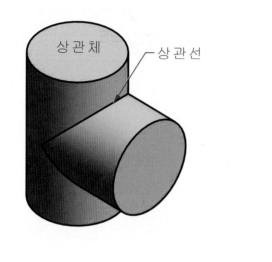

상 관 체
상 관 선

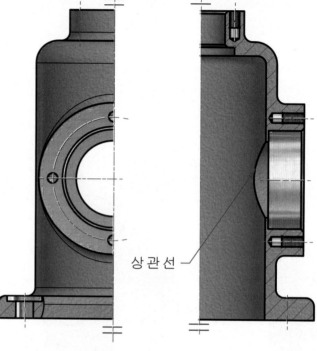

상 관 선

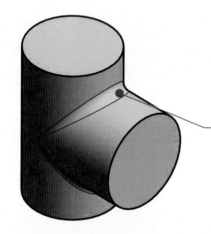

접 하 는 모 서 리 (모 깍 기 선)

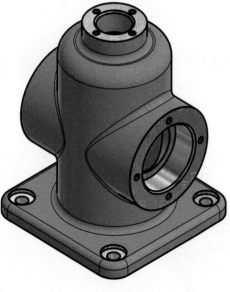

2D 표현 시 접하는 모서리 체크 해제
3D 표현 시 모서리 체크 필수

도면 뷰   ✕

| 구성요소 | 모형 상태 | 화면표시 옵션 | 복구 옵션 |

☑ 스레드 피제   표준 부품
☑ 접하는 모서리   은선(H)
  ☐ 원근법에 따라   검색기 사용   ∨
                                        단면(S)
☐ 모서리 간섭   ∨

☐ 기준에 정렬   ☐ 해칭
☐ 기준 뷰의 정의   절단부 상속
☐ 기준으로부터의 방향   ☐ 브레이크 아웃
뷰 자리맞추기(J)   ☐ 끊기
                                        ☐ 슬라이스
가운데 맞춤   ∨   ☐ 단면

[?]   ☑ 👓   확인   취소

투상법(단면을 표시하지 않는 기계요소)

절단을 해도 이해되지 않는 부품은 원칙적으로 절단하지 않는다.

1) 전체를 절단하면 안 되는 부품: 축, 스핀들, 볼트, 너트, 와셔, 멈춤 나사, 작은 나사, 키, 코터, 핀, 밸브 등

2) 특정한 일부분을 절단하면 안 되는 부품: 리브류, 암류(기어, 핸들, 벨트풀리, 헬리컬 기어, 차륜 등의 암), 이 종류(기어, 스프로킷, 임펠러의 날개 등) 등

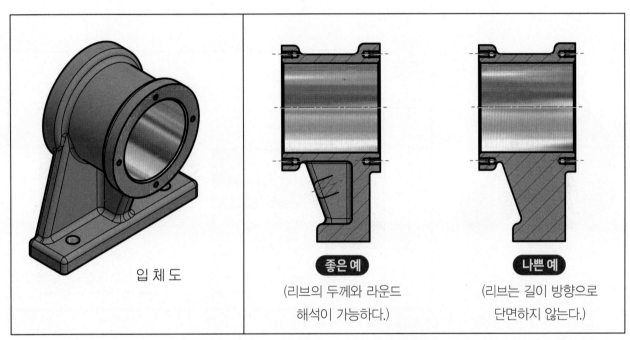

입 체 도

좋은 예

(리브의 두께와 라운드
해석이 가능하다.)

나쁜 예

(리브는 길이 방향으로
단면하지 않는다.)

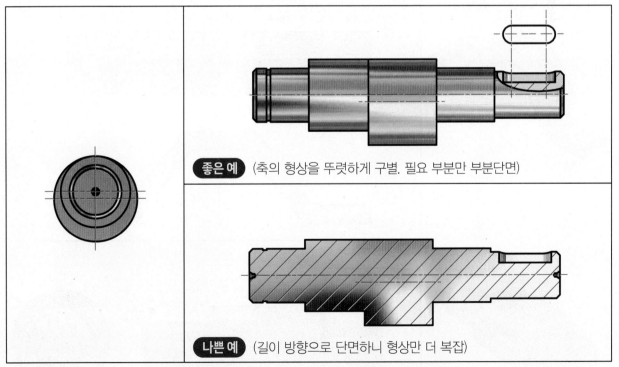

좋은 예 (축의 형상을 뚜렷하게 구별. 필요 부분만 부분단면)

나쁜 예 (길이 방향으로 단면하니 형상만 더 복잡)

1) 특정 부분이 평면인 경우 도시방법: 평면인 부위에 가는 실선으로 대각선을 긋는다.(그림 1)
2) 도형의 면이 라운드 처리되어 있는 경우 도시방법: 교차선 위치에서 가는실선으로 양끝이 닿지 않게 상관선을 표시한다.(그림 2)
3) 특수한 가공 부분을 표시하는 방법: 마찰운동을 하는 편심, 기어 이, 피스톤, 실린더, 베어링과 접하는 축부위 등과 같은 마찰 부위에는 특수한 표면 열처리를 해주는 경우가 많은데, 가공하고자 하는 면 위에 굵은 1점 쇄선으로 표시한다.(그림 3)

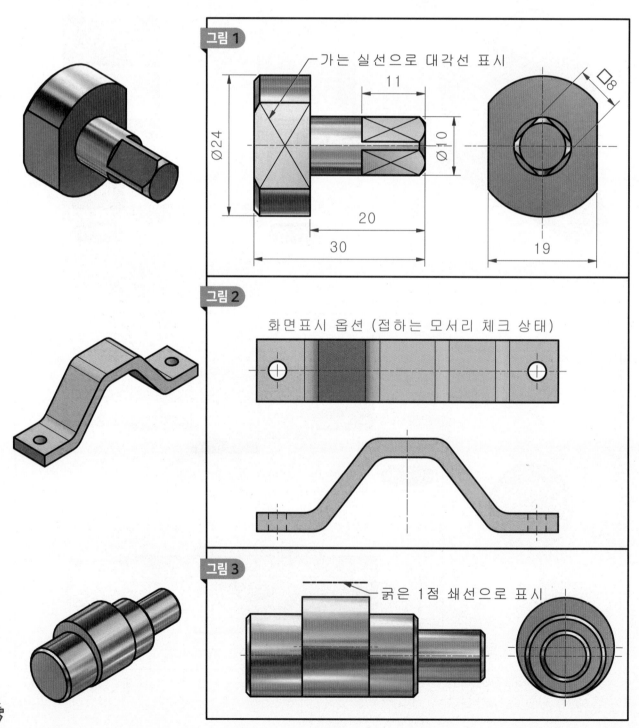

그림 1

가는 실선으로 대각선 표시

그림 2

화면표시 옵션 (접하는 모서리 체크 상태)

그림 3

굵은 1점 쇄선으로 표시

✎ 치수 기입

조립도를 해독하여 각각의 부품마다 특성에 맞게 주 투상도를 기준으로 필요한 면을 배치하여 작도한 후에 할 일은 치수를 기입해 주는 것이다.

설계자는 가공 및 조립관계, 기능관계를 고려하여 치수기입을 해주는데 기입한 치수는 제작자(가공자)가 도면을 보고 가공할 치수이므로 정확하고 간단 명료해야 하며, 되도록이면 치수계산을 하지 않도록 해야 한다.

1) 치수의 종류

– 기능 치수 : 부분이나 공간의 기능에 필수적인 치수
– 비기능 치수 : 기능에 필수적이지 않은 치수
– 참조 치수 : 정보를 나타내기 위한 목적으로만 사용하는 치수. 참조 치수는 괄호 안에 기입하고 공차는 적용하지 않는다 .

2) 치수기입 방법 적용

– 가공물의 완성품 치수를 기입해야 한다.
– 전체 길이, 전체 높이, 전체 폭, 조립 치수, 구멍의 위치 및 크기 치수는 반드시 기입한다.
– 치수는 되도록 주 투상도(정면도)에 기입한다.
– 가공 형상을 고려하여, 공정별로 배열 및 구분하여 관련된 치수끼리 되도록이면 한 곳에 모아 보기 쉽게 기입한다.
– 중복 치수기입은 피해야 하며, 계산할 필요가 없도록 기입해야 한다.
– 기능 치수는 대응하는 도면에 직접 기입해야 한다.
– 기능상 필요한 치수는 허용 한계를 기입한다.
– 참조 치수는 치수문자에 괄호를 붙여 기입한다.
– 치수는 가급적 우측과 하단에 배치함을 원칙으로 한다.
– 은선에는 가급적 치수기입을 하지 않는다.

3) 치수선과 치수보조선

– 치수선은 치수(길이, 각도)를 측정하는 방향에 평행하게 작도한다.
– 치수선은 치수 보조선을 사용하여 기입하는 것을 원칙으로 한다.
– 치수 보조선은 형상에서 1mm 간격을 두고 기입한다.
– 치수 보조선은 형상의 점 또는 선의 중심을 통과하는 치수선에 직각으로 작도하고, 치수선보다 약2mm 정도 길게 작도한다.

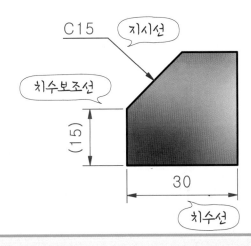

1) Ø(지름치수, Diameter), R(반지름치수, Radius):

형체가 대칭 중심을 기준으로 180° 이상이면 "Ø", 180° 미만이면 "R" 치수로 기입한다.

 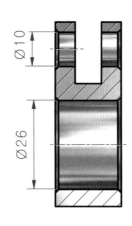 

2) C(모따기, Chamfer):

45°로 모따기일 때만 "C" 기호를 붙인다.

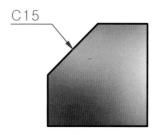

3) 좁은 공간 치수:

① 지시선을 이용　② 화살촉 모양 변경　③ 상세도를 이용

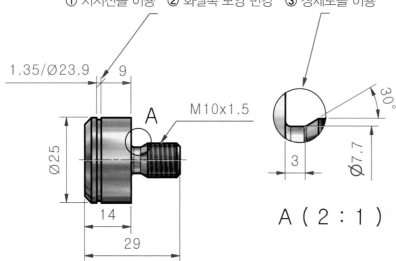 

4) 경사진 선이 교차:

라운드가 있는 부분에 치수를 기입할 때는 가는 실선으로 교점에 치수보조선을 긋는다.

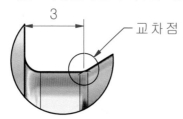

1) 구멍치수 표시

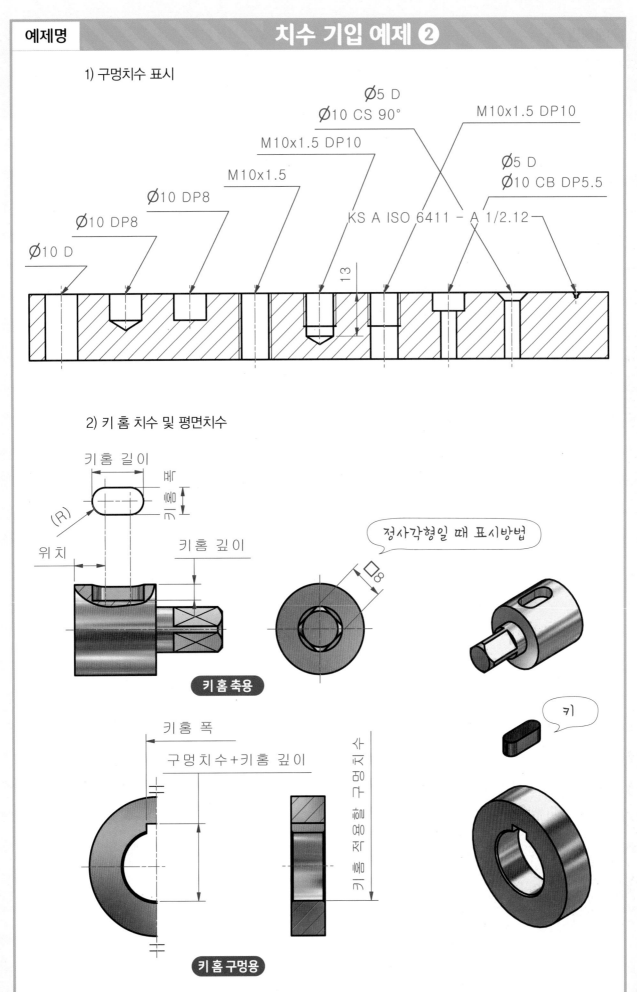

Ø5 D
Ø10 CS 90°
M10x1.5 DP10
M10x1.5 DP10
M10x1.5
Ø5 D
Ø10 CB DP5.5
Ø10 DP8
Ø10 DP8
KS A ISO 6411 - A 1/2.12
Ø10 D
13

2) 키 홈 치수 및 평면치수

키 홈 길이
폭
(R)
위 치
키 홈 깊이
키 홈 축용

정사각형일 때 표시방법
□8

키 홈 폭
구멍치수+키 홈 깊이
키홈 적용한 구멍치수
키 홈 구멍용

키

1) 대칭된 도형의 치수, 같은 구멍의 치수

구멍의 개수를 구멍 치수와 함께 기입

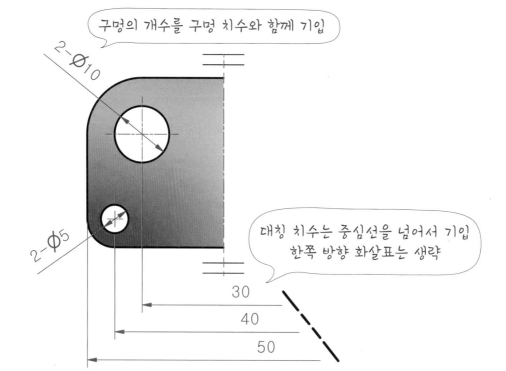

2-Ø10

2-Ø5

대칭 치수는 중심선을 넘어서 기입
한쪽 방향 화살표는 생략

30
40
50

2) 회전물체 치수

삼각형 형태를 유지

3-Ø22 D

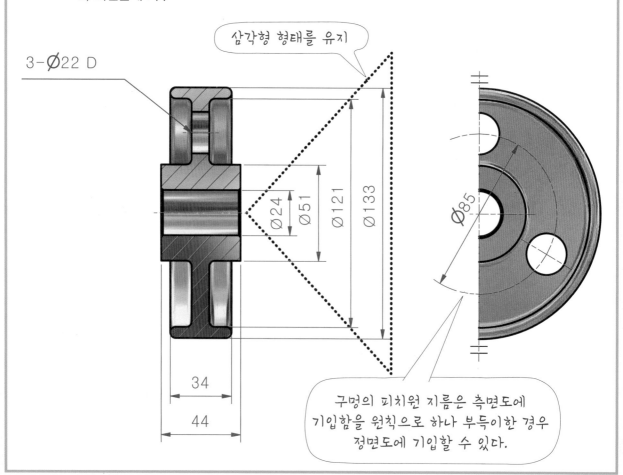

Ø24
Ø51
Ø121
Ø133
Ø85

34
44

구멍의 피치원 지름은 측면도에
기입함을 원칙으로 하나 부득이한 경우
정면도에 기입할 수 있다.

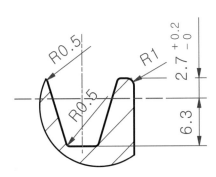

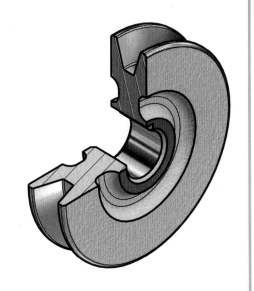

상세도를 활용
R값 표현 및 기타 치수 기입

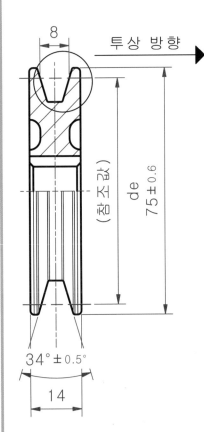

투상 방향 ▶

우측 투상

좌측 투상

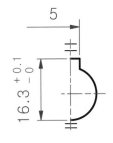

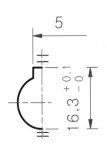

좋은 예

나쁜 예

(대칭물체는 반만 표시)

(투상 방향 오류)

❖ KS 규격집 42.V벨트풀리 허용차 부분

호칭지름 (mm)	바깥지름 de 허용차	바깥둘레 흔들림 허용값	림 측면 흔들림 허용값
75이상 1180이하	±0.6	0.3	0.3
125이상 3000이하	±0.8	0.4	0.4

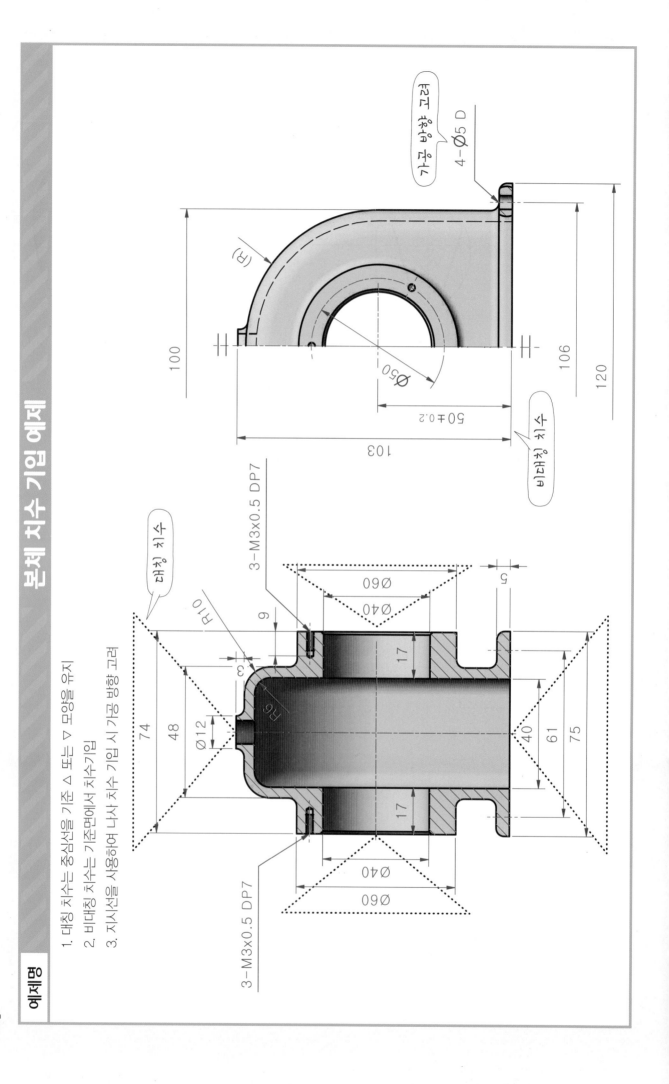

4-Ø5 D
나사 사용 구멍

(R)

100

Ø50

50±0.2

103

106

120

비대칭 치수

대칭 치수

3-M3x0.5 DP7

Ø60
Ø40

5

R10

9

3

74

48

Ø12

R6

17

40

61

75

17

Ø40
Ø60

3-M3x0.5 DP7

1. 대칭 치수는 중심선을 기준 △ 또는 ▽ 모양을 유지

2. 비대칭 치수는 기준면에서 치수기입

3. 지시선을 사용하여 나사 치수 기입 시 기공 방향 고려

축단은 수평 방향으로 배치함을 기본으로 하며, 지름이 큰단을 우측으로 배치한다.(가공 방향 고려)

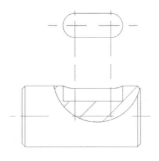

축. 키. 핀. 리브 등은 절단해서는 안 되는 부품이라. 키의 모양을 도시하고자 한다면, 부분 단면도 활용 위쪽으로 배치한다.

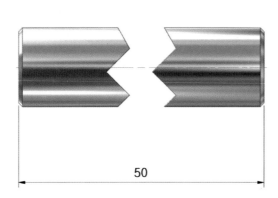

50

축단의 길이가 길거나, 테이퍼 등을 도시하기 위해선 중간 부분을 파단하고, 전체 길이를 기입한다.

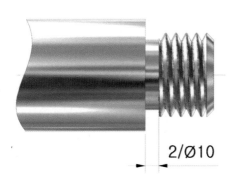

축단의 구석 홈 등 좁은 구간의 치수가입 중 폭이 2mm 이고 지름이 10mm인 경우 2/ø10으로 표기하기도 한다.

2/Ø10

축 끝단은 조립을 용이하게 하기 위해서 모따기를 하고 치수 기입을 기본으로 하며, KS B 0701 기준이 었으나 폐지되어. 통상 C1 모따기 후 표기 생략한다.(단 주서에 대표값 기입)

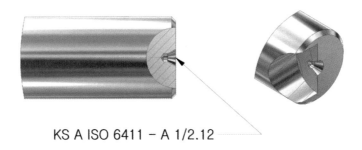

KS A ISO 6411 - A 1/2.12

축단은 양단 센터구멍 작업을 기본으로 하며, 도시법은 KS A ISO 6411 -A 1/2.12 값을 활용 가공하고 도시한다.

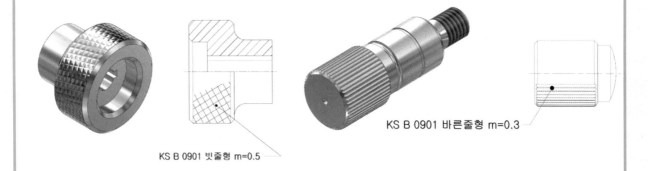

KS B 0901 바른줄형 m=0.3

KS B 0901 빗줄형 m=0.5

축단의 널링(Knurling) 작업 시 빗줄형은 30° 바른줄형은 m=0.3 KS B 0901을 참조한다.

예시 KS B 0901 빗줄형 m=0.5
　　　 KS B 0901 바른줄형 m=0.3

* 도시되고 지시 없는 모깎기 R3, 모따기 C1

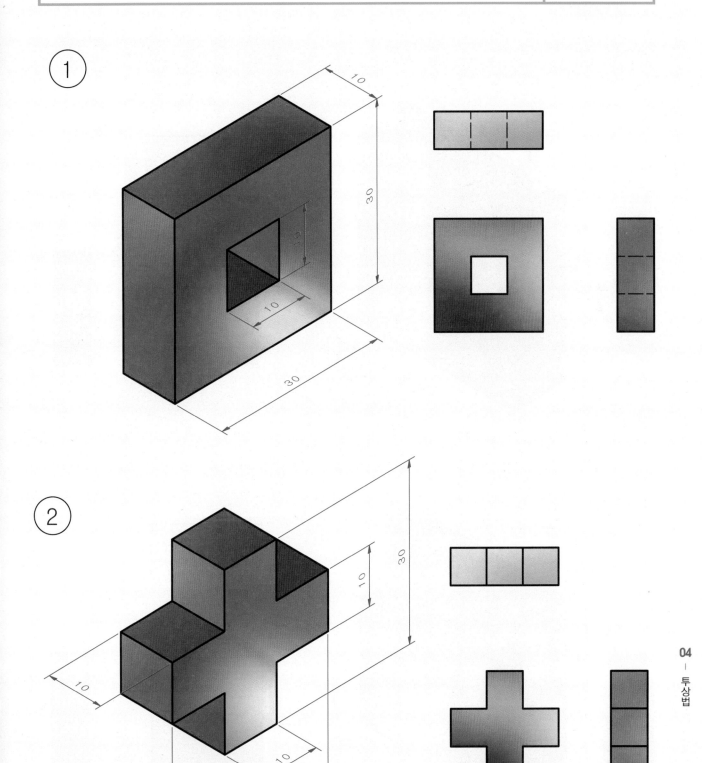

①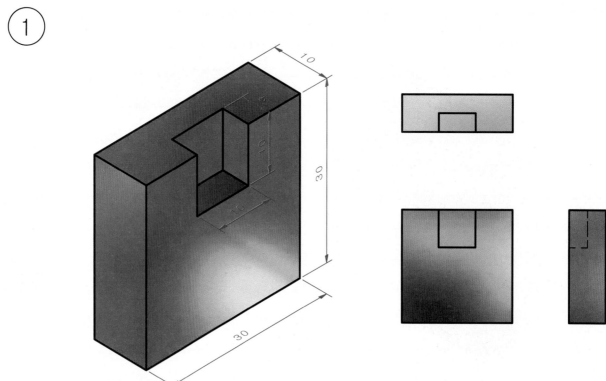

②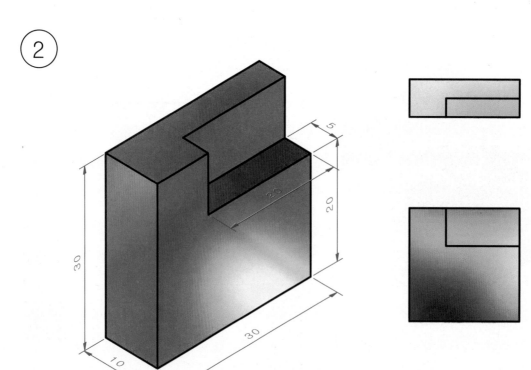

* 도시되고 지시 없는 모깎기 R3, 모따기 C1

①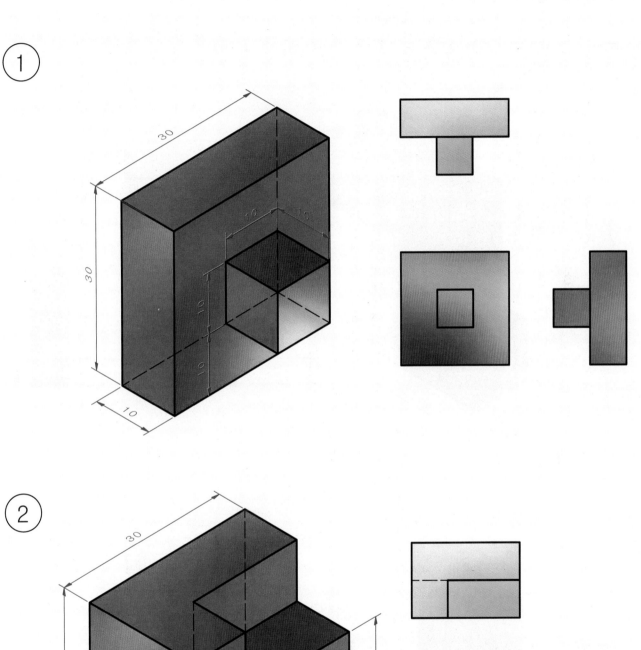

②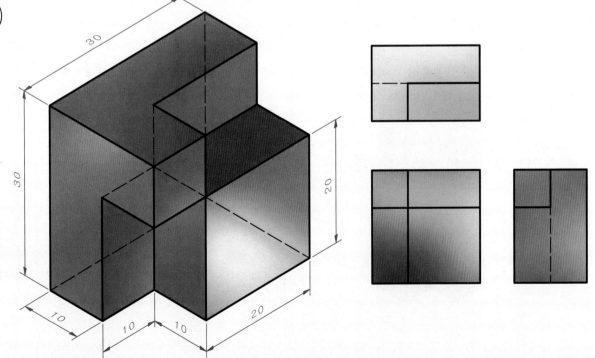

①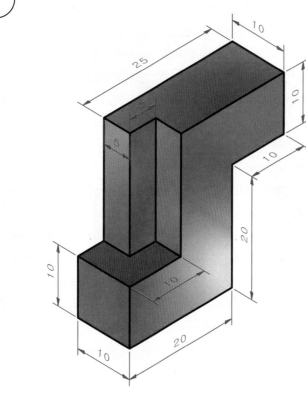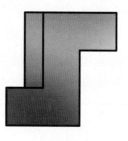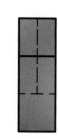

②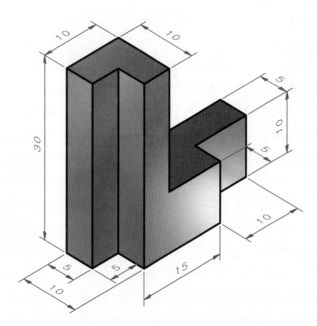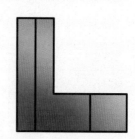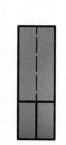

작품명	기초 투상 ❺	
체적	4500.000 mm^3 / 7875.000 mm^3	

* 도시되고 지시 없는 모깎기 R3, 모따기 C1

①

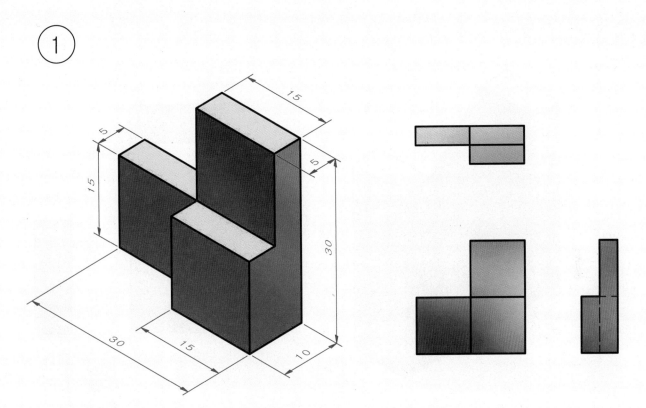

②

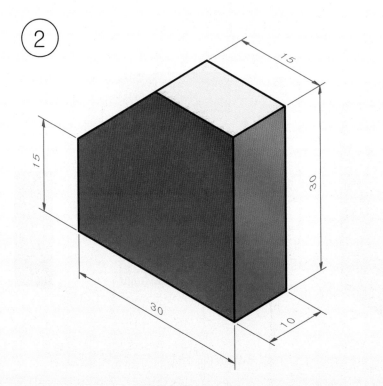

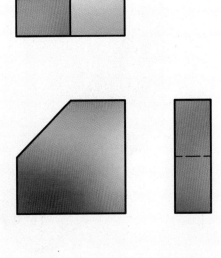

* 도시되고 지시 없는 모깎기 R3, 모따기 C1

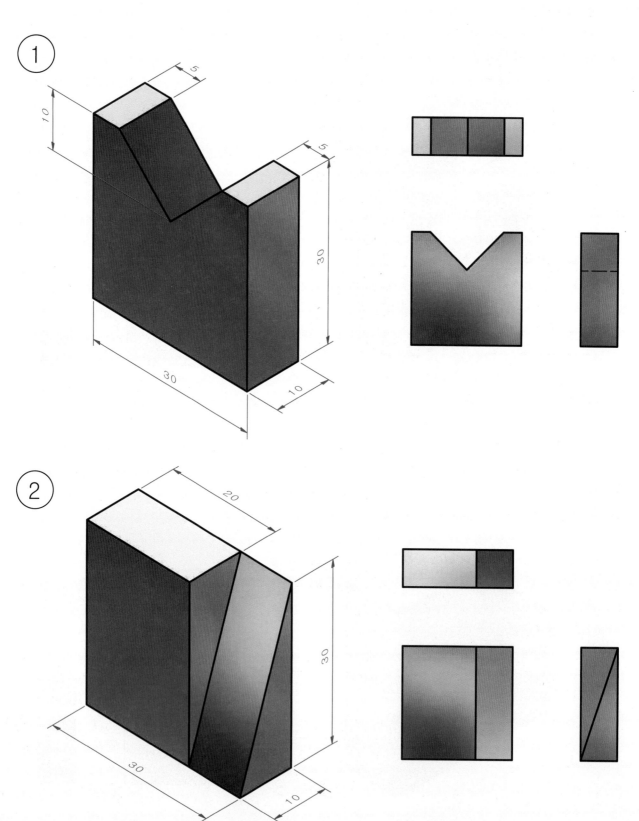

* 도시되고 지시 없는 모깎기 R3, 모따기 C1

①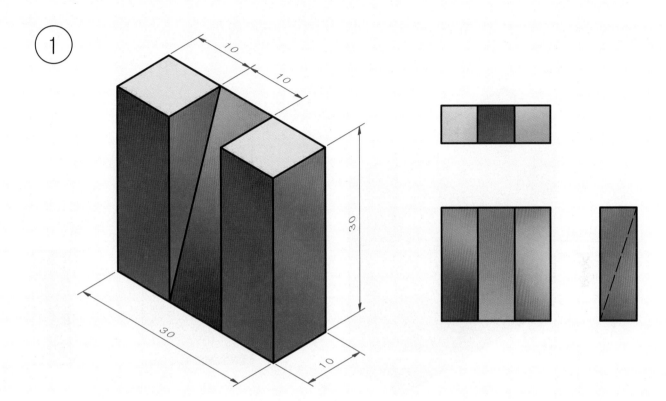

②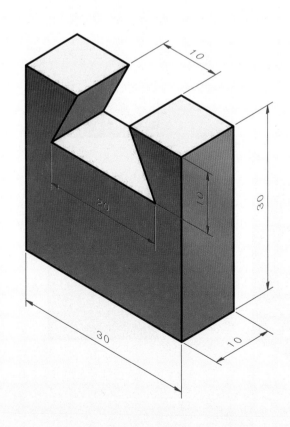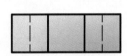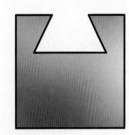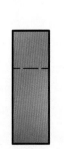

①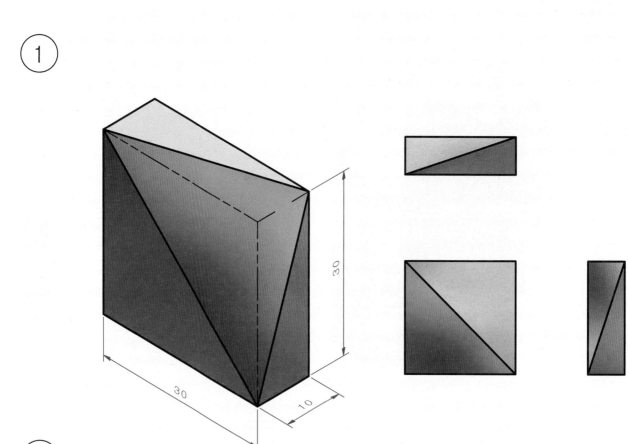

②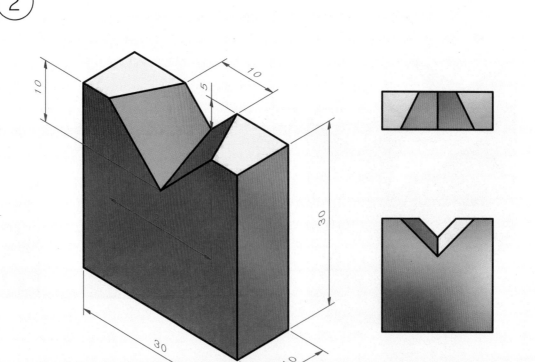

작품명	**기초 투상 ❾**
체적	4375.000 mm^3 / 4750.000 mm^3

* 도시되고 지시 없는 모깎기 R3, 모따기 C1

①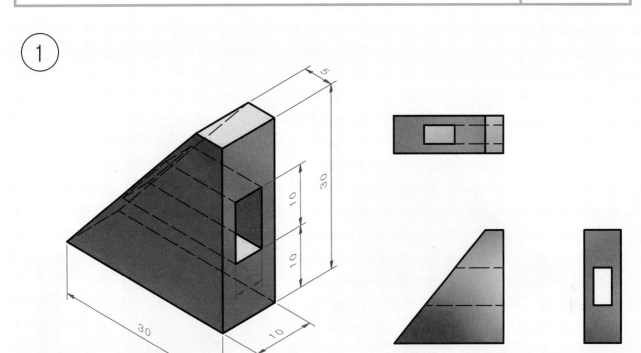

 ②

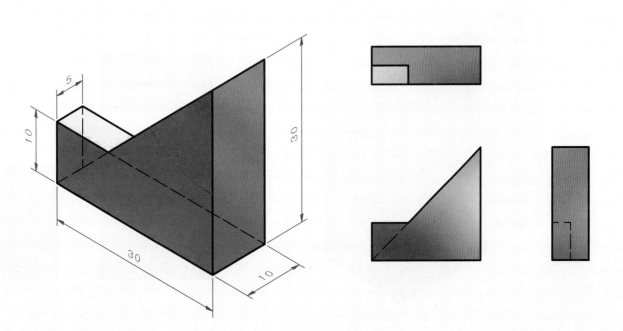

작품명	기초 투상 ⑩
체적	5000.000 mm^3 / 9000.000 mm^3

* 도시되고 지시 없는 모깎기 R3, 모따기 C1

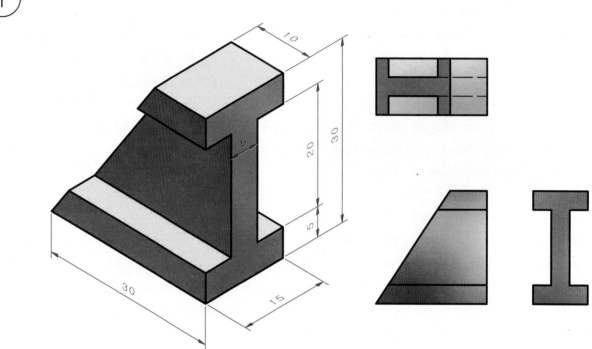

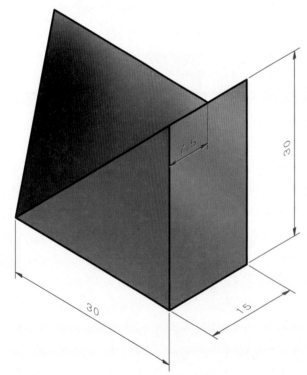

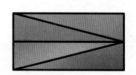

* 도시되고 지시 없는 모깎기 R3, 모따기 C1

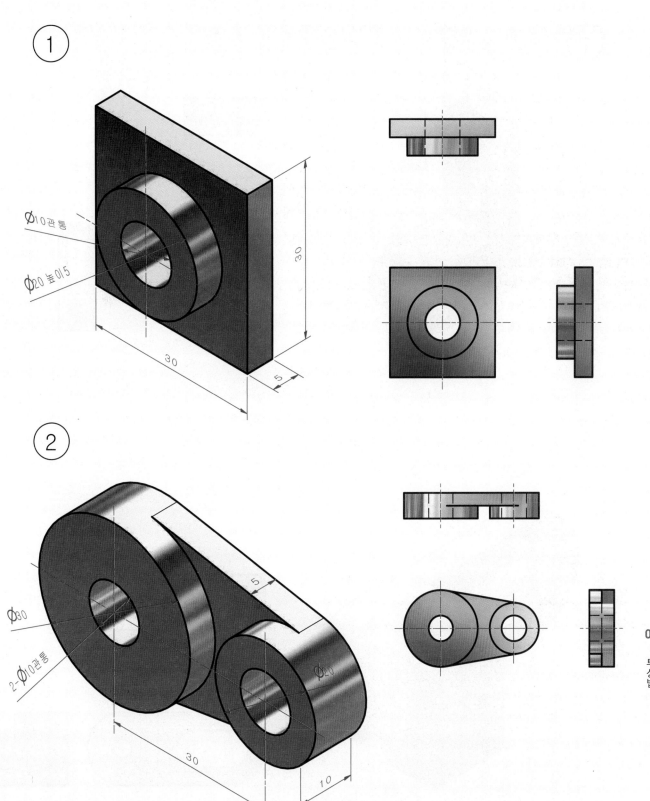

* 도시되고 지시 없는 모깎기 R3, 모따기 C1

①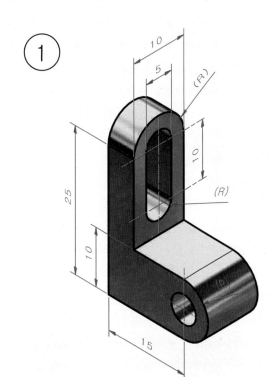

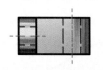

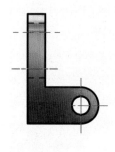

②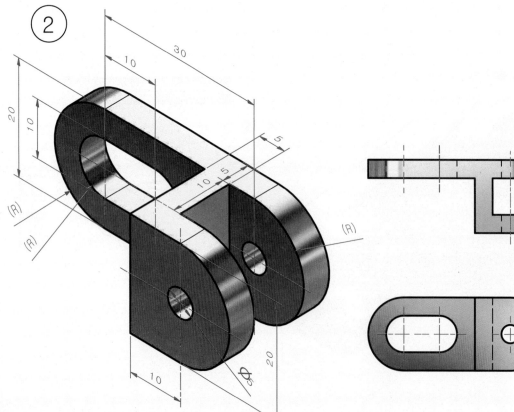

작품명	기초 투상 ⑬	
체적	66643.806 mm^3 / 46214.602 mm^3	

* 도시되고 지시 없는 모깎기 R3, 모따기 C1

①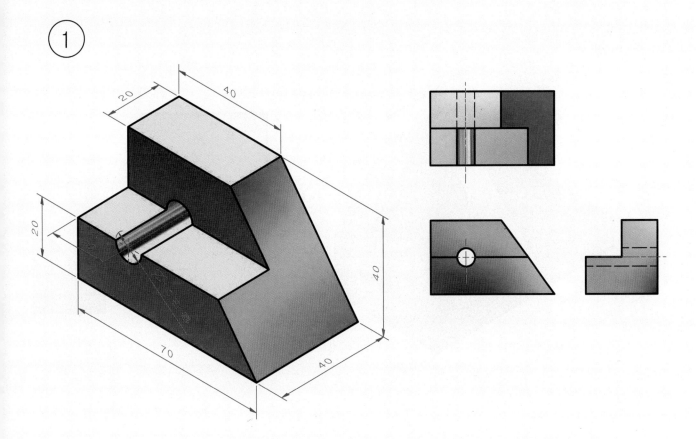

②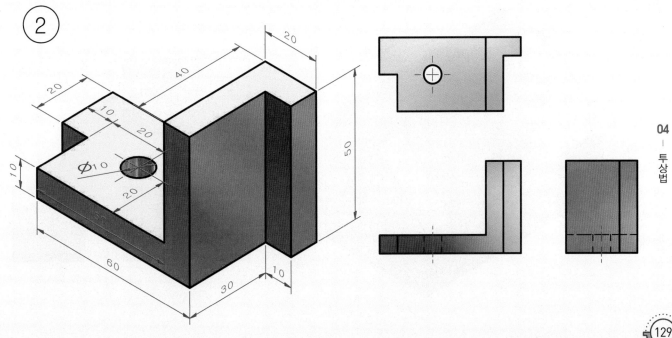

①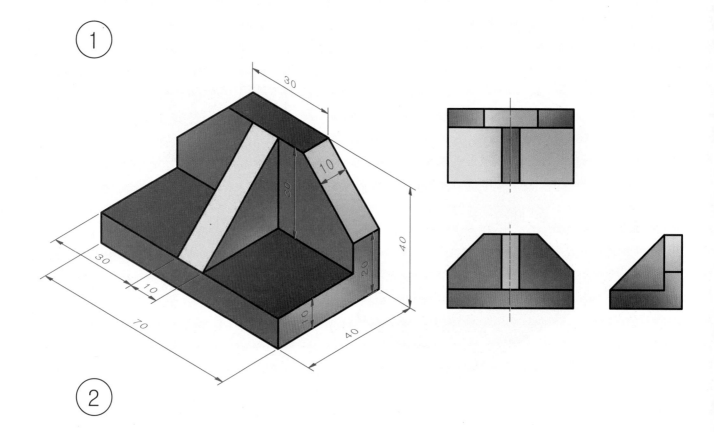

②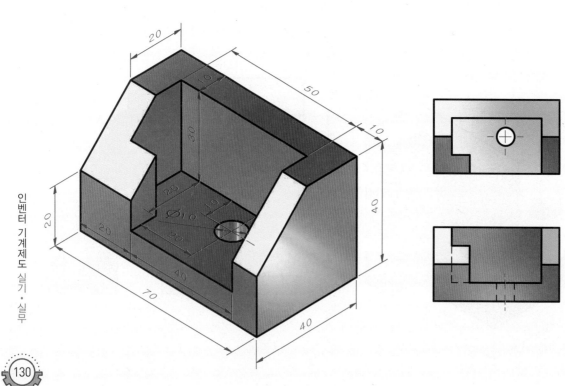

작품명	기초 투상 ⑮
체적	26500.000 mm^3 / 47785.714 mm^3

①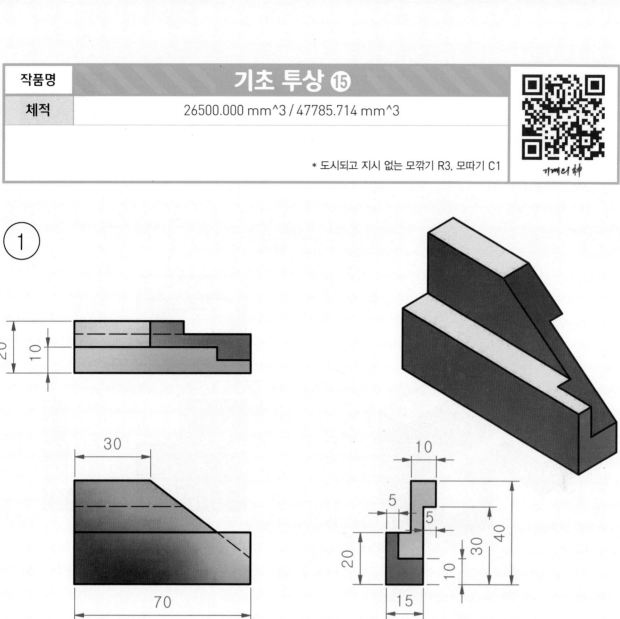

②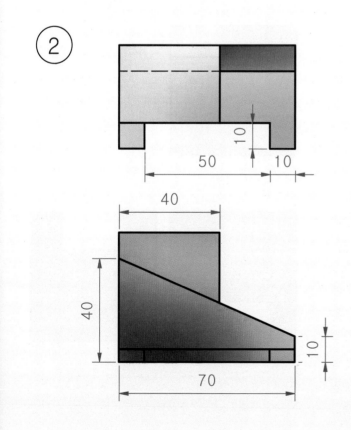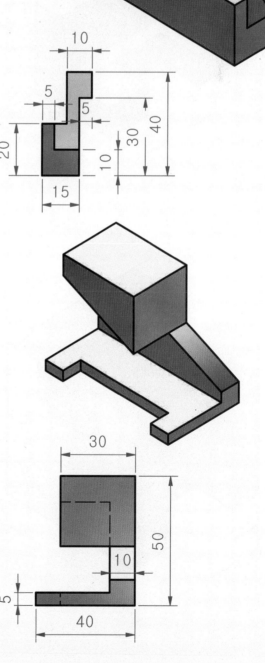

작품명	기초 투상 ⑯
체적	28000.000 mm^3 / 89000.000 mm^
	* 도시되고 지시 없는 모깎기 R3, 모따기 C1

기계의 神

①

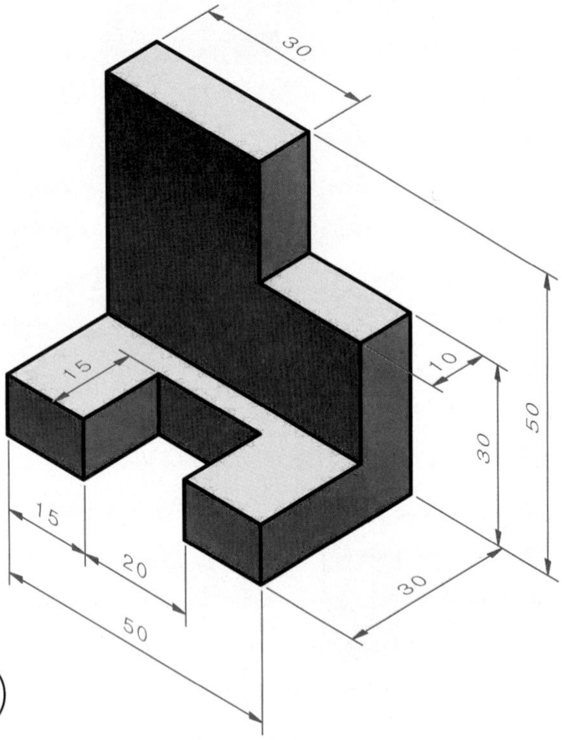

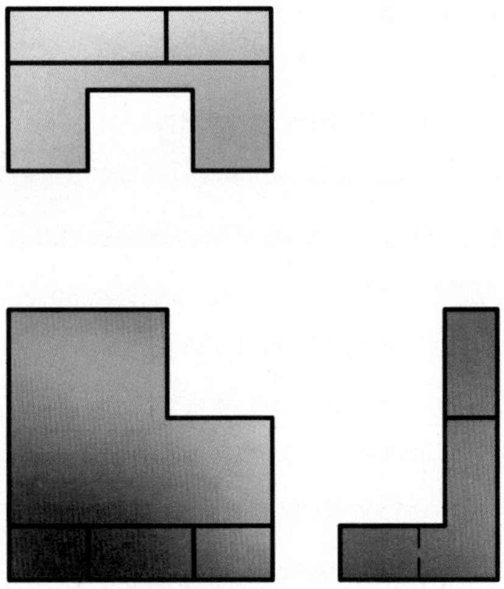

②

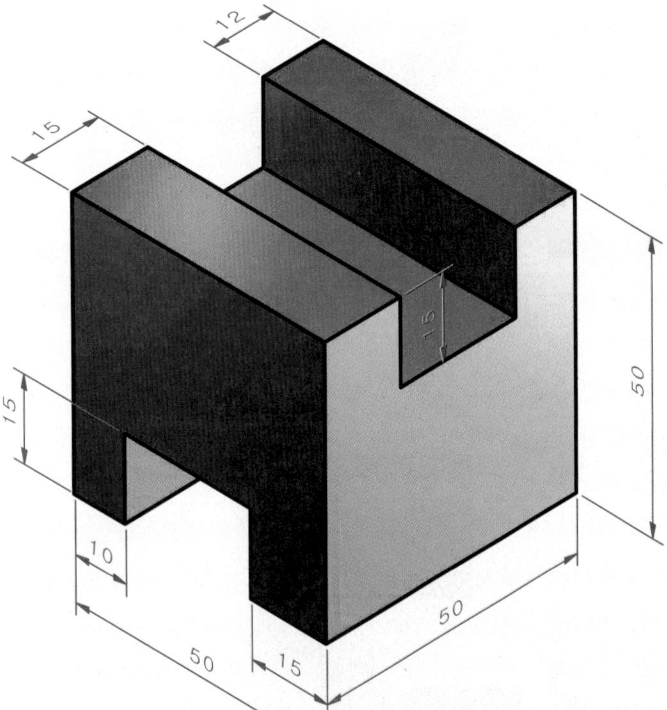

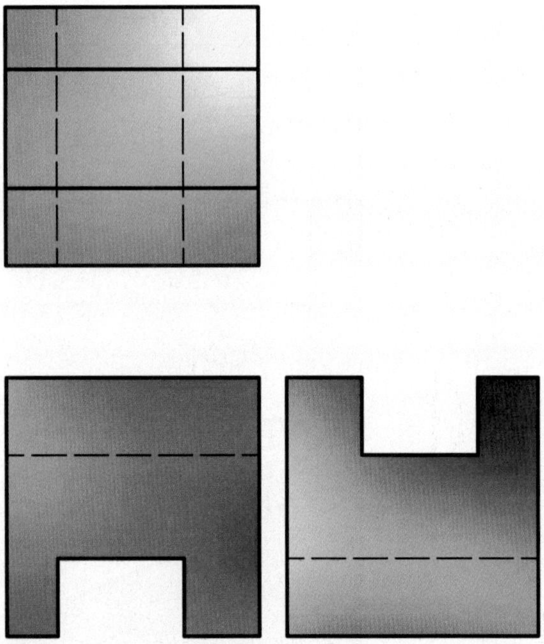

작품명	기초 투상 ⑰
체적	17000.000 mm^3 / 34505.863 mm^3

* 도시되고 지시 없는 모깎기 R3, 모따기 C1

①

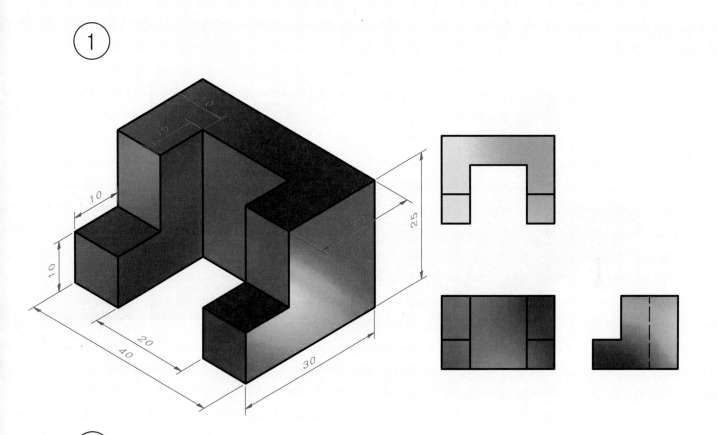

②

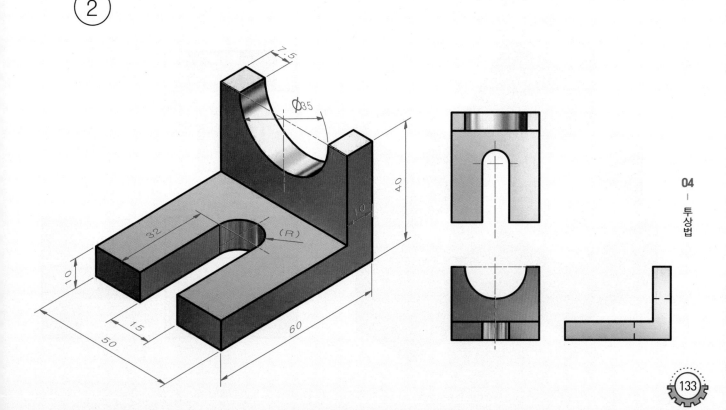

* 도시되고 지시 없는 모깎기 R3, 모따기 C1

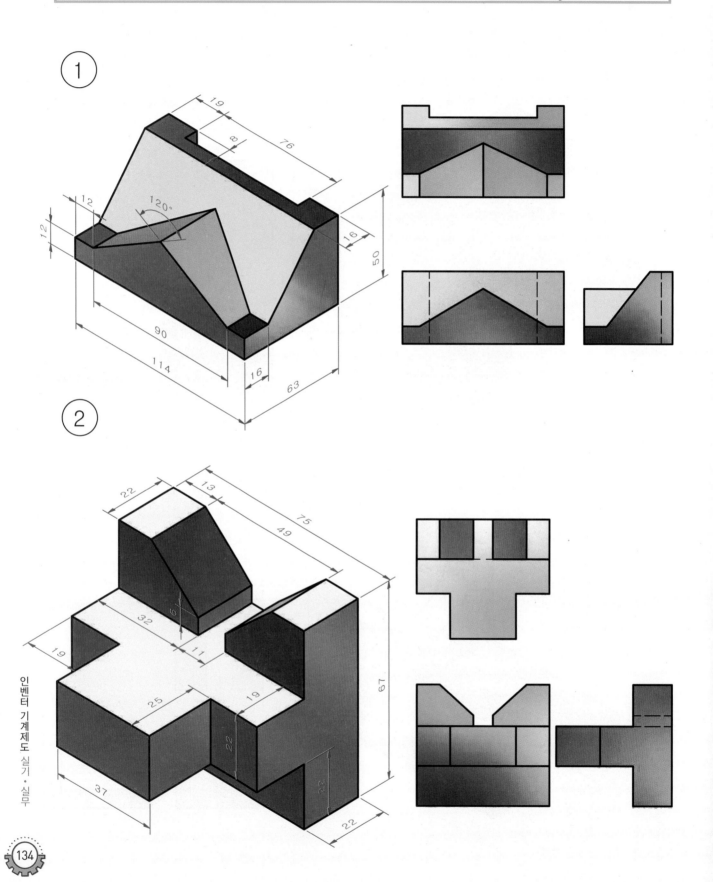

① ②

인벤터 기계제도 실기 · 실무

* 도시되고 지시 없는 모깎기 R3, 모따기 C1

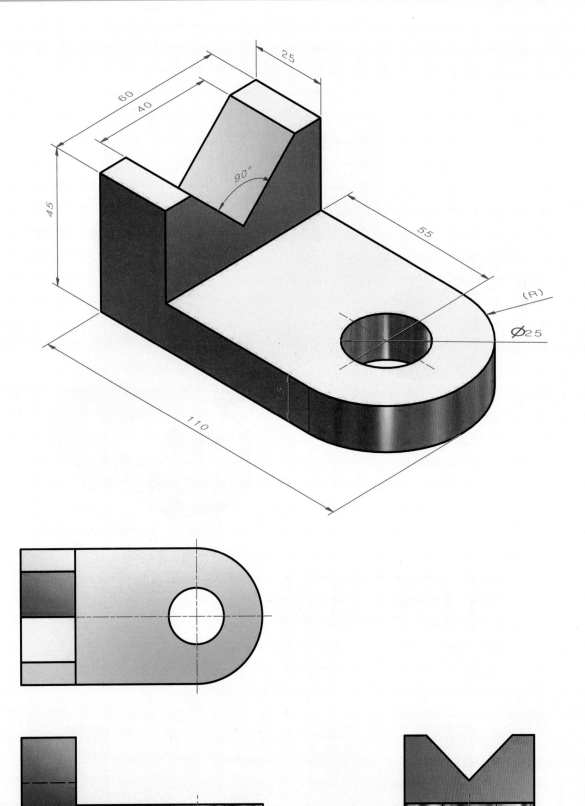

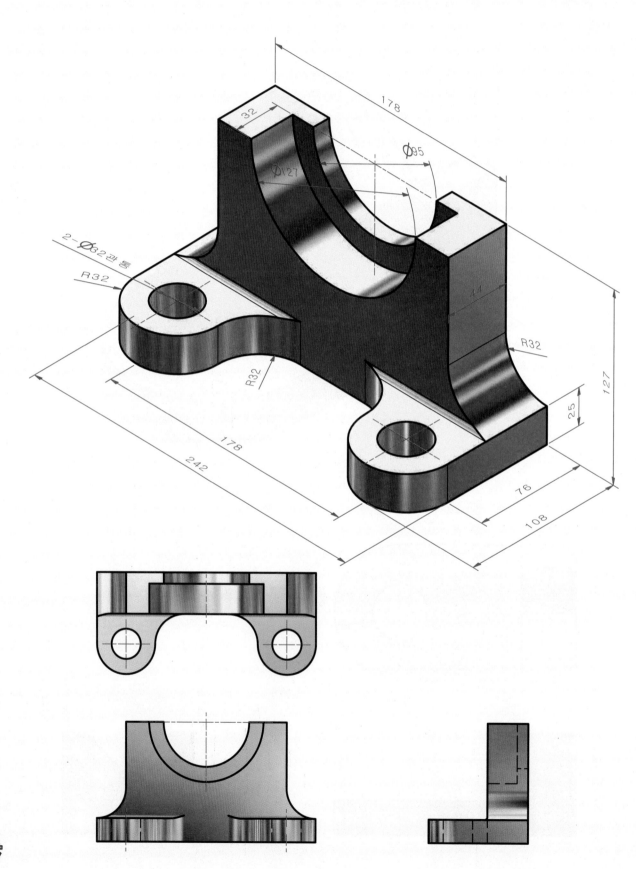

178

32

Ø95

Ø127

2 - Ø32 관통

R32

44

R32

R32

127

178

242

25

76

108

작품명	기초 투상 ㉑
체적	97732.833 mm^3

* 도시되고 지시 없는 모깎기 R3, 모따기 C1

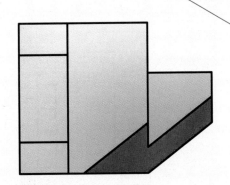

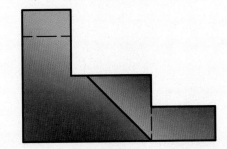

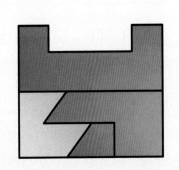

3각법은 물체를 보는 위치에 투상도가 도시되는 투상법으로 정면도 위쪽에 평면도, 정면도 우측에 우측면도 등을 배치.　　* 도시되고 지시 없는 모깎기 R3, 모따기 C1

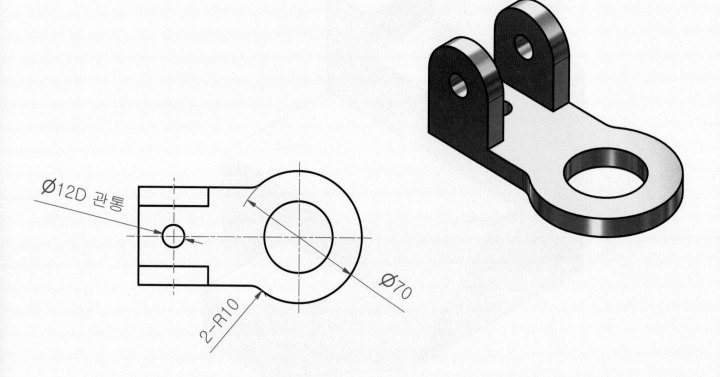

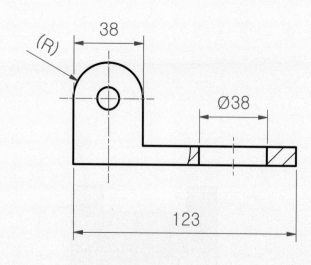

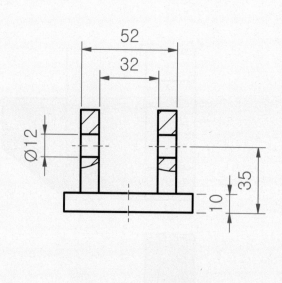

작품명	**3각법 실습 예제 ❷**	
검증	82505.549 mm^3	

* 도시되고 지시 없는 모깎기 R3, 모따기 C1

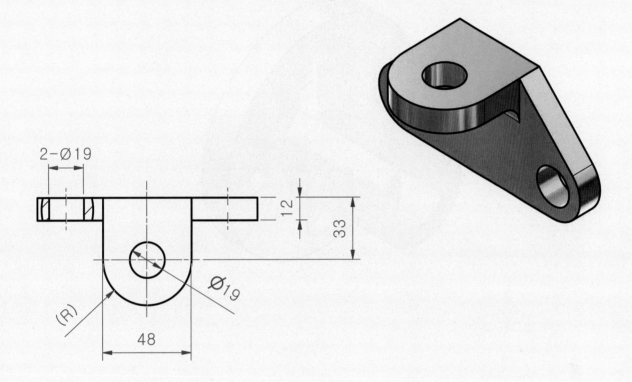

2-Ø19

12

33

(R)

Ø19

48

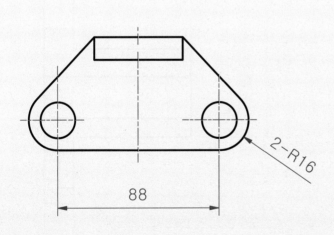

2-R16

88

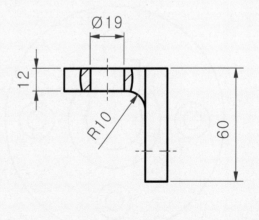

Ø19

12

R10

60

* 도시되고 지시 없는 모깎기 R3, 모따기 C1

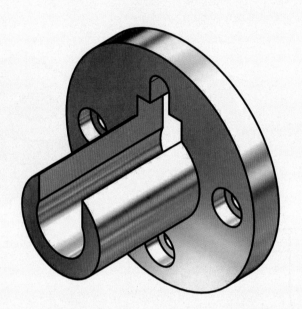

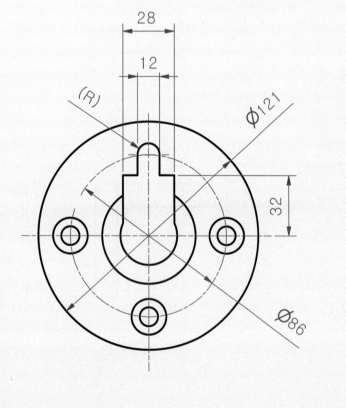

28

12

(R)

Ø121

32

Ø86

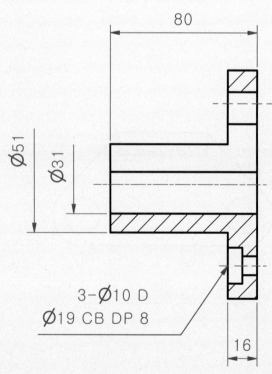

80

Ø51

Ø31

3-Ø10 D
Ø19 CB DP 8

16

* 도시되고 지시 없는 모깎기 R3, 모따기 C1

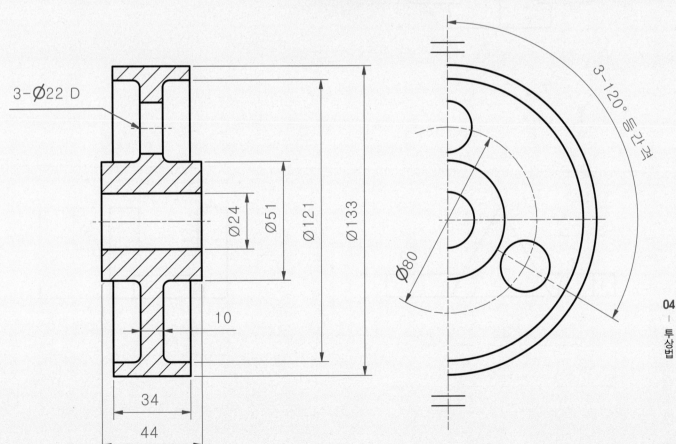

3-Ø22 D

Ø24
Ø51
Ø121
Ø133

10

34

44

3-120° 등간격

Ø80

04
— 투상법

141

* 도시되고 지시 없는 모깎기 R3, 모따기 C1

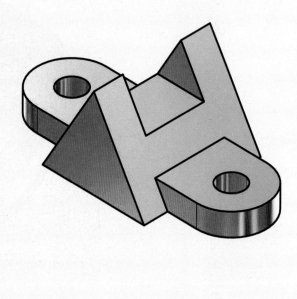

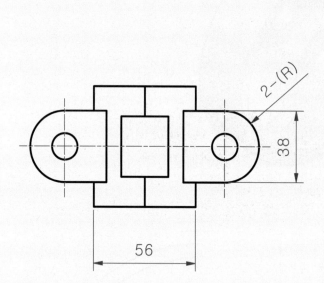

2-(R)

38

56

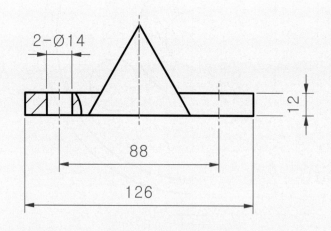

2-Ø14

12

88

126

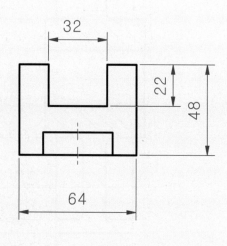

32

22

48

64

작품명	3각법 실습 예제 ❻
검증	78668.488 mm^3

* 도시되고 지시 없는 모깎기 R3, 모따기 C1

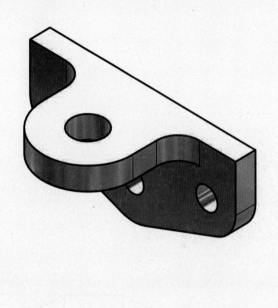

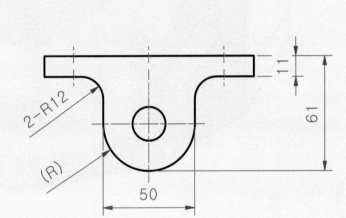

2-R12

(R)

11

61

50

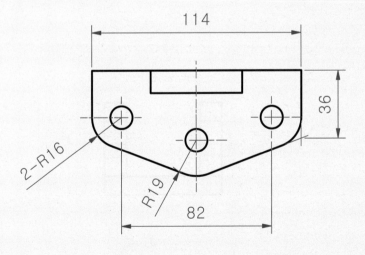

114

36

2-R16

R19

82

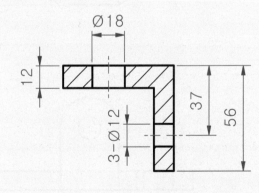

Ø18

12

3-Ø12

37

56

* 도시되고 지시 없는 모깎기 R3, 모따기 C1

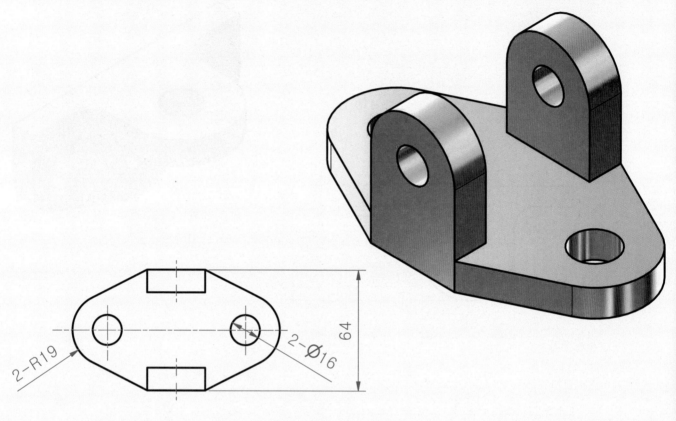

2-R19 2-Ø16 64

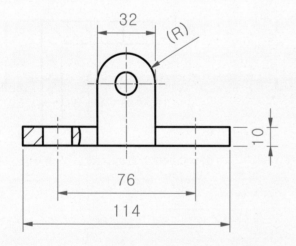

32 (R) 10 76 114

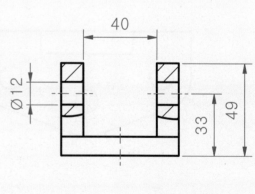

40 Ø12 33 49

* 도시되고 지시 없는 모깎기 R3, 모따기 C1

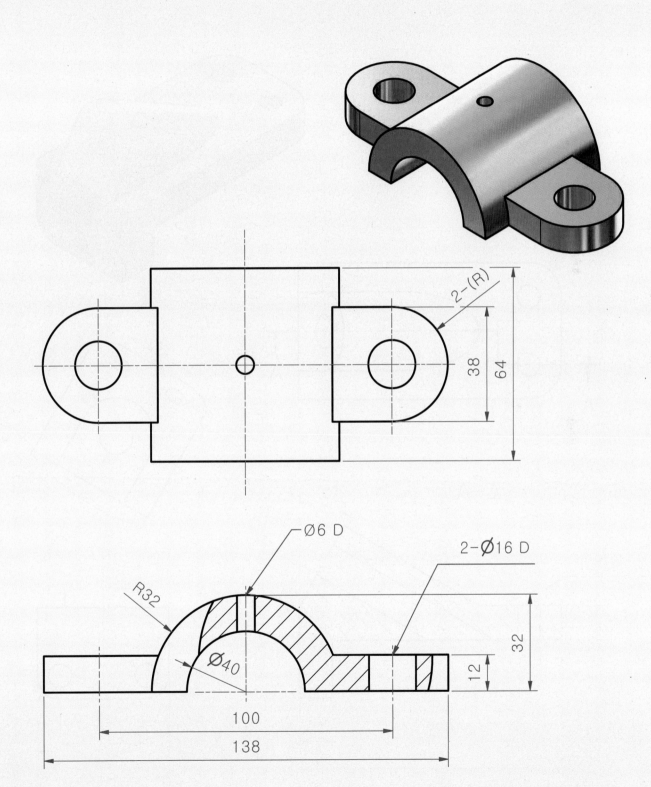

Ø6 D

2-Ø16 D

R32

Ø40

2-(R)

38

64

32

12

100

138

04
—
투상법

145

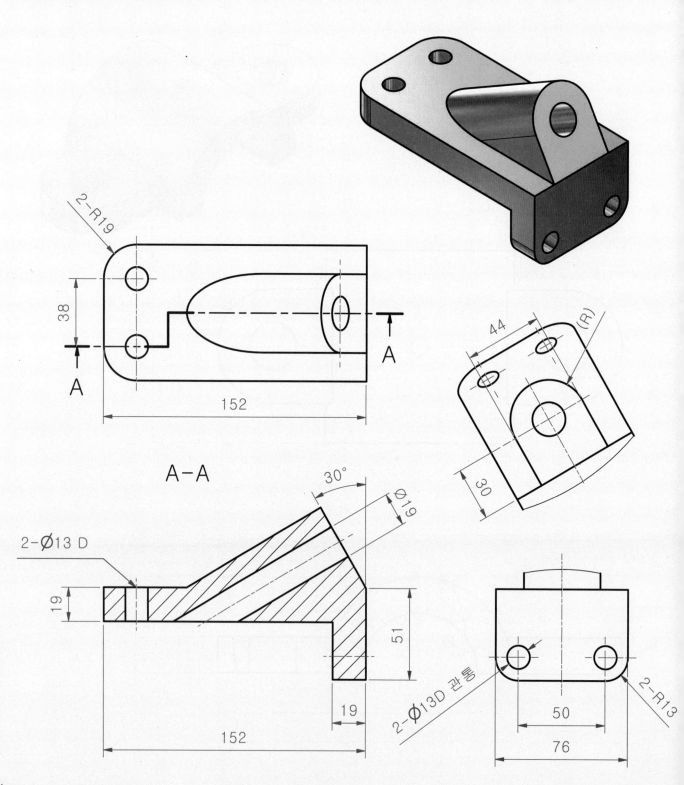

2-R19

38

152

A

A

A-A

30°

⌀19

2-⌀13 D

19

51

19

152

2-⌀13D 관통

44

(R)

30

50

76

2-R13

* 도시되고 지시 없는 모깎기 R3, 모따기 C1

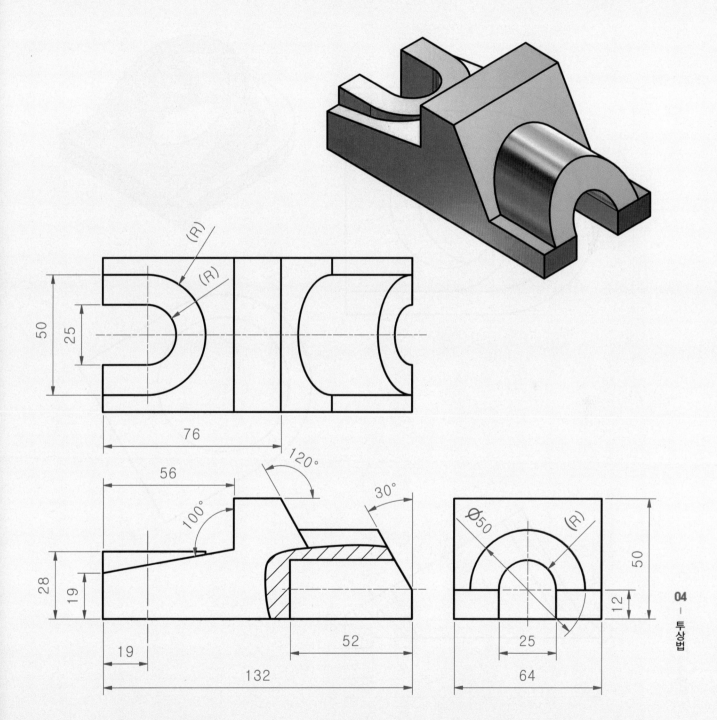

* 도시되고 지시 없는 모깎기 R3, 모따기 C1

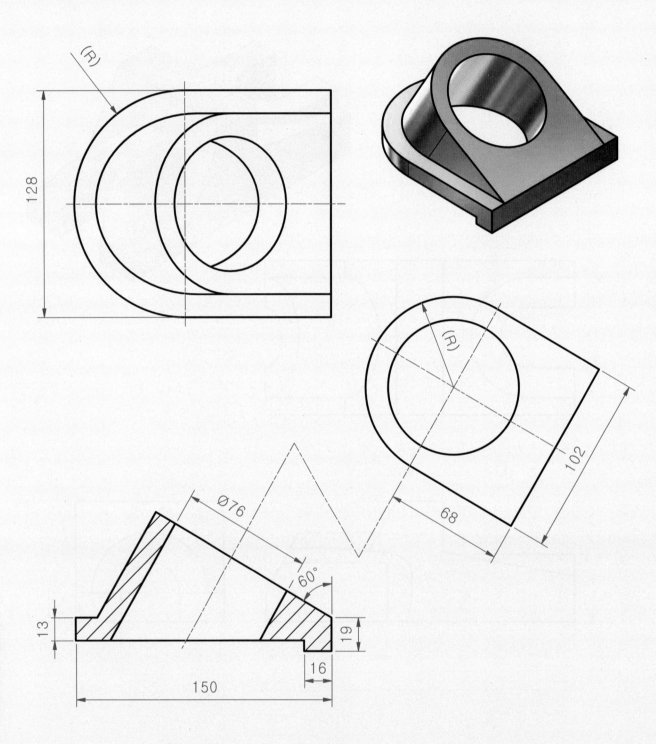

(R)

128

(R)

102

68

Ø76

60°

13

19

16

150

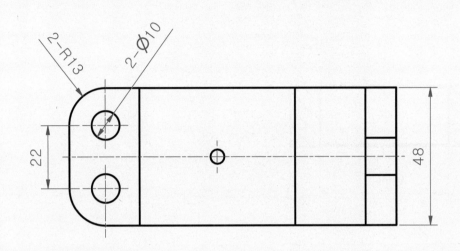

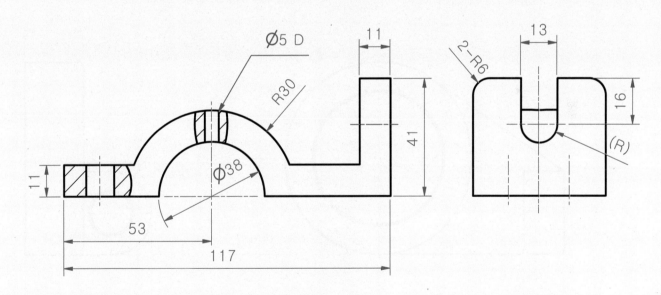

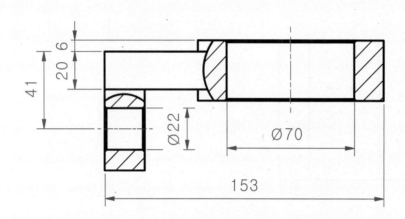

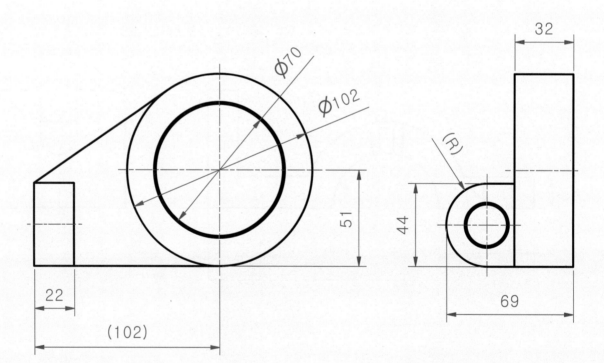

* 도시되고 지시 없는 모깎기 R3, 모따기 C1

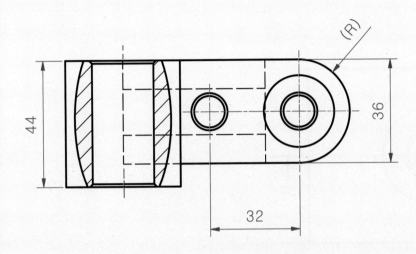

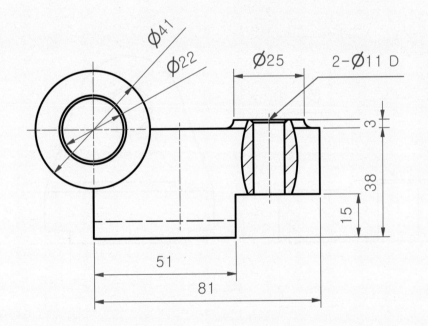

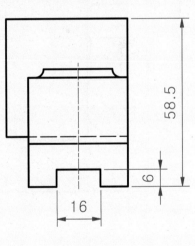

04
ㅡ
투상법

151

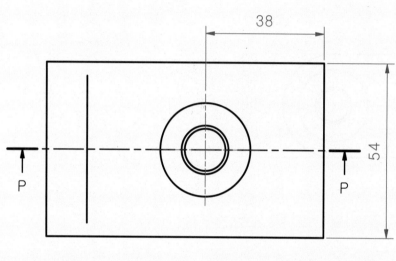

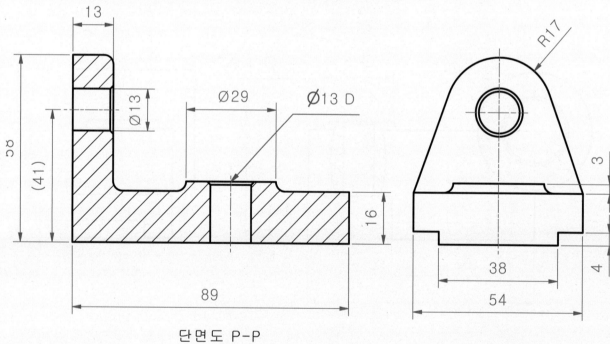

단면도 P-P

* 도시되고 지시 없는 모깎기 R3, 모따기 C1

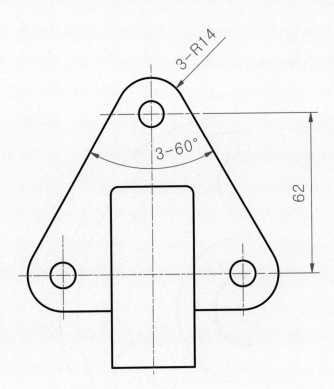

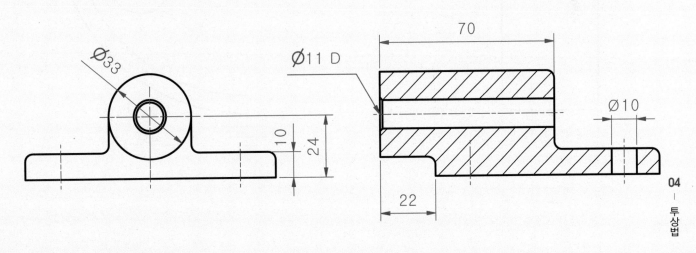

* 도시되고 지시 없는 모깎기 R3, 모따기 C1

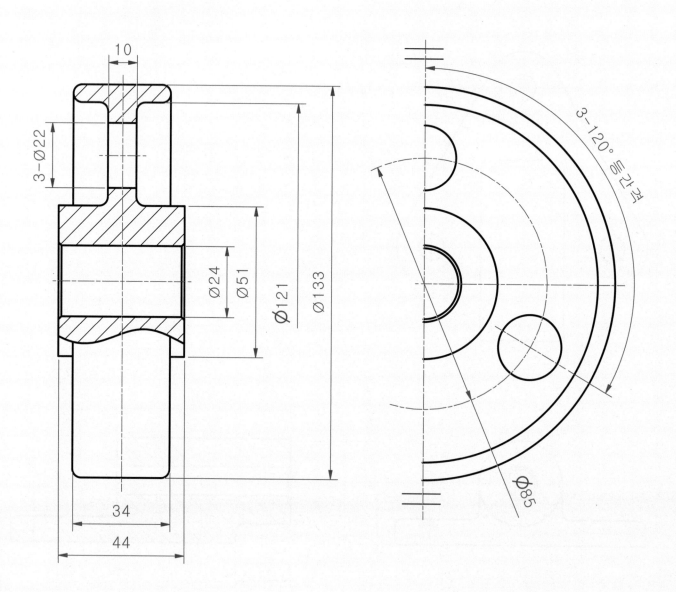

* 도시되고 지시 없는 모깎기 R3, 모따기 C1

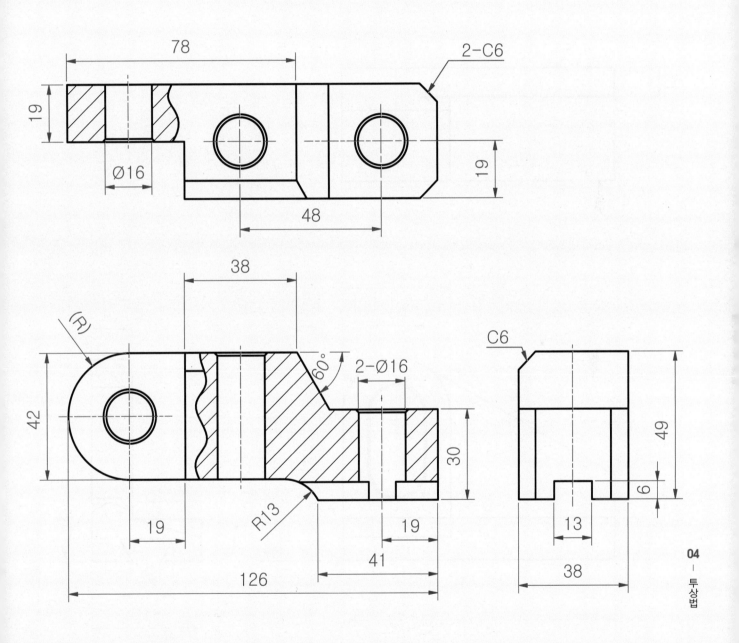

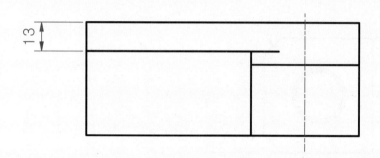

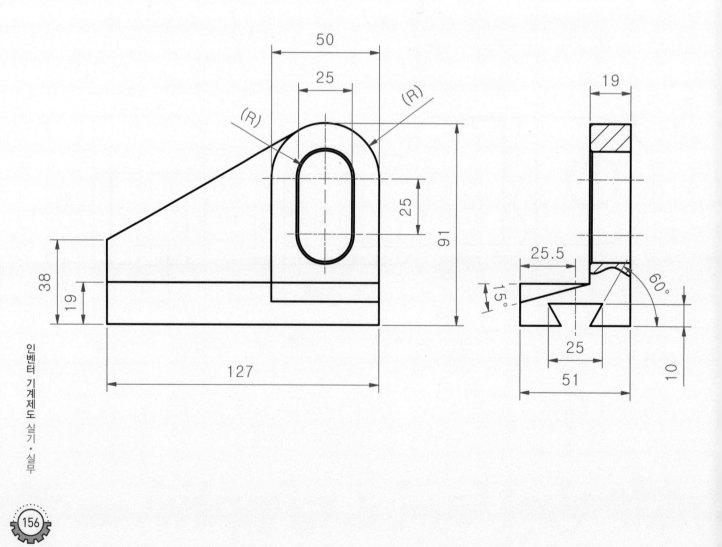

작품명	3D 투상 연습 ❾ – DoveTail Holder	
체적	233328.176 mm^3	

* 도시되고 지시 없는 모깎기 R3, 모따기 C1

2-∅13 D

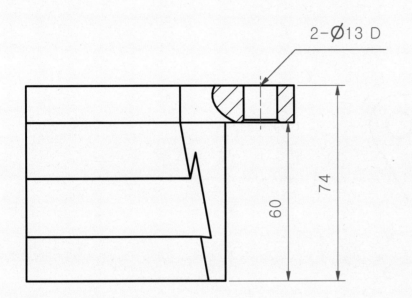

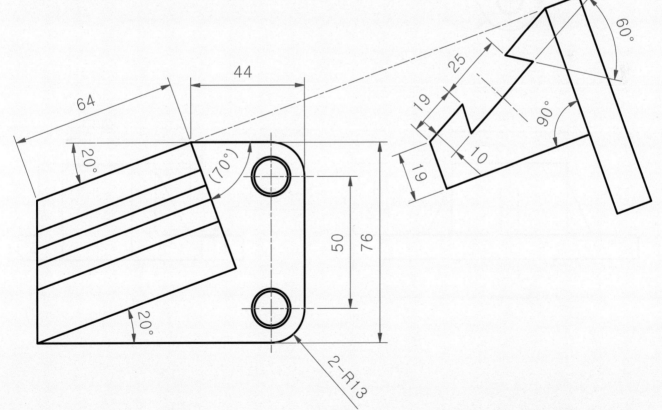

* 도시되고 지시 없는 모깎기 R3, 모따기 C1

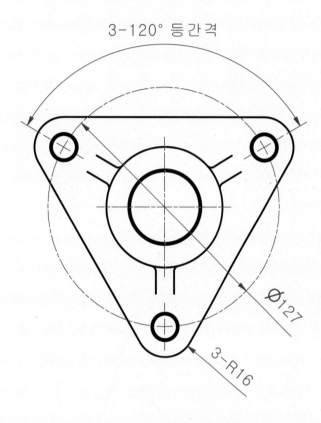

3-120° 등간격

Ø127

3-R16

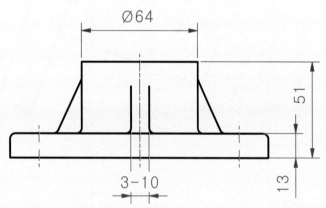

Ø64

51

13

3-10

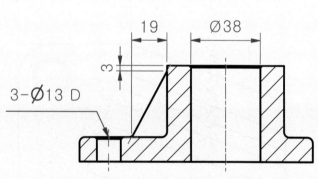

19   Ø38

3

3-Ø13 D

* 도시되고 지시 없는 모깎기 R3, 모따기 C1

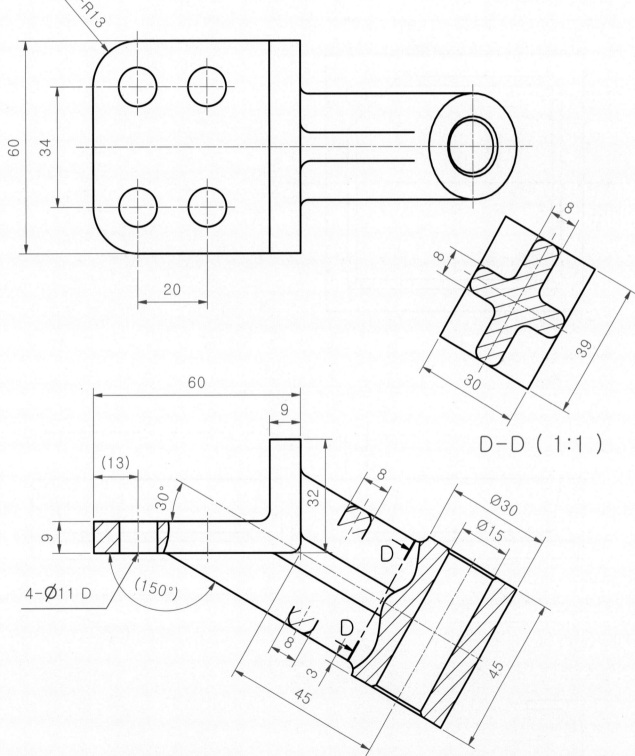

2-R13

60

34

20

D-D (1:1)

8

8

39

30

60

9

(13)

30°

32

9

4-Ø11 D

(150°)

8

8

3

45

45

8

Ø30

Ø15

D

D

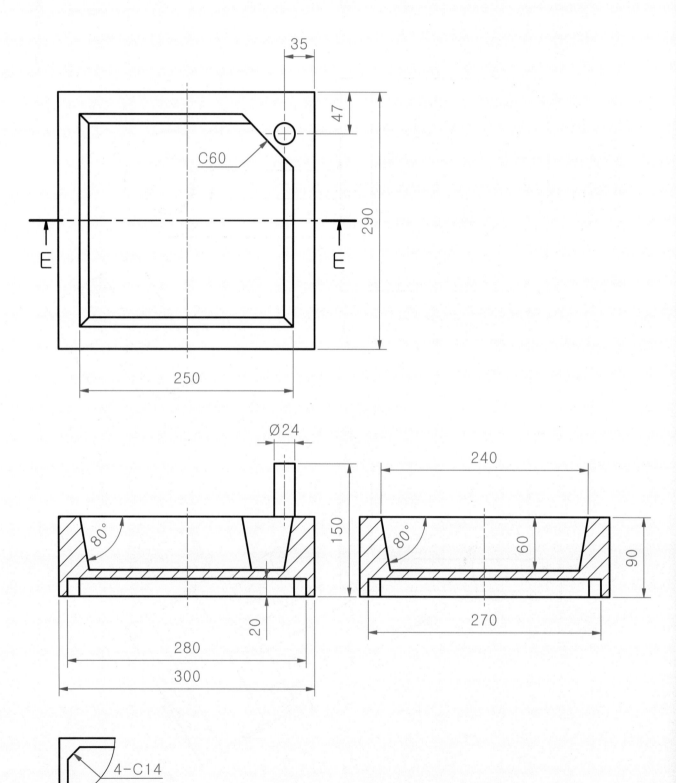

* 도시되고 지시 없는 모깎기 R3, 모따기 C1

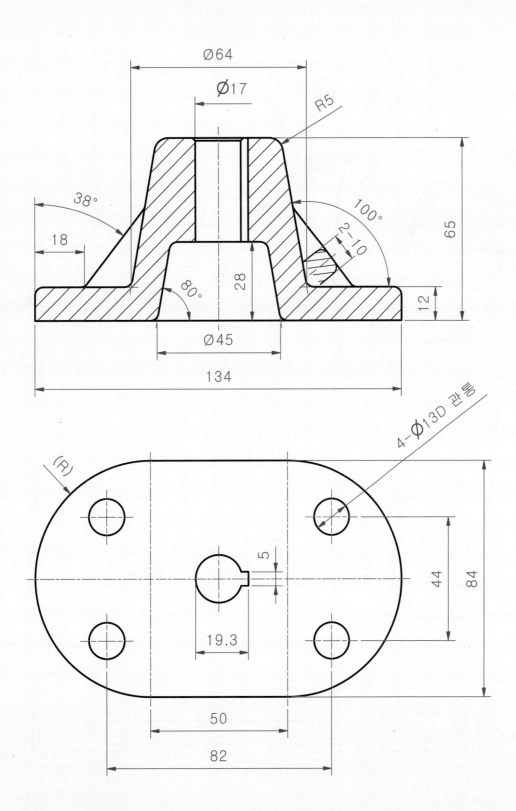

* 도시되고 지시 없는 모깎기 R3, 모따기 C1

H (2 : 1)

J (2 : 1)

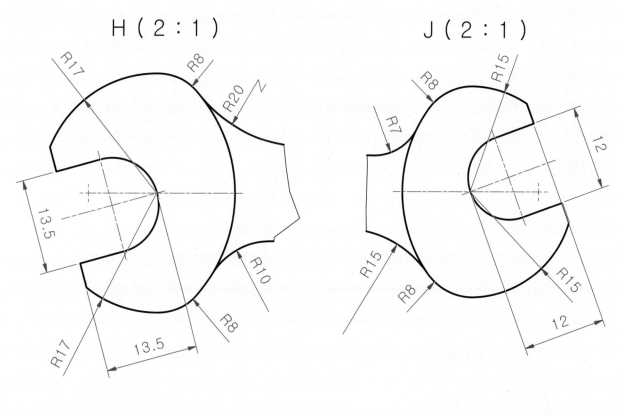

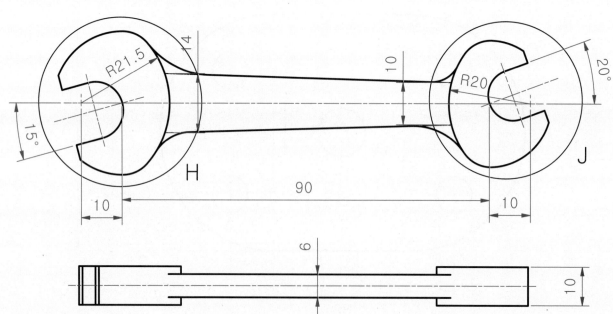

회전기능 / 쉘기능 활용

* 도시되고 지시 없는 모깎기 R3, 모따기 C1

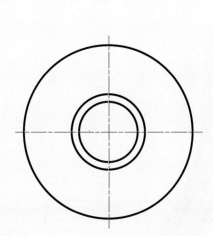

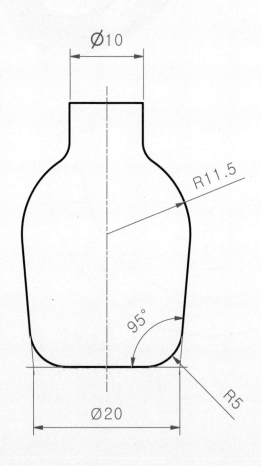

Ø10

R11.5

95°

Ø20

R5

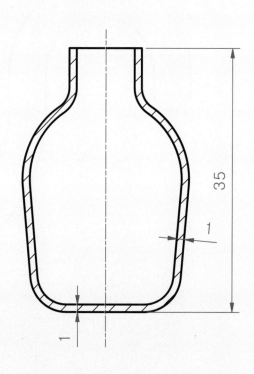

35

1

1

04
—
투상법

163

스윕기능 활용

* 도시되고 지시 없는 모깎기 R3, 모따기 C1

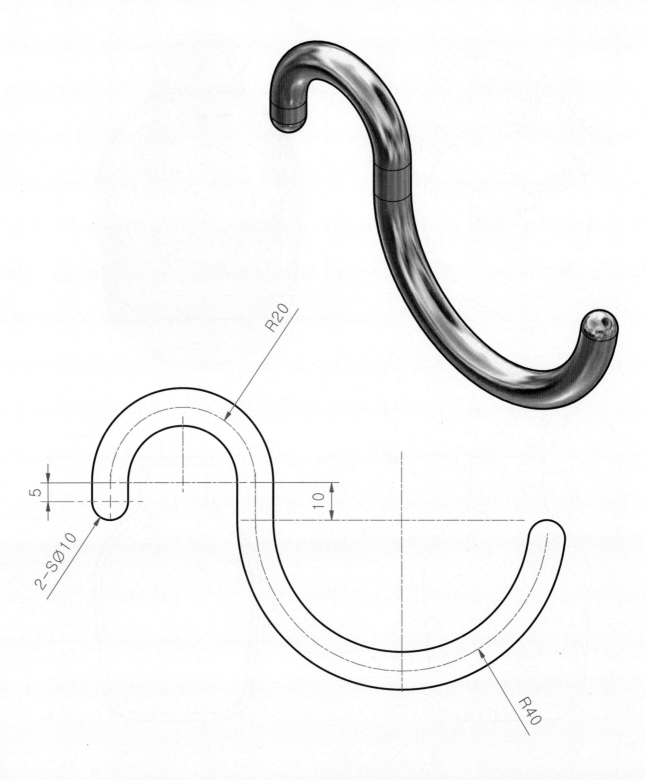

코일 활용하기

* 도시되고 지시 없는 모깎기 R3, 모따기 C1

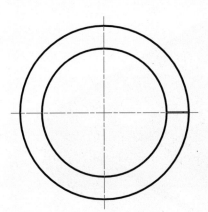

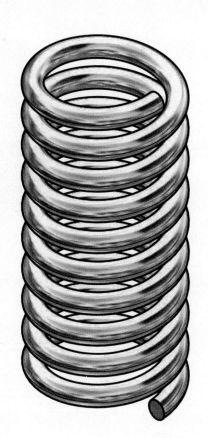

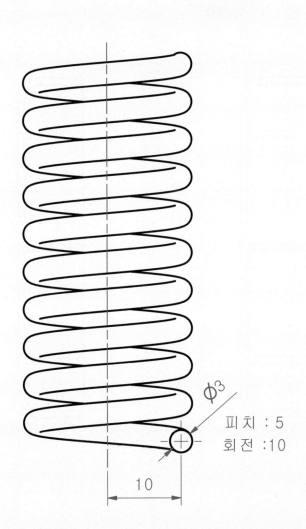

Φ3

피치 : 5
회전 :10

10

쉘 기능 / 리브 기능활용

* 도시되고 지시 없는 모깎기 R3, 모따기 C1

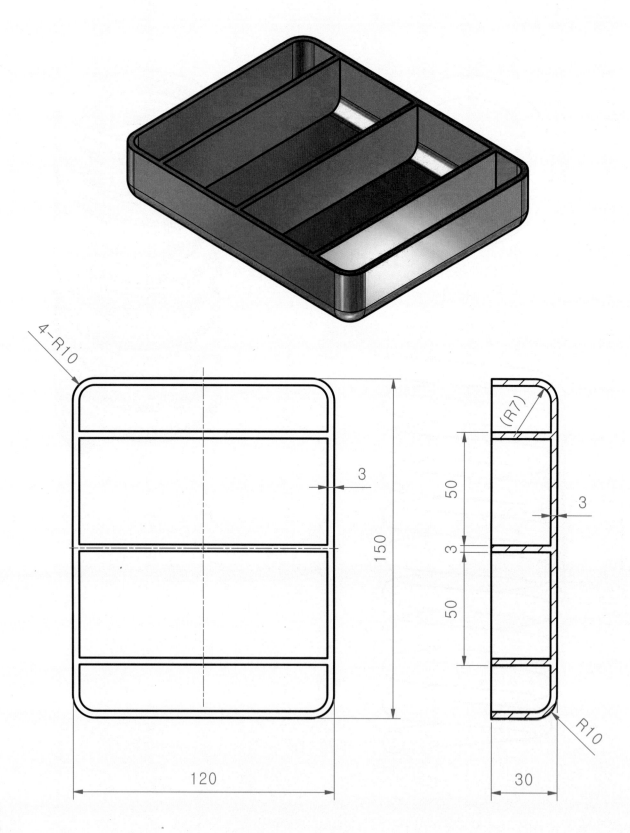

4-R10

150

3

120

(R7)

50

3

3

50

R10

30

로프트 활용

* 도시되고 지시 없는 모깎기 R3, 모따기 C1

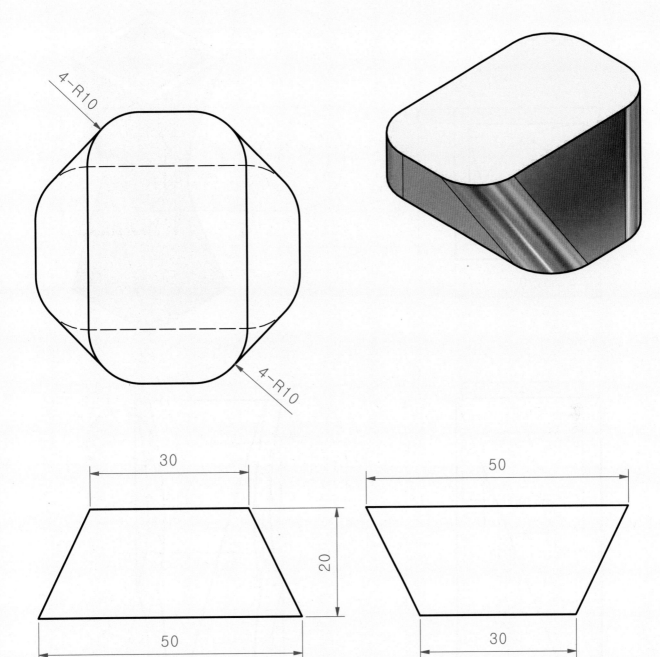

4-R10

4-R10

30

50

20

50

30

로프트(변위)기능 활용 / 쉘기능 활용

* 도시되고 지시 없는 모깎기 R3, 모따기 C1

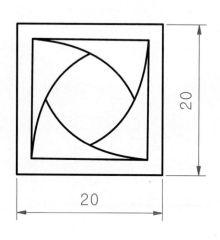

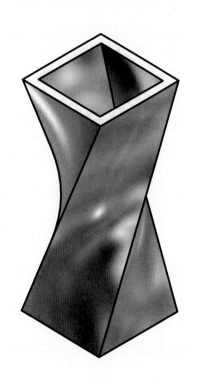

쉘 두께 : 2mm

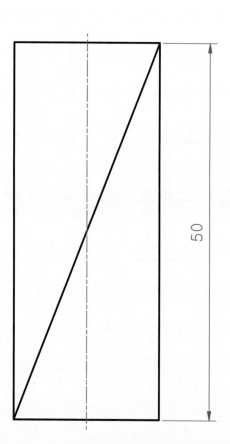

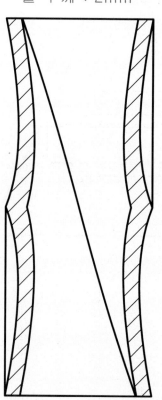

작품명	3D 투상 연습 ㉑
체적	272119.937 mm^3

로프트 중심선 옵션 활용

* 도시되고 지시 없는 모깎기 R3, 모따기 C1

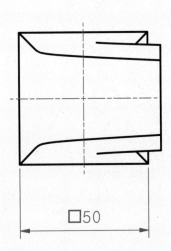

□50

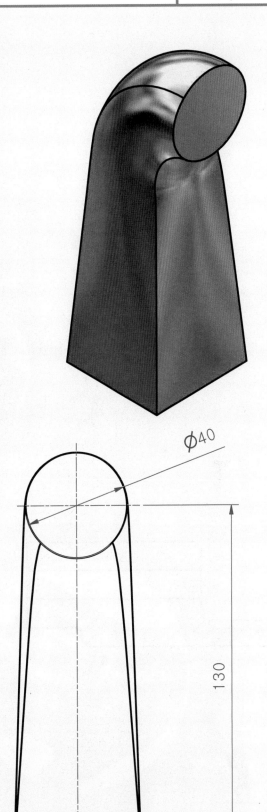

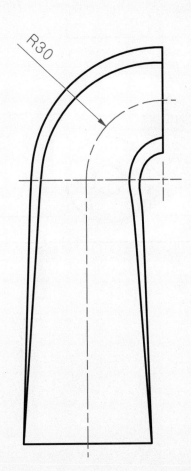

R30

Ø40

130

Autodesk Inventor

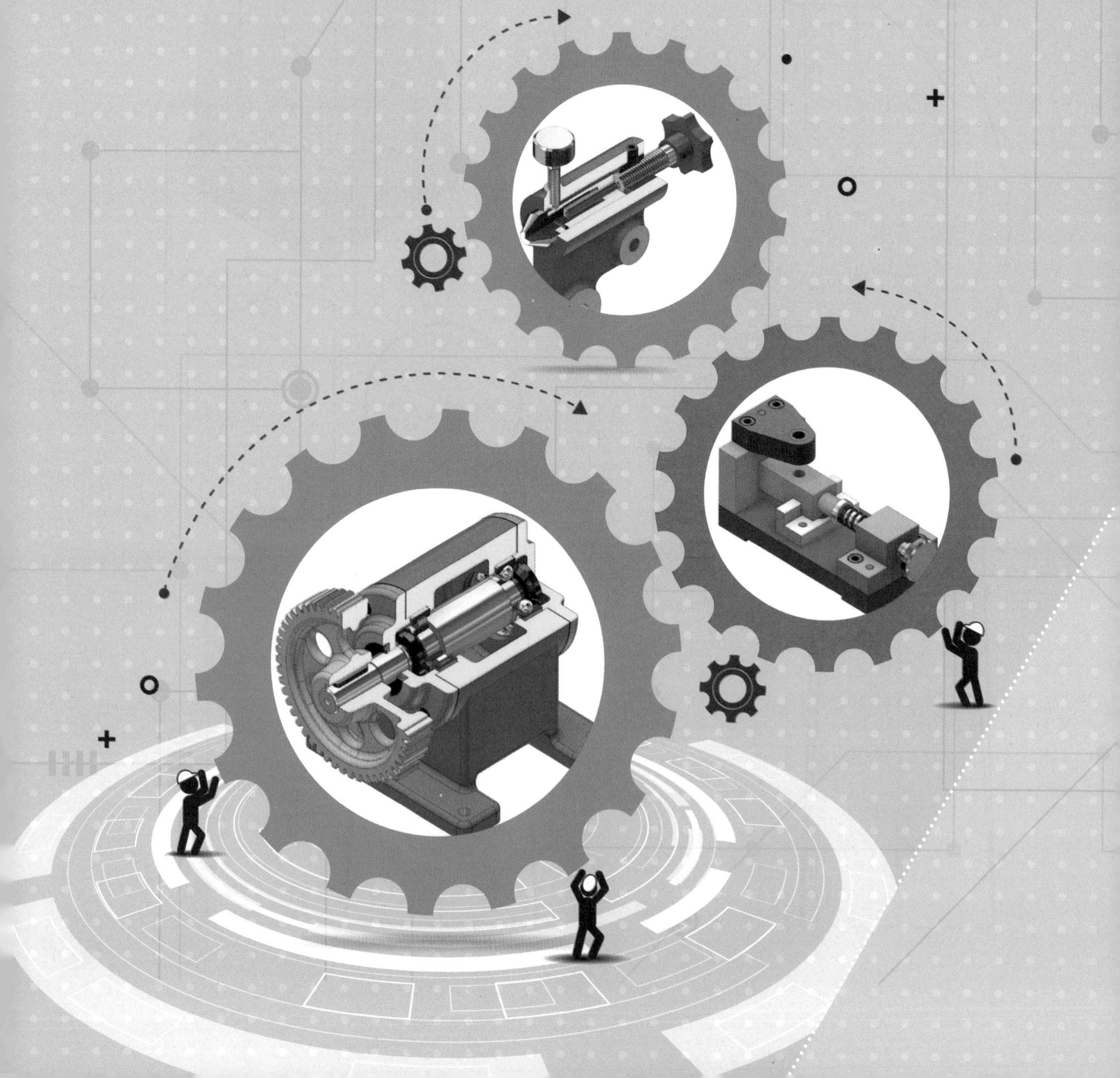

CHAPTER

05

도면 작성을 위한
idw 설정법

INVENTOR.idw 설정하기

① 새로만들기 → Templates → Metric → ISO.idw클릭

② 우측 검색기 창으로 이동

– 시트: 1 우클릭 → 시트편집 → A4로 변경

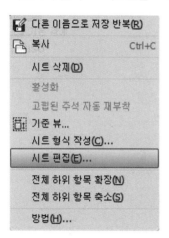

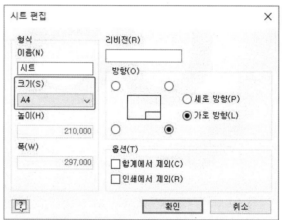

※ 시험땐 (2D A2/ 3D A2 또는 A3) 작도 후 A3도면 출력

– 시트: 1 아래 부분에 있는 기본경계 및 ISO 삭제

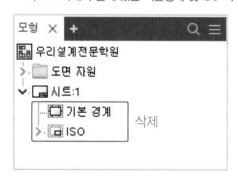

③ 패널에서 관리 탭 → 스타일 편집기 클릭

1) 표준 → 기본표준 → 가. 일반 탭 → 십진 표식기 : 마침표 변경 나. 뷰 기본설정 탭 → 삼각법으로 변경

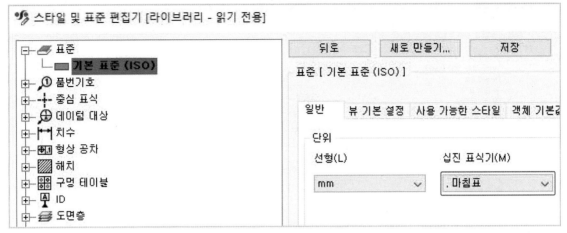

2) 텍스트 → 레이블 텍스트(ISO) 클릭

자리 맞추기 가로, 세로 중앙 정렬   **글꼴** 굴림   **텍스트 높이** 5

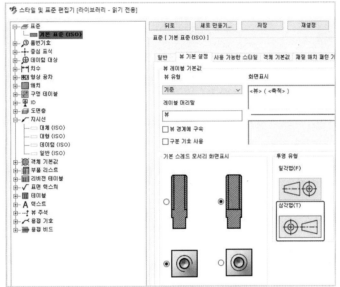

→ 주 텍스트(ISO) 클릭

자리 맞추기 가로, 세로 중앙 정렬　　**글꼴** 굴림　　**텍스트 높이** 3.5

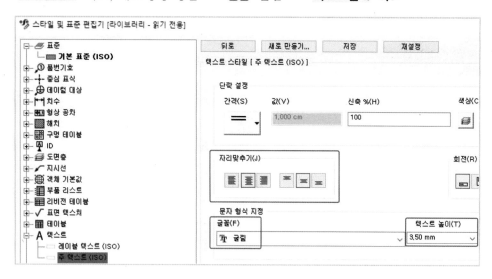

→ 새로만들기 클릭 → 이름 2.5 → 확인

자리 맞추기 가로, 세로 중앙 정렬　　**글꼴** 굴림　　**텍스트 높이** 2.5

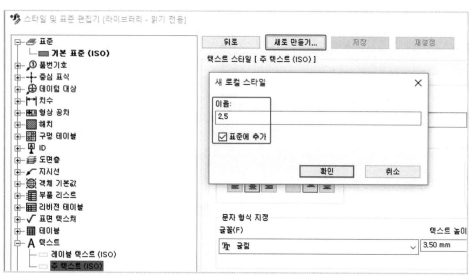

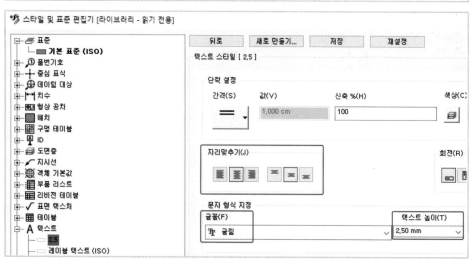

3) 치수 → 기본값(ISO)

① 단위: **십진 표식기** 마침표 → **선형 및 각도 정밀도** 3.123 → **선형 및 각도 화면표시 후행 체크부분 해제**

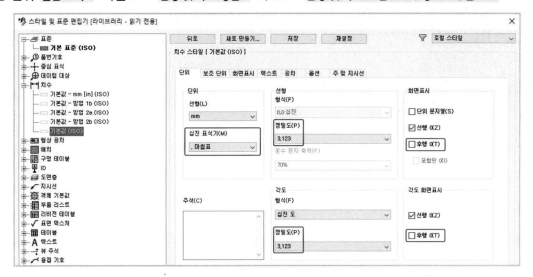

② **화면표시**: A-2 , B-1, C-1, D-8 , E-10

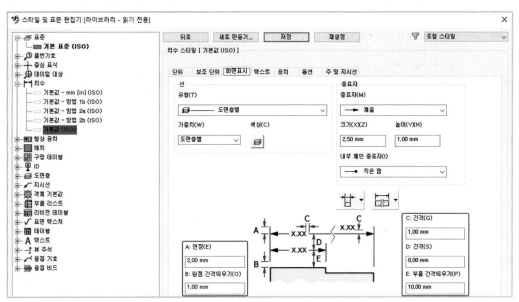

③ **텍스트**: 1차 텍스트 – 주텍스트(ISO) , 공차 텍스트 – 2.5

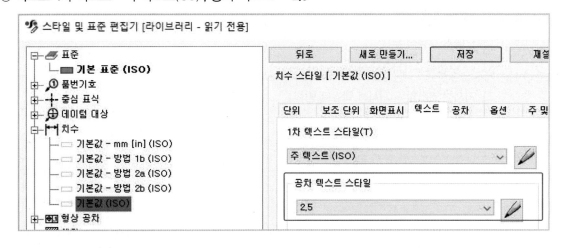

④ 공차: 1차 단위 → **선형 및 각도 정밀도** 3.123 → **후행 체크 해제**

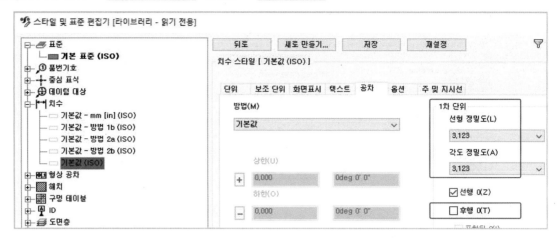

⑤ 주 및 지시선: 변경 후 모습

　가. 구멍 주 설정 옵션 – 주 형식

• 관통 : Φ⟨HDIA⟩ D	• 관통 전체 스레드 : ⟨THDCD⟩
• 관통 카운터보어 : 　Φ⟨HDIA⟩ D 　Φ⟨CBDIA⟩CB DP⟨CBDPT⟩	• 관통 깊이 스레드 : ⟨THDCD⟩ DP⟨THRD⟩
• 막힘 : Φ⟨HDIA⟩ DP⟨HDPT⟩	• 막힘 깊이 스레드 : ⟨THDCD⟩ DP⟨THRD⟩

　나. 일반설정 – 수량 주 편집 **⟨QTY⟩x** → **⟨QTY⟩-** 변경 (x를 – 로 변경)

　다. 모따기 주형식 부분

　　→ 주형식 C⟨DIST1⟩

　라. 지시선 스타일 – 지시선 텍스트 방향 :
　　수평(옆 그림 참조)

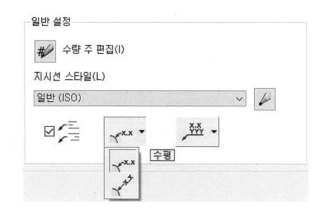

4) ID: 데이텀 ID(ISO) → 계단 모양 허용 체크 해제

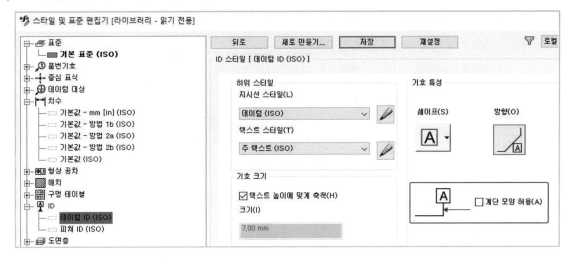

5) 도면층 : 좌측 부분 경계(ISO) 클릭

우측 상단 선 가중치 클릭 (0.7부터 정렬 되어야 함)

🐦 인벤터 작업 시 지정색상은 변경하지 않는다.

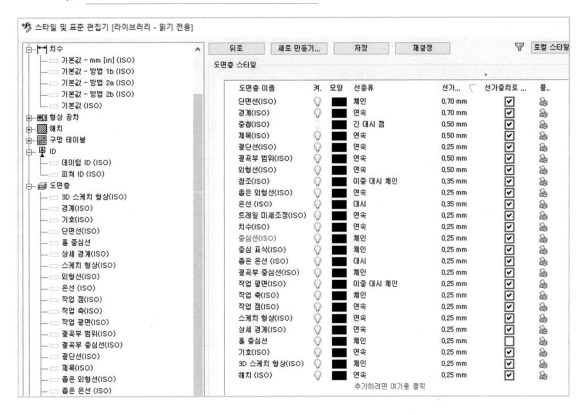

- 좁은외형선, 절단선, 해치 0.25mm 변경
- 중심선, 중심표식 선 종류 체인으로 변경
- 중첩 조명아이콘 눌러서 끄기

6) 부품 리스트: 부품 리스트(ISO) 클릭

가. 제목 및 테이블 설정

→ 제목 체크 해제 → **제목 간격, 행 간격** 1.95

→ **제목(A)** 아래쪽, 방향 → **방향(I)** 아래에서 위로 ↑(맨 위에 부품 추가)

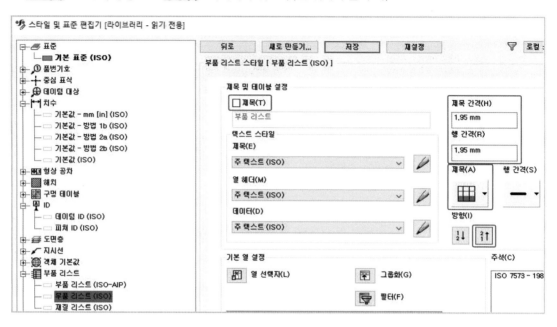

나. 기본 열 설정 → 열 선택자 클릭 후

– 재질 추가,

– 선택된 특성 [항목,부품번호,재질,수량,설명] 순서로 정렬 후

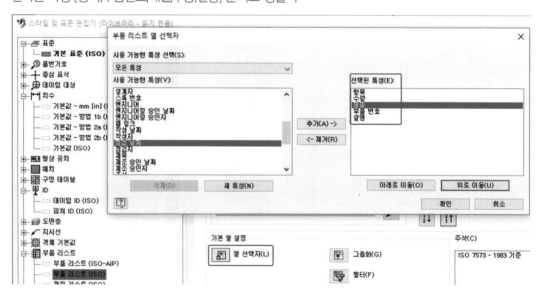

특성 순서대로 폭은 15,45,20,15,35 으로 변경 후 확인

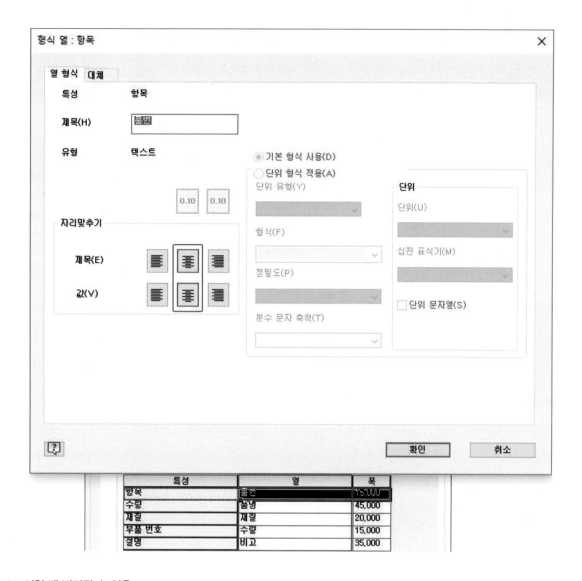

특성	열	폭
항목	품번	15,000
수량	품명	45,000
재질	재질	20,000
부품 번호	수량	15,000
설명	비고	35,000

※ 시험 땐 변경될 수 있음.

• 폭이 120일 때 [20, 40, 20, 20, 20]   • 폭이 130일 때 [20, 45, 20, 20, 25] 등

다. 열 이름 변경 (항목 → 품번, 부품번호 → 품명, 재질 → 재질, 수량 → 수량, 설명 → 비고)

라. 각 특성 부분 클릭 후 열형식 클릭 → 모든 텍스트 중앙 정렬시키기

7) 표면 텍스처 − 표면 텍스처(ISO) → 텍스트 스타일 : 2.5 → 표준 참조 : ISO1302-1978로 변경

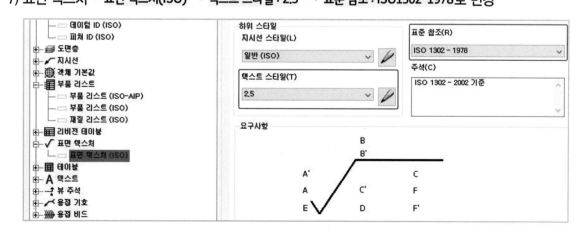

1. 축 형상은 선반작업을 주로하는데, 축의 길이가 길어지거나, 정밀도를 요구하는 경우, 또는 테이퍼, 나사, 홈 등을 가공할 때, 축의 흔들림 방지를 위해서 센터구멍을 가공 후 심압대를 이용, 회전센터 등으로 지지한 후 가공한다.

2. 규격 KS A ISO 6411 – A 1/2.12 (적용 형태)

호칭지름 ød	øD	L(최대)	참고	
			L1	t
1	2.12	1.9	0.97	0.9
1.6	3.35	2.8	1.52	1.4
2	4.25	3.3	1.95	1.8

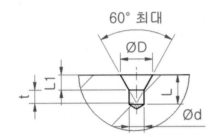

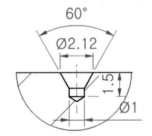

MEMO

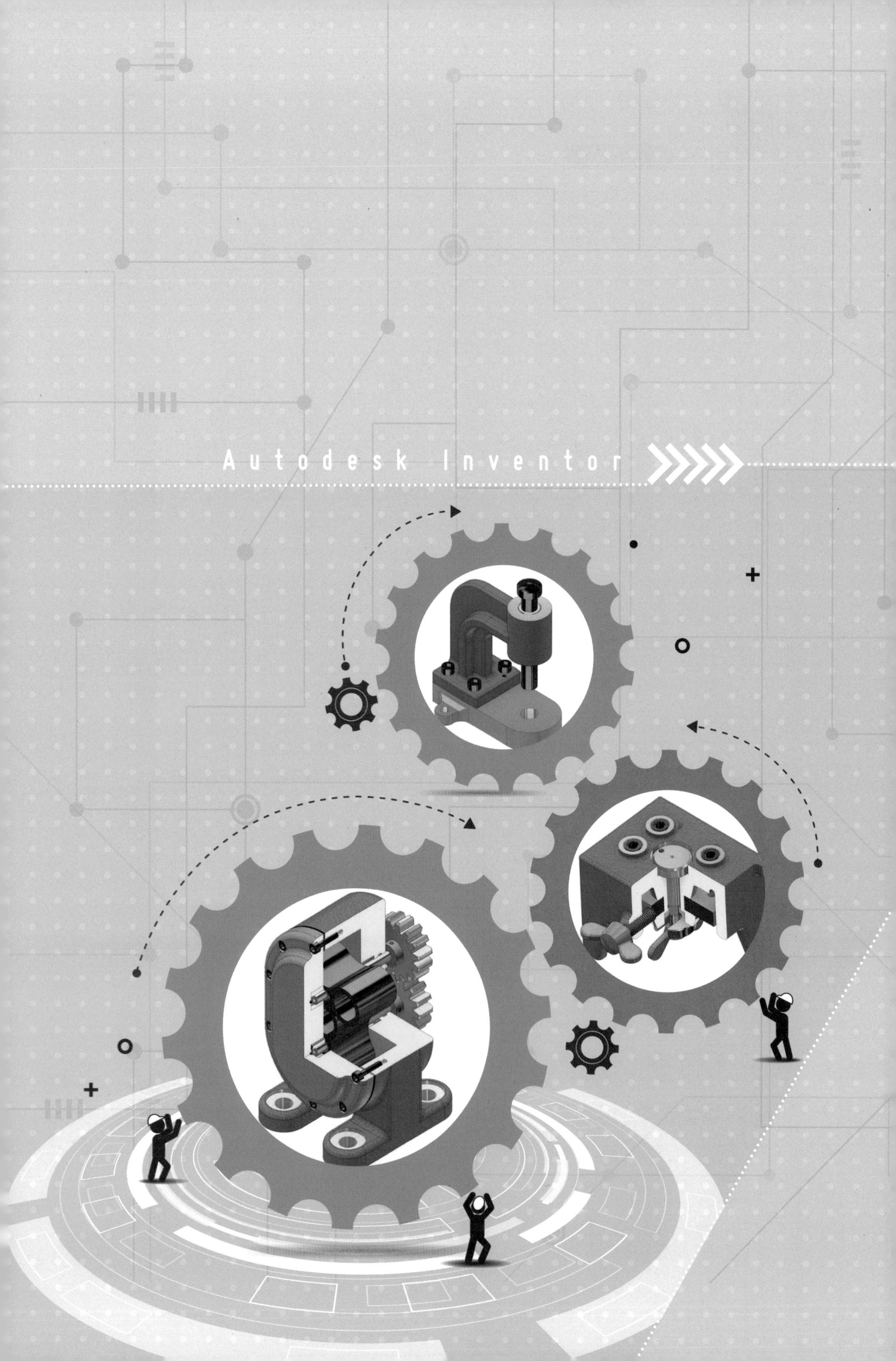
Autodesk Inventor

CHAPTER

06

시험에 나오는 부품
작도 연습

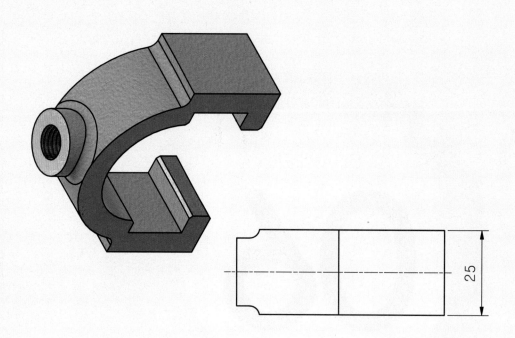

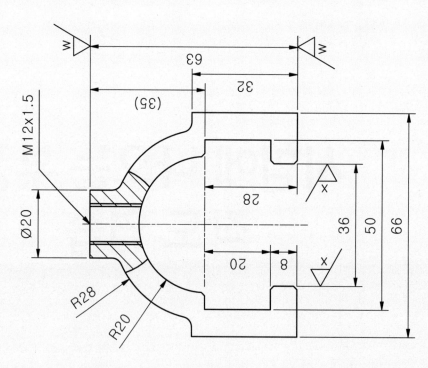

M12x1.5

Ø20

R28

R20

(35)

63

32

28

20

8

36

50

66

25

W

W

X

X

품번	품명	재질	수량	비고
1	클램프	GC200	1	31224

기사/산업기사/기능사

수험번호 0522243101
성명 아리샬제전문
감독확인 시트 : A4

품번	품명	재질	수량	비고
1	오일실 커버	GC200	1	24310

Detail "B" Scale 2:1

Ø32H8

30°

R0.5

0.8

8.3

3-Ø3.4 D
Ø6.5 CB DP3.3

B

Ø47

Ø60
Ø35g6
Ø30
Ø20

3

8

18

① (W) x y z

기사/산업기사/기능사

수험번호	0522243101
성명	아리설계전문
감독확인	시트 : A4

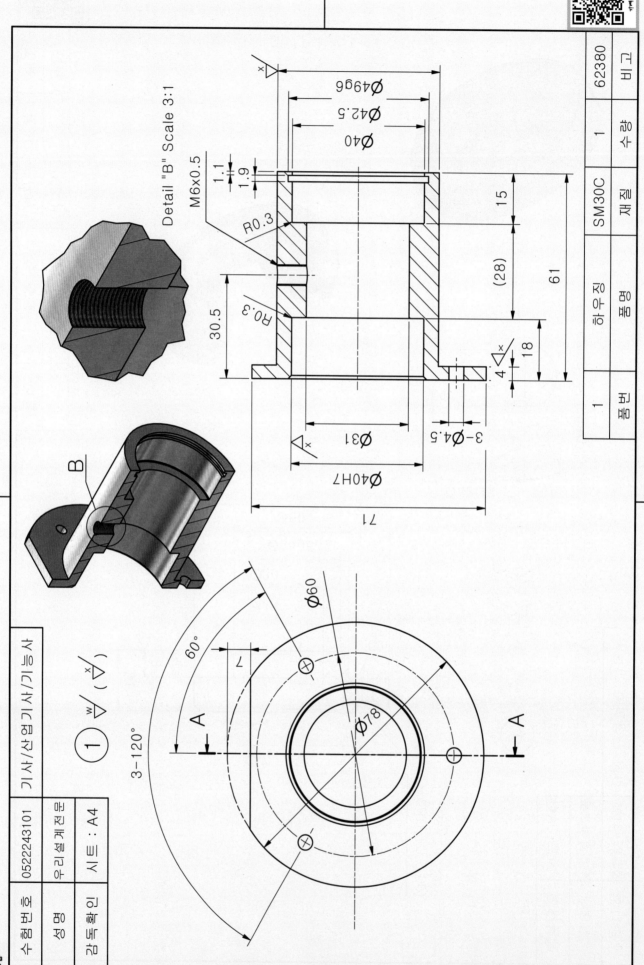

Detail "B" Scale 3:1

M6x0.5

R0.3

3-120°

품번	품명	재질	수량	비고
1	하우징	SM30C	1	62380

수험번호	0522243101	기사/산업기사/기능사
성명	아리설계제작 만	
감독확인	시트 : A4	

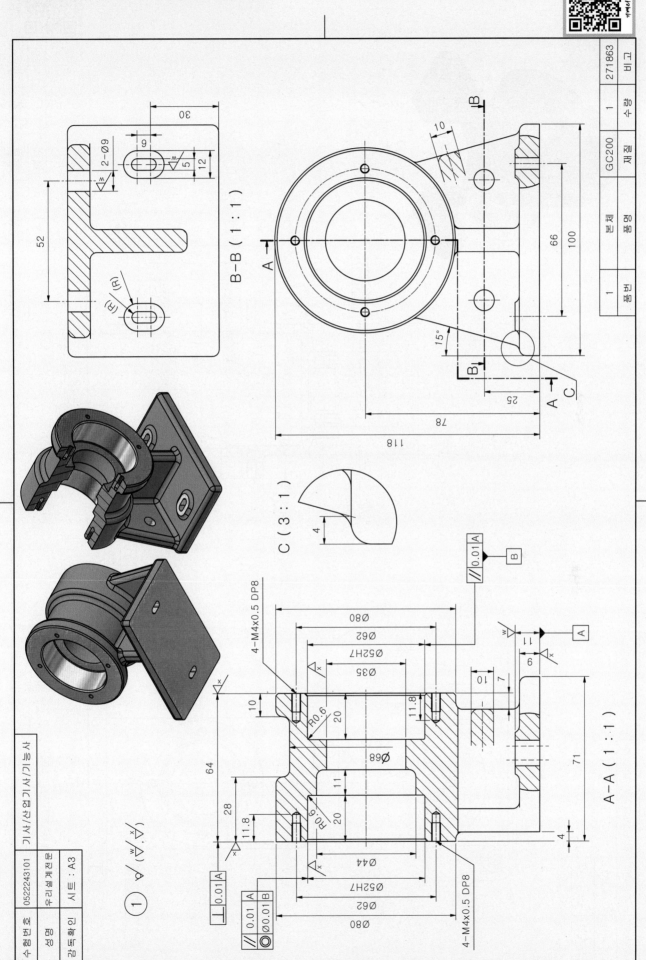

271863

번호	품명	품명	재질	수량	비고
1	본체		GC200	1	271863

B-B (1 : 1)

30

2-Ø9

6

5

12

52

(R)

(R)

10

15°

100

66

78

25

118

B

B

A

A

C

C (3 : 1)

4

4-M4x0.5 DP8

Ø80

Ø62

Ø52H7

Ø35

10

R0.6

20

Ø68

11

R0.6

20

64

28

11.8

Ø44

Ø52H7

Ø62

Ø80

4-M4x0.5 DP8

11.8

10

7

71

4

9

11

// 0.01 A

B

A

// 0.01 A

⌀ 0.01 B

A

⊥ 0.01 A

A-A (1 : 1)

수험번호	0522243101
성명	우리설계학원
감독확인	시트 : A3

기사 / 산업 기사 / 기능사

1

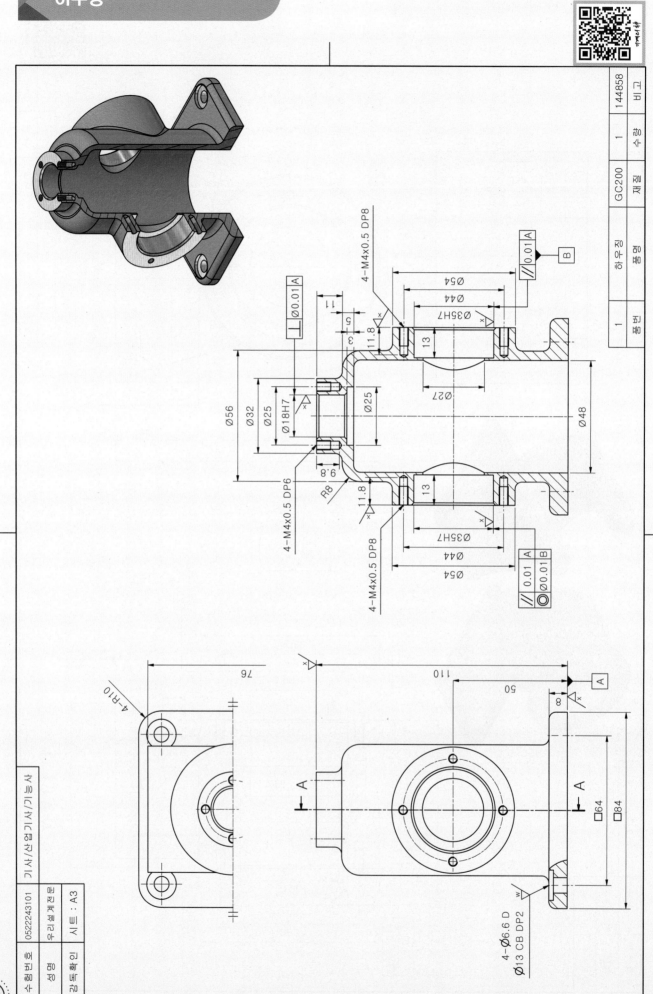

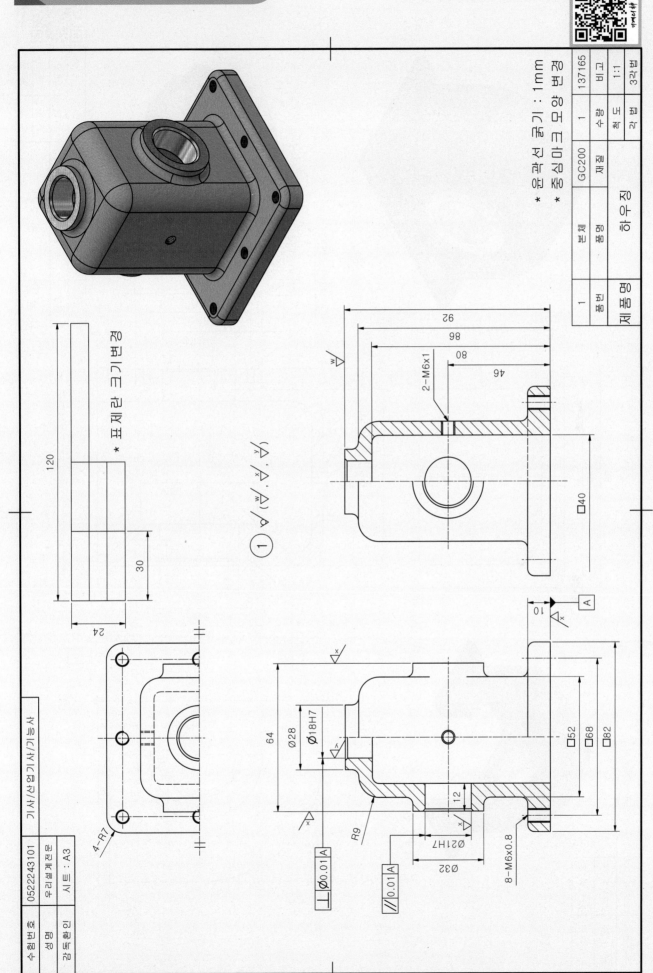

06
— 시험에 나오는 부품 작도 연습

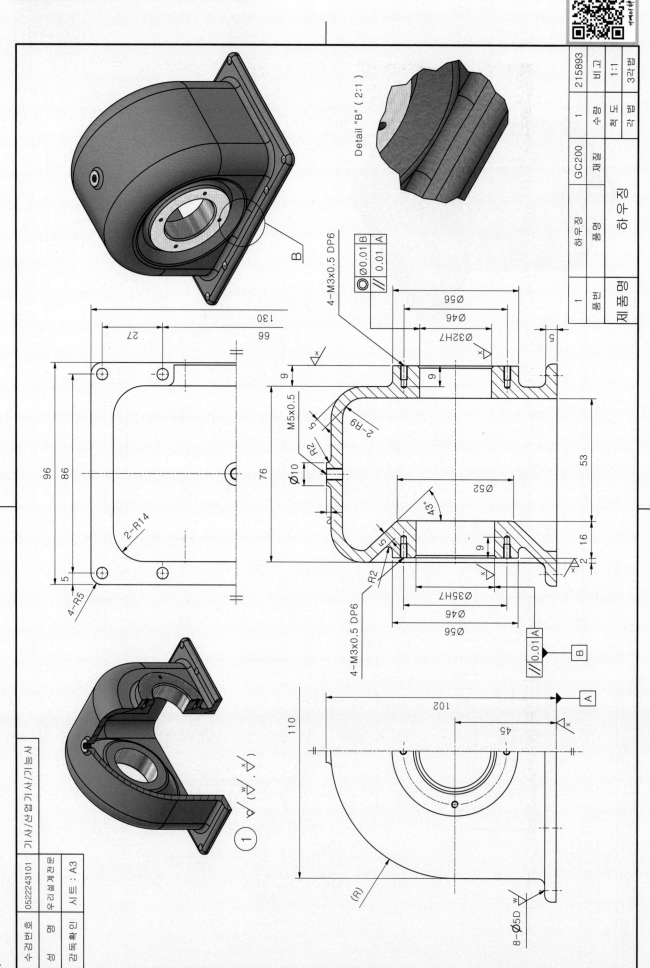

Detail "B" (2:1)

제품명		품번	1
하우징	품명	GC200	재질
		수량	1
		척도	1:1
		각법	3각법
		도번	215893

4-M3x0.5 DP6

⌀0.01 B
// 0.01 A

⌀56
⌀46
⌀32H7

6
6
5

M5x0.5
R2
⌀10
2-R9
43°
⌀52

76
53
16

R2
6
⌀35H7
⌀46
⌀56

4-M3x0.5 DP6

// 0.01 A
B

130
27
99
66

96
86

2-R14

4-R5
5

110
102
45

A

(R)
8-⌀5D

①

인벤터 기계제도 실기 · 실무

기사시기능사시기능

수검번호 052224301

성 명

감독확인

리에 엔지니어링

시트 : A3

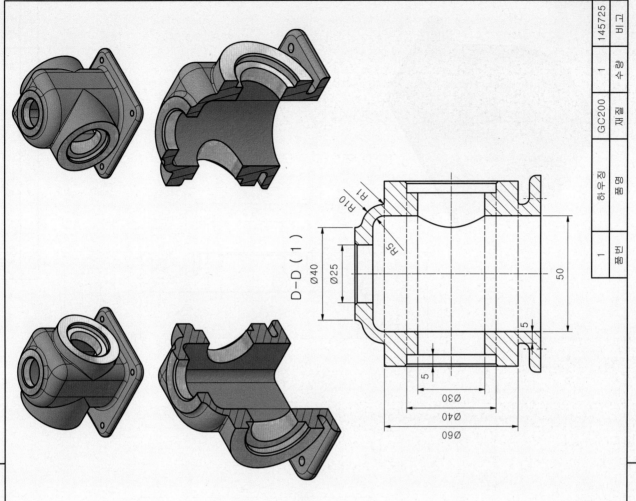

D-D (1)

품번	품명	재질	수량	비고
1	하우징	GC200	1	145725

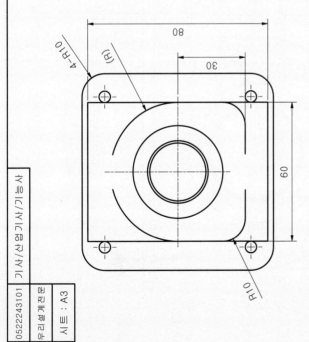

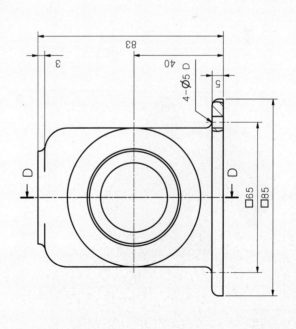

수험번호	0522243101
성명	리셋계획유
감독확인	시트 : A3

기사/산업기사/기능사

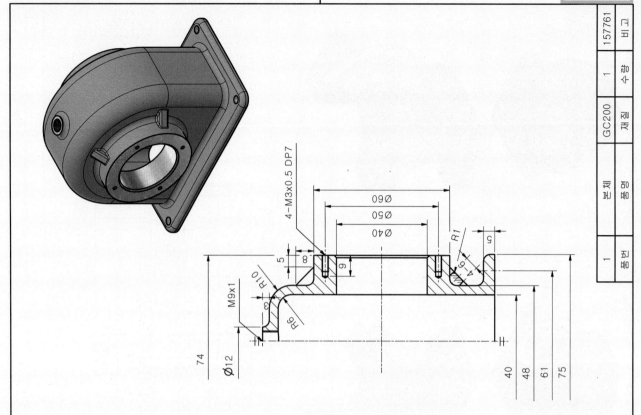

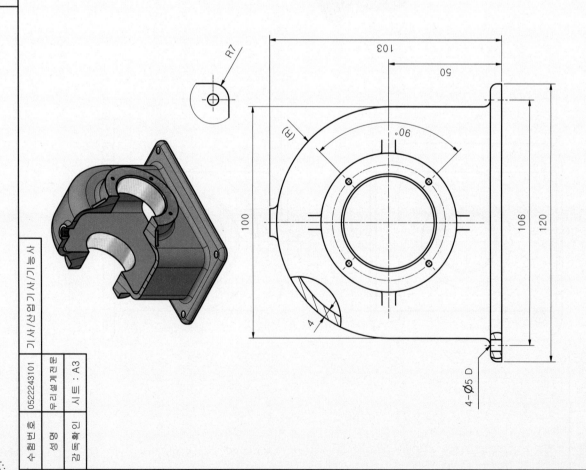

4-M3x0.5 DP7

Ø60
Ø50
Ø40

R1

M9x1
R10
R9

Ø12
74

40
48
61
75

157761
비고

1
수량

GC200
재질

본체
품명

1
번호

인벤터 기계제도 실기 · 실무

기사/산업기사/기능사

수험번호 0522243101
성명 아리셀계전무
감독확인 시트 : A3

R7

103
50

90°

(R)

100

106
120

4

4-Ø5 D

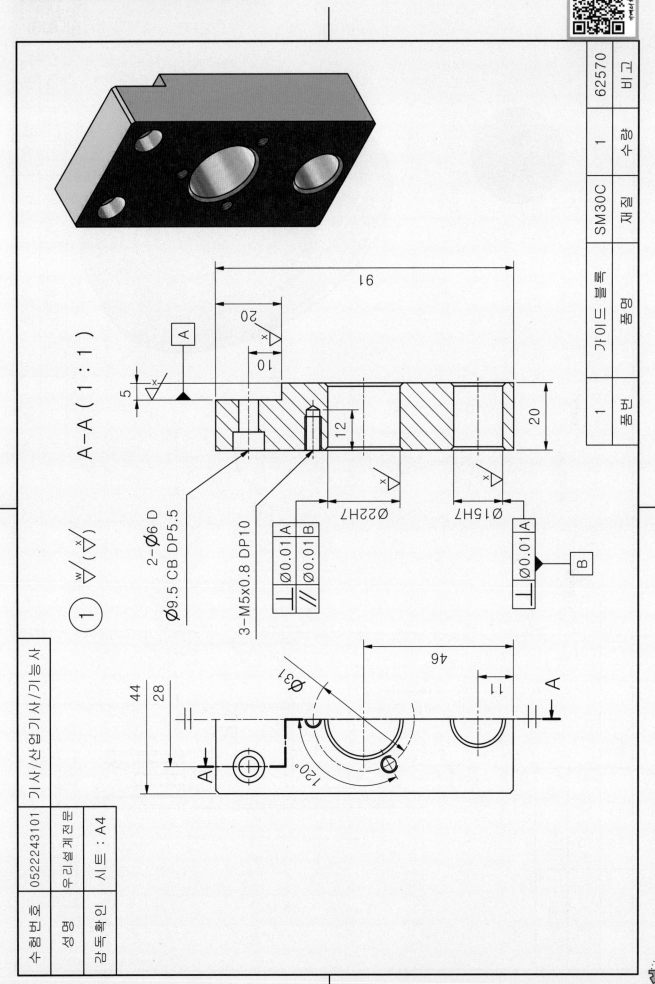

A-A (1 : 1)

91

20

10

5

$\sqrt{}$

20

12

Ø22H7

Ø15H7

2-Ø6 D
Ø9.5 CB DP5.5

3-M5x0.8 DP10

⊥	Ø0.01	A
∥	Ø0.01	B

⊥	Ø0.01	A

B

① $\sqrt[w]{(\overset{x}{\triangledown})}$

기사/산업기사/기능사

44
28

Ø31

120°

46

11

A

A

수험번호	0522243101
성명	아리설계전문
감독확인	시트 : A4

품번	품명	재질	수량	비고
1	가이드 블록	SM30C	1	62570

Detail "D" Scale 4:1

M-Type

R1

R0.5

R0.5

Detail "B" Scale 2:1

#21

5JS9

$19.3^{+0.1}_{-0}$

기사/산업기사/기능사

①

M-Type

#40

$38° \pm 0.5°$

B

8

2.7 $^{+0.2}_{-0}$

6.3

5

$\varnothing 63$

$\varnothing 32$

$\varnothing 17H7$

A

M4x0.5

5

31

17

P.C.D 92

$\varnothing 97.4 \pm 0.6$

0.3 A

1	V-벨트풀리	GC200	1	85713
품번	품명	재질	수량	비고

인벤터 기계제도 실기 · 실무

수험번호	2243101
성명	아라설계전문
감독확인	시트 : A4

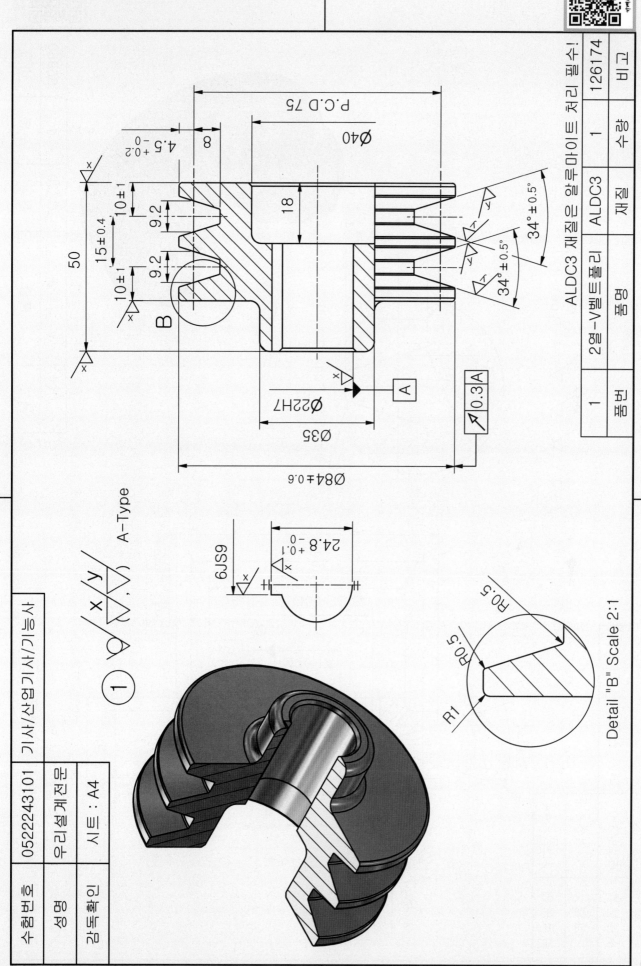

ALDC3 재질은 알루마이트 처리 필수!

1	2열-V벨트풀리	ALDC3	1	126174
품번	품명	재질	수량	비고

P.C.D 75

Ø40

34° ± 0.5°

34° ± 0.5°

34° ± 0.5°

18

4.5 $^{+0.2}_{-0}$

8

10±1

9.2

15±0.4

9.2

10±1

50

B

Ø22H7

Ø35

A

Ø84±0.6

0.3A

수험번호	0522243101	기사/산업기사/기능사
성명	우리설계전문	
감독확인	시트 : A4	

① $\frac{x}{y}$ $\sqrt{}$ ($\sqrt{}$) A-Type

6JS9

24.8 $^{+0.1}_{-0}$

R0.5

R0.5

R1

Detail "B" Scale 2:1

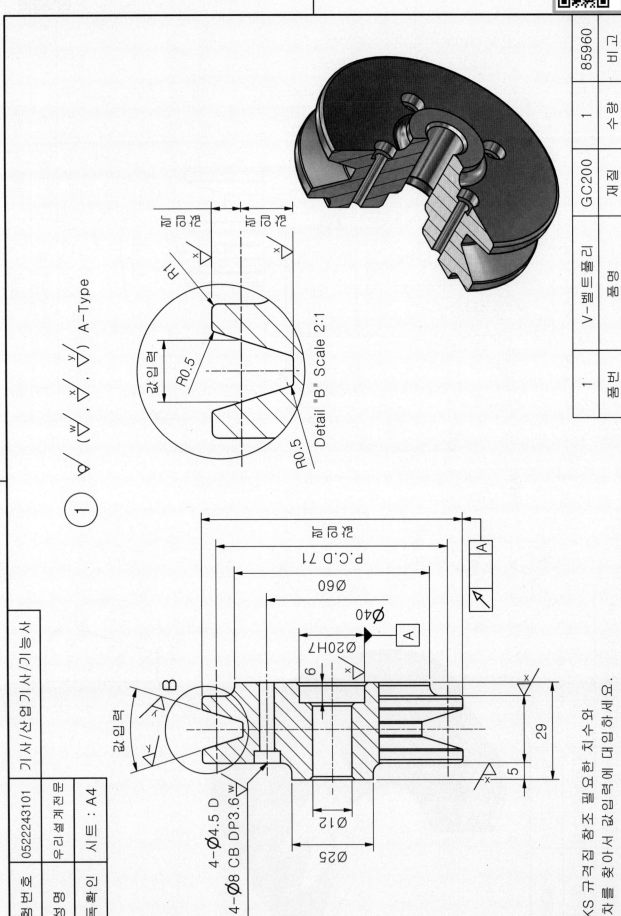

Detail "B" Scale 2:1

R0.5

R0.5

널링부

① ϕ / (∇ , ∇ , ∇) A-Type

P.C.D 71

Ø60

Ø40

Ø20H7

Ø12

Ø25

6

29

5

B

4-Ø4.5 D

4-Ø8 CB DP3.6

널링부

널링부

A

A

A

* KS 규격집 참조 필요한 치수와
공차를 찾아서 값임력에 대입하세요.

1	V-벨트풀리	GC200	1	85960
품번	품명	재질	수량	비고

수험번호	0522243101	기사/산업기사/기능사
성명	아리설계전문	
감독확인	시트 : A4	

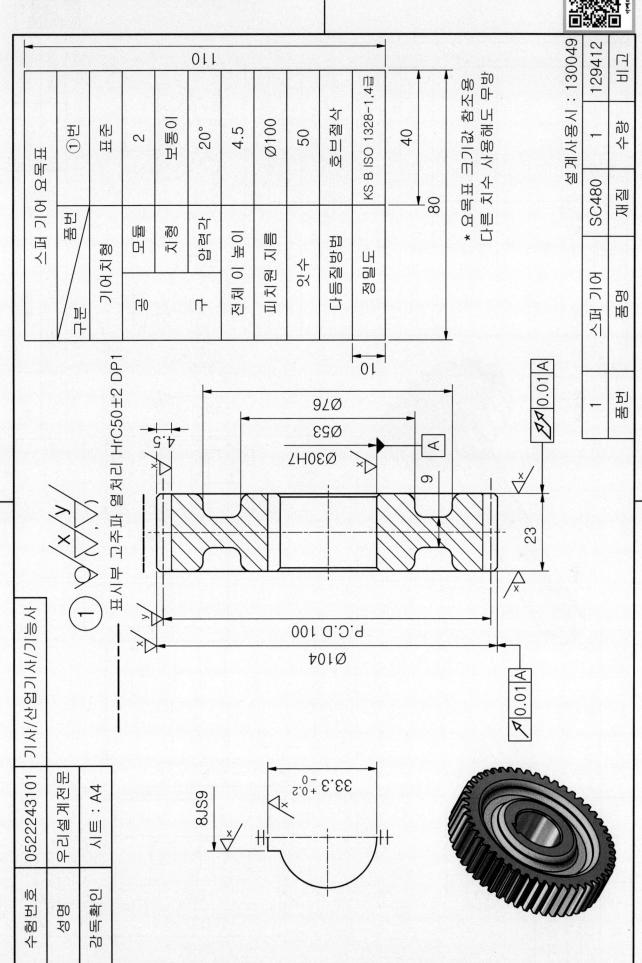

스퍼 기어 요목표

구분		품번	①번
기어치형			표준
공구	모듈		2
	치형		보통이
	압력각		20°
	전체 이 높이		4.5
	피치원 지름		Ø100
	잇수		50
	다듬질방법		홉브절삭
	정밀도		KS B ISO 1328−1,4급

* 요목표 크기값 참조용
다른 치수 사용해도 무방

표시부 고주파 열처리 HrC50±2 DP1

Ø30H7

Ø53

Ø76

Ø104

P.C.D 100

9

23

4.5

10

40

80

110

8JS9

33.3 +0.2 −0

수험번호	0522243101	기사/산업기사/기능사
성명	우리설계전문	
감독확인	시트 : A4	

1		스퍼 기어		1	
품번		품명		수량	비고
			재질	SC480	129412

설계사용시 : 130049

스퍼 기어 요목표

구분	품번	③번
기어 치형		표준
공구	모듈	2
	치형	보통이
	압력각	20°
전체 이 높이		4.5
피치원 지름		Ø48
잇수		24
다듬질방법		호브 절삭
정밀도		KS B ISO 1328-1, 4급

110

80

10

Detail "B" Scale 4:1

Ø3

90°

C−C (1 : 1)

5N9

$3^{+0.1}_{\ 0}$

Ø17g6

C

C

6.5

23

20

(R)

B

(96)

Ø15

18

35

47

43

4.5

Ø23

11

(P.C.D48)

Ø31

Ø52

A

$\boxed{\nearrow\ 0.01 | A}$

KS A ISO 6411 – A 1/2.12 양단

119

표시부 고주파 열처리 HrC50±2 DP1

③

$\sqrt[w]{}$ ($\sqrt[x]{}$, $\sqrt[y]{}$, $\sqrt[z]{}$)

3	품번	스퍼 기어축 품명	SM45C 재질	1 수량	46743	비고

설계시사용시 : 46833

수험번호 0522243101
성명
감독확인 우리설계전문
기사/산업기사/기능사
시트 : A4

인벤터 기계제도 실기 · 실무

198

스퍼 기어 요목표 작성하기

표시부 고주파열처리 HrC50±2 DP1

M : 1.5
Z : 58

$\frac{w}{\sqrt{}} \left(\frac{x}{\sqrt{}}, \frac{y}{\sqrt{}}, \frac{z}{\sqrt{}} \right)$

① 1

4-M4x0.5

Ø73H7

13

20

Ø44

Ø54

P.C.D

| A |

| 0.01 | A |

수험번호	0522243101	기사/산업기사/기능사
성명	우리설계전문	
감독확인	시트 : A4	

설계사용시 : 52852

1	스퍼 기어	SM45C	1	52478
품번	품명	재질	수량	비고

래크와 피니언			
구분	품번	①	④
기어치형	기준		표준
모듈			2
치형	래크		보통이
압력각			20°
전체 이 높이			4.5
피치원지름		-	Ø36
잇수		31	18
다듬질방법			연마절삭
정밀도		KS B ISO 1328-1, 4급	

표시부 고주파 열처리 HrC50±2 DP1

$\sqrt[w]{}(\sqrt[x]{},\sqrt[y]{},\sqrt[z]{})$

① 200

6.28×31=194.68

157

2.66

6.28

3.5

27.5

Ø32g6

A

Detail "A" Scale 4:1

20°

P/2

3.14

M/4

R0.5

P=PixM
6.28

M

2

2.25×M
4.5

29.5

2

4.5

KS A ISO 6411-A 1/2.12 양단

6

수험번호	0522243101		
성명		마진계리아	
감독확인		시트 : A3	

기사/산업기사/기능사

품번			비고	137187
1	품명	래크	수량	1
	재질	SM45C		

#39, #40, #49 참조

체인, 스프로킷 요목표

종류	구분	품번	①번
체인		호칭	40
		원주피치	12.7
		롤러외경	Ø7.95
스프로킷		잇수	17
		치형	U형
		피치원경	Ø69.12

80

10

90

30

30

단조부:KS B 0426 보통급

품번	품명	재질	수량	비고
1	체인 스프로킷	SF440	1	25772

표시부 고주파 열처리 HrC50±2 DP1

M3x0.5
4
Ø25g6
Ø61.17
Ø69.12
Ø76
0.01 A
Ø17H7
A
7.2
17

H

x / y
①

수험번호	0522243101	기사/산업기사/기능사
성명	우리설계전문	
감독확인	시트 : A4	

5JS9
19.3 +0.1 -0

R13.5
6
1.6 1.6
1.6

Detail "H" Scale 2:1

요목표 작성하기

#35
Z=28

표시부 고주파 열처리 HrC50±2 DP1

$\overset{W}{\nabla}\left(\overset{x}{\nabla}, \overset{y}{\nabla}\right)$

① $\overset{W}{\nabla}$

Detail "J" Scale 2:1

4-Ø4.5D
Ø45
Ø32H7

0.01 A

A

품번	품명	재질	수량	비고
1	체인 스프로킷	SF440	1	20153

수험번호	0522243101	기사/산업기사/기능사
성명	홍길동	우리설계전문
감독확인		시트 : A4

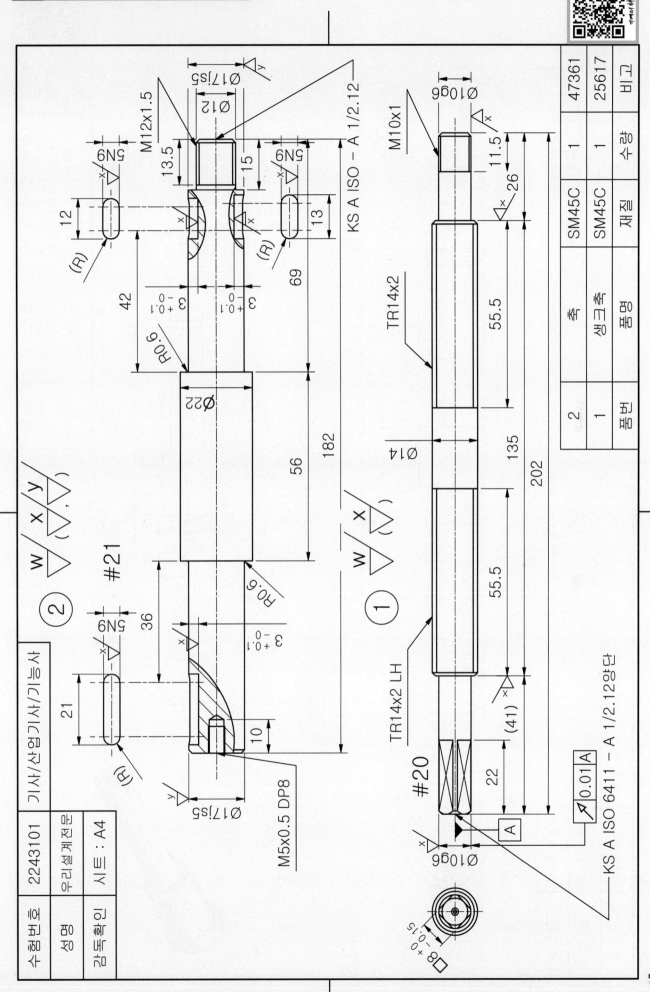

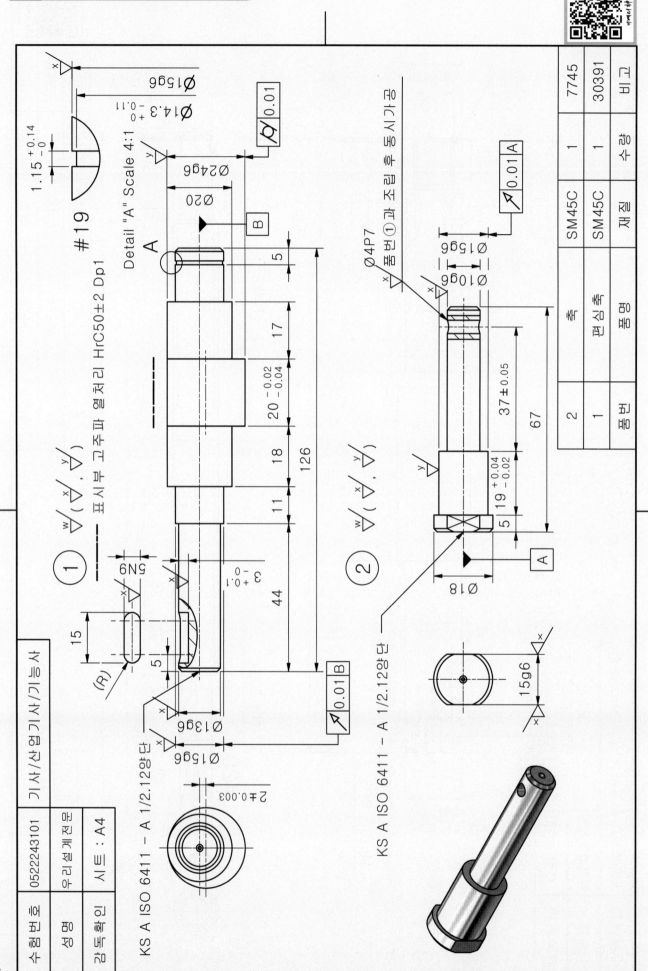

Detail "A" Scale 4:1

#19

KS A ISO 6411 – A 1/2.12양단

KS A ISO 6411 – A 1/2.12양단

KS A ISO 6411 – A 1/2.12양끝

표시부 고주파 열처리 HrC50±2 Dp1

폼면①과 조립 후 동시가공

품번	품명	재질	수량	비고
1	편심축	SM45C	1	30391
2	축	SM45C	1	7745

수험번호	0522243101	기사/산업기사/기능사
성명	아리설계전문	
감독확인	시트 : A4	

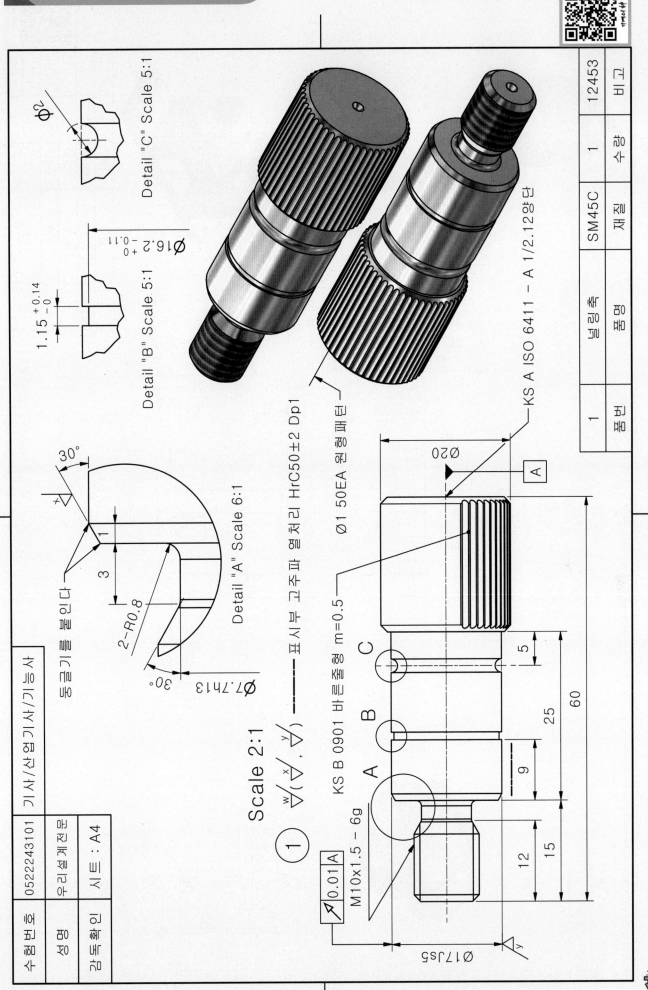

Detail "C" Scale 5:1

Ø2

Detail "B" Scale 5:1

Ø16.2 $^{+0}_{-0.11}$

1.15 $^{+0.14}_{-0}$

30°

Detail "A" Scale 6:1

둥글기를 붙인다

2-R0.8

3

1

30°

Ø7.7h13

Scale 2:1

W/ (x/ , y/)

KS A ISO 6411 - A 1/2.12양단

표시부 고주파 열처리 HrC50±2 Dp1

Ø1 50EA 원형패턴

KS B 0901 바른줄형 m=0.5

A B C

Ø20

A

5

60

25

9

12

15

0.01 A

M10x1.5 - 6g

Ø17Js5

y/

수험번호	0522243101	기사/산업기사/기능사
성명	아리설계전문	
감독확인	시트 : A4	

품번	품명	품명	재질	수량	비고
1		널링축	SM45C	1	12453

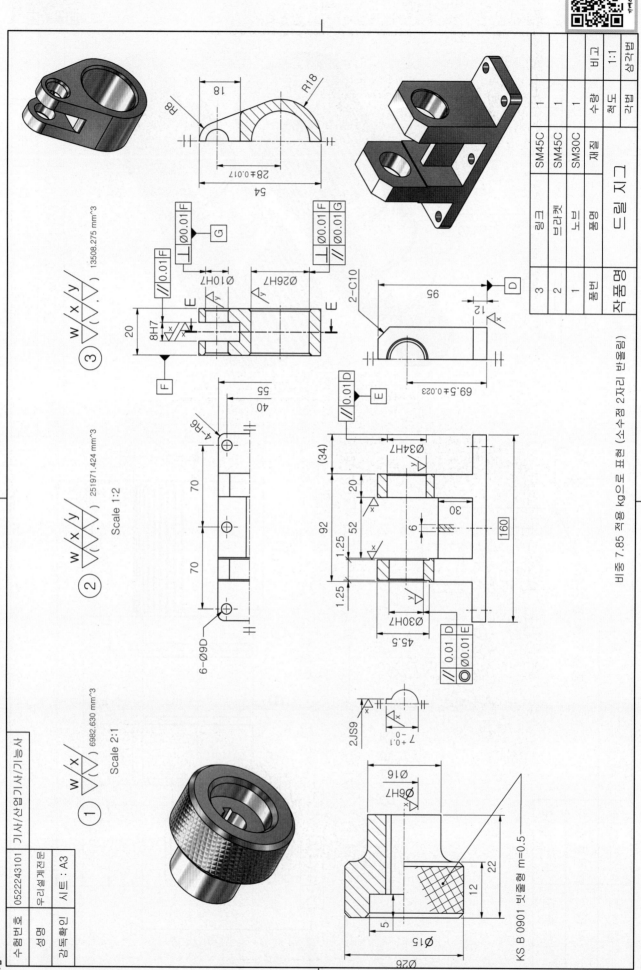

작품명		품번	품명	재질	수량	척도	비고
드릴 지그		1	몸체	SM30C	1	척도	1:1
		2	브라켓	SM45C	1	수량	상품명
		3	링크	SM45C	1	각도	

비중 7.85 적용 kg으로 표현 (소수점 2자리 반올림)

① W/x (∇) 6982.630 mm^3

Scale 2:1

② W/x/y (∇·) 251971.424 mm^3

Scale 1:2

③ W/x/y (∇·) 13508.275 mm^3

KS B 0901 빗줄형 m=0.5

수험번호	0522243101	기사/산업기사/기능사
성명	우리설계전문	
감독확인	시트 : A3	

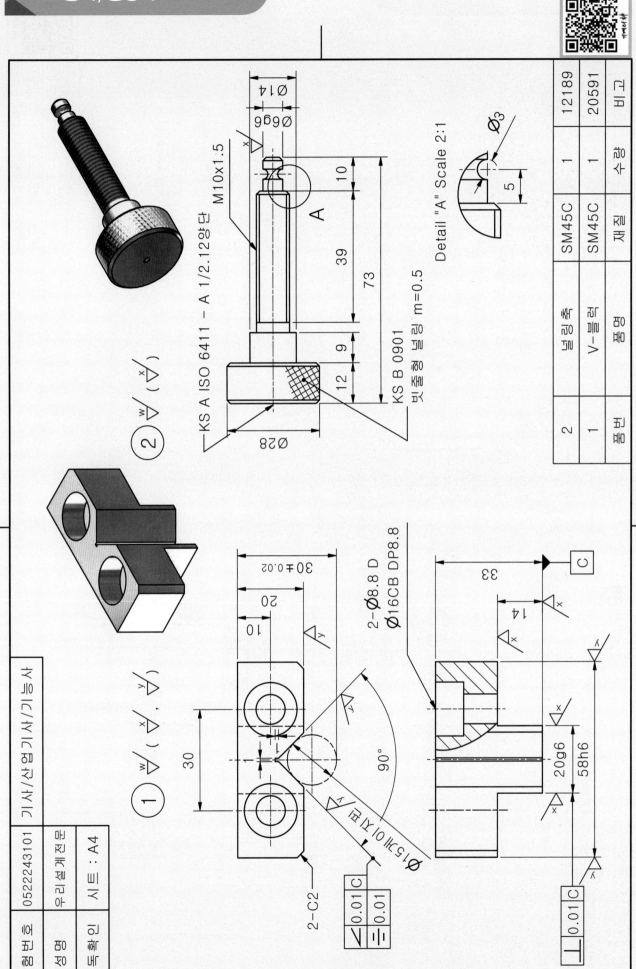

Detail "A" Scale 2:1

Ø3

Ø14
Ø6g6
M10x1.5

KS A ISO 6411 – A 1/2.12양 단

10
39
73
9
12

KS B 0901
빗줄형 널링 m=0.5

A

Ø28

2 w (x)

품번	품명	재질	수량	비고
2	널링축	SM45C	1	12189
1	V-블럭	SM45C	1	20591

30±0.02
20
10

2-Ø8.8 D
Ø16CB DP8.8

33
14

20g6
58h6

90°

Ø15키이오기준

30

2-C2

0.01 C
0.01

1 w (x) y

0.01 C

수험번호	0522243101	기사/산업기사/기능사
성명	아리설계전문	
감독확인	시트 : A4	

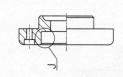

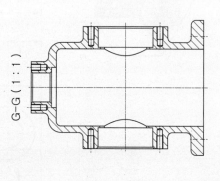

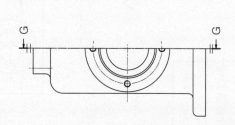

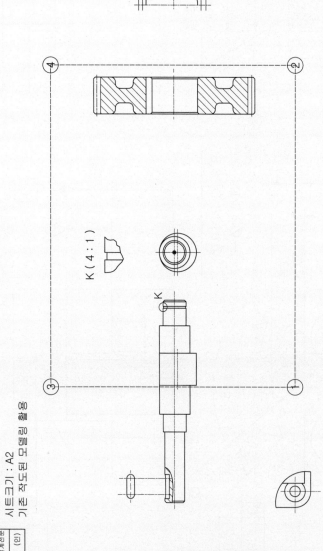

J (2 : 1)

G–G (1 : 1)

K (4 : 1)

시트크기 : A2
기존 작도된 모델링 활용

품번	품명	재질	수량	비고
4	스퍼기어	SC480	1	
3	편심축	SM45C	1	
2	오일실커버	GC200	1	
1	본체	GC200	1	

작품명 편심왕복장치

척도	1:1	
각법	3각법	

주서
46참조

기어 요목표 작성
49 참조

수험번호	2243101	기사/산업기사/기능사
성명		우리제작원
감독확인	(인)	

MEMO

Autodesk Inventor

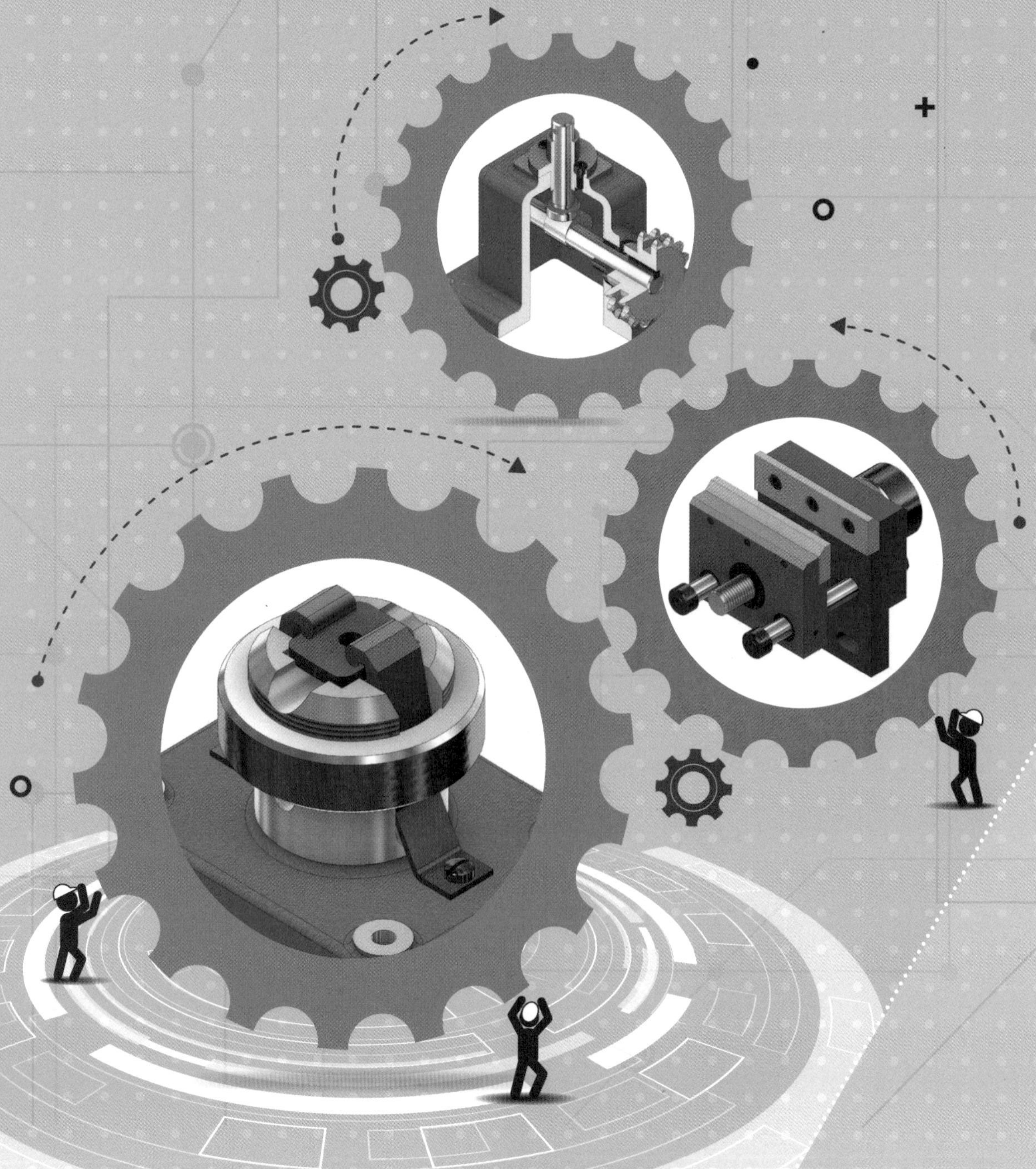

데이터북 사용법

[국가기술자격 실기시험용 KS 기계제도 규격]

1. 표면 거칠기

2. 끼워 맞춤 공차

3. IT공차

4. 중심 거리의 허용차

5. 모떼기 및 둥글기의 값

6. 널링

7. T홈

8. T홈 간격

9. T홈 간격 허용차

10. 미터 보통 나사

11. 미터 가는 나사

12. 미터 사다리꼴 나사

13. 관용 평행 나사

14. 관용 테이퍼 나사

15. 볼트 구멍 지름(2급 기준) 및 카운터 보어 지름의 치수

16. 불완전 나사부 길이

17. 나사의 틈새

18. 뾰족끝 홈붙이 멈춤 스크루

19. 멈춤 링

       (1) C형 멈춤 링   (2) E형 멈춤 링

       (3) C형 동심 멈춤 링

20. 생크

21. 평행 키(키 홈)

22. 반달 키(키 홈)

23. 깊은 홈 볼 베어링

24. 앵귤러 볼 베어링

25. 자동 조심 볼 베어링

26. 원통 롤러 베어링

27. 테이퍼 롤러 베어링

28. 니들 롤러 베어링

29. 평면 자리형 스러스트 볼 베어링

30. 평면 자리형 스러스트 볼 베어링(복식)

31. 베어링 구석 홈 부 둥글기

32. 베어링의 끼워 맞춤

33. 그리스 니플

34. O링(원통면)

35. O링 부착 부의 예리한 모서리를 제거하는 설계 방법

36. O링(평면)

37. 오일 실

38. 오일 실 부착 관계(축 및 하우징 구멍의 모떼기와 둥글기)

39. 롤러체인, 스프로킷

40. V 벨트 풀리

41. 지그용 부시 및 그 부속 부품(고정 부시)

42. 삽입 부시

43. 지그용 부시 및 그 부속 부품(고정 라이너)

44. 부시와 멈춤쇠 또는 멈춤나사의 중심 거리 및 부착 나사의 가공 치수

45. 분할 핀

46. 주서 (예)

47. 센터 구멍

48. 양끝 센터 (예)

49. 기어 요목표

50. 기계재료기호(KS D)

> 진한 부위는 시험에 자주 출제되는 중요한 부위. 반드시 KS규격집을 참조해야 함.

> "KS 기계제도 규격"집은 큐넷(Q-net.or.kr) 또는 (cafe.naver.com/rajji/9196)에서 다운받아 과제도 연습시 계속 활용해야 합니다.

(1) 가공된 금속 표면은 매끄럽게 보이더라도 표면을 확대하면 무수히 많은 산과 골로 이루어져 있다. 이를 표면 거칠기라 한다.

(2) 가공법에 따른 거칠기 기호와 부품의 적용에 대해서 이해를 하여야 한다.

(3) 표면 거칠기를 측정하는 3가지 방법(KS B 0161)

　　① 최대 높이(Rmax)

　　② 십점 평균 거칠기(Rz)

　　③ 중심선 평균 거칠기(Ra)

표면 거칠기 기호의 표기 및 가공방법

다듬질 정도	표면 거칠기 기호	가공법 및 적용 부위
무가공	▽ = ▽	주조, 단조 또는 프레스 가공 후 거스름만 제거(GC, SC 계열 주조 후 벨트풀리 기어의 측면, 주물 본체 또는 커버 등의 타 부품 미접촉 부위 등)
거친다듬질	w/▽ = 12.5/▽, N10	기계가공을 하고 접촉하지 않는 면(예 드릴 홀, 장공 등) 적용 가공 : 선반, 밀링, 줄, 슬로터, 셰이퍼 등(볼트, 너트, 와셔 나사자리, 끼워맞춤이 없는 구멍 등) SM 계열 기초 표면 거칠기
보통다듬질	x/▽ = 3.2/▽, N8	기계가공을 하고 접촉하는 면(예 키 자리, 베어링 측면, 체결 부위, 기어측면, 이끝원, 이 뿌리원, V−벨트풀리의 림 등) 적용 가공 : 선반, 밀링 등
정밀다듬질	y/▽ = 0.8/▽, N6	기계가공을 하고 접촉해서 미끄러지거나 회전하는 등 기계 운동면(예 기어 피치원, 베어링 및 부시의 내외주면, V벨트 풀리의 양 측면 홈 등) 적용 가공 : 선반, 호빙, 연삭기, 리밍 등
정밀연마면	z/▽ = 0.2/▽, N4	정밀연마면은 통상 기계부품에서는 사용 안하나, 실린더 내면, 게이지류, 초정밀부품, 기밀유지용 등으로 사용(오일실 접촉 축단, 오링 접촉면 등) 적용 가공: 슈퍼 피니싱, 래핑, 호닝 가공 등 특수 가공

 중심거리 허용차

중심 거리 구분		등급 0급(참조)	1급	2급	3급	4급
초과	이하					
−	3	±2	±3	±7	±20	±50
3	6	±3	±4	±9	±24	±60
6	10	±3	±5	±11	±29	±80
10	18	±4	±6	±14	±35	±90
18	30	±5	±7	±17	±42	±110
30	50	±6	±8	±20	±50	±130
50	80	±7	±10	±23	±60	±150
80	120	±8	±11	±27	±70	±180
120	180	±9	±13	±32	±80	±200
180	250	±10	±15	±36	±93	±230
250	315	±12	±16	±41	±105	±260
315	400	±13	±18	±45	±115	±290
400	500	±14	±20	±49	±125	±320
500	630	−	±22	±55	±140	±350

(단위: *um*)

(1) **정의:** 구멍, 축 또는 홈의 중심선에 직각인 단면에서 중심부터 중심까지의 거리 값

(2) **사용법:** 허용차의 등급은 가공정밀도 등급(KS B 0420) 1급~4급까지 4등급이 있으며, 0등급은 참고
등급

(3) **적용방법:**

① 부품 두 구멍의 중심거리

② 두 축의 중심거리

③ 두 홈의 중심거리

④ 구멍과 축, 구멍과 홈 또는 축과 홈의 중심거리

비고 구멍, 축 및 홈은 그 중심선에 서로 평행하고, 구멍과 축은 원형 단면이며, 테이퍼(Taper)가 없고, 홈은 양
측면이 평행한 것으로 한다.

적용 예

• ø20단과 ø24단의 중심거리 차이 2mm인 경우 중심거리 허용차 1급 범위 – ~3 ±0.003 적용

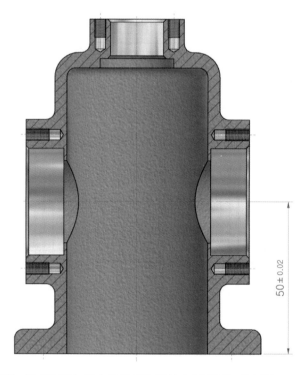

• 본체의 바닥면 기준 구멍의 높이가 50인 경우 중심거리 허용차 2급 범위 30~50 ±0.02값 적용

③ 널링(Knurling)

공구나 계기류 등에서 손잡이 부분이 미끄러지지 않도록 가로 또는 경사지게 톱니 모양을 붙이는 공작법

(1) 사용법: KS B 0901 빗줄형 m=0.5 또는 KS B 0901 바른줄형 m=0.5 기입

적용 예

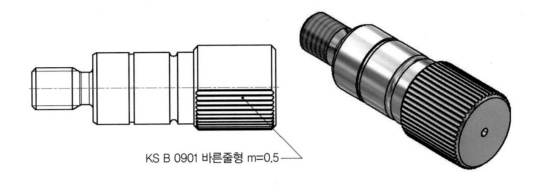

KS B 0901 바른줄형 m=0.5

KS B 0901 빗줄형 m=0.5

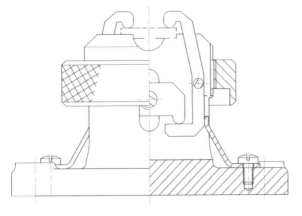

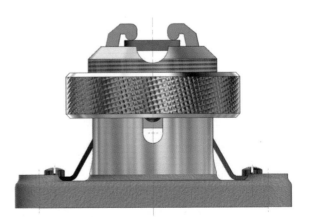

[시험 도면에 나오는 널링 사용 예제]

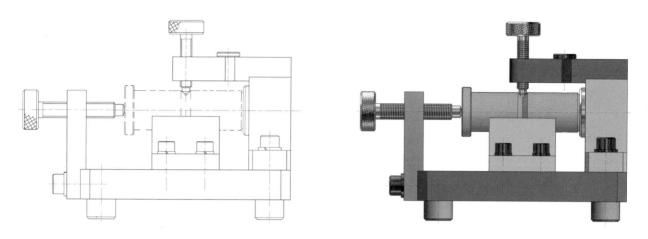

[시험 도면에 나오는 널링 사용 예제]

 나사의 **틈새** 가공의 목적

⑴ 수나사와 암나사는 불완전 나사부가 있는데, 수나사와 암나사의 원활한 체결을 위해 불완전 나사부를 제거할 목적으로 홈을 판다.

⑵ 피로강도 저하를 최소화하기 위해 급격한 단면을 피하고 경사와 라운드에 의해 축단을 형성한다.

⑶ 나사부 연결부 와셔의 사용 여부에 따른 나사의 틈새 또는 불완전 나사부 선택 적용

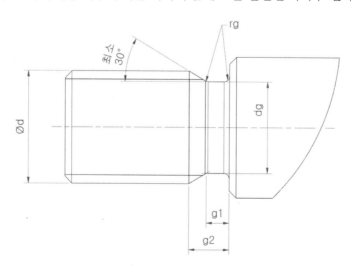

피치 1.75 나사의 틈새 적용 모습

| 나사의 피치 | dg | | g1 | g2 | rg |
	기준 치수	허용차	최소	최대	약
0.5	d − 0.8		0.8	1.5	0.2
0.7	d − 1.1		1.1	2.1	0.4
0.8	d − 1.3	호칭지름이 3mm 이하는 h12, 호칭지름이 3mm 초과는 h13 적용	1.3	2.4	0.4
1	d − 1.6		1.6	3	0.6
1.25	d − 2		2	3.75	0.6
1.5	d − 2.3		2.5	4.5	0.8
1.75	d − 2.6		3	5.25	1
2	d − 3		3.4	6	1

[불완전 나사부 적용 모습]

⑤ 멈춤 링(Retaining rings)

원형 단면을 갖는 축과 원형 내면을 갖는 원통형 부품을 조립하는 경우 축 방향으로 빠져나오지 않도록 위치를 고정하거나 위치결정을 하고자 하는 경우에 자주 사용하는 기계요소 부품이다.

E형 멈춤 링

축용 멈춤 링

구멍용 멈춤 링

동심 멈춤 링

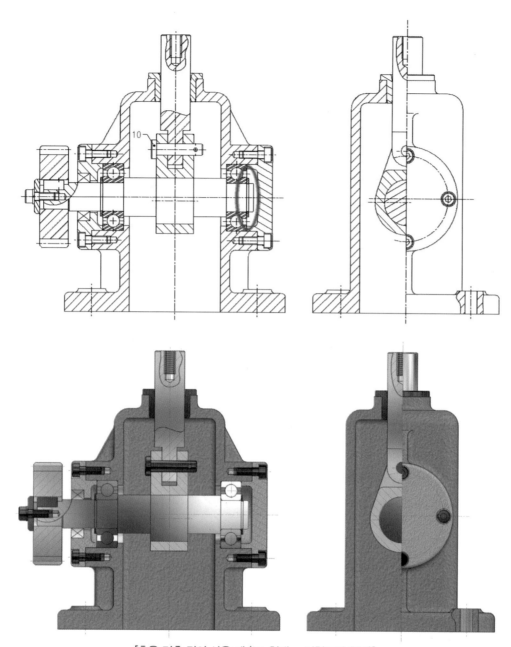

[축용 멈춤 링의 사용 예 (2D 형태 – 시험도면 형태)]

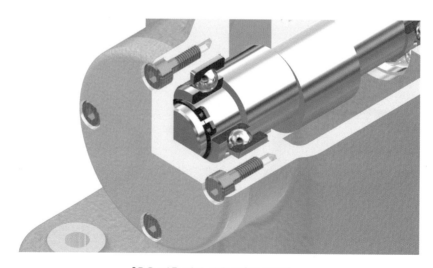

[축용 멈춤 링의 사용 예(3D 형태)]

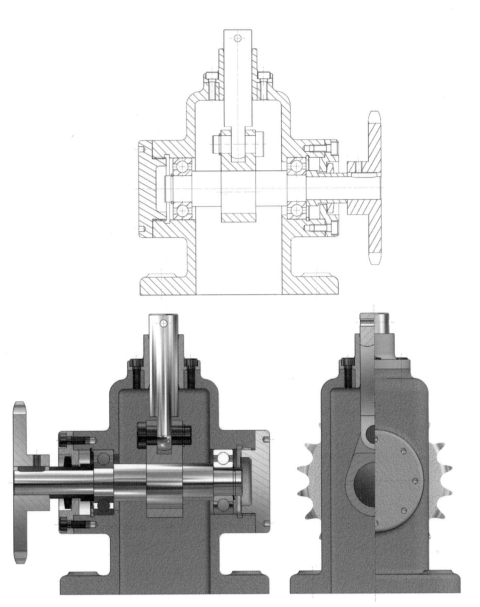

[좌측 구멍용 멈춤링과 우측 축용 멈춤 링의 사용 예제]

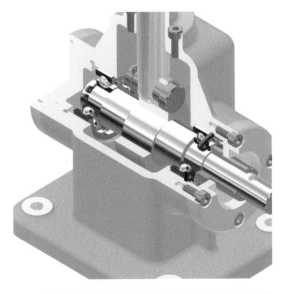

[좌측 축용 멈춤 링과 우측용 멈춤 링 사용 예제]

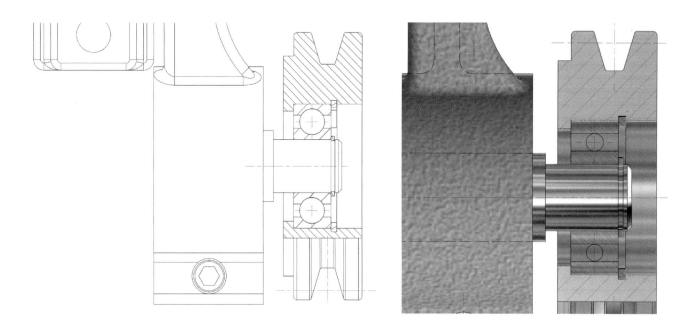

[축용 멈춤 링과 구멍용 멈춤 링의 동시 사용]

⑥ 생크(Shank)

공구나 핸들에 의해서 축을 잡거나 나사축을 풀고 조이기 위해서 원형 축단의 끝에 평면자리를 내는 것을 생크라하며 자루라고도 한다.

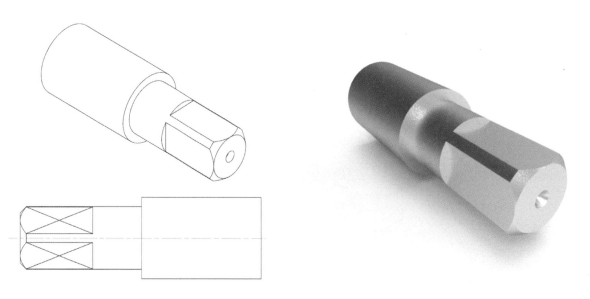

[생크축의 3D 예제]

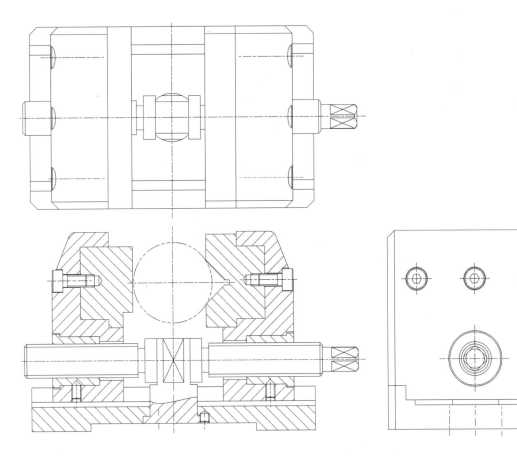

[생크의 2D 도면·표기 예제]

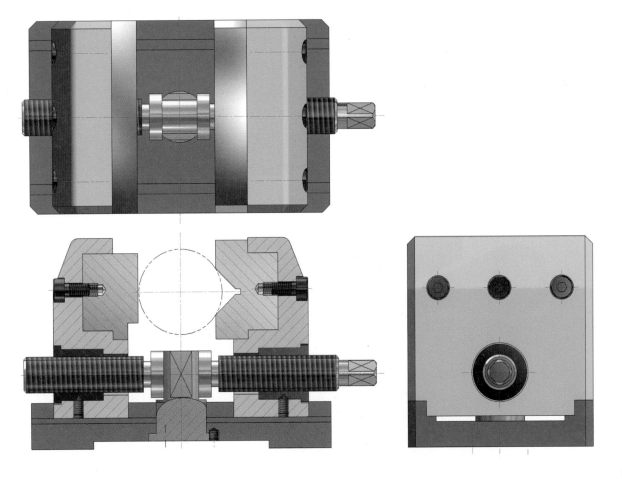

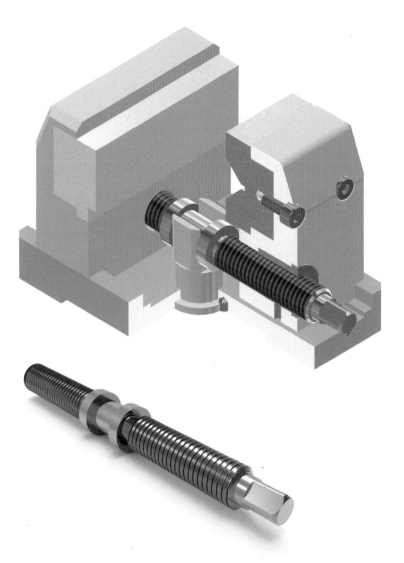

[생크축의 사용 예제 조립도]

[생크축의 사용 예제 3D]

 평행 키(Parallel key, 平行)

축과 보스 양쪽에 키 홈을 만들어, 그 사이에 키를 넣고, 동력을 전달할 목적으로 사용된다.

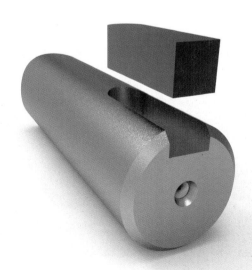

[시험에 나오는 평행 키 적용 3D 모습]

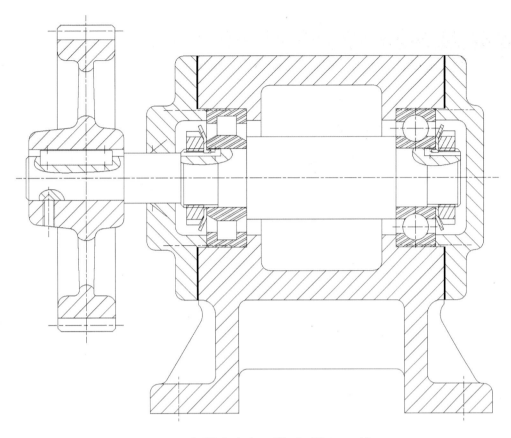

[시험에 나오는 평행 키 적용 2D 모습]

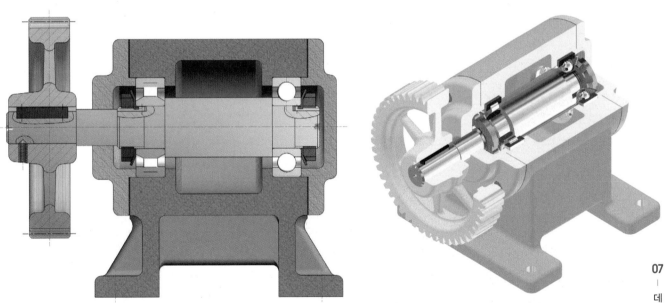

[시험에 나오는 평행 키 적용 3D 모습]

축 옆의 키 홈의 가공은 간단하지만 키 홈이 깊게 되는 것으로 그다지 큰 힘이 걸리지 않는 테이퍼 축 등에 많이 사용됨.

[반달 키 적용 3D 예제]

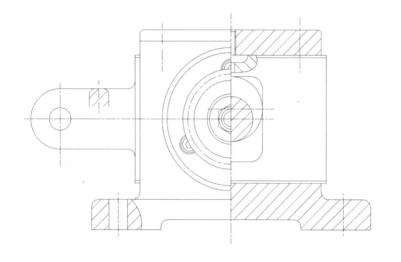

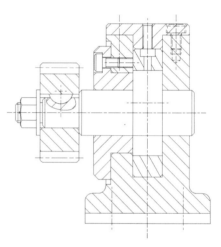

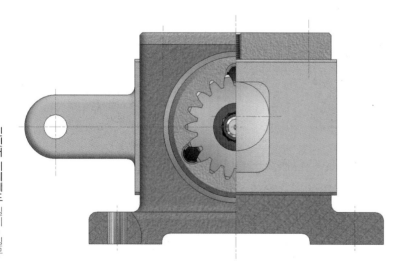

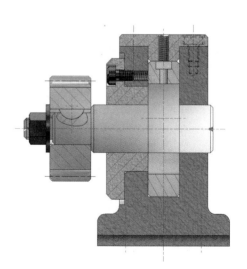

[시험에 나오는 반달 키 적용 2D 모습]

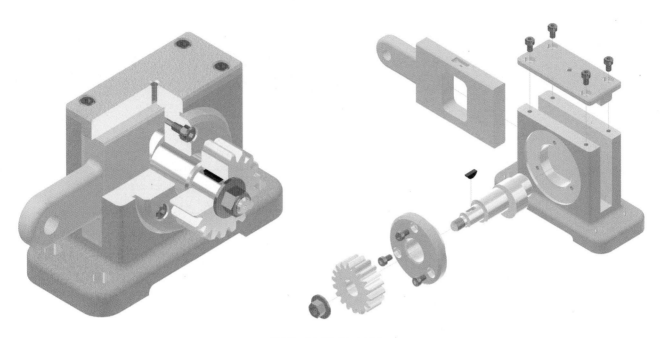

[반달 키 적용 3D 모습]

⑨ 베어링(Bearing)

축이 회전 운동을 할 때 마찰 저항을 작게하여 운동을 원활하게 해주는 기계 요소이며, 접촉 면 사이에는 마찰을 줄이기 위한 윤활유가 사용된다.

[여러 가지 베어링 3D 모습]

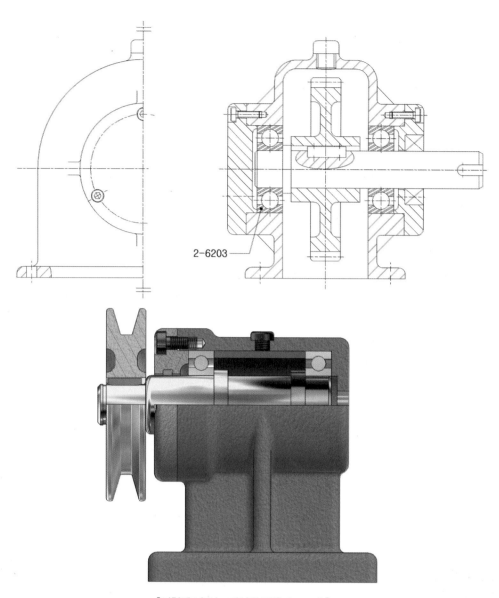

2-6203

[시험에 나오는 베어링 적용 2D 모습]

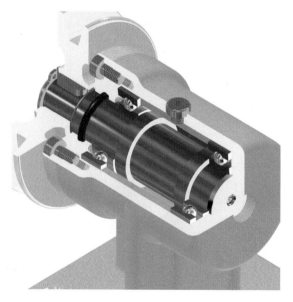

[시험에 나오는 베어링 적용 3D 모습]

합성고무·합성수지 등으로 만들어진 단면이 원형인 링(기밀·수밀 유지용도 사용)

참고 O−링은 직선 운동 또는 고정부의 실링용으로 회전부에 적용하지 않습니다.

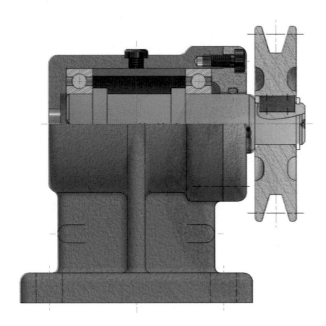

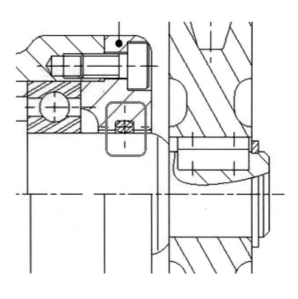

[시험에 나오는 O−링 적용 2D 모습]

[O−링 단면 모습]

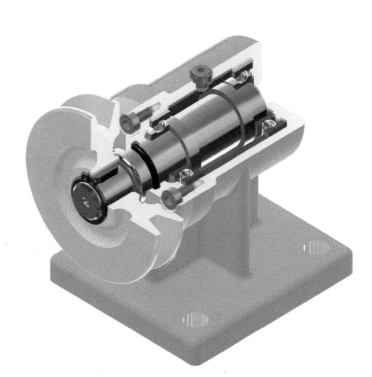

[O−링 적용 3D 모습]

오일 실(Oil seal)

기계 회전부(주로 전동 축)의 실링용으로 내부의 윤활유가 새어나가거나 또는 외부의 이물질이 기계 장치 내부로 칩입하는 것을 방지한다.

내부에 스프링이 원주면을 감싸고, 탄성이 우수한 합성고무를 사용한다.

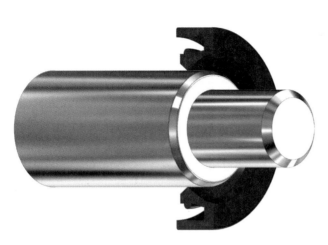

[오일 실 결합 3D 모습]

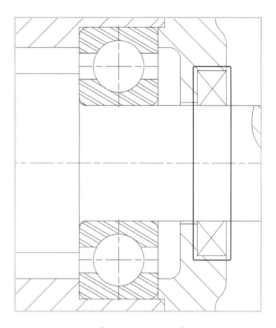

[오일 실 2D 표시]

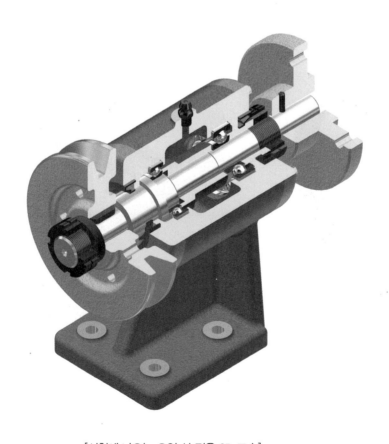

[시험에 나오는 오일 실 적용 3D 모습]

⑫ 롤러체인, 스프로킷(Sprocket)

주로 자전거, 모터사이클, 자동차, 무한궤도 등 기계 등에서 기어가 적합하지 못한 곳에서 사용되며, 체인 기어라고도 한다. 큰 동력을 미끄러짐 현상 없이 확실하게 먼 거리까지 전달할 수 있으나, 체인과 스프로킷의 마찰에 의해 진동과 소음이 큰 단점이 있다.

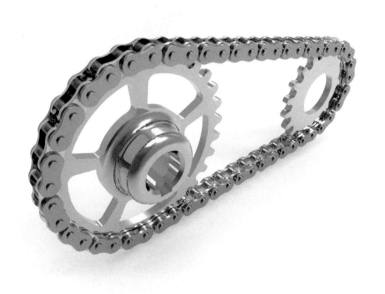

⑬ V-벨트 풀리(V-belt pulley)

V 벨트 전동용 벨트를 걸기 위한 목적으로 축에 부착하는 바퀴이며. 주철제가 많지만, 강판이나 경합금제의 것도 있다.

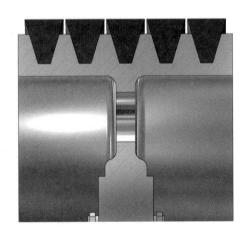
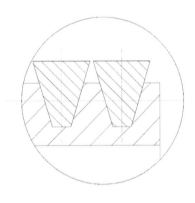

[V-벨트 풀리 벨트 장착 단면]

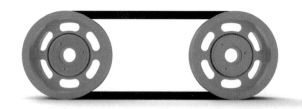

[5열 V-벨트 풀리 장착 모습]

14 칼라(Collar)

- 일종의 Thrust Bearing & Pad 역할
- 구동축이 축 방향으로 밀리지 않도록 잡아주는 역할. 스페이서(Spacer) 라고도 함
- 스페이서(Spacer) : 나란히 조립되는 물품과 물품 사이의 간격을 고르게 유지하기 위하여 그 틈새에 끼우는 라이너

(1) **베어링 부시**: 치공구에서 주로 저속회전되는 곳에 사용. 축이 끼워지는 곳에 주로 사용

(2) **고정 부시**: 구멍뚫기 지그에 있어서, 지그 본체에 압입해 고정된 드릴의 안내를 하는 부시. 부시란 일반적으로 구멍 내면에 끼워박는 두께가 얇은 원통을 말한다

(3) **삽입 부시**: 안내 부시에 끼워넣어 이용하는 부시. 부시가 가공날과의 접촉에 의하여 마모 시 교체 가능. (탈부착이 가능)

> ⚙ **고정 라이너** 삽입 부시와 세트로 사용되며, 삽입 부시를 치공구 본체에 고정. 삽입 부시의 탈부착이 용이하도록 먼저 조립하여 사용(삽입 부시와 고정 라이너는 하나의 조립체)

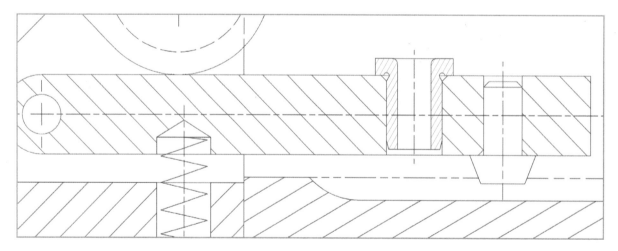

[드릴 부시 칼라 있는 형태]

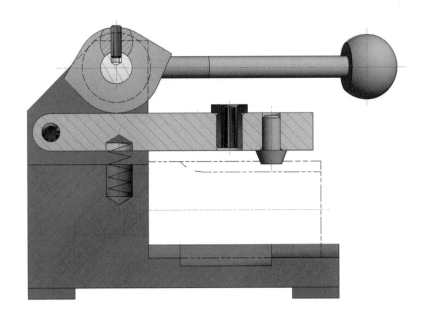

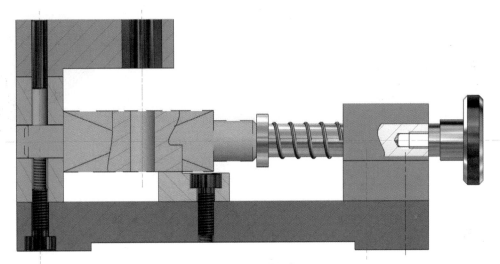

[드릴 부시 칼라 없음 형태]

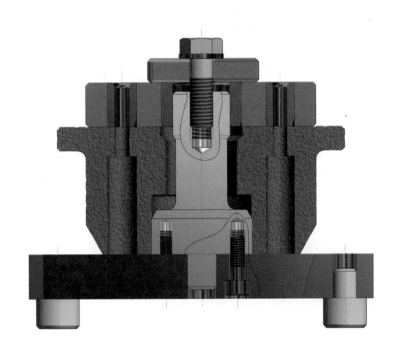

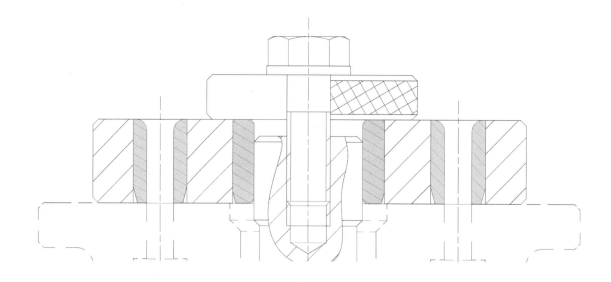

[드릴 부시]

[삽입 부시]

[고정 라이너]

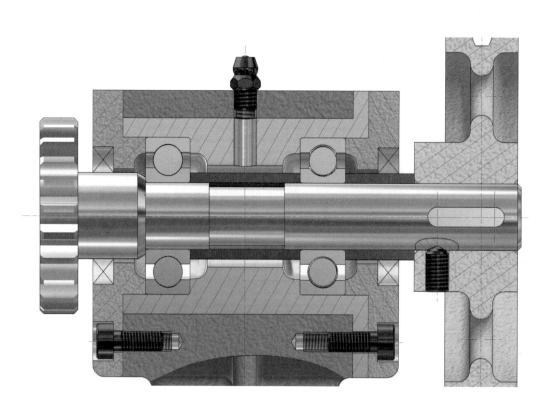

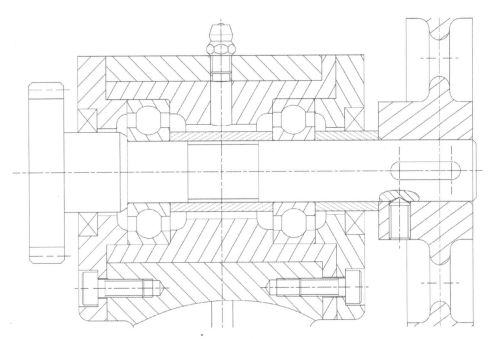

[좌측 칼라(붉은 Hatch)와 우측 베어링 부시(파란 Hatch)]

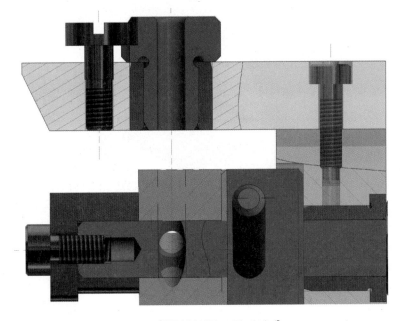

[삽입 부시와 고정 라이너]

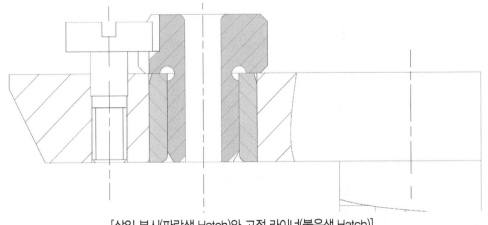

[삽입 부시(파란색 Hatch)와 고정 라이너(붉은색 Hatch)]

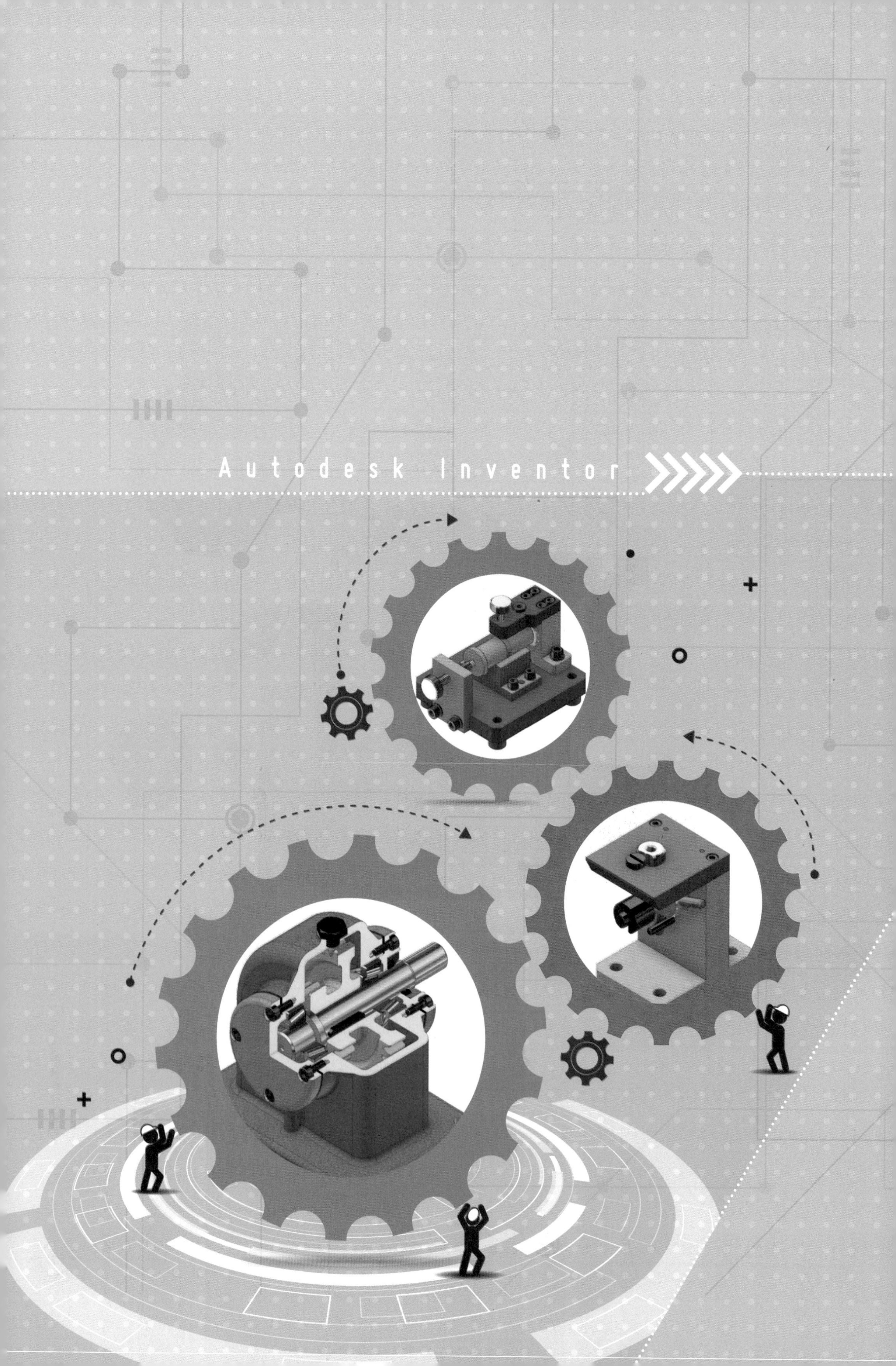
Autodesk Inventor

CHAPTER

08

기하공차

① 데이텀(Datum)

② 기하공차(Geometric Dimensioning and Tolerancing)

01 데이텀(Datum)

① 데이텀(Datum)이란?

관련 형태의 기하공차를 지시할 때 그 공차 영역을 규제하기 위하여 설정한 이론적 정확한 기하학적 기준을 데이텀이라 한다.

② 데이텀 대상

점, 직선, 축직선, 평면, 중심평면 등이 데이텀이 될 수 있으며, 데이텀의 기준은 겹합되는 상대부품에 있어서 기준이 되는 형태, 가공검사 및 측정상 기준이 되는 형태, 반복적으로 계속 사용되는 형태 등을 설정 우선시 한다.

③ 데이텀 도시 방법

형체에 지정하는 공차가 데이텀과 관련된 경우, 데이텀은 원칙적으로 데이텀을 지시하는 문자 기호로 나타낸다. 데이텀은 영어의 대문자를 정사각형 으로 둘러싸고, 이것과 데이텀이라는 것을 나타내는 삼각기호(직각이등변삼각형: KS, JIS, 정삼각형: ANSI, BS)를 지시선으로 연결하여 나타낸다. 데이텀 삼각 기호는 빈틈없이 칠해도 좋고, 칠하지 않아도 좋다.

④ 기하공차의 종류

데이텀에 적용하는 형태	기하공차의 종류		기호	비고
데이텀 없이 단독사용	모양공차	진직도	—	
		평면도	▱	
		진원도	○	
		원통도	⌭	
단독 또는 관련 형태		선의 윤곽도	⌒	KS B 0608
		면의 윤곽도	⌓	
데이텀을 기준으로 사용 되는 관련 형태	자세공차	평행도	//	
		직각도	⊥	
		경사도	∠	
	위치공차	위치도	⊕	

		동심(축)도	◎
		대칭도	=
흔들림공차		원주흔들림	↗
		온흔들림	⤫↗

(음영부분: 기하공차 시험용으로 자주 사용됨)

⑤ IT 공차

IT4 4급에서 IT7 7급 중 설계자가 각 부품 간 상호관계를 고려하여 적합한 치수의 등급을 적용한다.

예 일반적인 부분 IT5 5급 적용
축 부분 IT6 6급 적용
구멍 부분 IT7 7급 적용

치수	등급	IT4 4급	IT5 5급	IT6 6급	IT7 7급
초과	이하				
–	3	3	4	6	10
3	6	4	5	8	12
6	10	4	6	9	15
10	18	5	8	11	18
18	30	6	9	13	21
30	50	7	11	16	25
50	80	8	13	19	30
80	120	10	15	22	35
120	180	12	18	25	40
180	250	14	20	29	46
250	315	16	23	32	52
315	400	18	25	36	57
400	500	20	27	40	63

(단위: *um*)

02 기하공차 [Geometric Dimensioning and Tolerancing]

① 진직도(Straightness, 眞直度)

　　평면, 원통의 표면 또는 축선(Axis)이 얼마나 정확한 직선이어야 하는지를 정의하는 형태이며, 표면이나 축선의 허용 범위를 넘어선 크기를 진직도 표기하며, 평면, 원통면 등에 적용이 가능하고, 지름 공차역을 규제할 경우 치수 앞에 지름 기호 ø를 붙이며, 평면을 규제할 경우는 ø는 붙이지 않는다.

예 진직도의 기능 길이가 100인 경우 IT 6급 80~120 범위 값 0.022 적용(지름인 경우 ø포함)

치수		등급			
초과	이하	IT4 4급	IT5 5급	IT6 6급	IT7 7급
50	80	8	13	19	30
80	120	10	15	22	35
120	180	12	18	25	40

(단위: *um*)

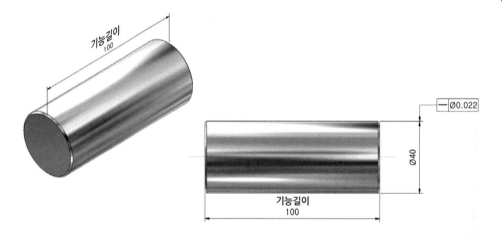

② 평면도(Flatness, 平面圖)

　　2차원 공간 평면의 허용 범위를 벗어난 크기를 평면도라 하며, 기능 길이는 대각선(X, Y를 벡터 값)으로 한다. 단독 형상을 규제하는 형상 공차이며, 데이텀이 필요 없고, MMC로 적용될 수 없다.

예 가로×세로 50×40인 경우 기능길이는 $\sqrt{50^2 \times 40^2} = 64.031$ IT 5급 50~80 범위 값 0.015 적용

치수		등급			
초과	이하	IT4 4급	IT5 5급	IT6 6급	IT7 7급
50	80	8	13	19	30
80	120	10	15	22	35
120	180	12	18	25	40

(단위: *um*)

허용되는 치수 허용차 중에서 실체의 상태가 최대인 때의 것을 최대 실체상태(Maximum Material Condition, MMC)라고 한다.

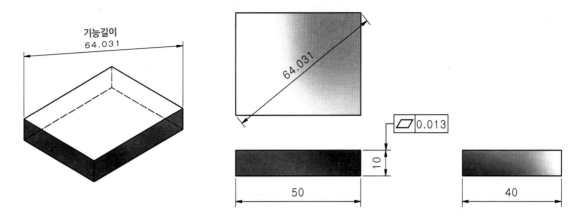

③ 진원도(Roundness, circularity 眞圓度)

원의 중심으로부터 진원 상태의 허용 범위에서 벗어난 크기를 진원도라 하며, 진원도 단면이 원형인 형체에 기입하고, 공차역은 반경 값이므로 ø를 붙이지 않는다. 진원도의 기능 길이는 지름값으로 한다.

예 ø40인 원통의 진원도는 IT 6급 30~50 범위 값 0.016 적용

치수		등급			
초과	이하	IT4 4급	IT5 5급	IT6 6급	IT7 7급
18	30	6	9	13	21
30	50	7	11	16	25
50	80	8	13	19	30

(단위: *um*)

④ 원통도(Cylindricity, 圓筒度)

원통면에 데이텀 없이 사용되는 단독 형체 모양공차, 공차 값에 ø를 붙이지 않으며, 양 센터 간의 측정법을 사용, 기능길이는 단 길이를 사용한다(슬라이더 편심축에 많이 사용). 진원도, 평행도 공차를 동시에 적용한 것과 같음.

예 기능길이 100인 축의 원통도 의 경우 IT 6급 80~120 범위 값 0.022 적용

치수		등급			
초과	이하	IT4 4급	IT5 5급	IT6 6급	IT7 7급
50	80	8	13	19	30
80	120	10	15	22	35
120	180	12	18	25	40

(단위: *um*)

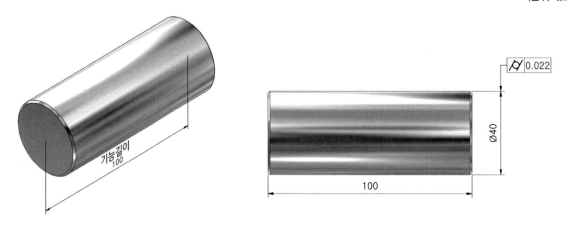

⑤ 선의 윤곽도(Profile of a line)

　진직도가 평면이나 원통 형체의 표면에 한 방향으로 규제되는 것과 같이 선의 윤곽도는 곡선의 한 방향 선에 대한 윤곽 공차를 말한다. 선의 기준 윤곽에 두 개의 평행한 가상 곡선 사이의 거리를 기능길이로 한다.

예 공차역의 기능길이가 90인 경우 IT 5급 80~120 범위 값 0.015 적용

치수		등급			
초과	이하	IT4 4급	IT5 5급	IT6 6급	IT7 7급
50	80	8	13	19	30
80	120	10	15	22	35
120	180	12	18	25	40

(단위: *um*)

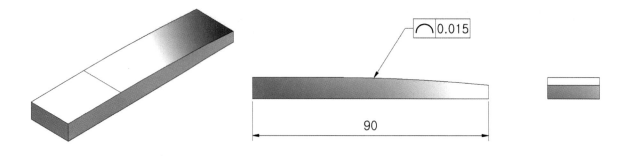

⑥ 면의 윤곽도(Profile of a surface)

　기준 윤곽에서 벗어난 크기를 정의하며, 데이텀이 없이 단독 형체로 규제하거나, 테이텀을 기준으로 관련 형체를 규제한다.

면의 윤곽도 기능 길이는 윤곽면의 대각선(X, Y를 벡터 값)으로 한다.

예 기능길이 $\sqrt{90^2+30^2}$ = 92.195 IT 5급 80~120 범위 값 0.015 적용

치수		등급			
초과	이하	IT4 4급	IT5 5급	IT6 6급	IT7 7급
50	80	8	13	19	30
80	120	10	15	22	35
120	180	12	18	25	40

(단위: *um*)

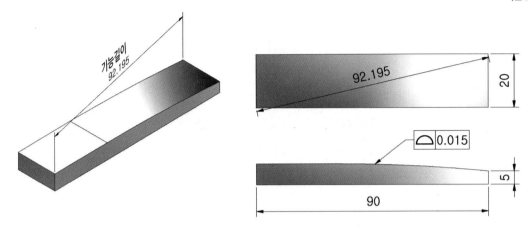

⑦ 평행도(Parallelism, 平行度)

데이텀 축직선, 또는 데이텀에 대하여 규제 형체의 표면 또는 축직선의 어긋난 크기를 평행도라 하며, 평행도는 두 개의 평면, 하나의 평면과 축직선 또는 중간선, 두 개의 축직선 또는 중간면의 3가지 유형이 있다.

- 두 평면에 대한 평행도 : 평면과 평면을 규제하는 공차 값에 ø붙이지 않는다.

예 두 평면의 기능길이가 30인 경우 IT 5급 18~30 범위 값 0.009 적용IT 공차

치수		등급			
초과	이하	IT4 4급	IT5 5급	IT6 6급	IT7 7급
10	18	5	8	11	18
18	30	6	9	13	21
30	50	7	11	16	25

(단위: *um*)

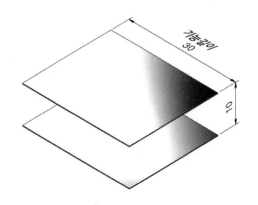

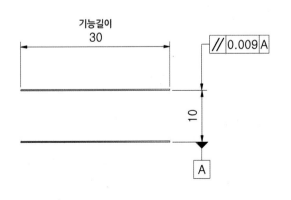

- 하나의 평면과 축직선 또는 중간면이 마주보고 있는 평행도: 공차 값에 ø를 붙이지 않는다.

예 평면과 축선이 마주보고 있는 상태에서 평행에 대한 자세공차인 평행도를 적용, 기능 길이는 평행의 길이 값 17인 경우 IT 7급 10~18 범위 값 0.018 적용

치수	등급	IT4 4급	IT5 5급	IT6 6급	IT7 7급
초과	이하				
3	6	4	5	8	12
6	10	4	6	9	15
10	18	5	8	11	18

(단위: *um*)

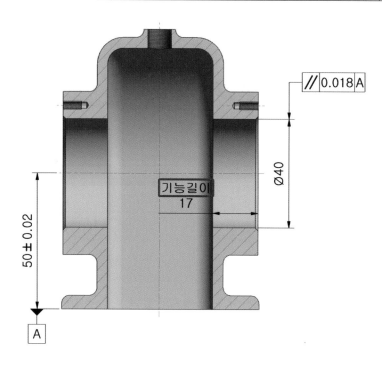

- 두 개의 축직선이나 중간면이 마주보고 있는 평행도: 공차역이 폭 공차일 때는 ø를 붙이지 않고, 지름 공차일 때는 ø를 붙인다.

예 데이텀 A를 기준으로 평행이므로 평행도를 적용하며, 기능길이 10인 경우 IT 7급 10~18 범위 값 0.015적용

치수	등급	IT4 4급	IT5 5급	IT6 6급	IT7 7급
초과	이하				
3	6	4	5	8	12
6	10	4	6	9	15
10	18	5	8	11	18

(단위: *um*)

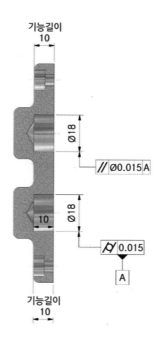

기능길이
10

Ø18

// Ø0.015 A

Ø18

10

⌀ 0.015

A

기능길이
10

⑧ 직각도(Perpendicularity, 直角度)

기준선 또는 면에 대한 직각의 정도를 말하며, 데이텀에 대하여 규제하고자 하는 형체의 평면이나 축선 또는 중간면에 대하여 완전한 직각으로부터 범위를 벗어난 크기를 직각도라 하며, 공차 값이나 중간면을 제어할 경우 직각도 값에 ø를 붙이지 않고, 축 원통 직선을 규제할 경우 지름 공차역이므로 ø를 붙인다.

예1 바닥면과 중간면을 규제할 경우 ø를 붙이지 않으며, 기능길이 60 IT 5급 50~80 범위 값 0.013 적용

치수		등급			
초과	이하	IT4 4급	IT5 5급	IT6 6급	IT7 7급
30	50	7	11	16	25
50	80	8	13	19	30
80	120	10	15	22	35

(단위: µm)

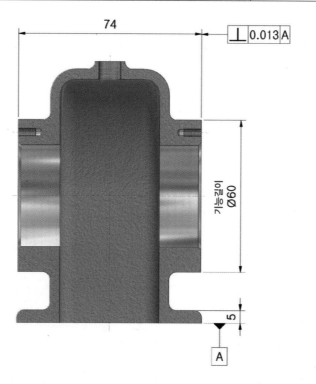

74

⊥ 0.013 A

기능길이 Ø60

5

A

예 2 바닥면과 축 직선이 서로 직각이므로, 기능길이 10 IT 7급 6~10 범위 값 0.015 적용

축직선 규제는 지름 공차역에 ø를 붙인다.

치수		등급	IT4 4급	IT5 5급	IT6 6급	IT7 7급
초과	이하					
–	3		3	4	6	10
3	6		4	5	8	12
6	10		4	6	9	15
10	18		5	8	11	18

(단위: *um*)

축직선 규제는
지름 공차역에 ø를 붙인다.

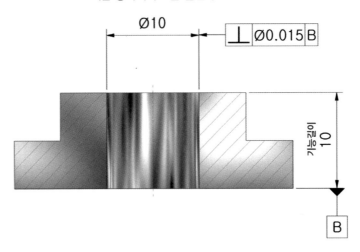

9 경사도(Angularity)

경사도는 90°를 제외한 임의의 각도를 갖는 표면이나 형체의 중심이 임의의 각도로 주어진 경사 공차 내에서의 폭 공차를 규제하는 것이며, 평면, 폭 중간면, 원통 중심선 등의 공차 영역을 규제하기 때문에 공차 값에 ø를 붙이지 않으며, 기능길이는 경사 평면의 거리로 한다.

예 바닥면과 각이 임의의 각(30°)을 이루고 있기에 경사도를 적용 기능길이는 40 IT 5급 30~50 범위 값 0.011 적용

치수		등급	IT4 4급	IT5 5급	IT6 6급	IT7 7급
초과	이하					
18	30		6	9	13	21
30	50		7	11	16	25
50	80		8	13	19	30

(단위: *um*)

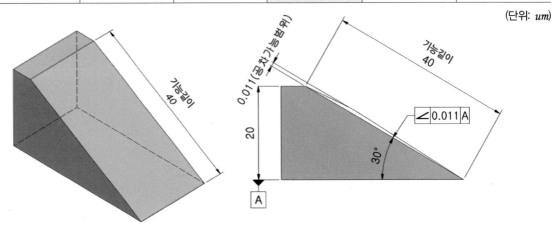

⑩ 위치도(Location, 位置度)

 규제된 형체가 데이텀 형체의 규정위치에서 축심 또는 중간면이 정확한 위치에서 벗어난 변위량을 위치도라 하며, 위치도는 규제 형체의 중간면을 규제할 때는 위치 공차 값에 ø를 붙이지 않고, 축심, 축직선을 규제할 때는 공차 값에 ø를 붙인다.

- **위치도의 종류**: • 위치를 갖는 원형 형상의 축이나 구멍에 대한 위치도
　　　　　　　　 • 위치를 갖는 홈이나 돌기 부분의 위치도
　　　　　　　　 • 단일 또는 복수의 데이텀을 기준으로 규제하는 형체의 위치도
　　　　　　　　 • 위치를 갖는 눈금선의 홈이나 돌기 부분의 위치도

예 구멍의 축선은 데이텀 A 위에 있으면서, 데이텀 B로부터 참값 7mm, 데이텀 C로부터 참값 6mm 떨어진 정확한 위치를 지나고, 데이텀 A에 직각인 직선을 축선으로부터 하는 지름 0.008mm인 원통 안에 있어야 한다.

치수 등급		IT4 4급	IT5 5급	IT6 6급	IT7 7급
초과	이하				
6	10	4	6	9	15
10	18	5	8	11	18
18	30	6	9	13	21

(단위: *um*)

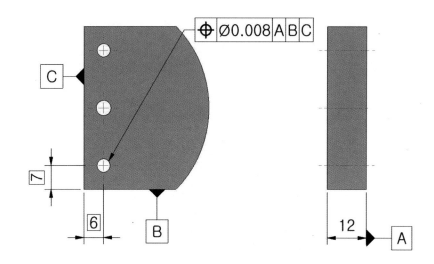

⑪ 동심(축)도(Concentricity, 同軸度)

 회전축의 축선이 서로 편심이 많이 되어 있으면 동력전달과정에서 회천할 때마다 진동이 일어나게 된다. 이러한 편심량을 규제하기 위하여 '동축도'라는 기하공차를 사용한다. 동심도 공차는 데이텀 기준에 대한 중심 축선을 제어하게 되므로 공차 값에 ø를 붙인다. 동심(축)도는 기능 길이는 '단 길이'를 사용한다.

예① 데이텀 A를 기준으로 ø20과 ø14는 동축이므로 기하공차의 위치 공차인 동심도를 적용하며, 기능길이는 (17) IT 6급 10~18 범위 값 0.011 적용하는데, 기준에 대한 중심 축선을 제어하게 되므로 공차 값에 ø를 붙인다.

08
|
기하공차

치수	등급	IT4 4급	IT5 5급	IT6 6급	IT7 7급
초과	이하				
6	10	4	6	9	15
10	18	5	8	11	18
18	30	6	9	13	21

(단위: *um*)

예 2 데이텀 B를 기준으로 우측⌀42와 좌측⌀40은 동심이므로 기하공차의 위치공차인 동심도를 적용하며, 기능길이는 (17) IT 7급 10~18 범위 값 0.018 적용하는데, 기준에 대한 중심 축선을 제어하게 되므로 공차값에 ⌀를 붙인다.

치수	등급	IT4 4급	IT5 5급	IT6 6급	IT7 7급
초과	이하				
6	10	4	6	9	15
10	18	5	8	11	18
18	30	6	9	13	21

(단위: *um*)

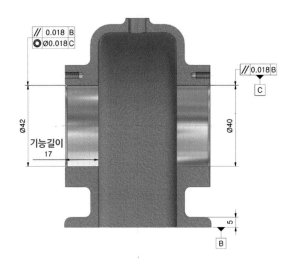

⑫ 대칭도(Symmetry)

데이텀 축선 또는 데이텀 중심 평면에 대하여 서로 대칭이어야 할 형제가 대칭 위치로부터 벗어나는 정도를 제한하는 형태를 대칭도라 하며, 대칭도 공차 값에는 ⌀를 붙이지 않는다.

예 데이텀 A에서 중심선을 기준으로 대칭도이므로 기하공차의 위치공차인 대칭도를 적용하며 기능길이 (15) IT 5급 10~18 범위 값 0.008 적용한다.

인벤터 기계제도 실기 · 실무

치수	등급	IT4 4급	IT5 5급	IT6 6급	IT7 7급
초과	이하				
6	10	4	6	9	15
10	18	5	8	11	18
18	30	6	9	13	21

(단위: um)

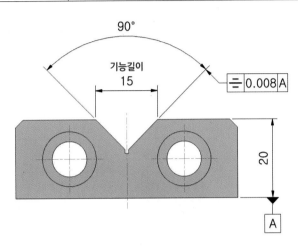

⑬ 흔들림(Run-out)

데이텀 축심을 기준으로 규제 형체(원통, 원주, 원호, 평면)와 완전한 형상으로부터 범위를 벗어난 크기 값을 흔들림이라 하며, 진원도, 직직도, 원통도, 직각도 등을 포함한 복합 공차이다.

(1) 원주 흔들림은 데이텀 축선을 기준으로 단면이나 원통면에서 1회전할 때 다이얼인디게이지 측정값의 최대차를 공차 값으로 하며, 공차 치수 앞에 ø를 붙이지 않는다. 원주 흔들림의 기능 길이는 복합 공차이므로 진원도와 직각도는 축선에 직각 방향으로 규제한다.

예 데이텀 A를 기준으로 ø20k5와 ø14g6은 원주 흔들림이므로 기하공차의 위치 공차인 원주 흔들림을 적용하며, 기능길이는 (20)인 경우 IT 6급 18~30 범위 값 0.013 (14)인 경우 IT 6급 10~18 범위 값 0.011 적용한다.

치수	등급	IT4 4급	IT5 5급	IT6 6급	IT7 7급
초과	이하				
6	10	4	6	9	15
10	18	5	8	11	18
18	30	6	9	13	21

(단위: um)

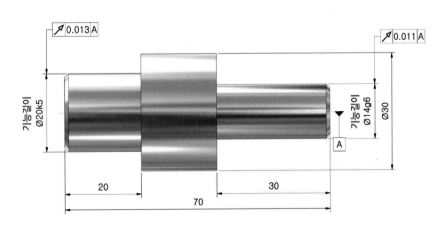

(2) 온 흔들림(total run-out)

온 흔들림은 원통면을 갖거나 원형면을 갖는 대상물을 데이텀 축직선을 기준으로 회전했을 때 그 표면이 지정된 방향, 즉 데이텀 축직선에 수직인 방향(반지름 방향)과 평행인 방향으로 변위하는 크기를 말하며, 공차 값에는 ø를 붙이지 않는다.

예 데이텀 A를 기준으로 ø133의 축선과 원형 방향, 직선 방향에 적용되는 온 흔들림이므로 기하공차의 위치공차인 온 흔들림을 적용하며, 기능길이(133)인 경우 IT 5급 80~120 범위 값 0.015 적용한다.

치수		등급	IT4 4급	IT5 5급	IT6 6급	IT7 7급
초과	이하					
50	80		8	13	19	30
80	120		10	15	22	35
120	180		12	18	25	40

(단위: *um*)

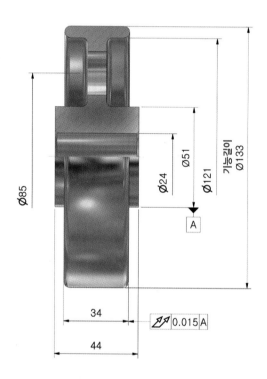

① 반지름 방향의 온 흔들림
- 규제형체를 1회전 시켰을 때 그 공차역은 원통 표면상의 전 영역에서 규제된 공차만큼 떨어진 두 개의 동축 원통 사이의 영역이다.

② 축선 방향의 온 흔들림
- 규제형체를 데이텀을 기준으로 1회전 시켰을 때 원통 측면 임의의 점에서 규제된 공차만큼 떨어진 두 개의 평행한 평면 사이에 낀 영역이다. 원통 측면을 따라 이동하면서 측정한다.

MEMO

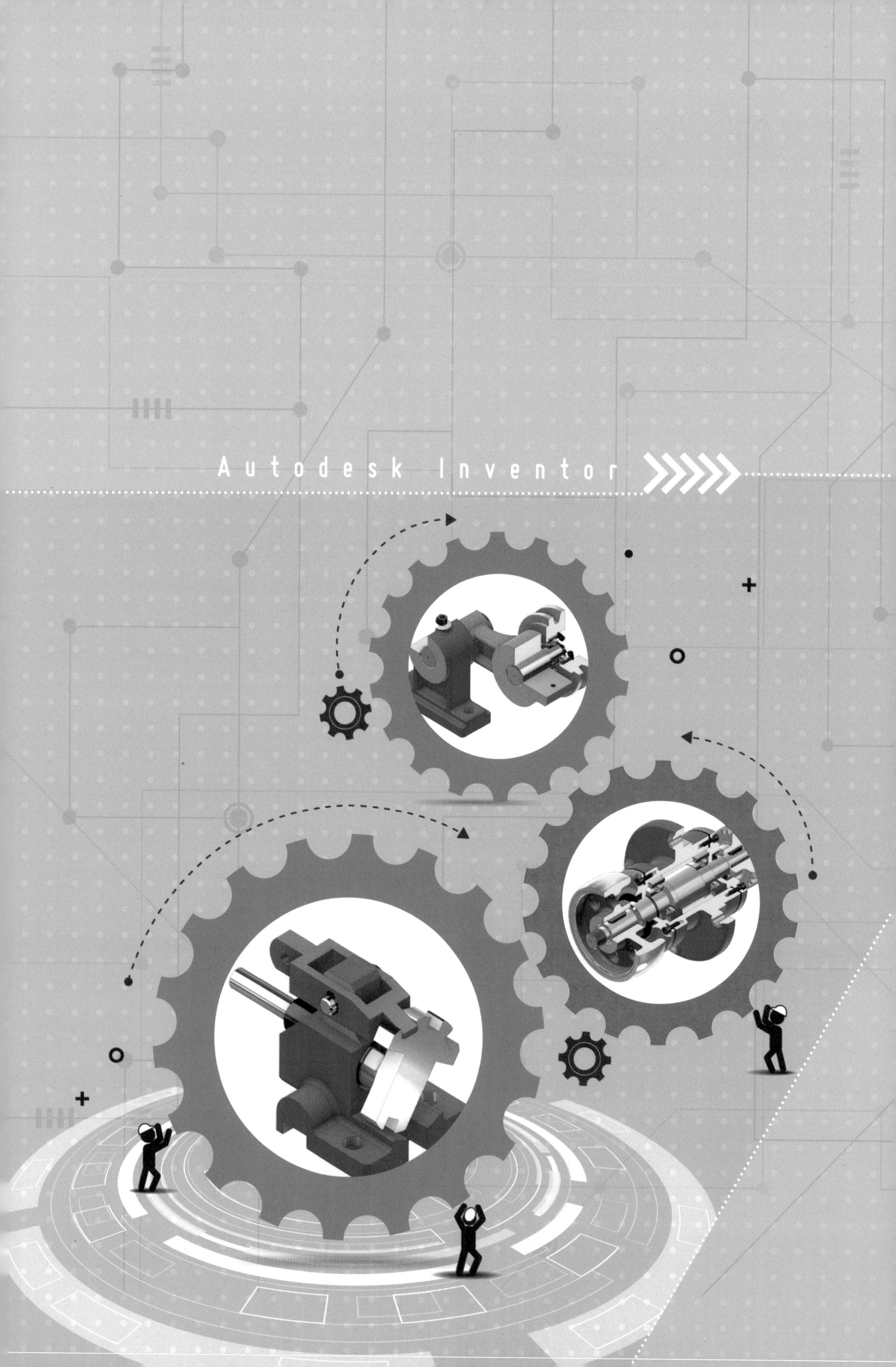
Autodesk Inventor

과제 도면

과제도(총75종)

기초 도면(6종) | 동력전달장치(12종) | 드릴 지그(6종) | 클램프(6종) | 바이스(6종) |

편심 구동장치(6종) | 기어 장치(6종) | 기타 장치 및 기출유사 모의고사(27종) | 부품명

기초 도면

투상 기초 연습 및 시험에 자주 나오는 기본 형태 모양에 대한
동작 원리 및 조립 형태를 연습할 수 있다.

시험 출제경향 분석결과
시험 확률 37.2%

동력전달장치

원동축의 동력을 기계적인 일을 직접 이용할 수 있는
에너지를 작업부에 전달하기 위해 쓰이는 전동창치의
통칭이며, 마찰차 전동, 기어전동장치, 체인과 스프로킷
전동, 벨트와 벨트 풀리 전동, 캠 전동, 링크 전동 등이
있다.

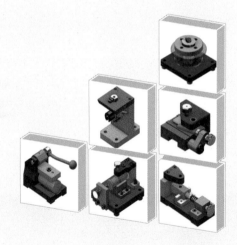

시험 출제경향 분석결과
시험 확률 18.1%

드릴 지그

기계가공에서 가공 위치를 쉽고 정확하게 정하기 위한 보조용
기구를 통칭하며, 가공시간 단축 및 정밀도 향상을 가져온다.
사용하는 기계명에 따라 밀링 지그·드릴 지그·보링 지그라
하며, 모양에 따라 플레이트 지그·채널 지그·박스 지그·
링 지그 · 리프 지그 · 다이어미터 지그 등으로 구분한다.

시험 출제경향 분석결과
시험 확률 10.6%

클램프

작업을 할 때 재료나 부품을 고정하거나 접착할 때 사용하는
공구의 통칭. 기계가공 시 테이블 위에 장착 사용

시험 출제경향 분석결과
시험 확률 9.6%

바이스

통상 2개의 조가 한 쌍이 되어. 작업대에 부착 또는 테이블 위에 안착하여 공작물을 절단하거나 구멍을 뚫을 때 고정시키는 작업을 한다.

시험 출제경향 분석결과
시험 확률 8.3%

편심 구동장치

중심이 다른 축의 운동력을 활용 회전운동을 수직 또는 수평 왕복운동으로 변환하는 기계장치

기어펌프

2개 이상의 기어가 맞물리게 되어. 밀폐된 케이스 내에서 이와 이의 공간에 유체를 수송하는 데 사용되며, 배출되는 유량은 기어의 회전수에 비례한다.

기타 장치 및 기출유사 모의고사

- **에어척**: 압축공기를 이용하여 척(chuck)의 조(jaw)를 개폐하는 소형 기계장치이며, 작업이 편리함으로 드릴머신, 밀링머신, 머신센터 등 에 부착하여 쓰기도 한다. AIR 공급에 의한 Chucking이므로 작업이 편리하며 여러 환경에 적용이 쉽고 간편한 기계장치

- **윈치(Winch) 롤러**: 밧줄이나 쇠사슬을 감았다 풀었다 함으로써 무거운 물건을 위아래로 옮기는 기계의 총칭. 기중기 · 케이블카 · 엘리베이터 및 기타 토목 · 건축 사업에 널리 이용되는 기계장치

- **에어실린더**: 일반적으로 샤프트, 플런저 및 로드를 포함하는 원통형 또는 튜브형 장치이며, 왕복 직선 운동에서 힘을 생성하기 위해 압축 공기의 힘을 사용하는 기계 장치

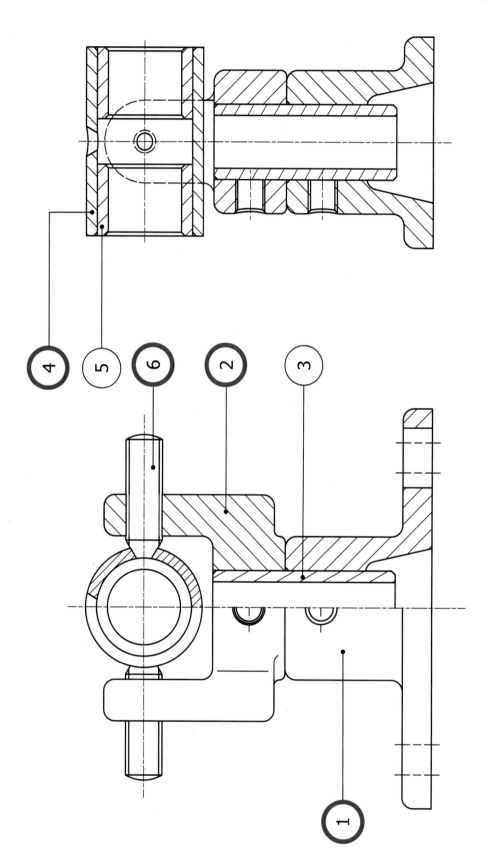

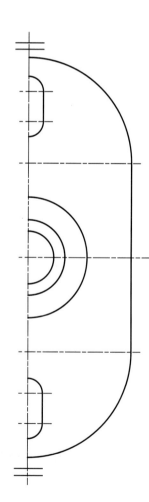

⑦

③

④

⑧

①

⑤

②

알루미늄

⑥

클램프

기초-02

과제명

용도및특성

[조건] ① 공작물의 크기를 Ø25로
(단, 설계변경으로 인한 조립 및 제품의 이상이 없도록 해야 함)

설계변경내용

[조건 ①] 양측 6902베어링을 6903베어링으로 변경

(단, 설계변경으로 인한 조립 및 재품에 이상이 없어야 하도록 해야 함)

과제명 | 기초-03 | 벨트타이트너

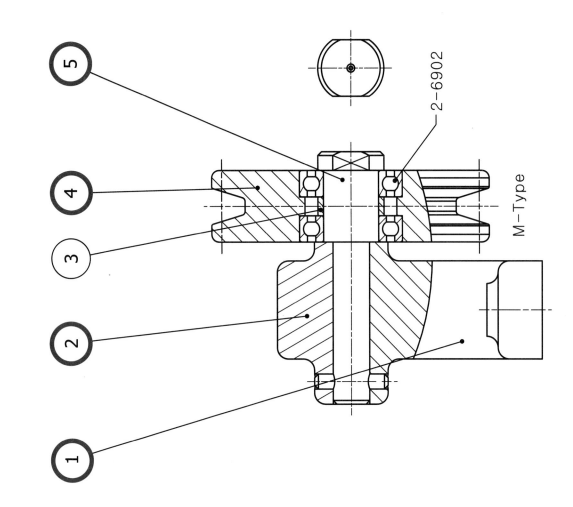

2-6902

M-Type

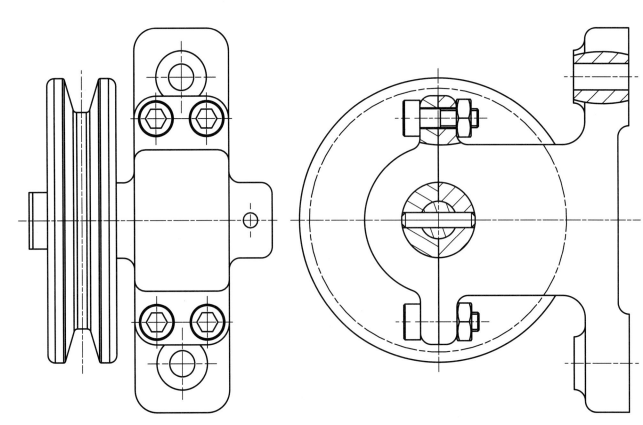

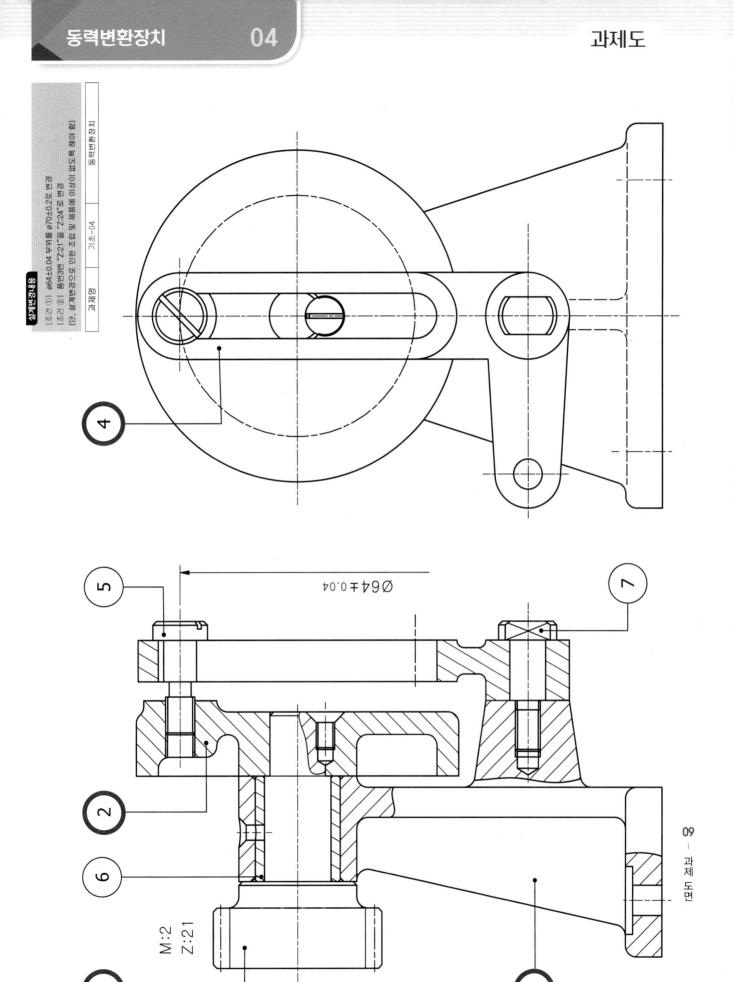

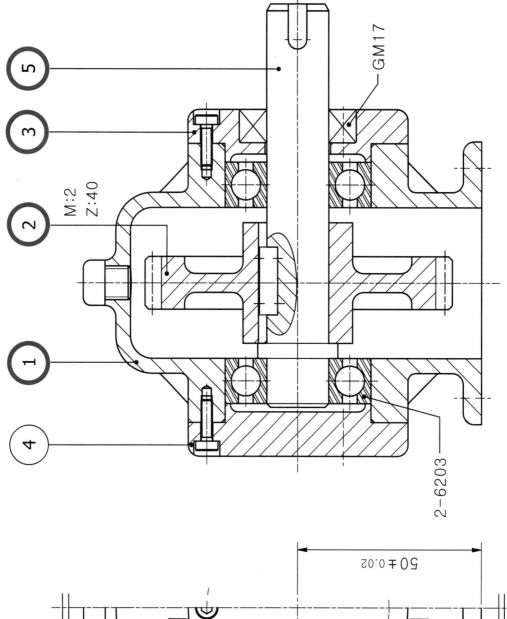

M:2
Z:40

⑤

③

②

①

④

GM17

2-6203

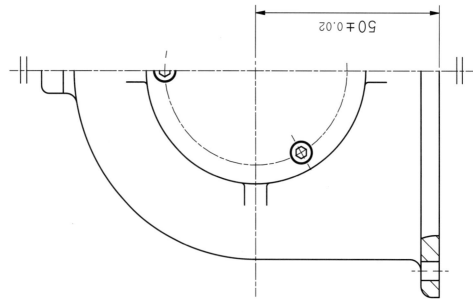

50±0.02

동력변환장치

기초-05

과제명

설계변경내용

[조건 ①] 좌측 6203베어링만 6204베어링으로 변경
[조건 ②] ・ ‘50±0.02’ 치수를 ‘60±0.03’ 으로 변경
(단, 설계변경으로 인한 조립 및 제품에 이상이 없도록 해야 함)

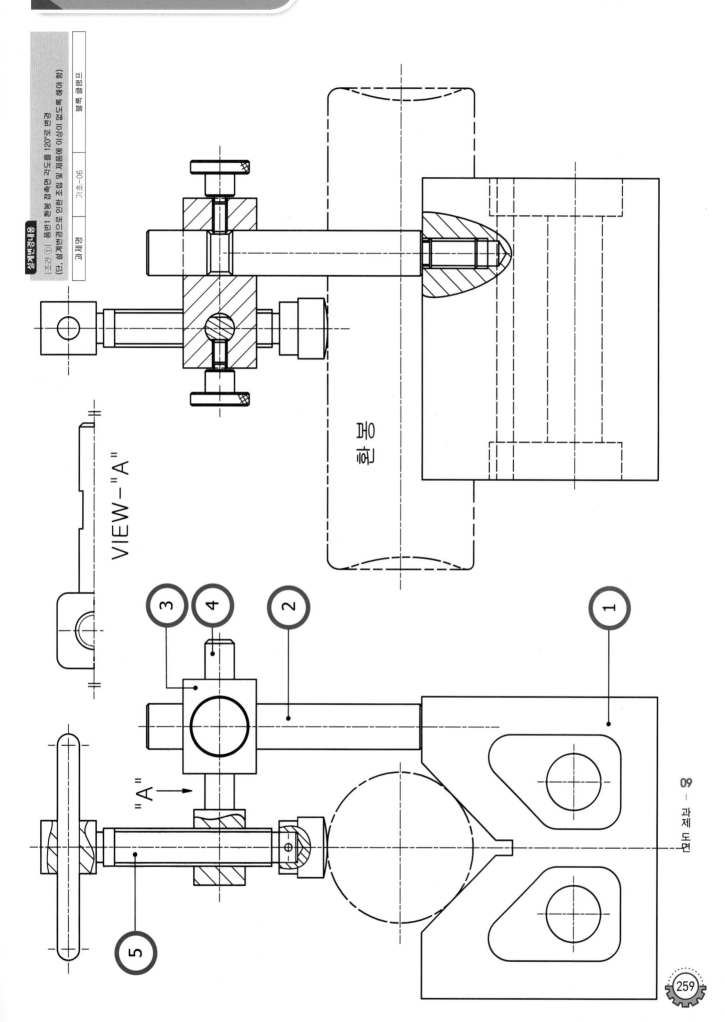

VIEW-"A"

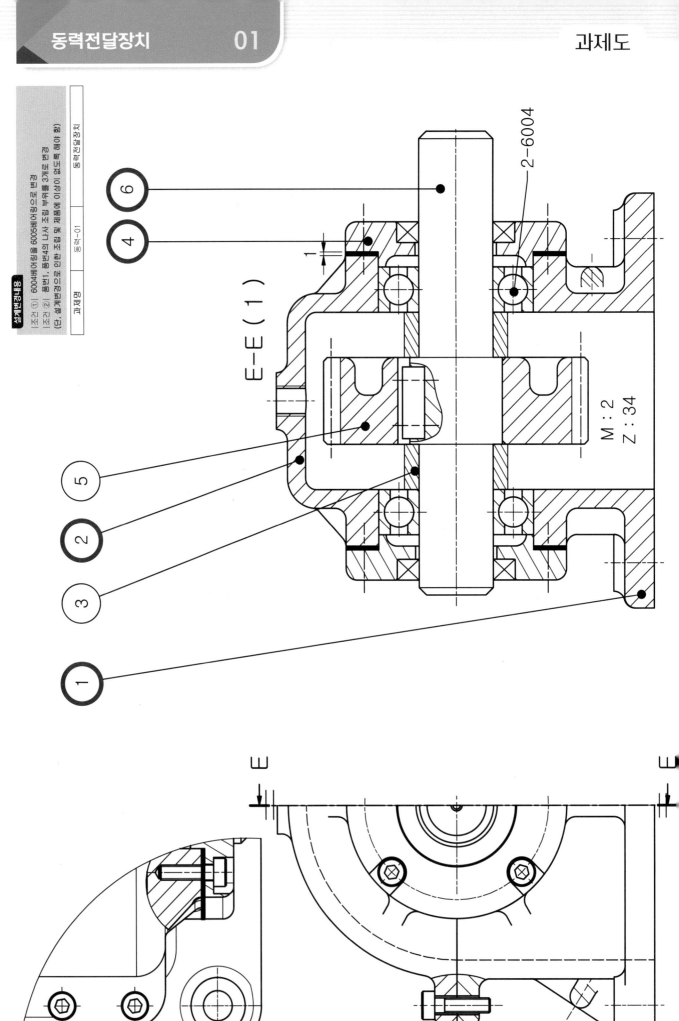

동력전달장치
동력-01
과제명

설계변경조건

[조건 ①] 6004베어링을 6005베어링으로 변경
[조건 ②] 톱번1, 톱번4의 나사 조립 부위를 3개로 변경
(단, 설계변경으로 인한 조립 및 제품 이상이 없이 않도록 해야 함)

2-6004

E—E (1)

M : 2
Z : 34

6

4

5

2

3

1

E

E

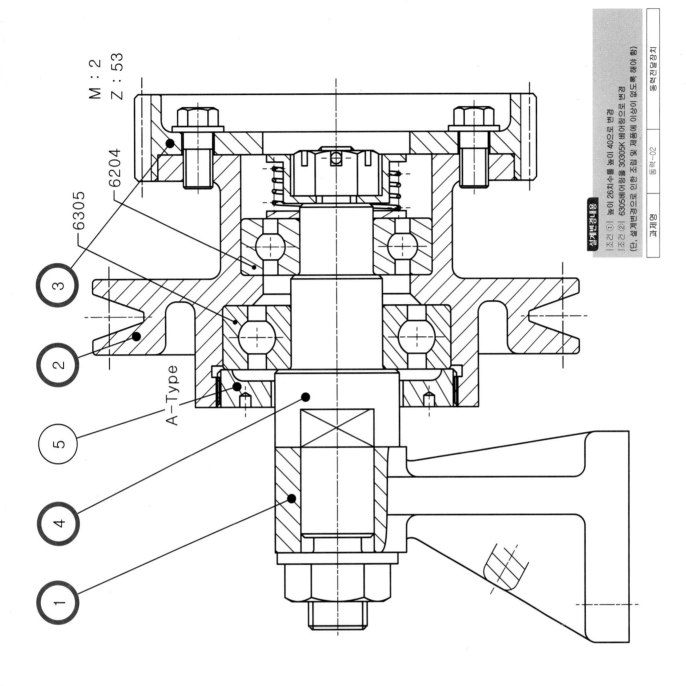

M : 2
Z : 53

6204

6305

③

②

A-Type

⑤

④

①

동력전달장치

동력-02

과제도

설계변경내용

|조건 ①| 축이 26차름 이 축이 40으름

6305베어링 으로 조정 30305K

|조건 ②| 설계변경으로 6305베어링조정 이 축이 동

전부 주어요량 어렴정 이 축이 동

(단, 설계변경으로 주어진 동량전달장치임)

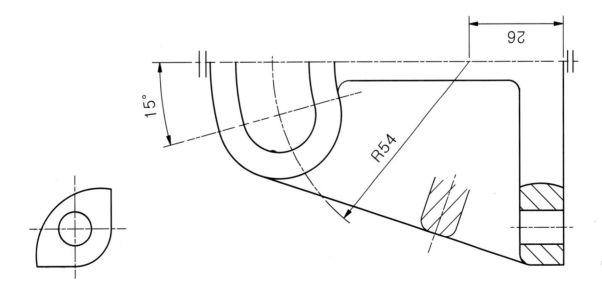

26

15°

R54

261

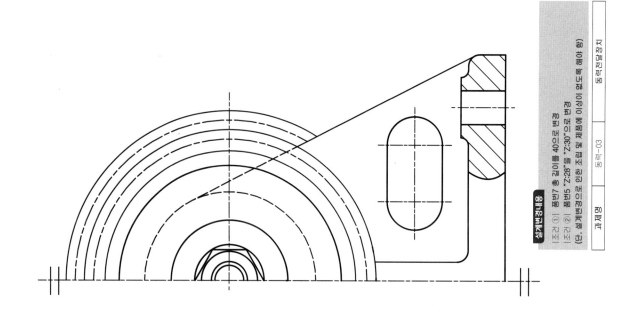

동력전달장치

품번-03

과제명

설계변경내용

[조건 ①] 품번7 총 길이를 40으로 변경
[조건 ②] 품번5 "Z:28"을 "Z:30"으로 변경
(단, 설계변경으로 인한 조립 및 제품에 이상이 없도록 해야 함)

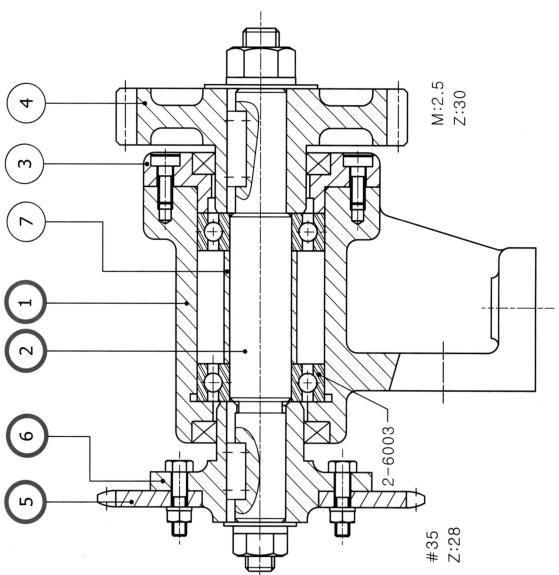

④ ③ ⑦ ① ② ⑥ ⑤

M:2.5
Z:30

2-6003

#35
Z:28

인벤터 기계제도 실기 · 실무

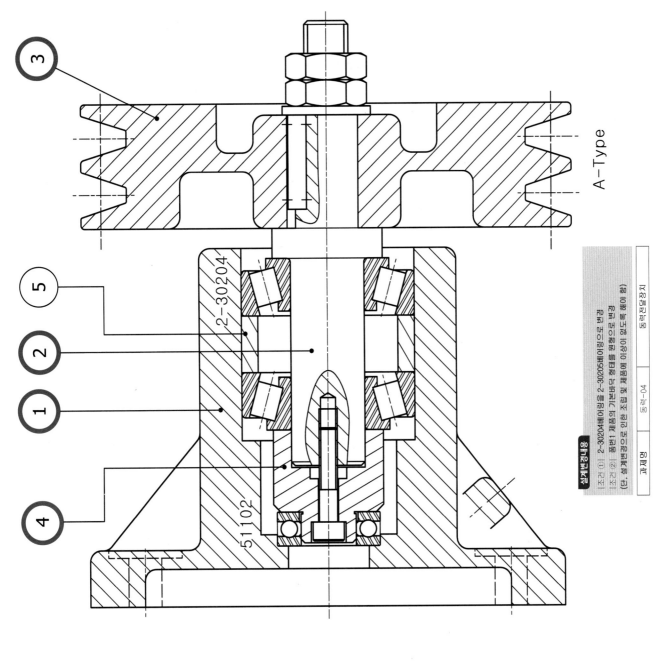

A-Type

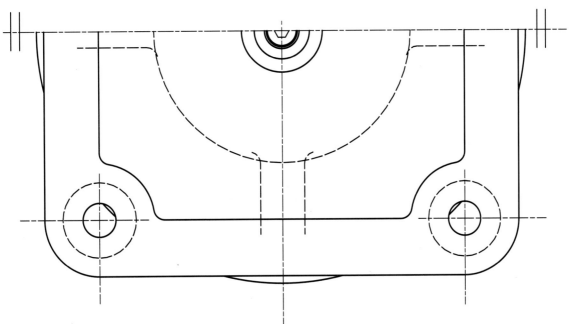

동력전달장치

누력진동장치

동-루-05

과제명

상세설계내용

[조건 ①] 6904베어링을 6905베어링에 끼워 맞춤 할 것
[조건 ②] 품번7 "Z:43"을 "Z:46"으로 변경 후 재 설계 할 것 (단, 경의조건으로 인한 조립 과정이 이상이 없도록 해결 할 것)

M:2
Z:43

#6905

#6904

⑦
⑥
⑤
②
①
④
③

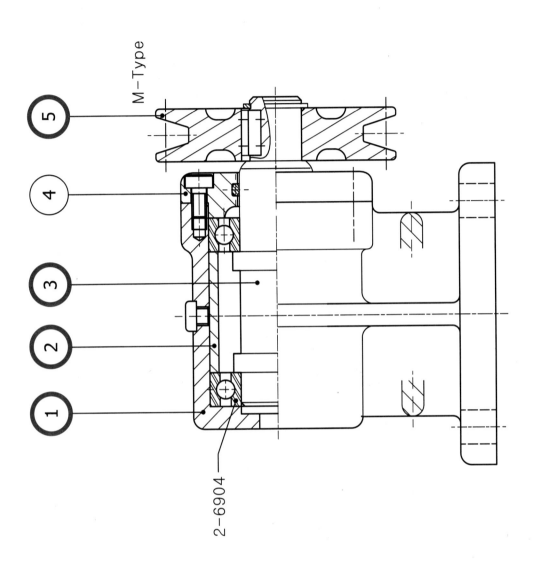

동력전달장치

동력 06

과제도

설계변경조건

조건 ① 품번2 홈길이를 40으로
품변 유효지름을 75로 변경

조건 ② 품번5 유효지름을 75로 변경

(단, 설계변경으로 인한 조립 및 제품에 이상이 없어야 하며 간섭이 없도록 해야 함)

M-Type

2-6904

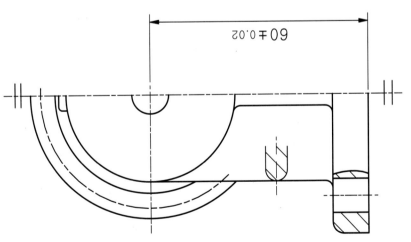

60±0.02

265

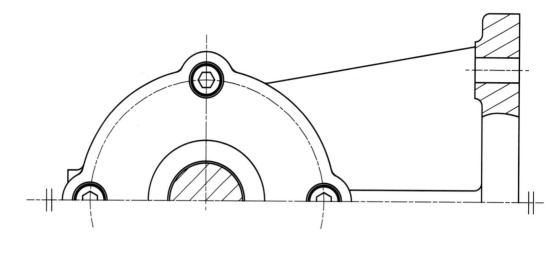

설계변경내용

[조건 ①] 품번4, 품번5의 나사를 3개로
정면 전체를 3개로

[조건 ②] 6205베어링을 6206베어링으로 6204베어링
호칭변경으로 인한 조립 및 제품에 이상이 없도록 해야 함)
문 변 경

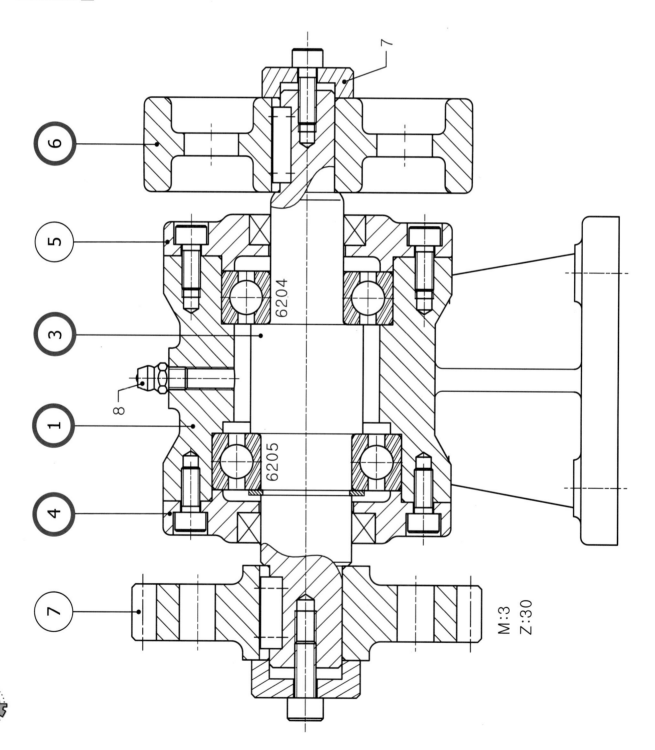

6204

6205

M:3
Z:30

인벤터 기계제도 실기 · 실무

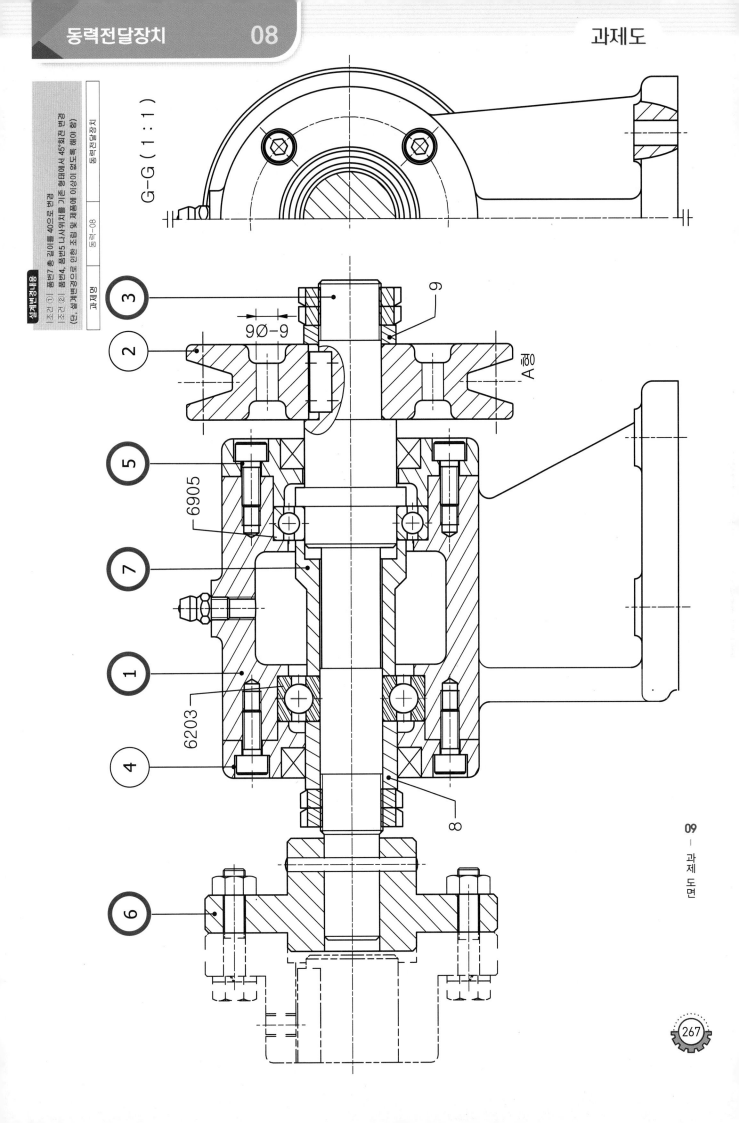

G-G (1 : 1)

설계변경내용
[조건 ①] 품번7 롤 길이를 40으로 변경
[조건 ②] 품번4, 품번5 나사위치를 기존 형태에서 45°회전 변경
(단, 설계변경으로 인한 조립 및 제품에 이상이 없도록 해야 함)

동력전달장치
동력-08
과제명

3

2

9

9Ø-9

A향

5

6905

7

1

6203

4

8

6

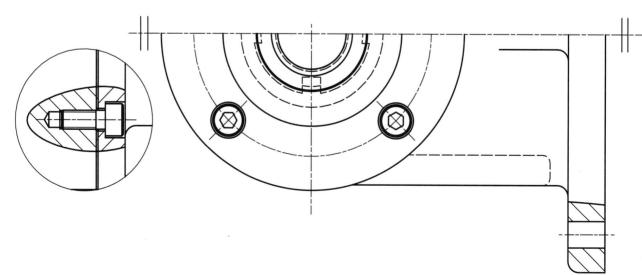

동력전달장치	품-09	과제명

동력전달장치

조건 ① 품번4, 품번5 나사 위치를 기존 형태에서 45°회전 변경
조건 ② 양쪽 개스킷 두께를 2mm로 변경
(단, 설계변경으로 인한 조립 및 재품에 이상이 없도록 해야 함)

NU204

6204

M:2
Z:50

6-Ø15

인벤터 기계제도 실기 · 실무

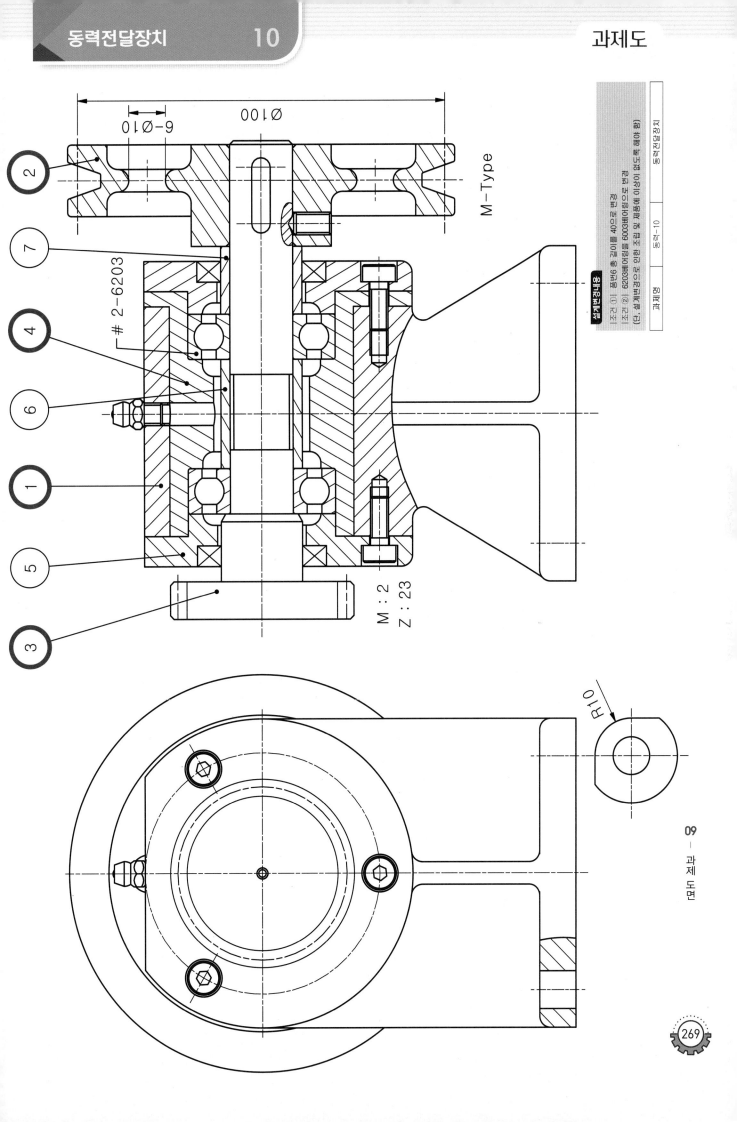

M-Type

2-6203

M : 2
Z : 23

6-Ø10

Ø100

R10

동력전달장치

동력전달장치

동력-10-00

명칭

조건 ① 품번 6종 길이를 40으로 변경
조건 ② 6203베어링을 6003베어링으로 변경
(단, 설계변경으로 인한 조립 및 제품에 이상이 없도록 해야 함)

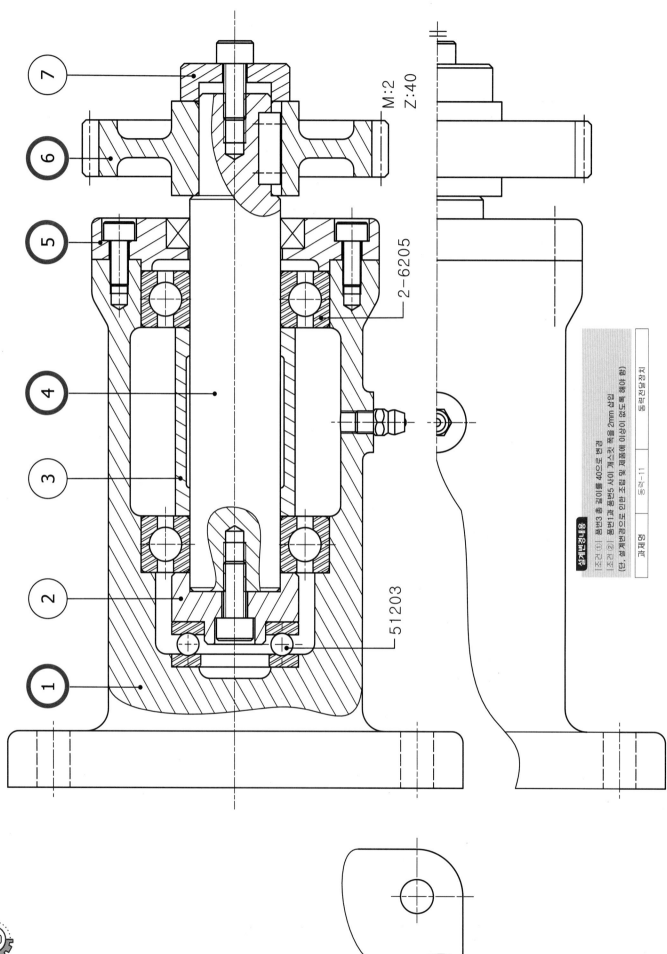

M:2
Z:40

2-6205

51203

용어정계상

[조건 ①] 품번3 줄이 길이를 40으로 변경
[조건 ②] 품번1과 품번5 사이 개스킷 폭을 2mm 적용
(단, 설계변경으로 인한 조립 및 재품들 이상이 없도록 해야 한다 (함))

과제명   동력-11   동력전달장치

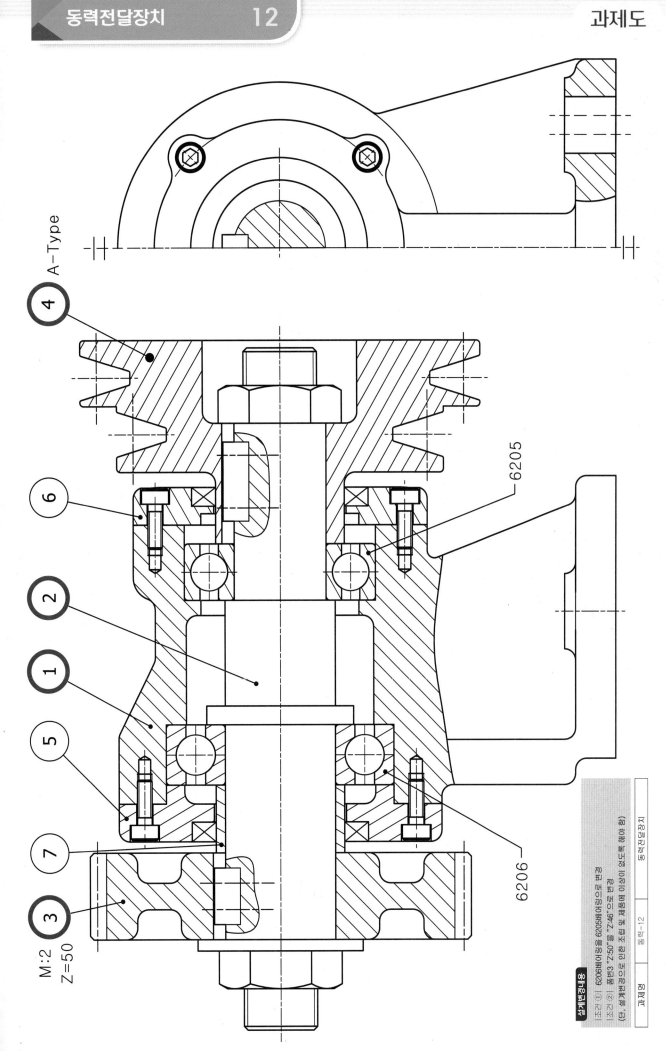

A-Type

M:2
Z=50

6205

6206

09
— 과제
도면

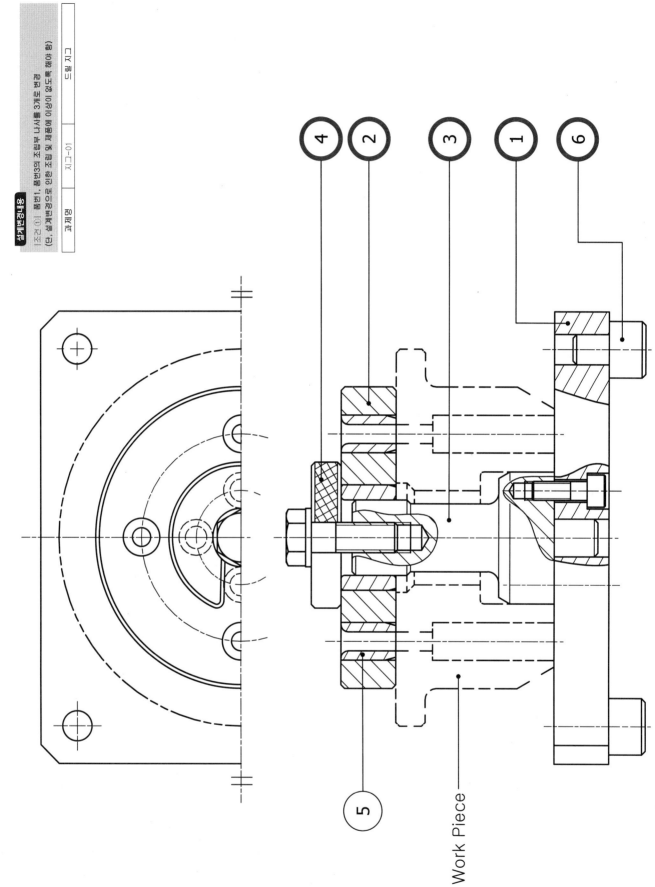

품명	지그-01	드릴지그

① 조건 : 품번1, 품번3의 조립부 나사를 3개로 변경
(단, 설계변경으로 인한 조립 및 제품품 이상이 않도록 해야 함)

Work Piece

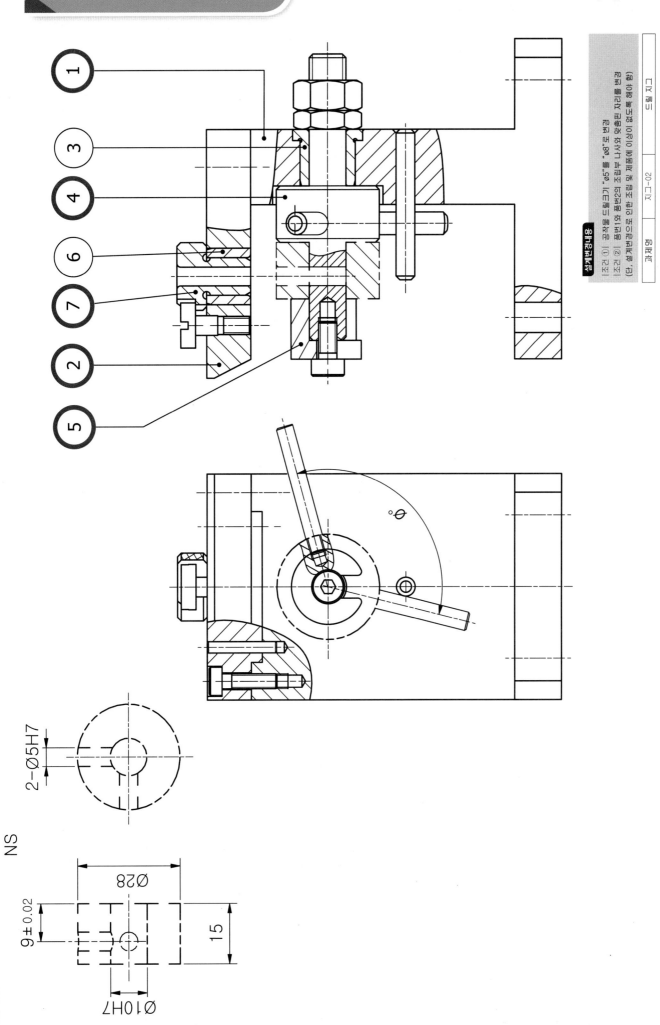

드릴 지그

지그-03

과제명

응용과제설명

[조건] ① WorkPiece 드릴크기 "Ø5"를 "Ø10"으로 변경
(단, 설계변경으로 인한 조립 및 제품에 이상이 없도록 해야 함)

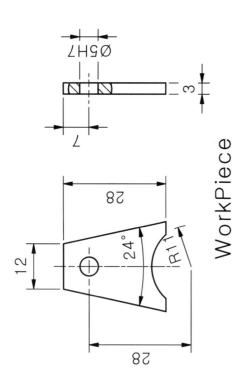

WorkPiece

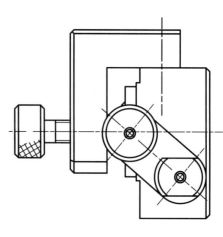

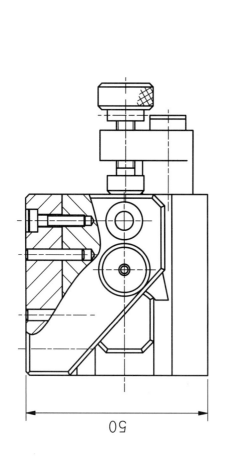

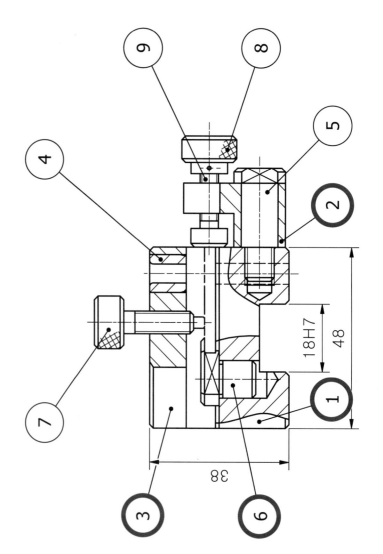

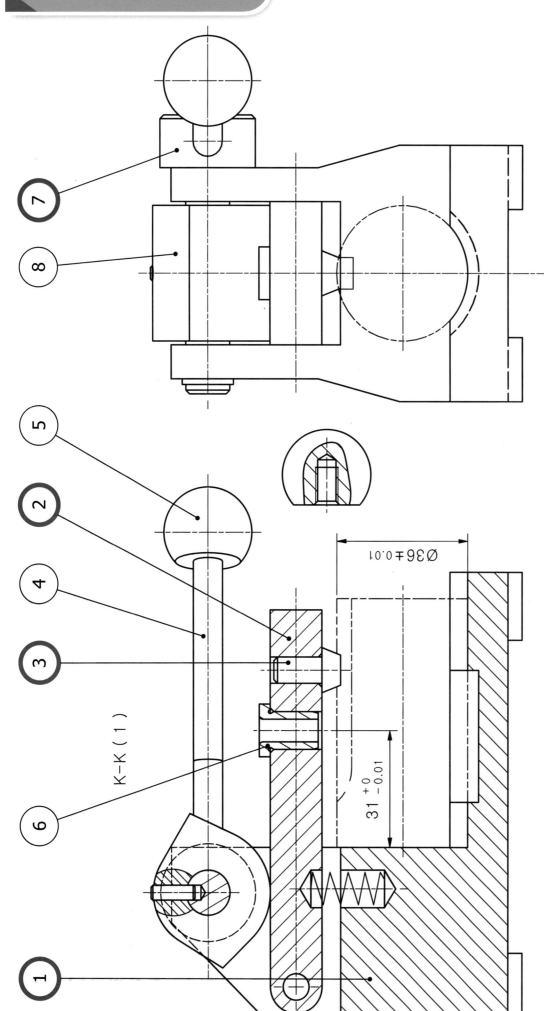

K-K (1)

∅36±0.01

$31^{+0}_{-0.01}$

과제도

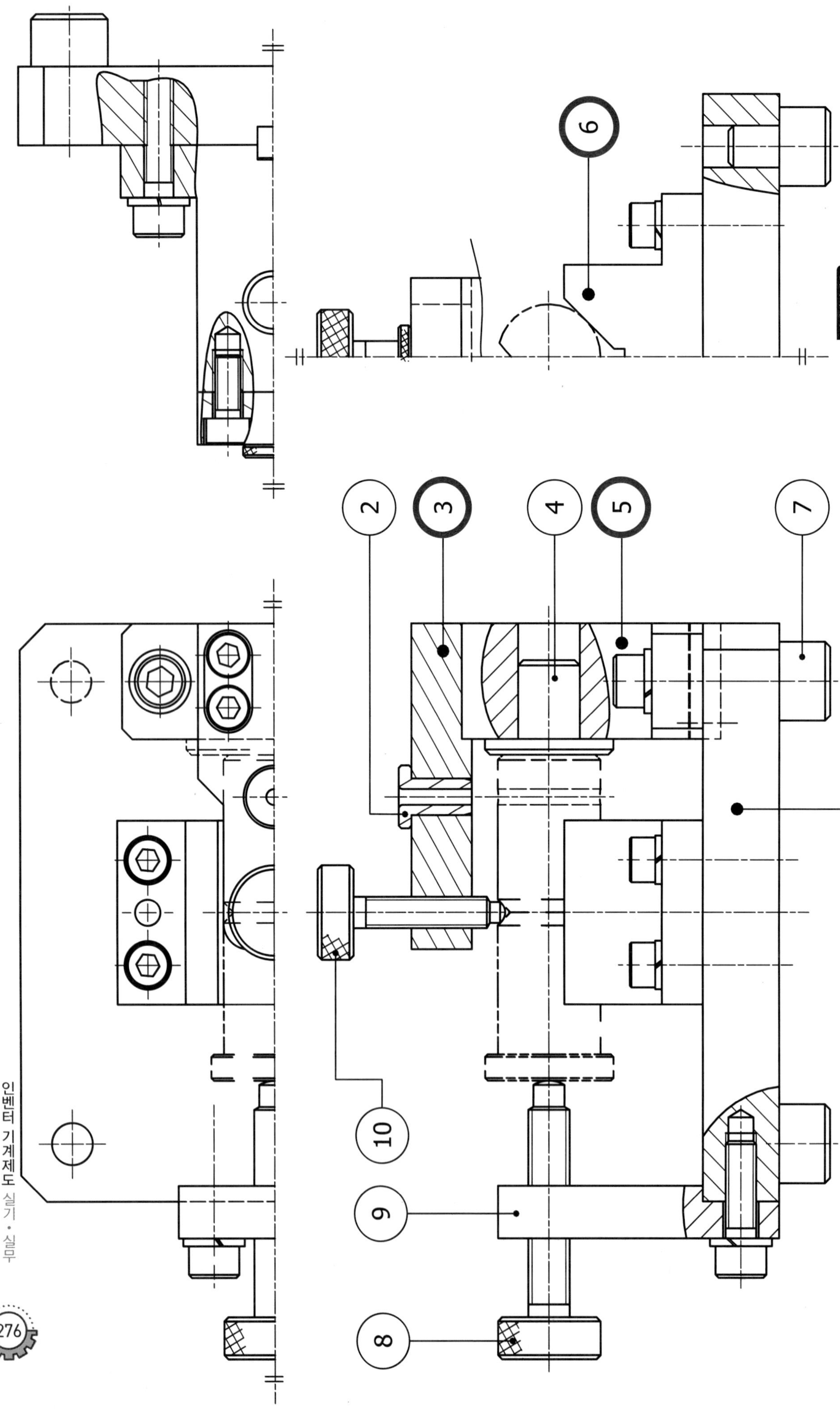

설계변경내용

[조건 ①] 품번6의 나사자리와 맞춤핀 자리를 변경
(단, 설계변경으로 인한 조립 및 제품에 이상이 없도록 해야 함)

과제명	지그-05	드릴 지그

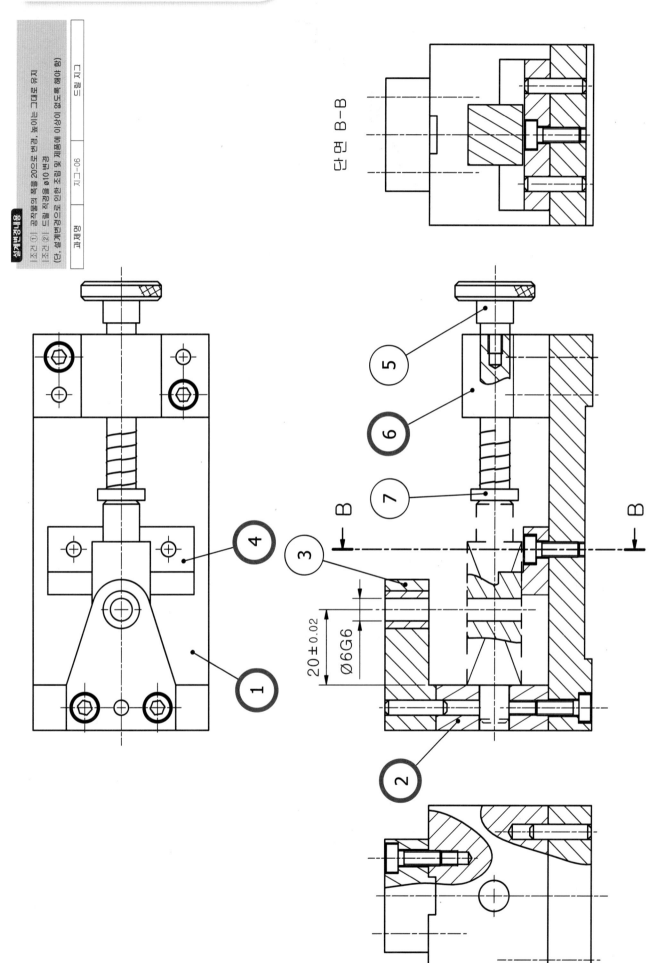

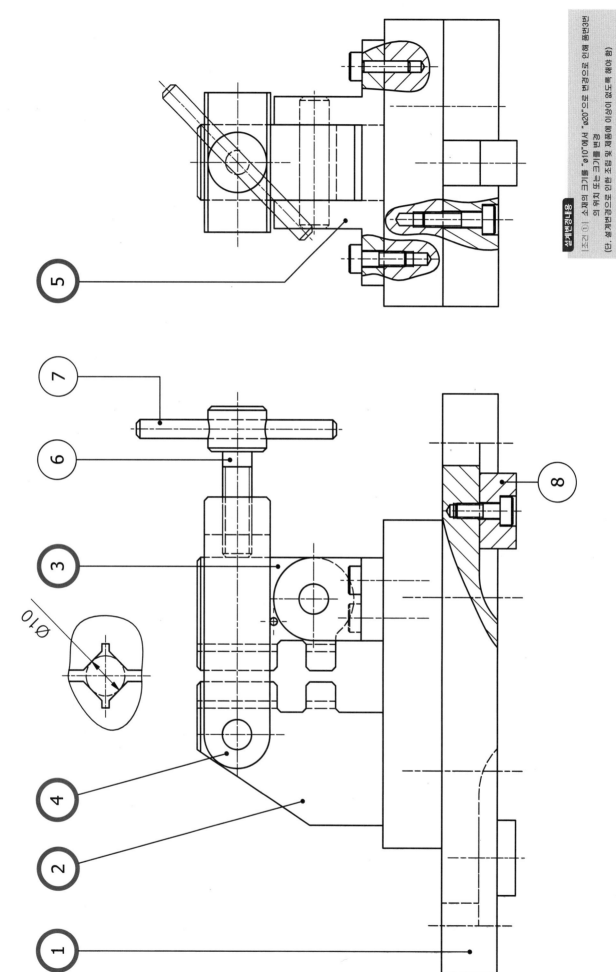

설계변경내용

조건① | 품번3의 중심선 높이를 바닥기준 40mm로 변경

(단, 설계변경으로 인한 조립 및 제품에 이상이 없도록 해야 함)

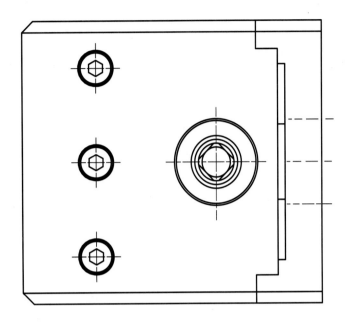

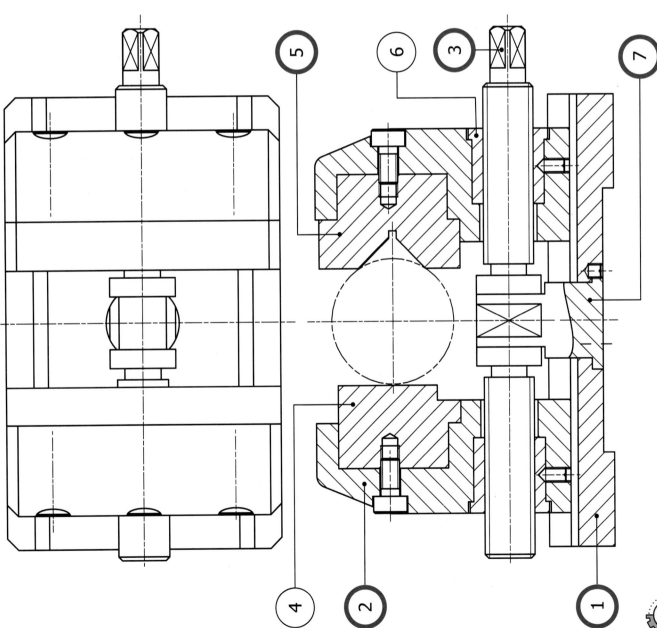

5 6 3 7

4 2 1

WorkPiece

R5

$\phi 8$

$28^{+0}_{-0.02}$

$36^{+0}_{-0.02}$

5

조건 ① 기어수 잇수 10개로 할 것
(단, 소재 밑면 조건 및 제품에 이상이 없는 한)
도면 조건 : 크기를 40×32 번 고려하여 녹화 조건으로 해야 함

크램프

크램프-03

재 품 명

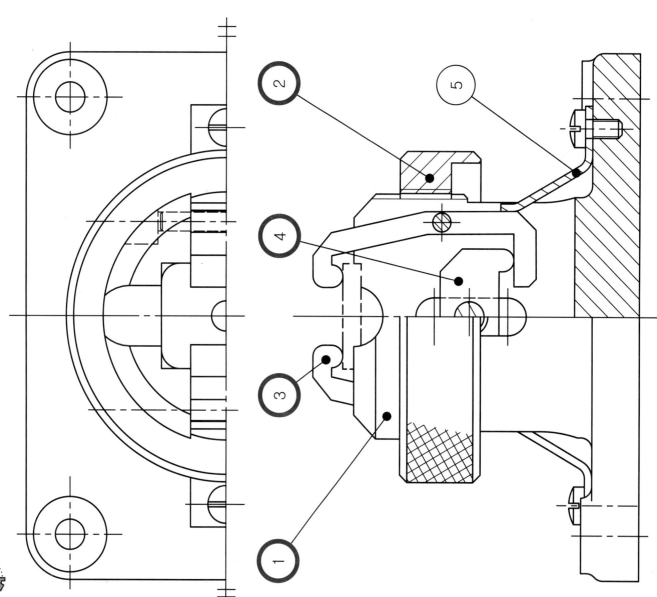

② ⑤ ④ ③ ①

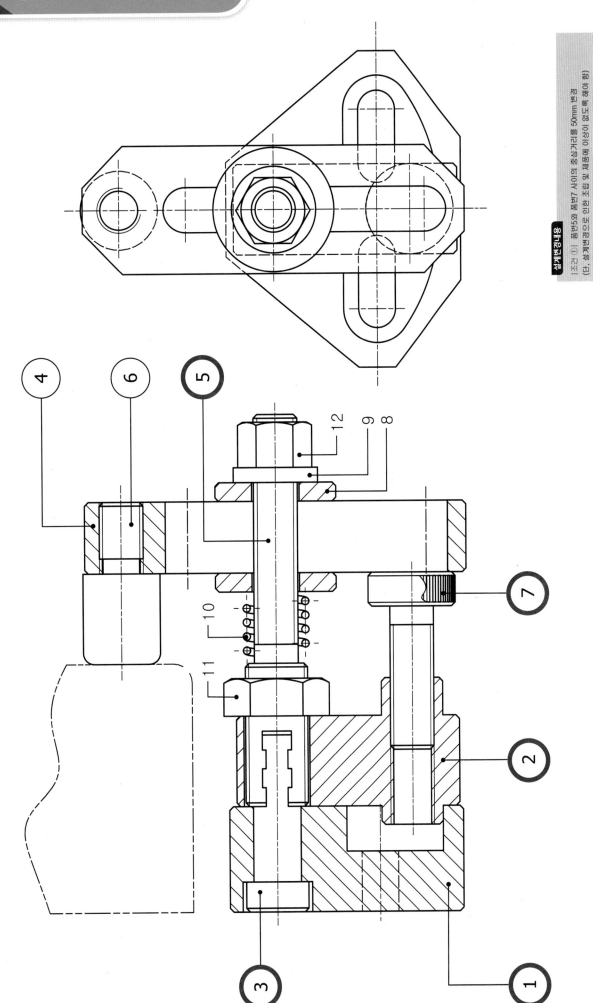

품번	품명	비고
클램프-04		

응용과제

[조건 ①] 품번5와 품번7 사이의 중심거리를 50mm 변경
(단, 간섭부를 조립 및 작동에 이상이 없도록 해야 함)

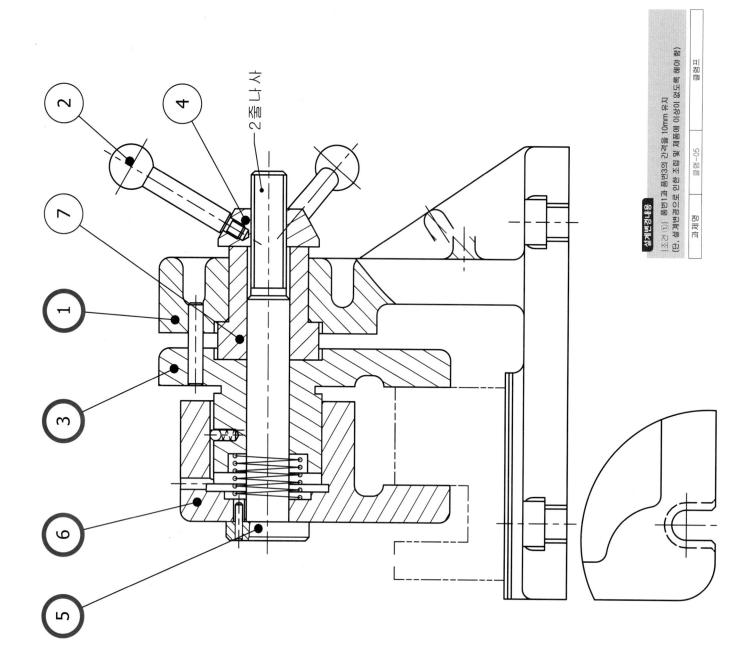

2줄 나사

클램프

05-클램프

정면도

설계변경내용

[조건 ①] 품번1과 품번3의 간격을 10mm 유지

(단, 설계변경으로 인한 조립 및 제품에 이상이 없도록 해야 함)

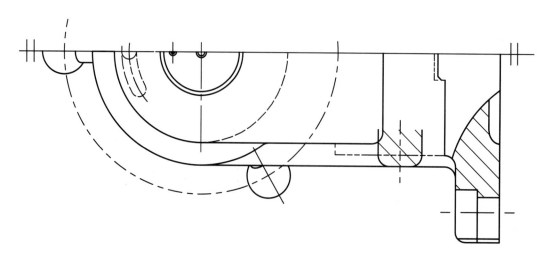

제품

7

3

2

4

5

1

6

설 계 변 경

설계변경내용

|조건 ①| "설계변경"표시부 간격을 70mm 변경
(단, 설계변경으로 인한 조립 및 제품에 이상이 없도록 해야 함)

과제명	클램-06	탁상클램프

283

설계변경용

[조건 ①] 품번2, 품번4의 표시부 나사간격을 60mm 변경
(단, 설계변경으로 인한 조립 및 제품에 이상이 없도록 해야 함)

| 과제명 | Vice-01 | 바이스 |

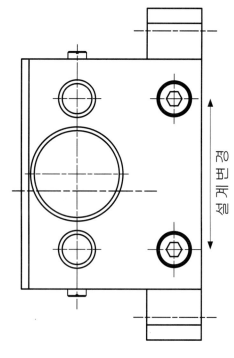

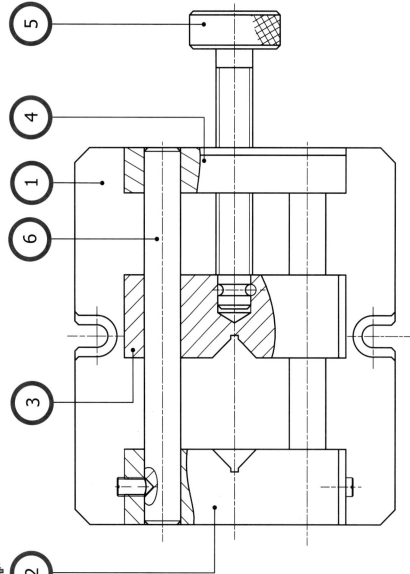

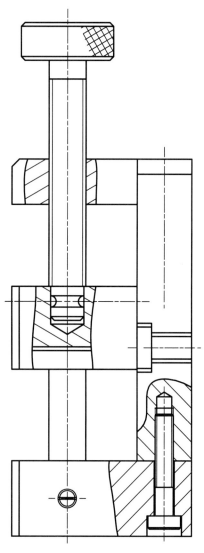

⑤

④

①

⑥

③

②

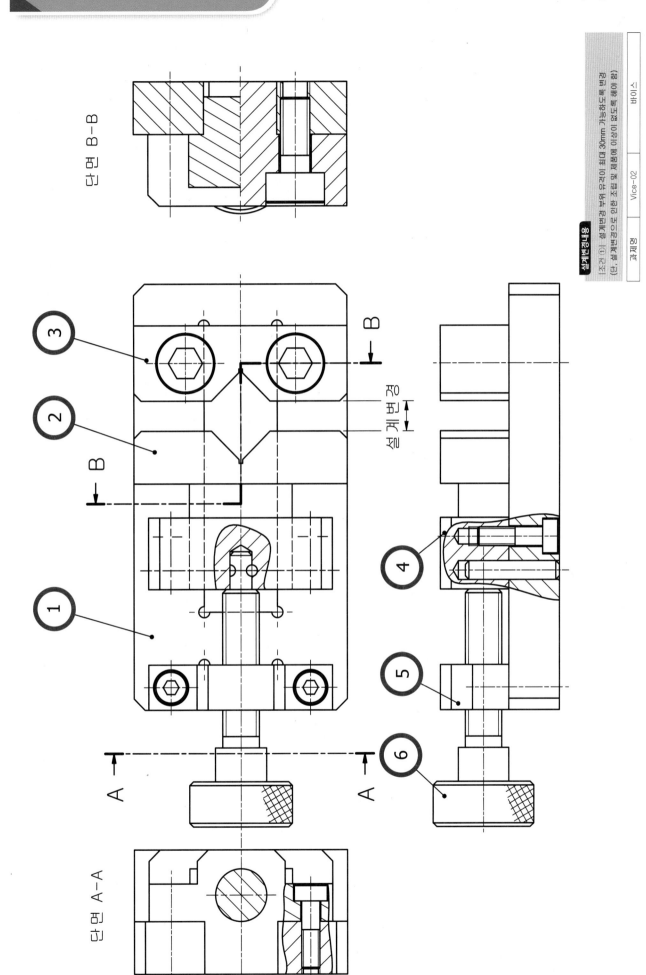

단면 B-B

단면 A-A

설계변경

설계변경용

(주) ① 설계변경은 최대 30mm 가능하도록 할 것
(단, 설계변경으로 인한 조립 및 제품에 문제없이 이상이 없도록 정정하여야 함)

| 바이스 | Vice-02 | 과제명 |

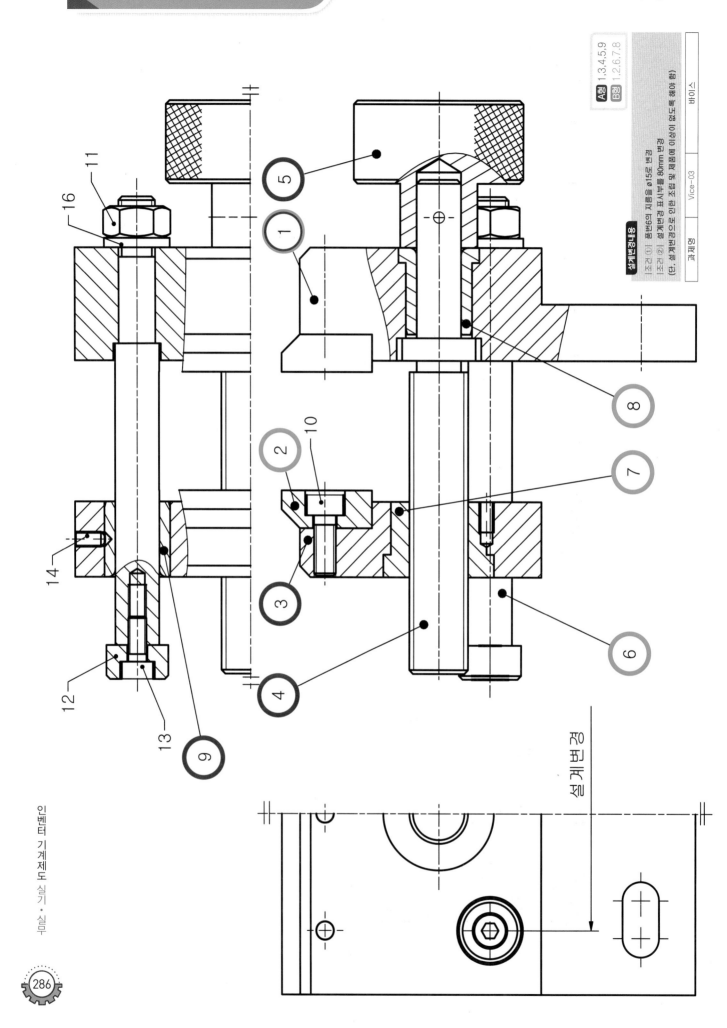

설계점

품번	과제명	척도	명
바이스	Vice-03		

A형 1.3.4.5.9
B형 1.2.6.7.8

설계조건명

조건① : 품번6의 지름을 ø15로 변경
조건② : 조립표 참고하여 설치를 80mm로 변경
(단, 설계변경으로 인한 조립 및 제품에 이상이 없어야 해야 하함)

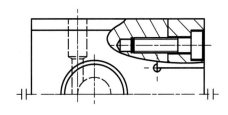

설계변경내용	참고 ① 품번2의 죠우를 바닥으로부터 기준 35mm 높이에 맞춘 조정 전면 죠우폭을 돌출		
(단, 설계변경으로 인한 조립 및 제품에 이상이 없도록 해야 함)	바이스	Vice-04	과제명

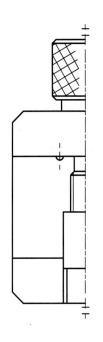

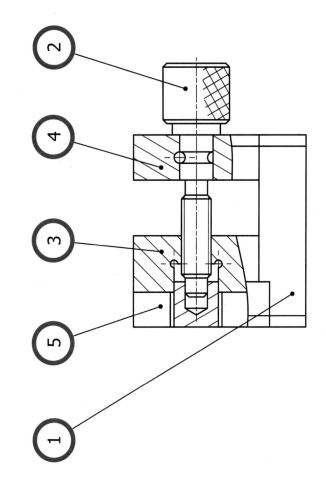

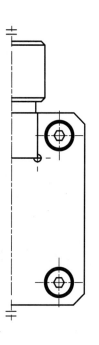

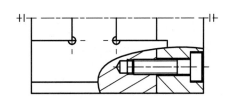

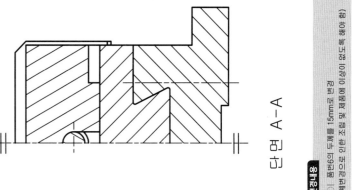

항목		
품명	Vice-05	바이스

요구사항

조건	① 품번6의 두께를 15mm로 변경
	(단, 설계변경으로 인한 조립 및 재품에 이상이 없도록 해야 함)

단면 A-A

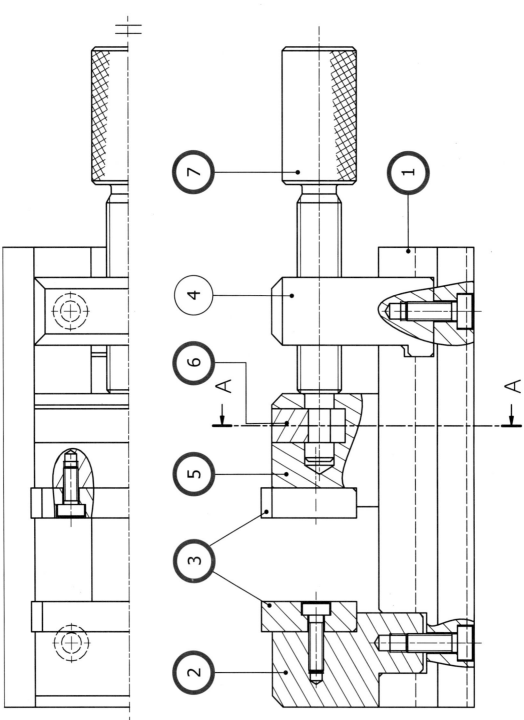

나사바이스
Vice-06
과제명

|조건 ① | 품번⑥의 지름을 ⌀15로
(단, 축 변위로 강제 설)
설계변경내용

8H7

4
6
1
3
재 품
5
2

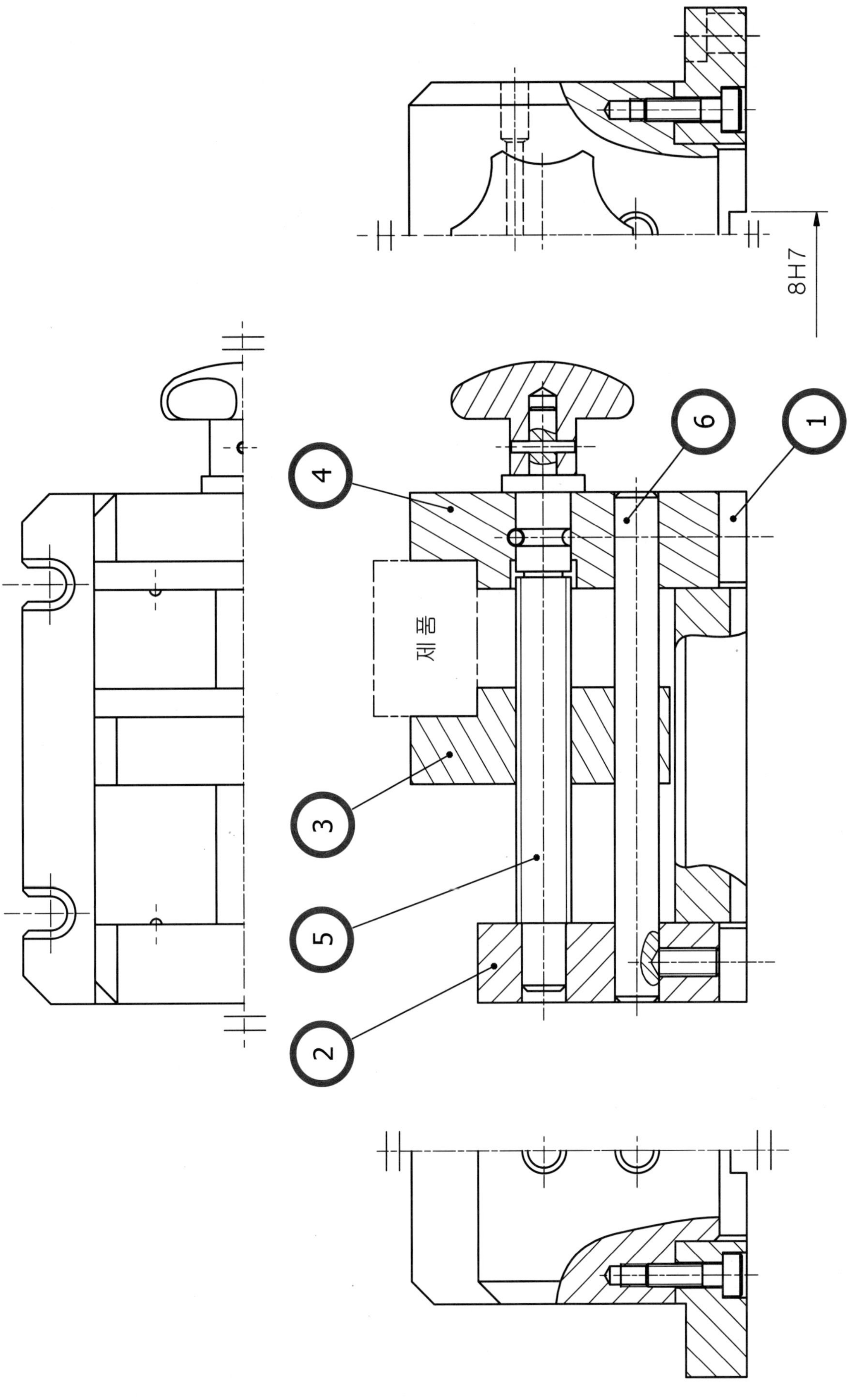

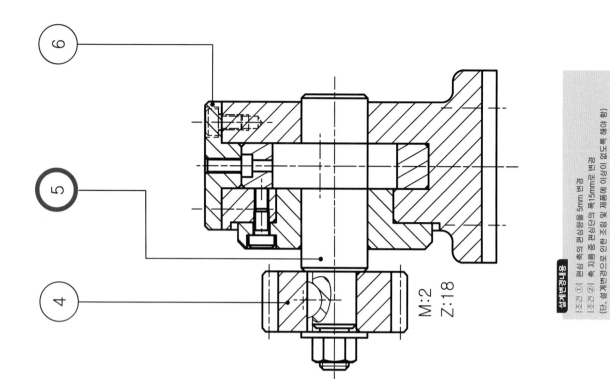

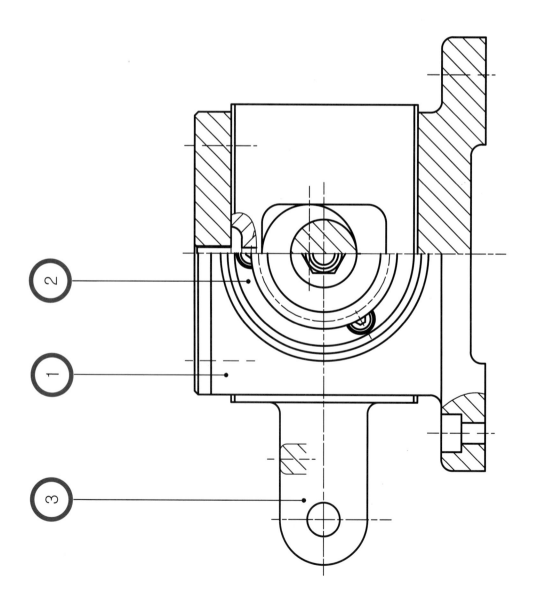

M:2
Z:18

6

5

4

2

1

3

용나베계상

[조건 ①] 편심 축의 편심량을 5mm 변경
[조건 ②] 축 지름 중 편심단의 폭 15mm로 변경
(단, 설계변경으로 인한 조립 및 재품에 이상이 없도록 해야 함)

편심 구동장치

편-01-01

과제명

| 과제명 | 편심-02 | 편심 구동장치 |

설계변경내용

[조건 ①] 편심 축의 편심량을 5mm 변경
[조건 ②] 품번3의 중심선 축이음 바닥기준 50mm로 변경
(단, 설계변경으로 인한 조립 및 제품에 이상이 없도록 해야 함)

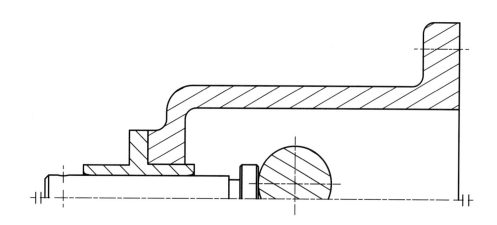

잇 수(N) : 15
횡변역홈 : 35

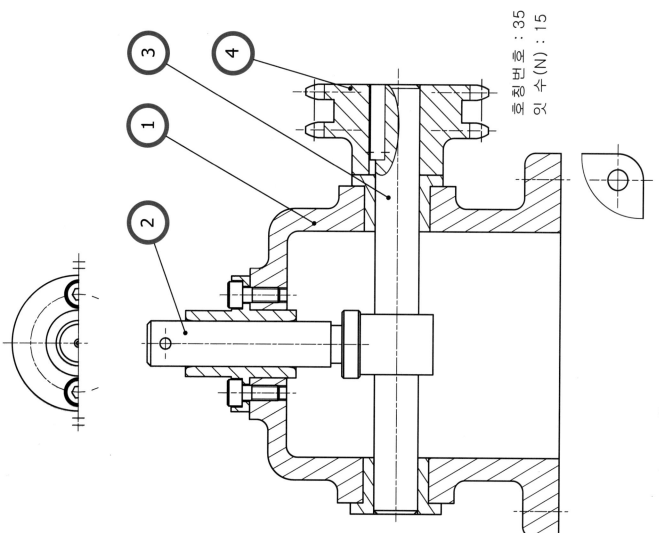

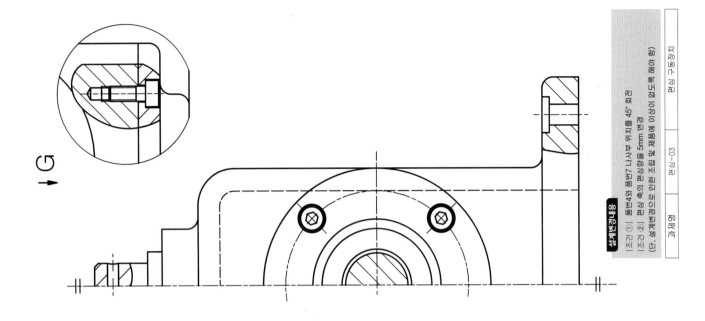

↓G

편심 구동장치

편심-03

과제명

상세일러

조건 ① 품번4와 품번7 나사부 위치를 45° 회전
조건 ② 편심축의 편심량을 5mm 변경
(단, 설계변경으로 인한 조립 및 제품에 이상이 없도록 할해야 할것)

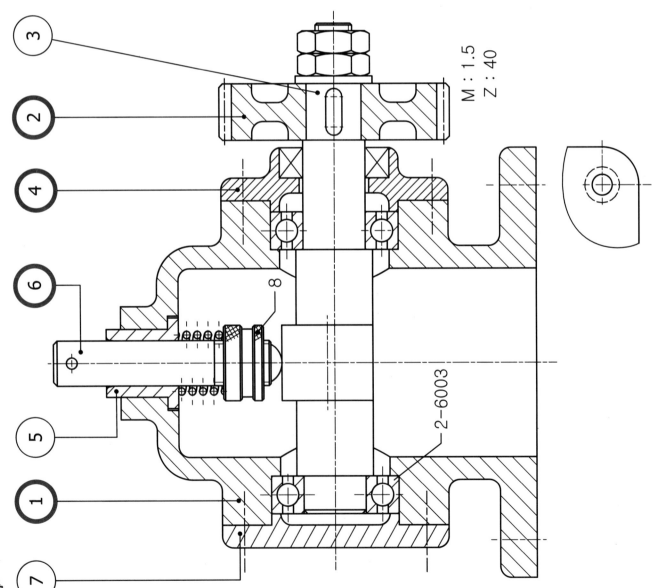

M : 1.5
Z : 40

2-6003

8

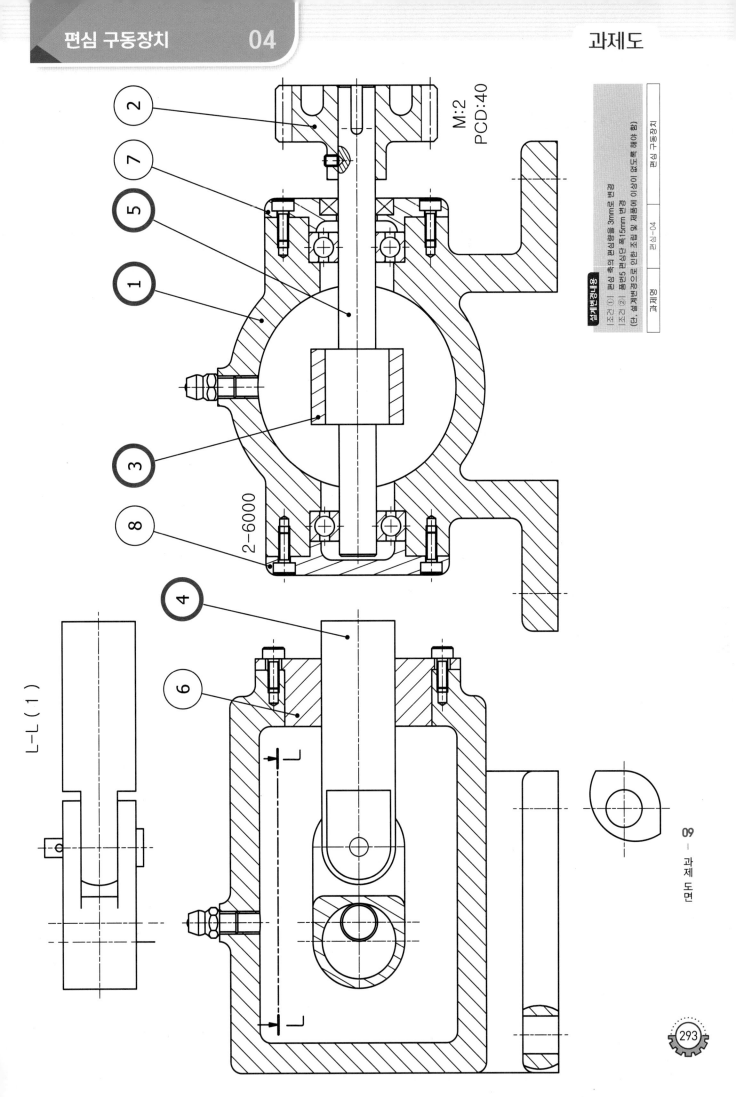

M:2
PCD:40

2-6000

L-L (1)

편심 구동장치

4-0 우측

정면도

설계변경내용

(주) 설계변경으로 인한 조립 및 재료는 재설정이 필요함

(조건 1) 축 ① 길이 3mm를 줄여 전체 축 길이

(조건 2) 볼트 M5 편심부 15mm 단차로 전체 재료

09 — 과제 도면

293

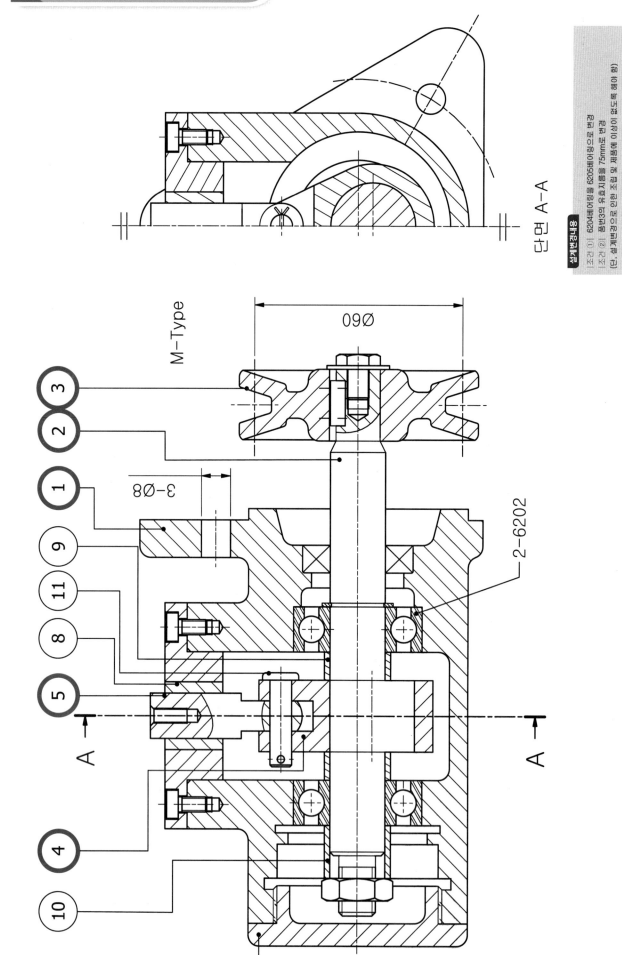

M-Type

09Ø

3-Ø8

2-6202

단면 A-A

편심 구동장치

편심-05

과제명

설계변경내용

조건 ① 6204베어링을 6205베어링으로 변경
조건 ② 롤핀3의 유효지름을 75mm로 변경
(단, 설계변경으로 인한 조립 및 재품에 이상이 없게 유념할 것)

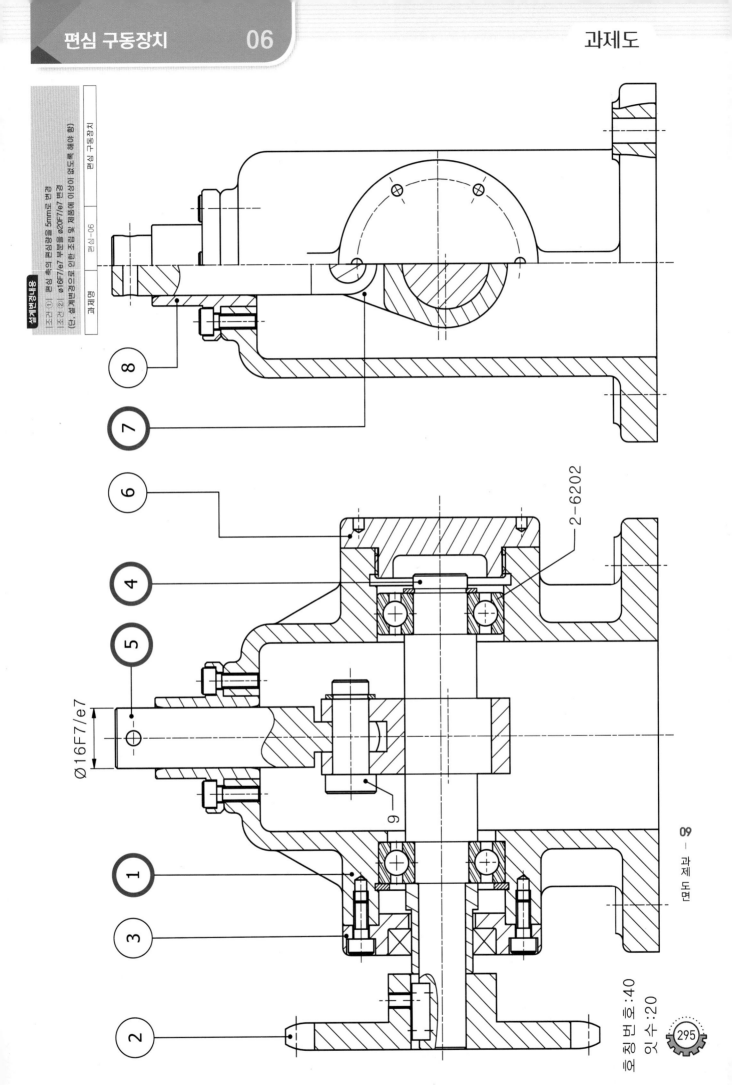

편심 구동장치

편심-06

과제명

설계변경내용

조건 ① 편심 축의 편심량을 5mm로 변경
조건 ② ø16F7/e7 부분을 ø20F7/e7 변경
(단, 설계변경으로 인한 조립 및 체품에 이상이 없도록 해야 함)

Ø16F7/e7

2-6202

09 — 과제 도면

잇수 :20
모듈 :40

295

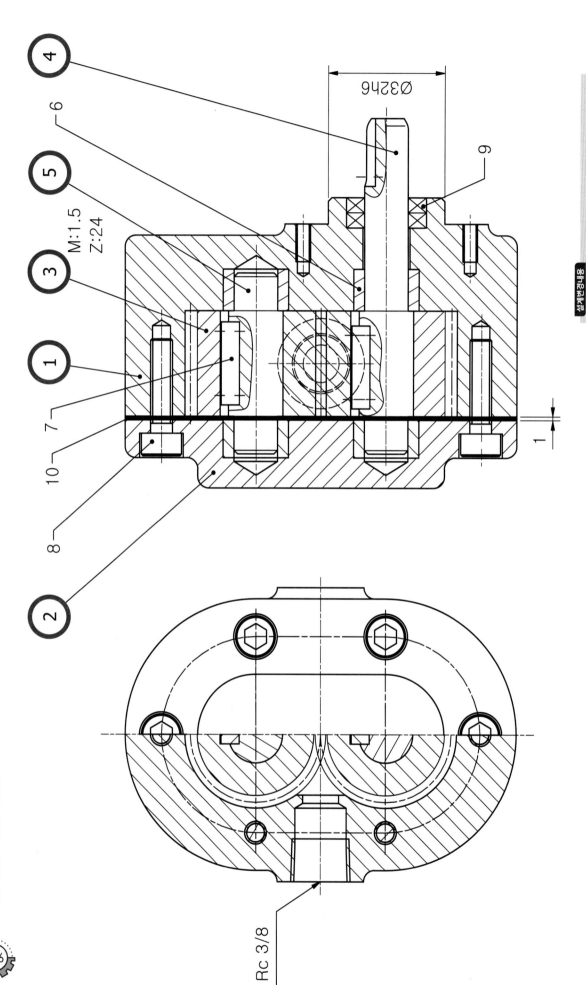

ø32h6

M:1.5
Z:24

4
6
5
3
1
7
10
8
2
9

Rc 3/8

품명 기어펌프

기어-01

척도 NS

조건① 품번10의 두께를 2mm로 변경
조건② 품번3 "M:1.5"를 "M:2"으로 변경

(단, 설계변경으로 인한 조립 및 제품품에에 이상이 없도록 할 것)

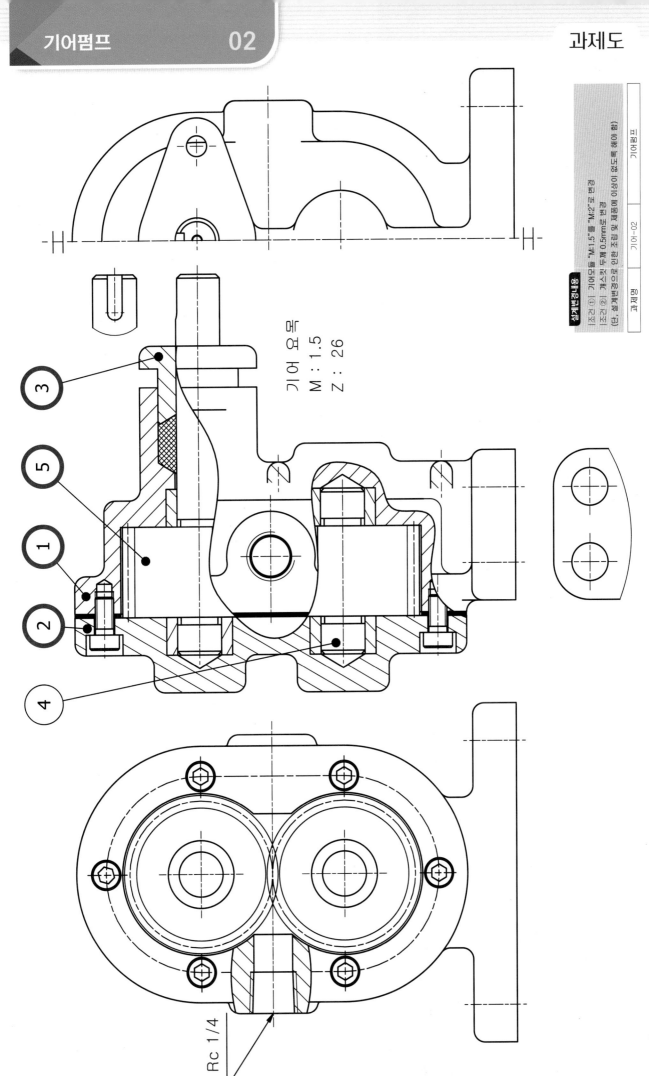

09
— 과제 도면

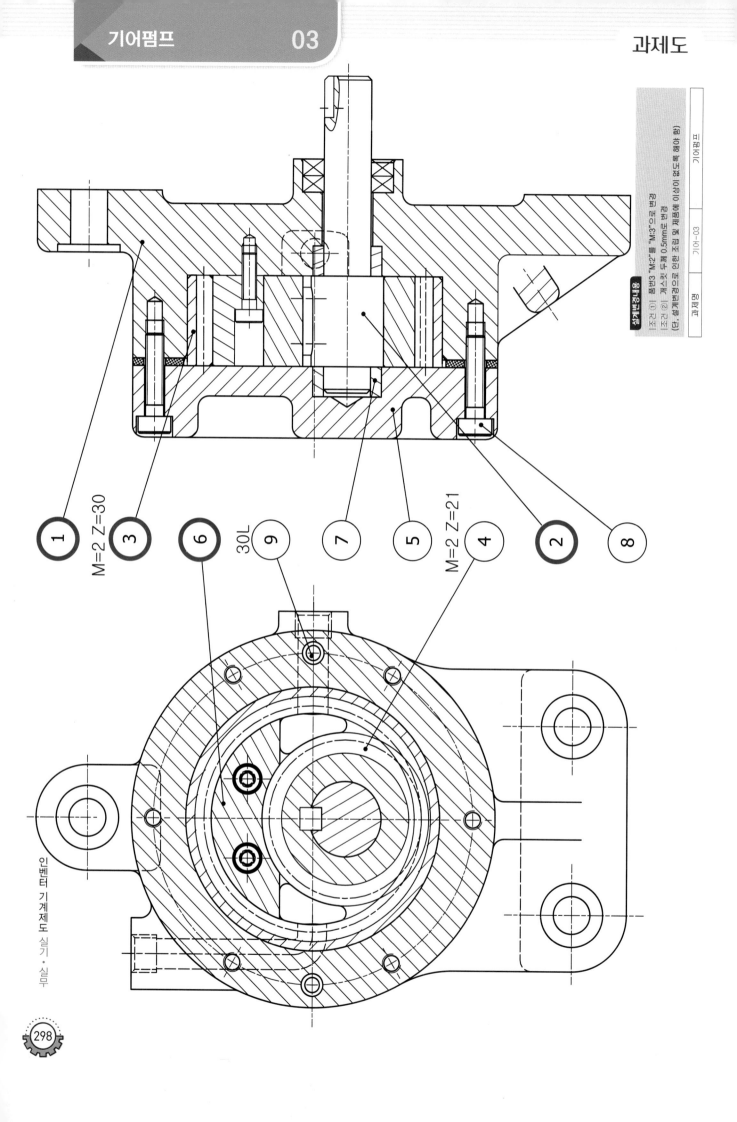

기어펌프

기어-03

과제명

용지정계설

조건① 1조건 ② 품번3 "M:2"를 "M:3"으로 변경 적용

(단, 설계변경으로 인한 조립 및 제품에 이상이 없어야 할 것)

품번3 "M:2"를 "M:3"으로 변경 적용
치수 두께 0.5mm로 변경

M=2 Z=30

M=2 Z=21

30L

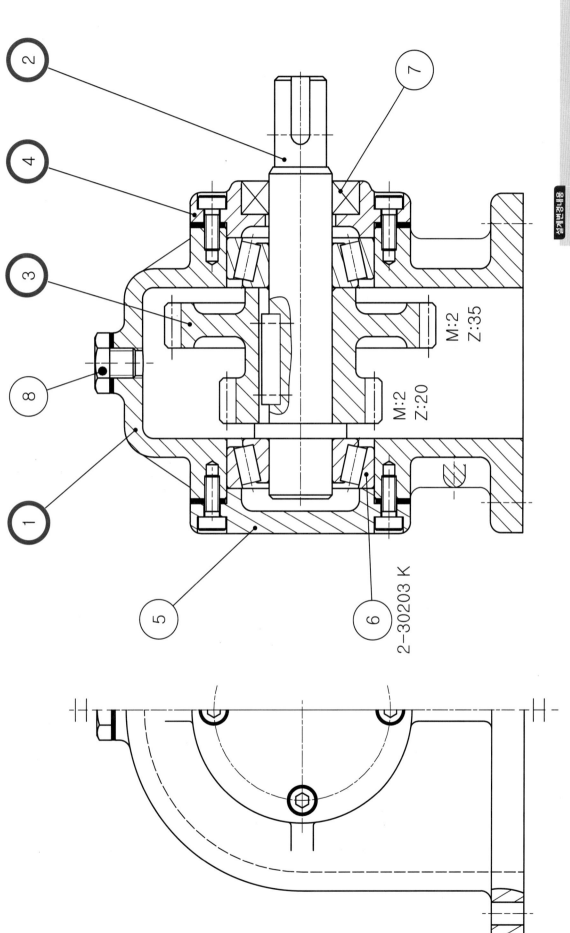

설계변경

조건 (1) 2-30323K베어링을 2-30324K베어링으로 변경
조건 (2) 품번4, 품번5의 나사개수를 3개로 변경
(단, 설계변경으로 인한 조립 및 제품에 이상이 없도록 해야함)

품번 : 기어-04 : 이중스퍼 기어 박스

M:2 Z:35

M:2 Z:20

2-30203 K

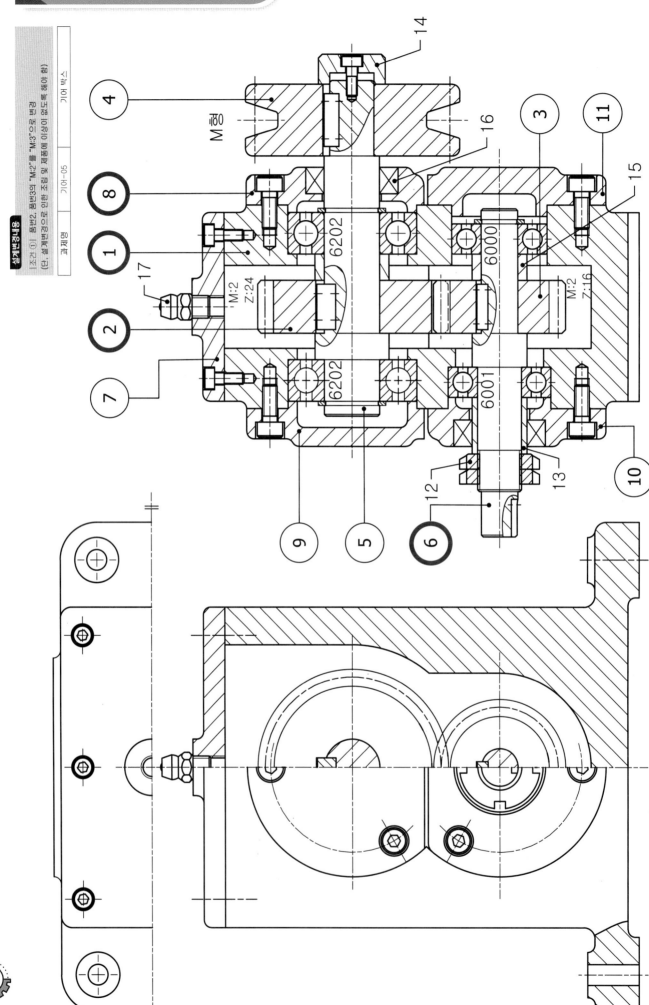

인벤터 기계제도 실기 · 실무

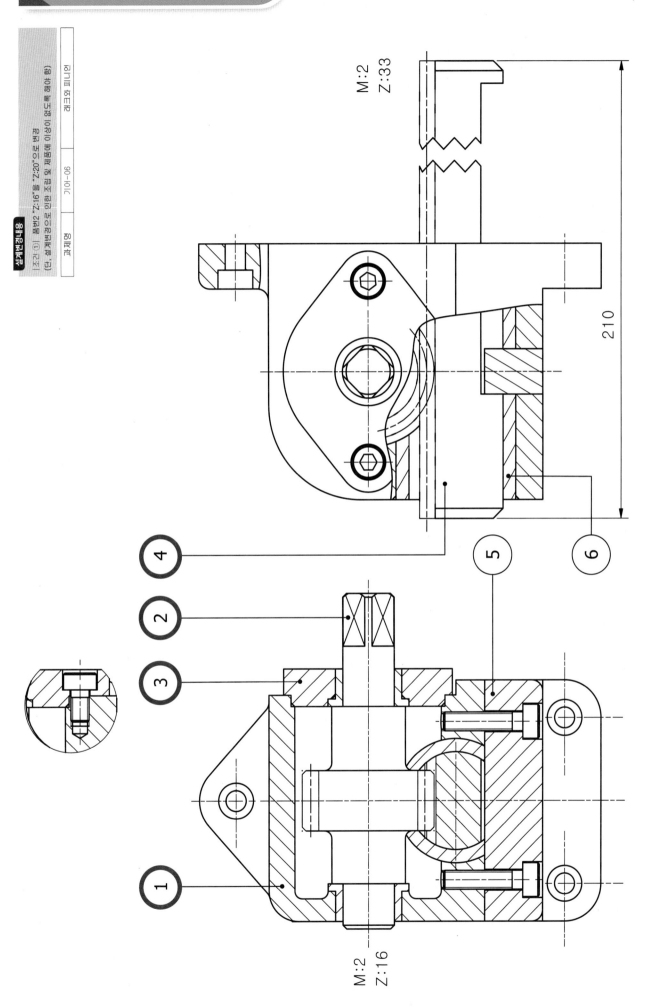

M:2
Z:33

210

M:2
Z:16

설계변경내용

조건 ① 품번④의 지름을 "ø20"로 변경
(단, 설계변경으로 인한 조립 및 제품품 이상이 없도록 해야 함)

소형 레버 에어척

Etc-01

과제명

3

10

5

8

7

4

6

2

9

1

아이들러풀리
Etc-02
척도

설계변경내용
(단, 설계변경으로 인하여 치수가 변경될 경우에는
모델 바깥지름을 50mm로 정할 것이며 늘어나 한다.)

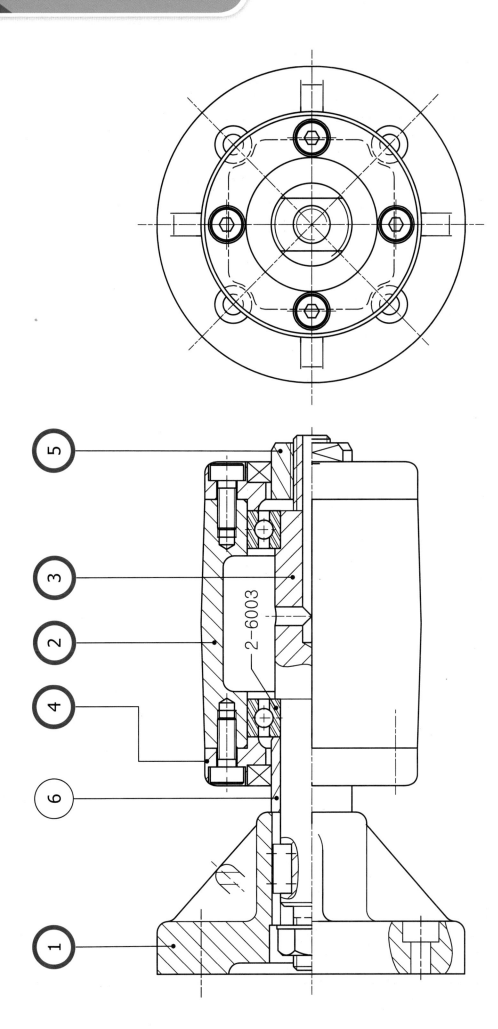

2-6003

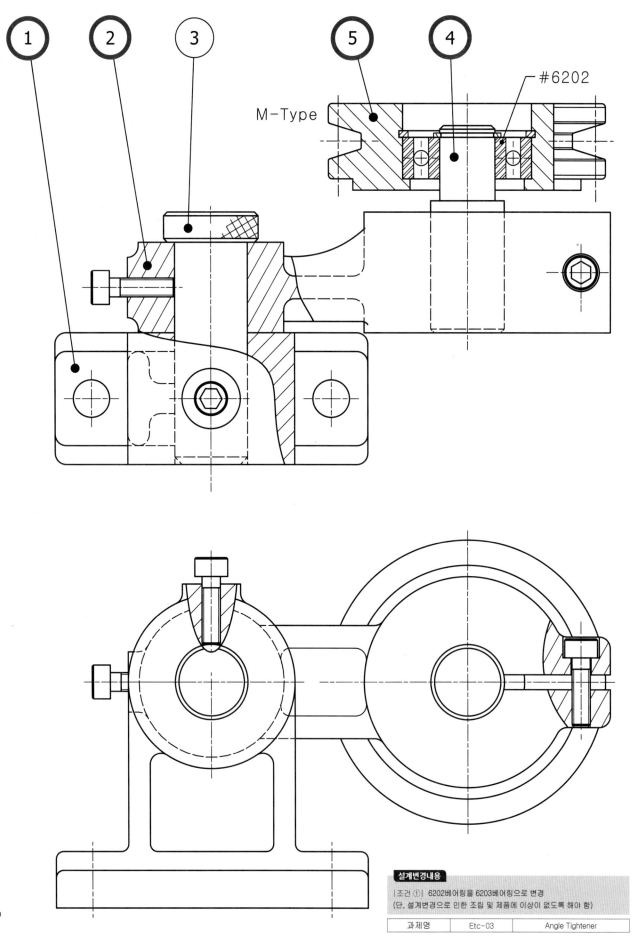

M-Type

#6202

설계변경내용

|조건 ①| 6202베어링을 6203베어링으로 변경
(단, 설계변경으로 인한 조립 및 제품에 이상이 없도록 해야 함)

| 과제명 | Etc-03 | Angle Tightener |

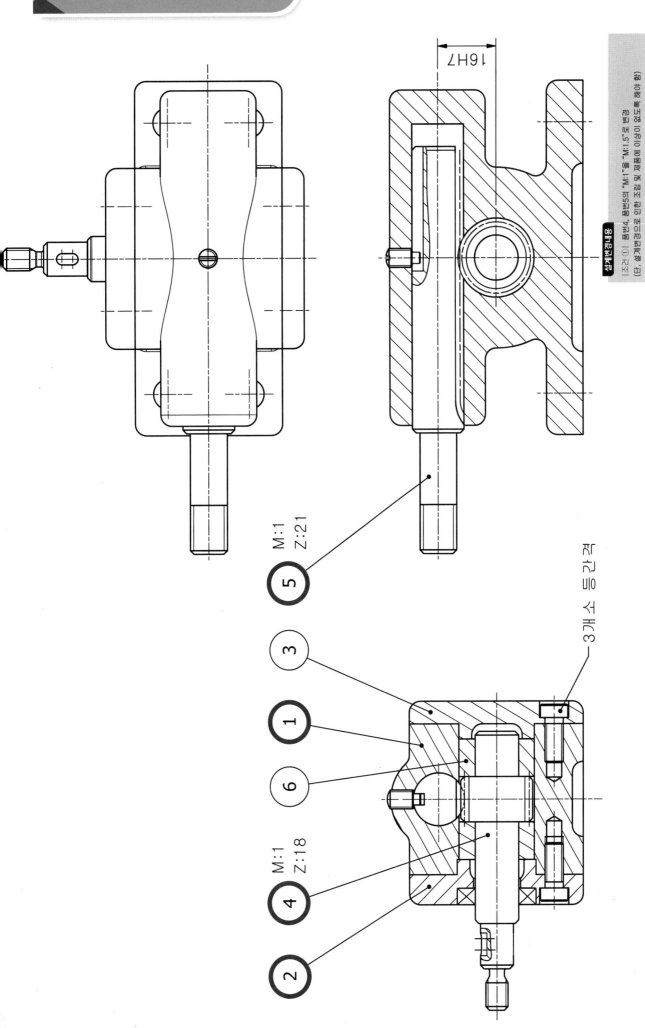

16H7

M:1
Z:21

5

M:1
Z:18

3

1

6

4

2

3개소 등간격

| 운동변환장치 | Etc-04 | |
| 과제 | 명칭 | |

조건 ① 품번4, 품번5의 "M:1"을 "M:1.5"로 변경

(단, 척도변경으로 인한 조립 및 제품에 이상이 없도록 해야 함)

과제조건

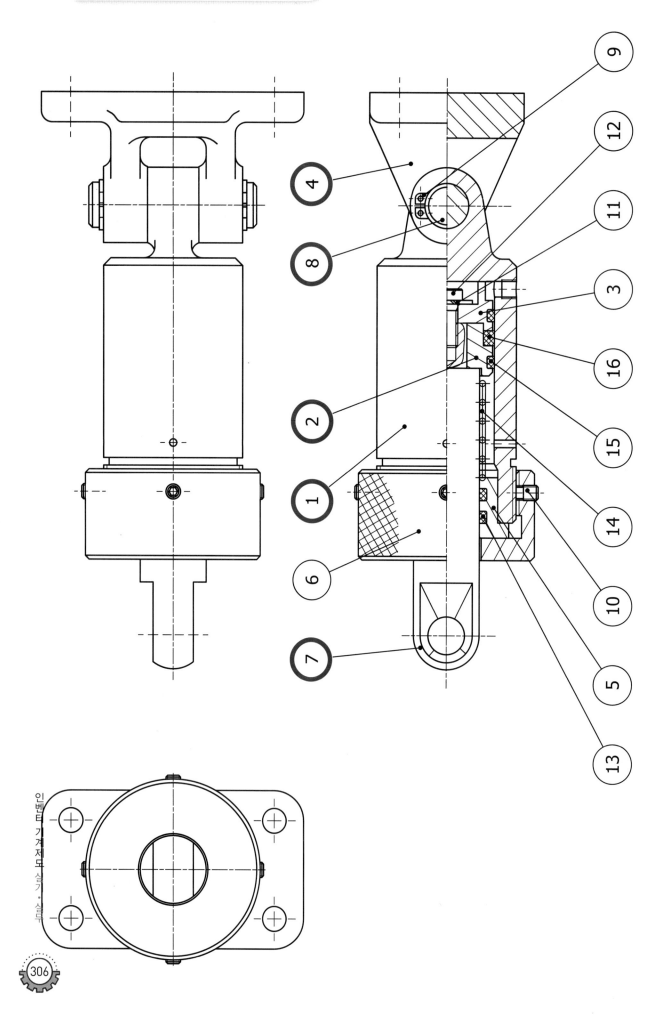

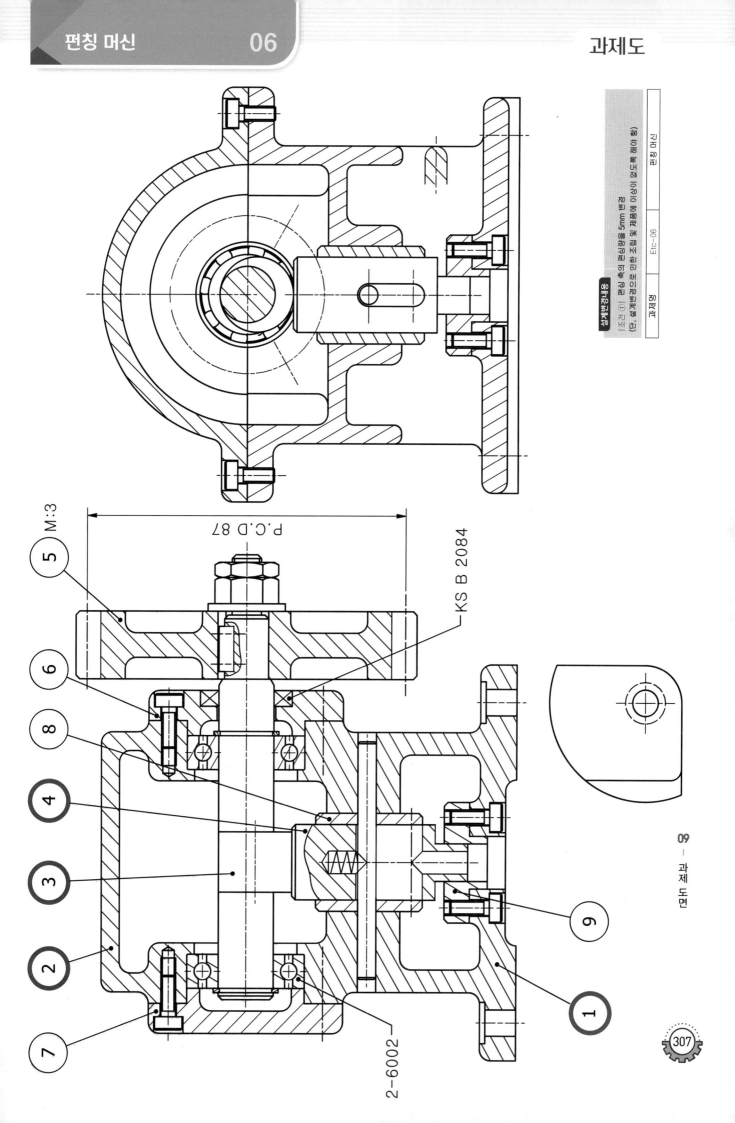

과제도

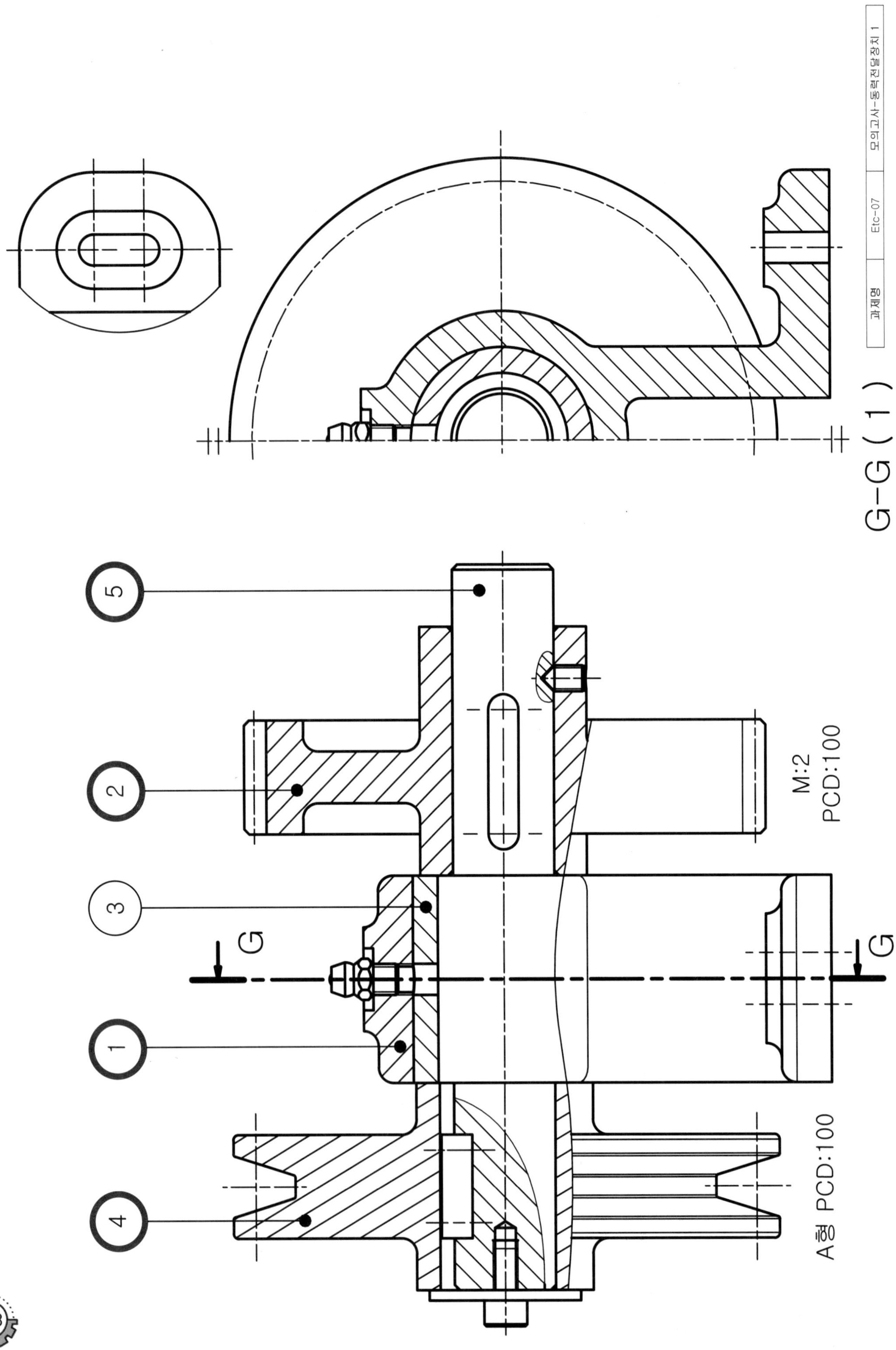

과제명
Etc-07
모의고사-동력전달장치 1
G-G (1)
5
2
3
1
4
G
G
M:2
PCD:100
A형 PCD:100

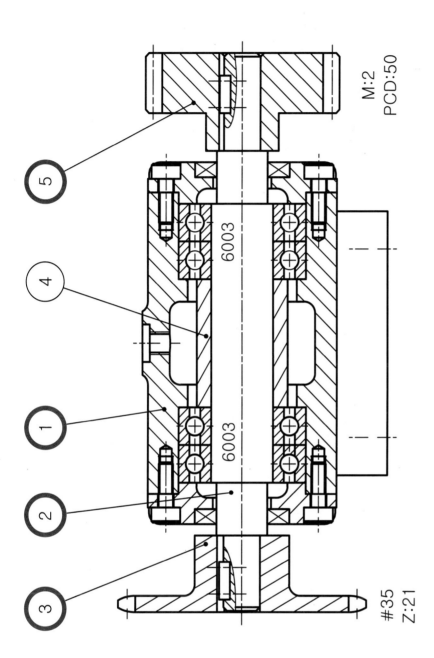

⑤

④

①

②

③

6003

6003

M:2
PCD:50

#35
Z:21

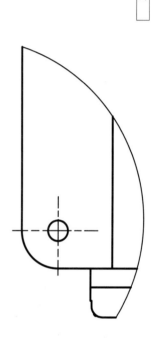

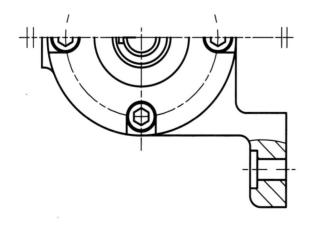

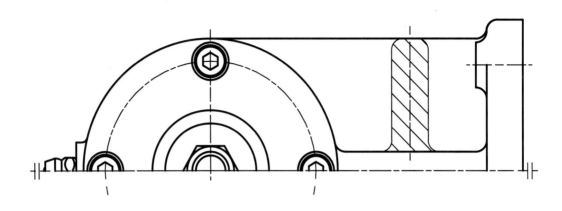

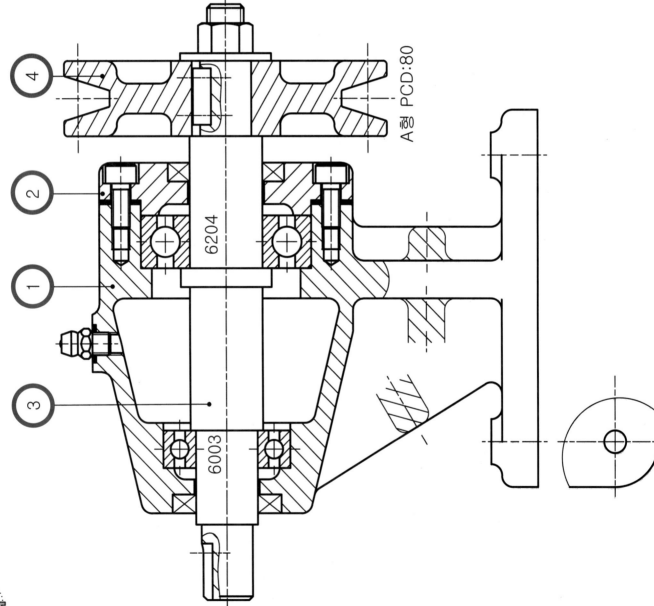

A형 PCD:80

6204

6003

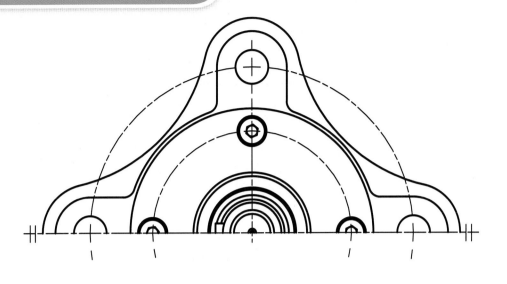

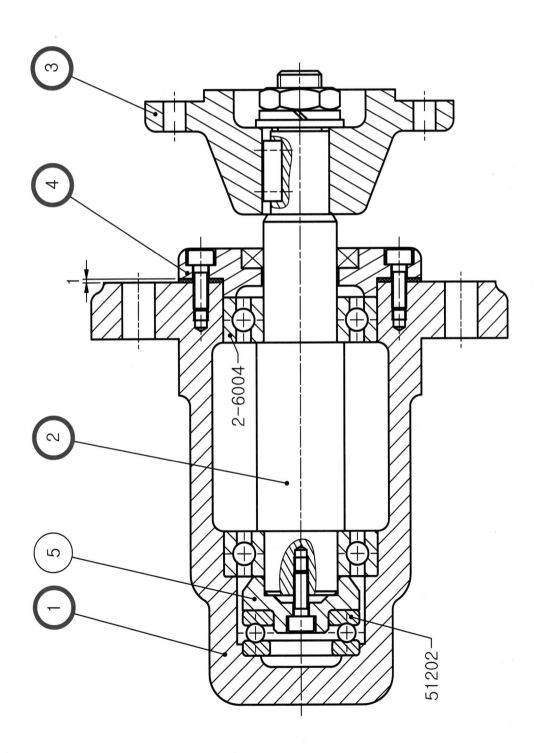

2-6004

51202

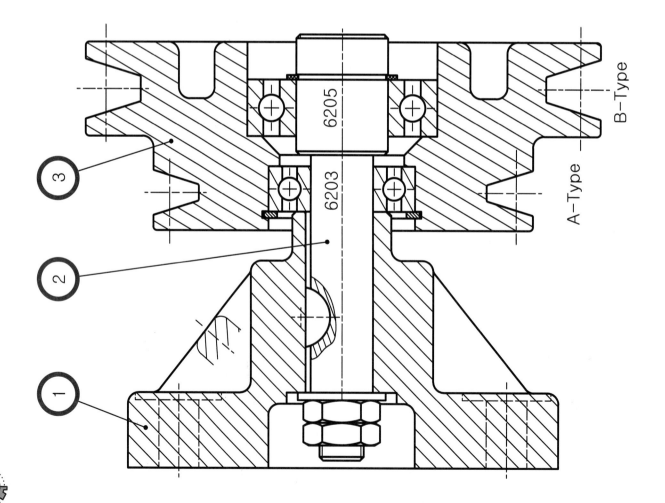

모의고사-V벨트 전동장치

Etc-11

과제명

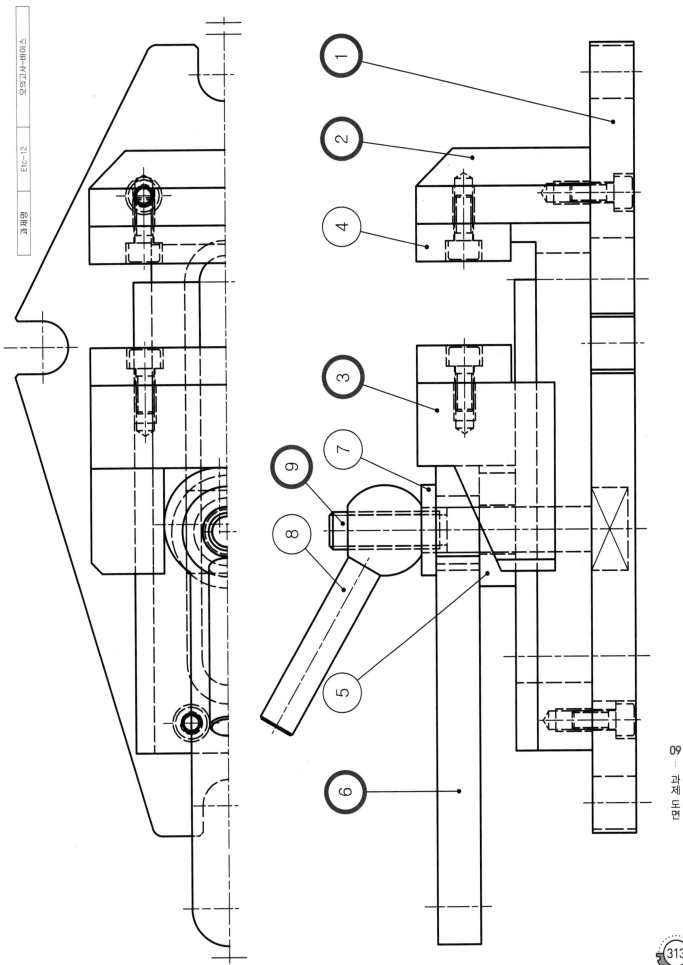

모의고사-바이스

Etc-12

과제명

과제도

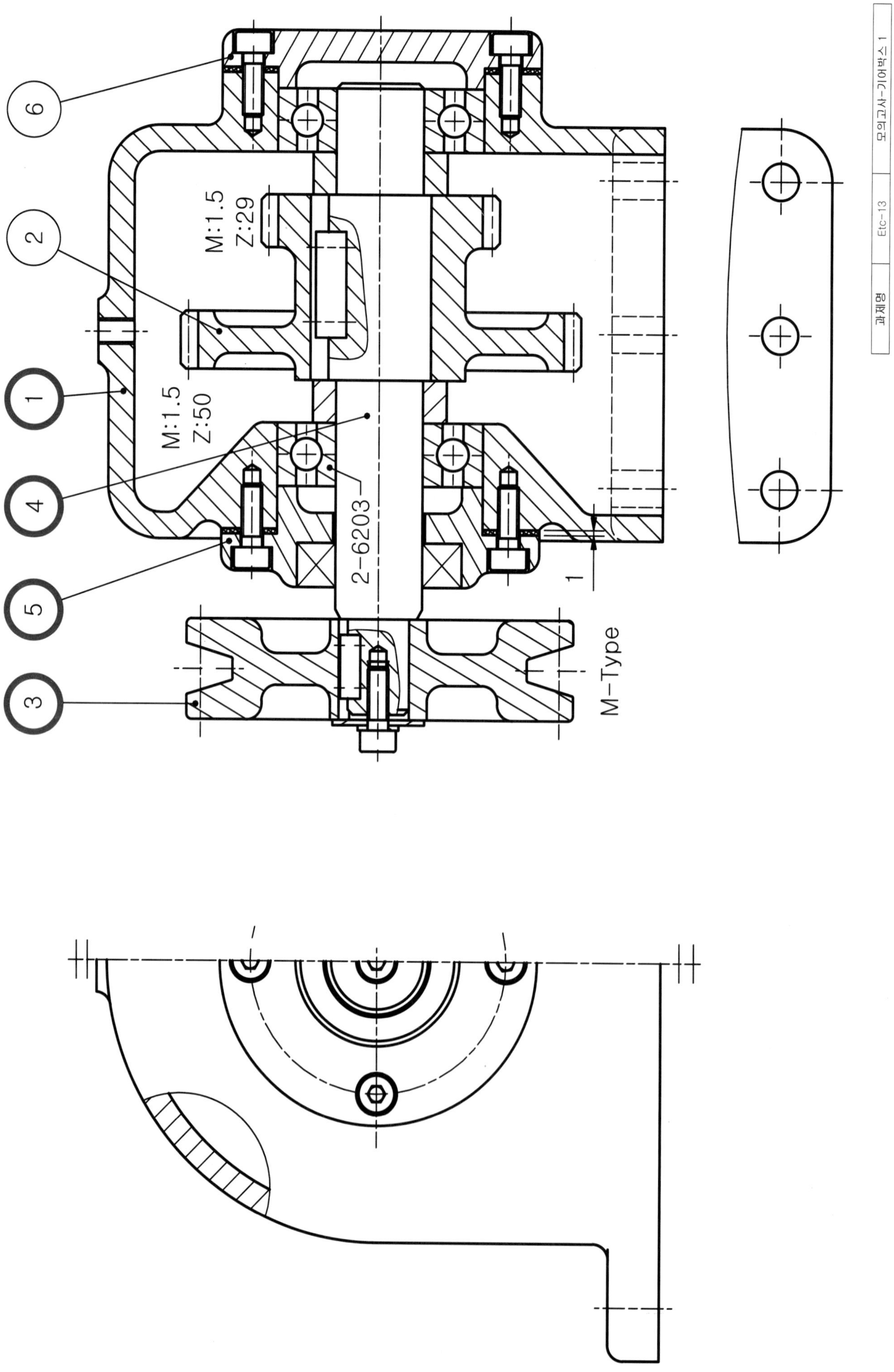
6
2
1
4
5
3
M:1.5
Z:29
M:1.5
Z:50
2-6203
M-Type
1
과제명
Etc-13
모의고사-기어박스 1

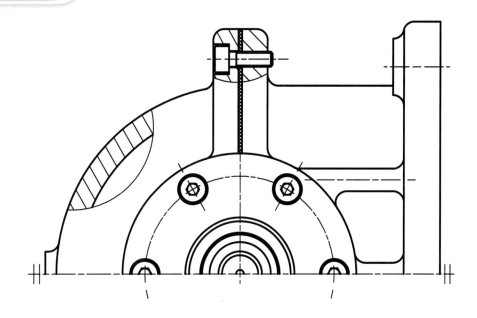

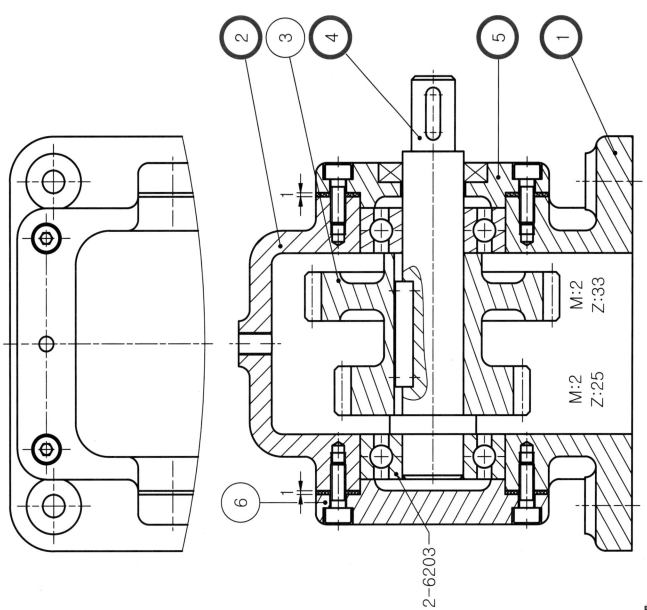

M:2
Z:33

M:2
Z:25

2-6203

09
— 과제 도면

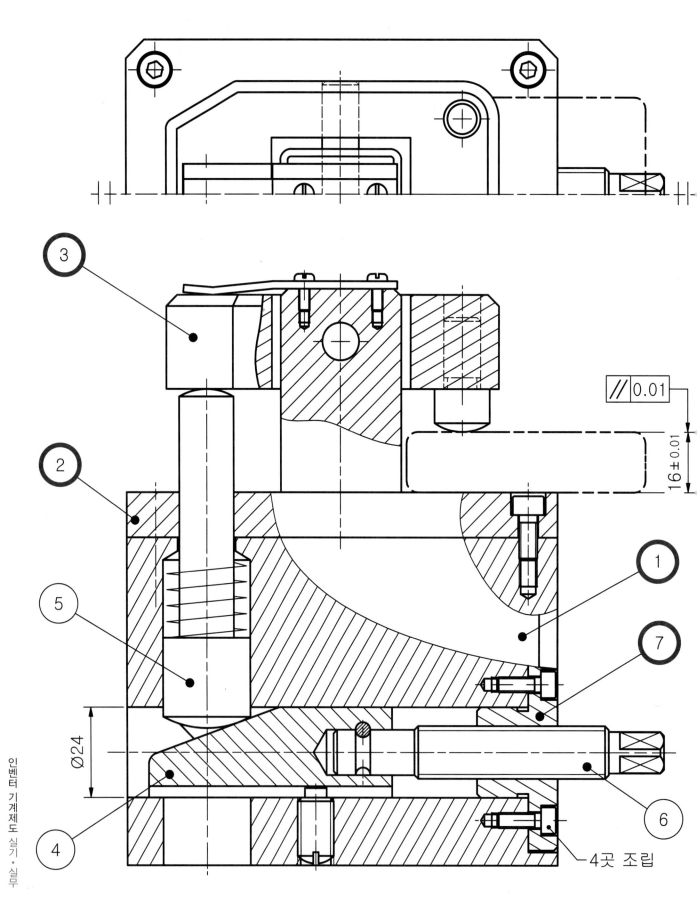

과제명	Etc-15	모의고사-클램프

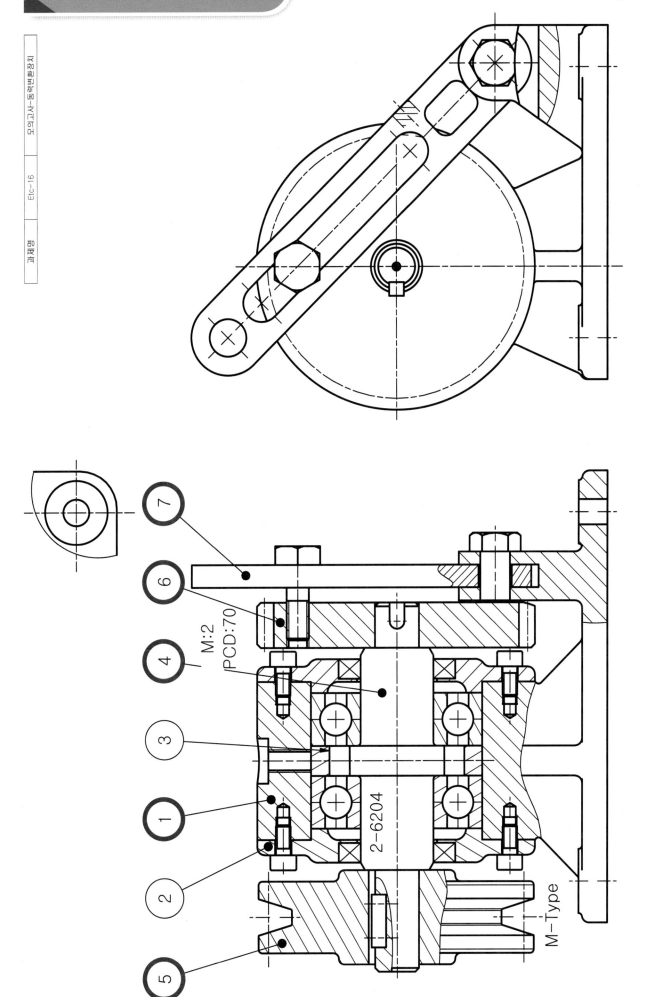

M:2
PCD:70
2-6204
M-Type

317

과제도

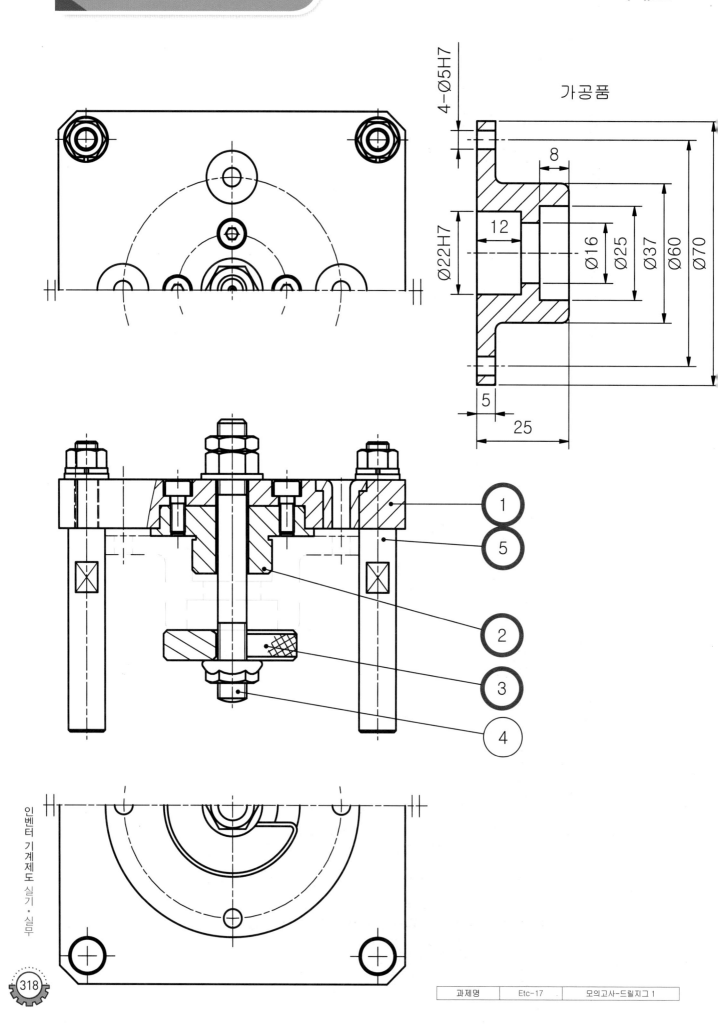

가공품

4-Ø5H7

Ø22H7

8

12

Ø16

Ø25

Ø37

Ø60

Ø70

5

25

1

5

2

3

4

인벤터 기계제도 실기 · 실무

318

| 과제명 | Etc-17 | 모의고사-드릴지그 1 |

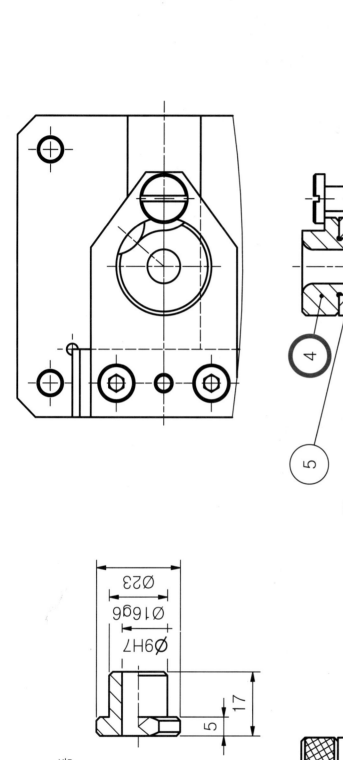

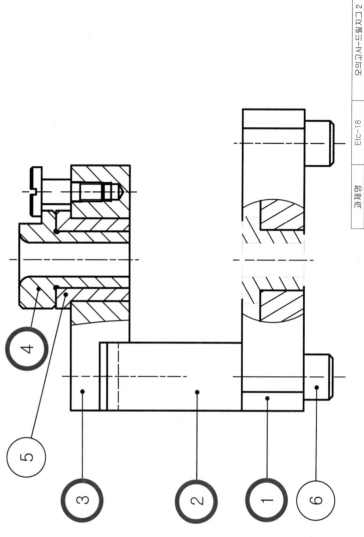

모의고사-드릴지그 2

Etc-18

과제명

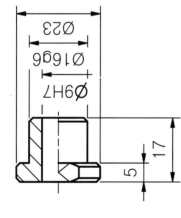

가공품

Ø23
Ø16g6
Ø9H7

17
5

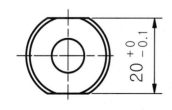

$20 ^{+0}_{-0.1}$

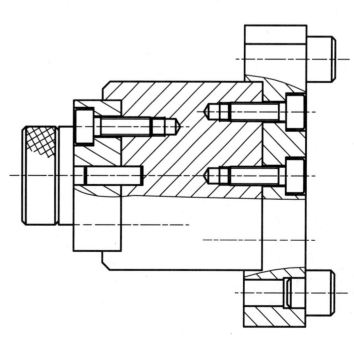

09
─
과제 도면

319

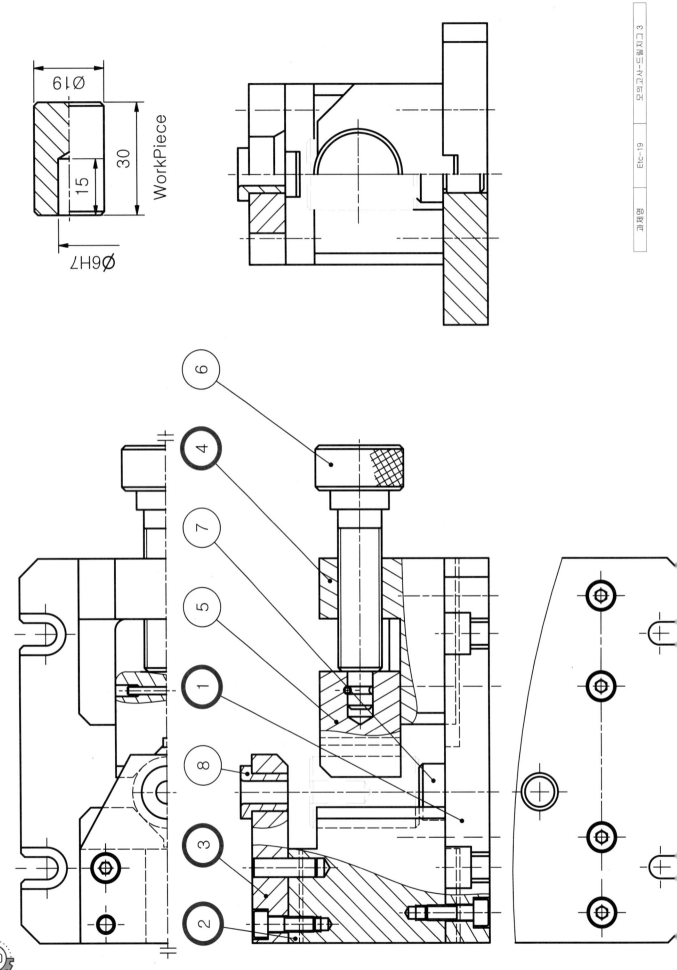

WorkPiece

Ø19

30

15

Ø6H7

모의고사-드릴지그 3   Etc-19   정면도

인벤터 기계제도 실기 · 실무

모의고사-래크와 피니언 구동장치

Etc-20

과제명

240

Z:36

③

32.5H7

M:2
Z:20

④

②

6001

①

⑥

Ø35

⑤

321

모의고사-오일기어펌프

Etc-21

정면

①

④

⑤

③

②

G 1/8

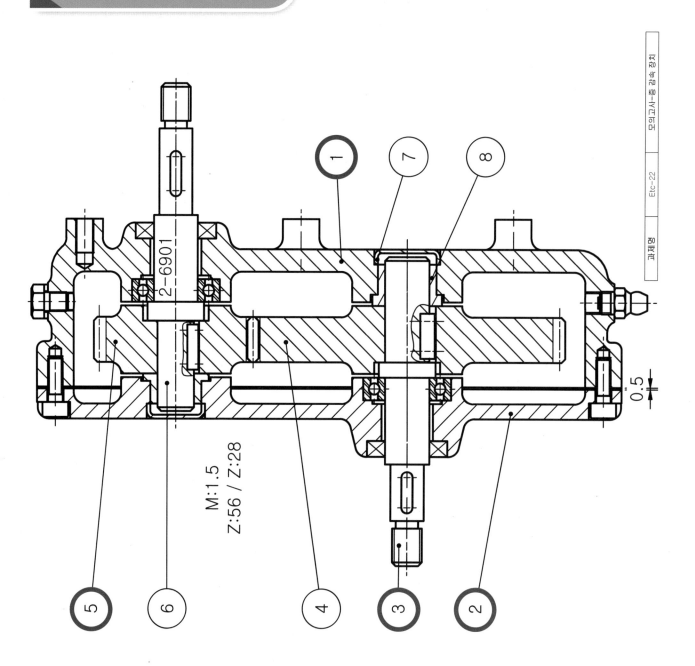

M:1.5
Z:56 / Z:28

2-6901

0.5

① ⑦ ⑧

⑤ ⑥ ④ ③ ②

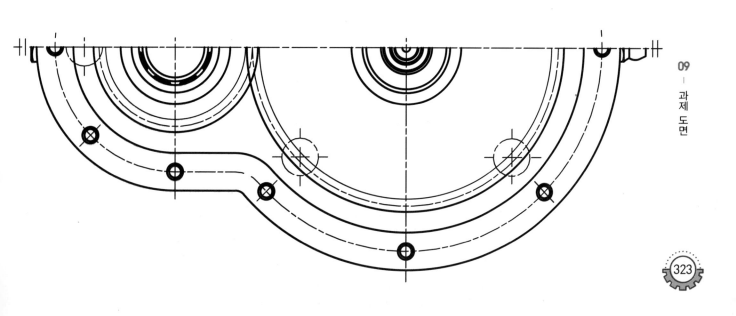

M : 2
PCD : 38

6004

6203

M-Type

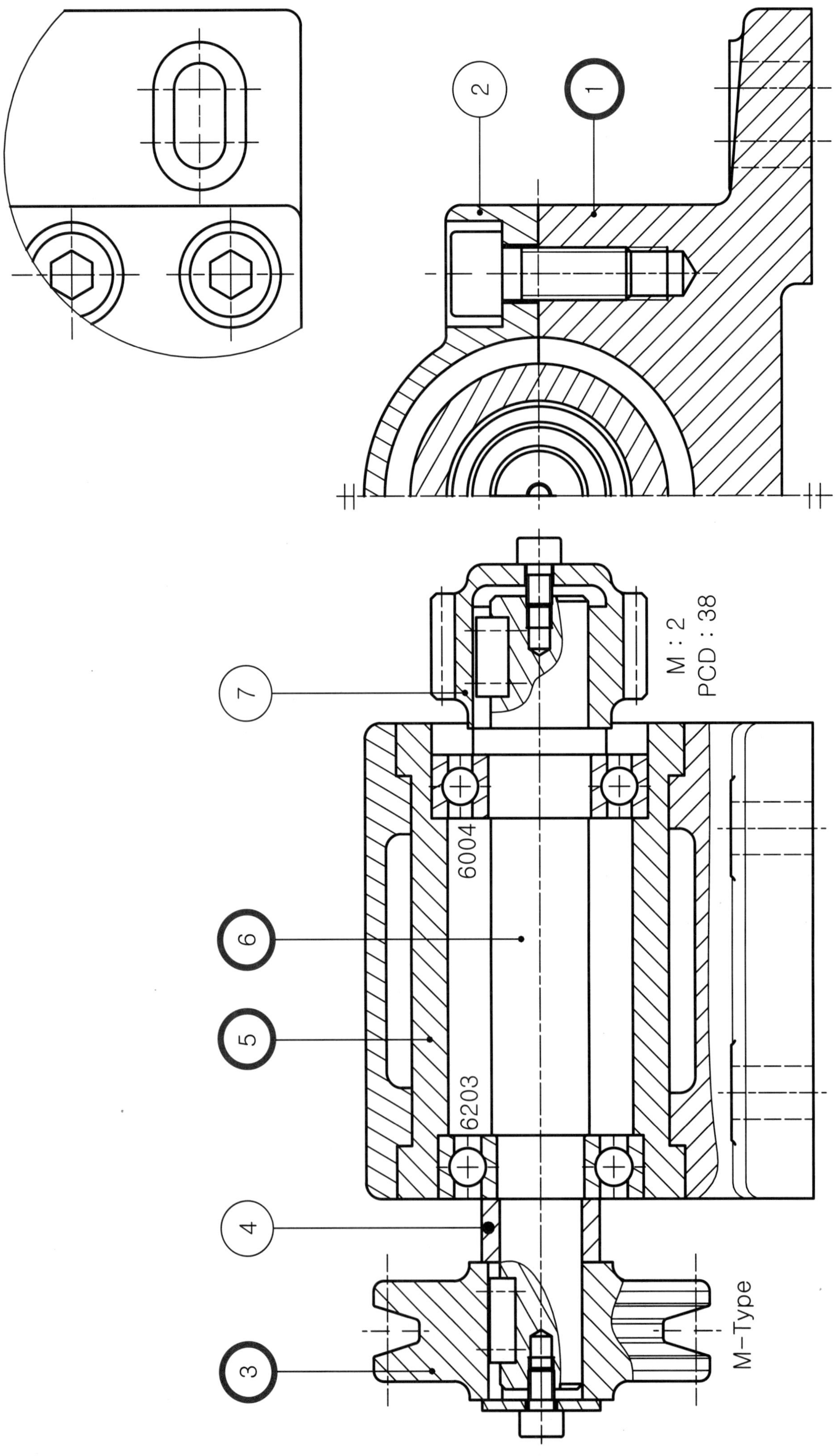

모의고사-윈치 롤러

Etc-24

과제명

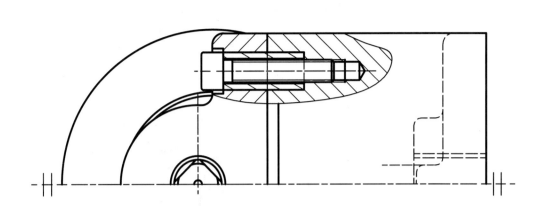

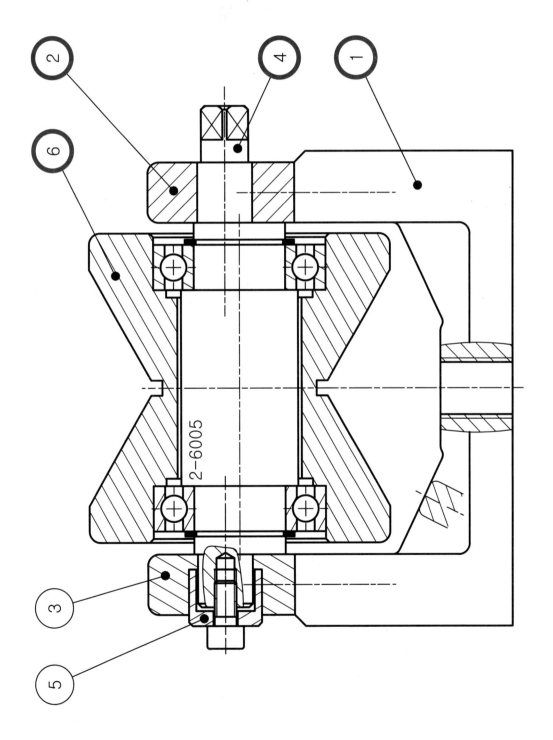

2-6005

모의고사-편심왕복장치 1

Etc-25

영재고

⑦
⑥
⑤
④
③
②
①
⑧

M : 2
Z : 25

2-6202

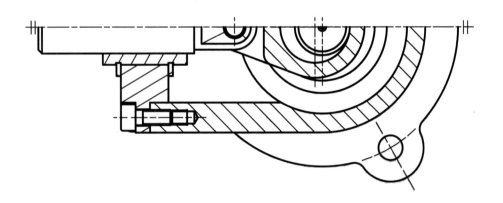

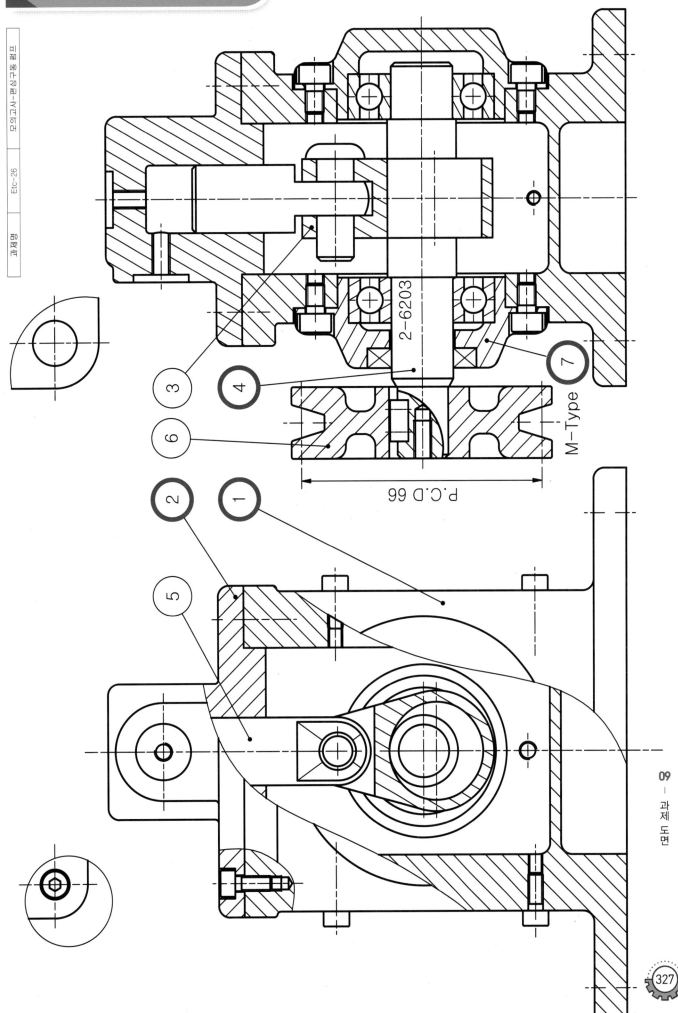

2-6203

P.C.D 66

M-Type

모의고사-편심구동 펌프

Etc-26

과제명

머리용스-사고히머   Etc-27   명제과

부품명	설명
V-블록(V-Block)	원통형 부품의 측정이나 V자형 위치결정용 부품(60˚, 90˚, 120˚ 등이 있다)
가이드블록(Guide Block)	슬라이더 크랭크 기구(機構)에서 미끄럼 운동을 하는 링크를 말한다.
게이지판(Gauge Plate)	얇은 판으로 만든 게이지. 한계게이지는 외경 치수의 검사에 사용된다.
게이지핀(Gauge Pin)	재료나 반가공품을 소정의 가공 위치에 또는 부품을 바른 체결 위치에 놓기 위한 위치 결정을 위해 마련된 핀을 말한다.
고정대(Fixture)	부품 가공 때 공작물이 움직이지 않도록 기계에 고정시키는 장치(공작물고정대 / 공작물받침대)
고정조(Fixture Jaw)	고정된 물건 등을 끼워서 집는 부분을 가리킨다.
고정판(Fixed Plate)	전 둘레에 걸쳐서 변위 및 회전이 구속되어서 지지되는 평면판 또는 곡면판
기어축(Gear Shaft)	기어에 연결된 축
누름쇠(Pusher)	밀착 또는 압력을 주는 평탄한 판
드릴 부시(Drill Bush)	공작물에 구멍을 뚫을 때 드릴이나 리머를 정확한 위치에 안내하는 역할을 하는 부시
라이너(Liner)	• 내연 기관의 실린더 내에 집어넣어지는 주철제의 원통 • 서로 마찰하는 부분에 삽입하는 끼움쇠 또는 매개쇠
라이너 부시(Liner Bush)	머리(Collar)있음과 없음으로 구분되며, 삽입 부시의 안내용 고정부시 역할로 지그 플레이트에 영구 설치
레버(Lever)	막대의 한 점을 받치고 그 받침점을 중심으로 물체를 움직이는 장치. 적은 힘을 들여 더 큰 힘을 내게 할 때 사용한다. 지렛대라고도 한다.
로드(Rod)	왕복운동을 크랭크 핀에 전달하여 회전 운동으로 바꾸도록 하는 매개체
로케이터(Locator)	위치결정 하는 부품(로케이터축 / 로케이터판 / 로케이터핀)
롤러(Roller)	회전하는 원통형의 것으로, 미끄럼마찰(sliding friction)을 회전마찰로 바꾸어 운동의 저항을 줄이는 곳에 사용되는 기계부품
리드스크류(Leadscrew)	선반에서 나사를 낼 때 왕복대를 확실히 이송하기 위하여 사용하는 나사봉. 나사내기나 공작물의 위치 결정의 기초가 되는 정밀도가 높은 나사
링크(Link)	여러 개의 작업요소의 연동이 가능하게 연결작용하는 부품
받침대(Base Plate)	지그(jig) 등을 적절한 위치에 조립하는 지그의 기초형태의 판
베어링커버(Bearing Cover)	립(lip)패킹을 사용하여 운동축에 공급하는 윤활유가 외부로 흘러나가는 것을 방지하기 위한 밀봉 장치인 베어링에 접촉하는 커버

부품명	설명
베이스(Base)	부품을 조립하기 위해 기초이 되는 기본 틀
본체(Main Body)	기계 따위의 중심 부분 또는 기본이 되는 몸체
부시(Bush)	회전운동을 하는 축과 본체 또는 축과 베어링 사이에 끼워넣는 얇은 원통
부시홀더(Bush Holder)	지그(Jig)에서 부시를 지지하는 부품
브라켓(Bracket)	벽이나 기둥 등에서 돌출되어 있어 축 등을 받칠 목적으로 쓰이는 것
삽입 부시(Spigot Bush)	구멍뚫기 지그(jig)로 안내 부시에 끼워넣어 이용하는 부시. 부시가 가공날과의 접촉에 의하여 마모한 때에는 바꿀 수 있다.
서포트(Support)	다른 제품을 지지하거나 버티는 역할은 하는 부품
스토퍼(Stopper)	축 또는 작동하는 부분이 이탈되지 않도록 설치된 부품
스페이서(Spacer)	나란히 조립되는 물품과 물품 사이의 간격을 고르게 유지하기 위하여 그 틈새에 끼우는 라이너
슬라이더(Slider)	홈, 원통, 봉 등으로 만들어진 안내면과 미끄럼 대우(對偶)가 되어 기구(機構)의 일부를 형성하는 절(節)을 말하며, 피스톤과 실린더 같은 것
슬리브(Sleeve)	원통형 모양의 물체로 축이음을 목적으로 사용하는 기계 부품으로서, 내연 기관의 실린더 내에 집어넣는 원통형의 주철품. 라이너라고도 한다.
실린더(Cylinder)	내연기관·증기기관·펌프 따위에서 피스톤이 왕복운동을 하는 부분. 기통(氣筒)
어댑터(Adapter)	장치 또는 기계의 다른 부분을 연결하는 장치로, 적합하지 않은 두 개의 부분을 기계적으로 접속하기 위한 장치 또는 도구
오일 실 커버(Oil Seal Cover)	립(lip) 패킹을 사용하여 운동축에 공급하는 윤활유가 외부로 흘러나가는 것을 방지하기 위한 밀봉 장치인 오일 실에 접촉하는 덮개
와셔(Washer)	작은 나사, 볼트, 너트 등의 자리와 체결부와의 사이에 넣는 부품. 볼트 구멍이 지나치게 크거나, 체결부와의 표면이 평탄하지 않을 때 체결 효과를 좋게 하기 위하여 사용된다. 또 나사풀림 방지법으로 사용된다.
조(Jaw)	공작물(제품) 등을 끼워서 잡는 부분
조인트(Joint)	기계류나 가구·건축물을 결합 또는 접합시키는 부재. 2개의 재(材)를 1개의 부재로 사용하는 것을 이음(joint)이라 함
조임쇠(Fastener)	분리되어 있는 것을 잠그는데 쓰는 기구. 척(chuck)
중공축(Hollow Shaft)	축의 자중(自重)을 가볍게 하기 위해 단면의 중심부에 구멍이 뚫려 있는(중공[中空]) 축. 속을 비워도 중실축에 비해 강도는 그만큼 감소하지 않는다.

부품명	설명
지지대(Support Fixture, Mount)	각종 부품을 장착할 수 있도록 설계된 장치대
축(Shaft)	동력을 전달하는 막대 모양의 기계부품. 회전 운동 또는 직선왕복 운동에 의해 동력을 떨어져 있는 곳에 전하는 막대 모양의 기계부품
칼라(Collar)	결합된 부품 간 섭동(攝動)을 돕고 지지하기 위해 사용되는 부시 형태 (간격유지 목적)
캠(Cam)	회전 운동을 다른 형태의 왕복 운동이나 요동 운동으로 변환 하는 특수한 윤곽이나 홈이 있는 판상 장치(板狀裝置)
커버(Cover)	물체의 전부 또는 일부를 덮는 것
커플링(Coupling)	내면에 암나사가 있는 관 이음용의 짧은 파이프. 또 그에 의한 결합을 가리키는 경우도 있다. 강관의 이음 등에 사용된다.
커플링(Coupling)	축이음(두 축을 직접 연결하여 회전이나 동력을 전달하는 기계 부품)
크랭크판(Crank Plate)	회전 운동을 왕복 운동으로 바꾸는 기능을 하는 판
펀치(Punch)	금속이나 개스킷류 등에 구멍을 뚫거나 금속 면에 표지를 할 때 사용되는 공구
편심 축(Eccentric Shaft)	偏心軸 축단의 중심이 서로 다른 형태의 축(회전 운동을 수직 운동으로 변환)
포스트(Pillar, Post)	물건을 받치거나 버티는 수직으로 세워진 것
플랜지(Flange)	축 이음이나 관 이음을 목적으로 사용되는 부품
플레이트(Plate)	강판, 평판, 평면판 등의 평평한 판 형태의 부품
피스톤(Piston)	유체(流體)의 압력을 받아 실린더 속을 왕복 운동하는 원판형 또는 원통형의 부품
핑거(Finger)	에어 척에 사용되는 부품으로 손가락 모양의 부품
하우징(Housing)	기계 부품을 둘러싸고 있는 박스형 외형 제품
핸들(Handle)	손으로 열거나 들거나 붙잡을 수 있도록 덧붙여 놓은 부분
홀더(Holder)	게이지, 배관 종류를 지지하거나 절삭 공구나 기타 공구 종류를 지지하는 쇠붙이
힌지축(Hinge Shaft)	연결된 부분에 대해서 회전축 역할을 할 수 있는 찜쇠의 한 종류(경첩의 중심축)

기초	축받침장치	클램프	벨트타이트너	동력변환장치	동력전달장치	V-블록 클램프
	254	255	256	257	258	259
동력 전달장치 (37.2%)	동력 1	동력 2	동력 3	동력 4	동력 5	동력 6
	260	261	262	263	264	265
	동력 7	동력 8	동력 9	동력 10	동력 11	동력 12
	266	267	268	269	270	271
드릴지그 (18.1%)	지그 1	지그 2	지그 3	지그 4	지그 5	지그 6
	272	273	274	275	276	277
클램프 (10.6%)	클램프 1	클램프 2	클램프 3	클램프 4	클램프 5	탁상클램프 6
	278	279	280	281	282	283
바이스 (9.6%)	바이스 1	바이스 2	바이스 3	바이스 4	바이스5	나사바이스
	284	285	286	287	288	289
편심 구동장치 (8.3%)	편심 1	편심 2	편심 3	편심 4	편심 5	편심 6
	290	291	292	293	294	295
기어장치 및 기어박스	기어펌프 1	기어펌프 2	기어펌프 3	이중 스퍼기어 박스	기어박스 2	래크와피니언
	296	297	298	299	300	301
Etc	소형 레버 에어척	아이들러풀리	Angle Tightener	운동 변환장치	리프트 에어 실린더	펀칭머신
	302	303	304	305	306	307
기출 유사 모의 고사	동력전달장치 1	동력전달장치 2	동력전달장치 3	피벗 베어링 하우징	V벨트 전동장치	Vice	기어박스 1
	308	309	310	311	312	313	314
	기어박스 2	클램프	동력변환장치	드릴지그 1	드릴지그 2	드릴지그 3	래크와 피니언 구동장치
	315	316	317	318	319	320	321
	오일기어펌프	증 감속 장치	베어링 장치	윈치 롤러	편심왕복장치	편심구동펌프	스윙레버
	322	323	324	325	326	327	328

기초파트는 필수로 연습하시고, 각 파트별 최소2장 이상의 과제도를 작도하는걸 추천드립니다.

MEMO

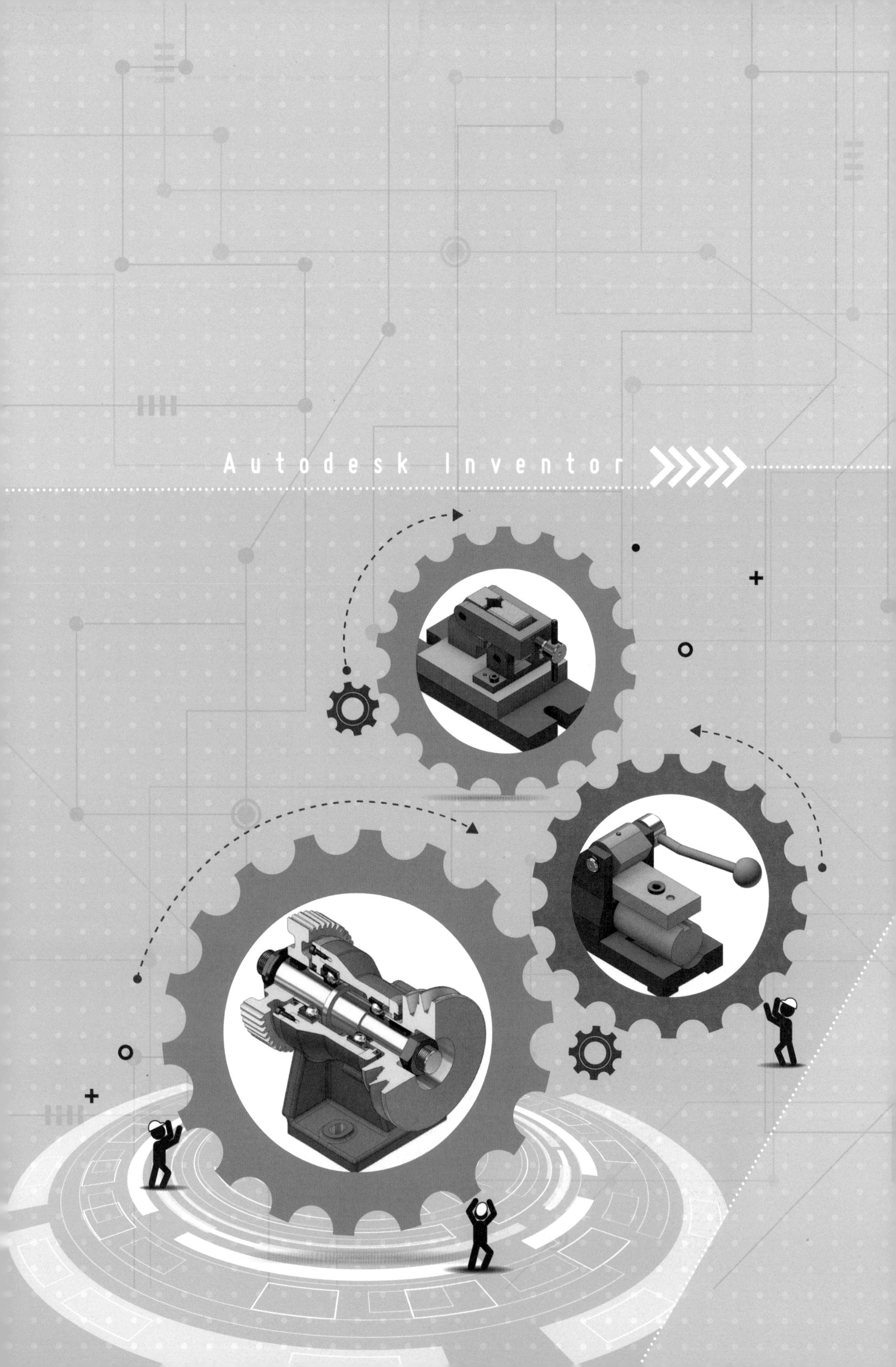
Autodesk Inventor

과제도에 따른 해설도

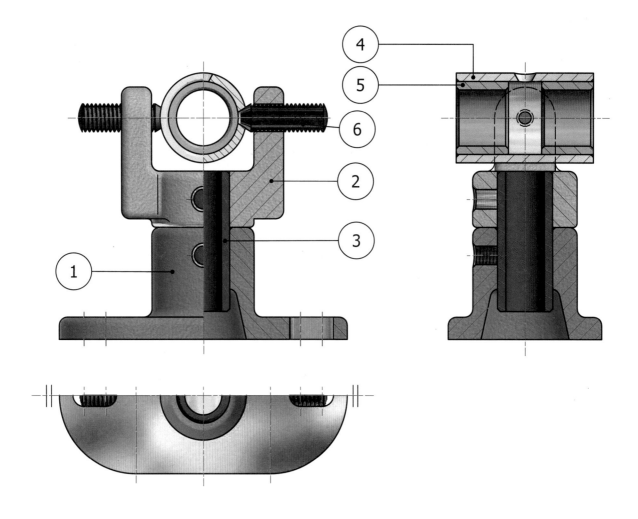

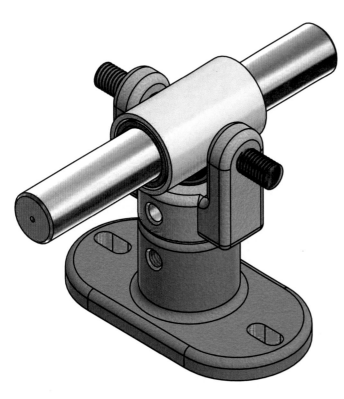

🔧 그림1 축받침 장치 구성모습

과제도 해설

1. 품번1, 품번2 제품의 형상은 주물가공 후, 다른 부품과 접촉되는 접촉면과 가공의 기준이 되는 기준면은 후가공 처리한다.

2. 품번3을 품번1, 품번2과 조립하기 위해 조립 부위의 끼워맞춤 (H7g6) 및 바닥면 기준 직각도를 규제한다.

💡 주물(Casting) : 주조(鑄造)는 재료(주로 철, 알루미늄 합금 등의 금속)를 녹는점보다 높은 온도에서 가열하여 액체로 만들어 원하는 형태의 틀(거푸집)에 부어 굳히는 가공 방법이다. 주조에 사용되는 형식을 주형(鑄形)이라고 하며, 주조로 만들어진 제품을 주물(鑄物)이라고한다.

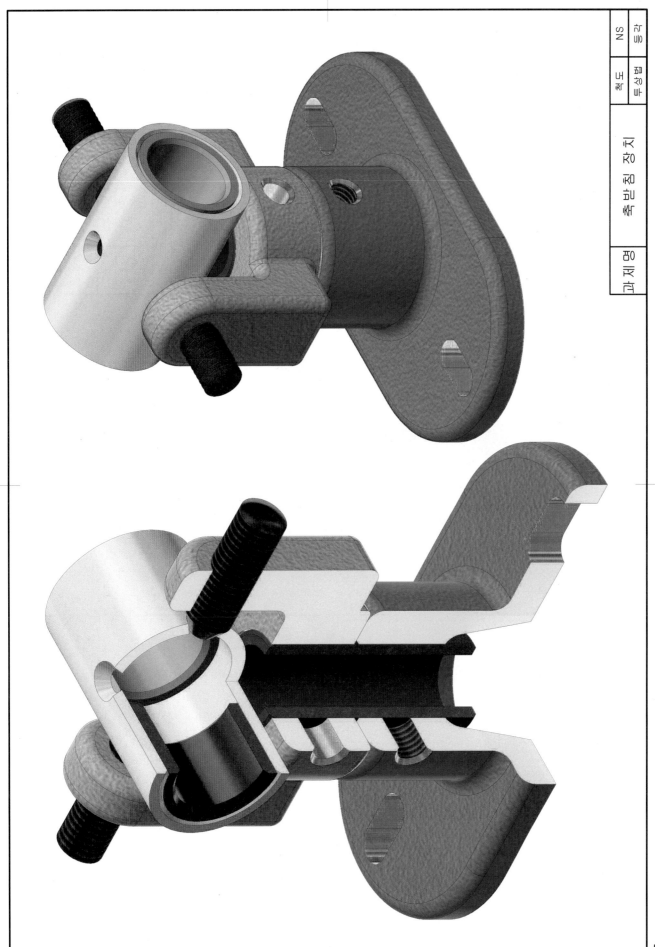

NS 등급

측도 평상부

축받침 장치

과제명

품번	품명	재질	수량	비고
6	고정용볼트	SM30C	2	
5	고정부시	STC85	2	
4	가이드부시	STC85	1	
3	베이스부시	STC85	1	
2	축서포터	GC200	1	
1	본체	GC200	1	
품번	품명	재질	척도	NS
과제명	축받침 장치		투상법	3각법

10
— 과제도에 따른 해설도

품번	품명	재질	수량	비고
6	고정용 볼트	STC85	2	
4	가이드부시	STC85	1	
2	축서포터	GC200	1	
1	본체	GC200	1	

척도	1:1

작품명 | 축받침 장치

배치1) 전체적인 틀을 유지하면서, 균형감있게 배치합니다.
좋은 배치 습관이 중요합니다.

배치2) 우리기 및 단면을 합니다.
배치1) 에서는 우리기 및 단면은 고 곳 배치

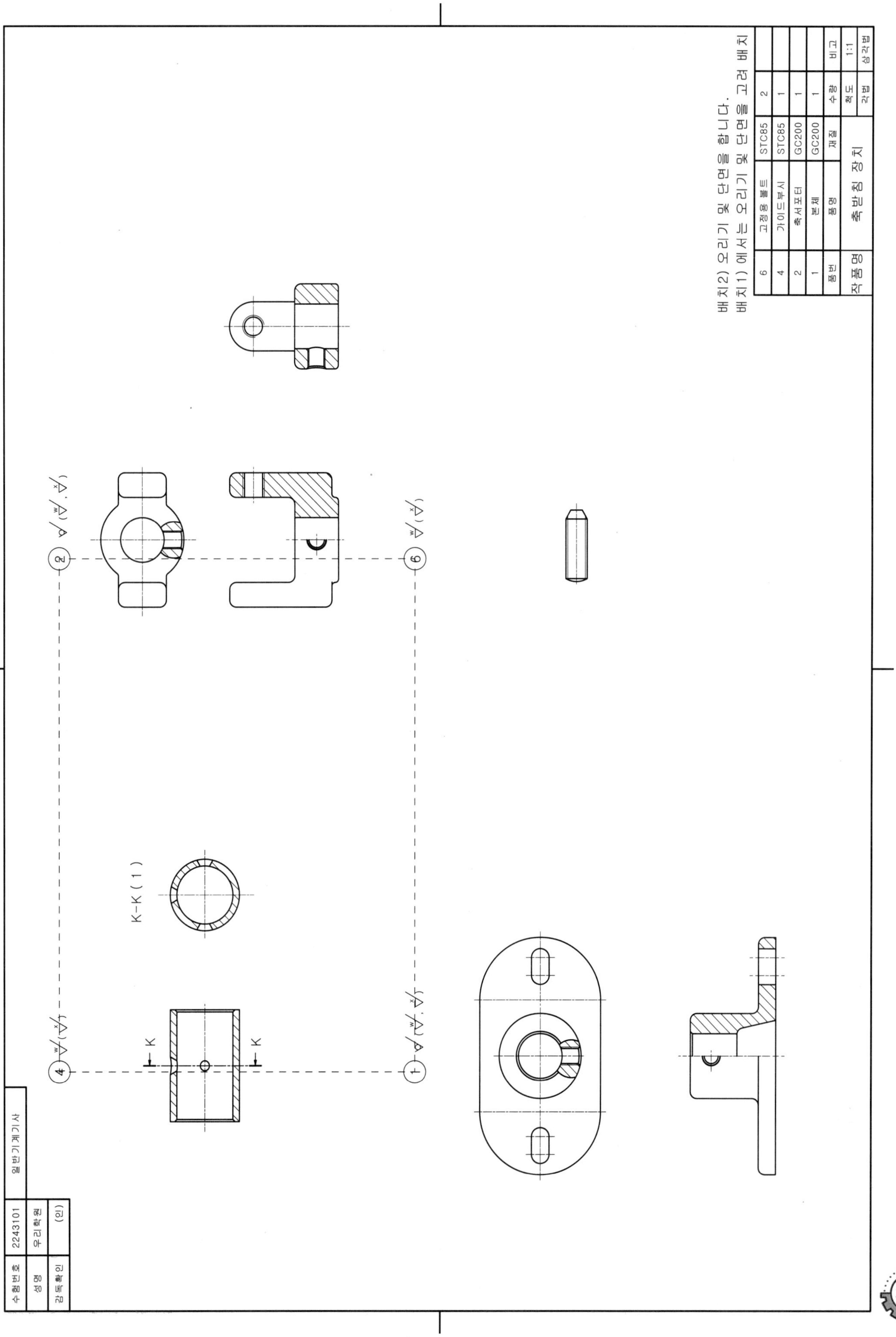

품번	품명	재질	수량	비고
6	고정용 볼트	STC85	2	
4	가이드부시	STC85	1	
2	축서포터	GC200	1	
1	본체	GC200	1	

작품명 축반침 장치

척도 1:1

각법 3각법

K-K (1)

일반기계기사

수험번호	2243101
성 명	우리학원
감독확인	(인)

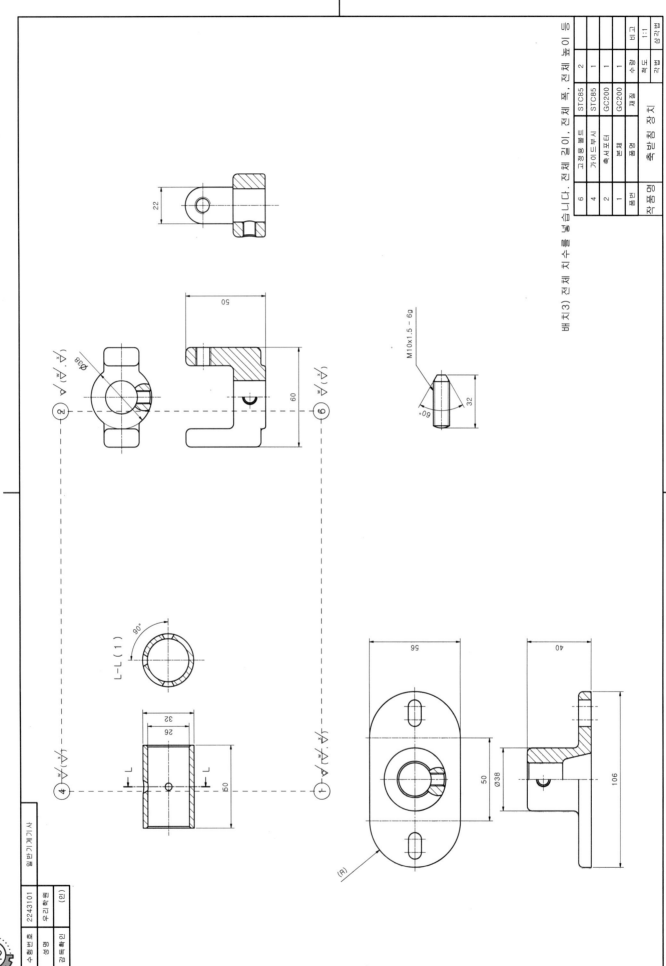

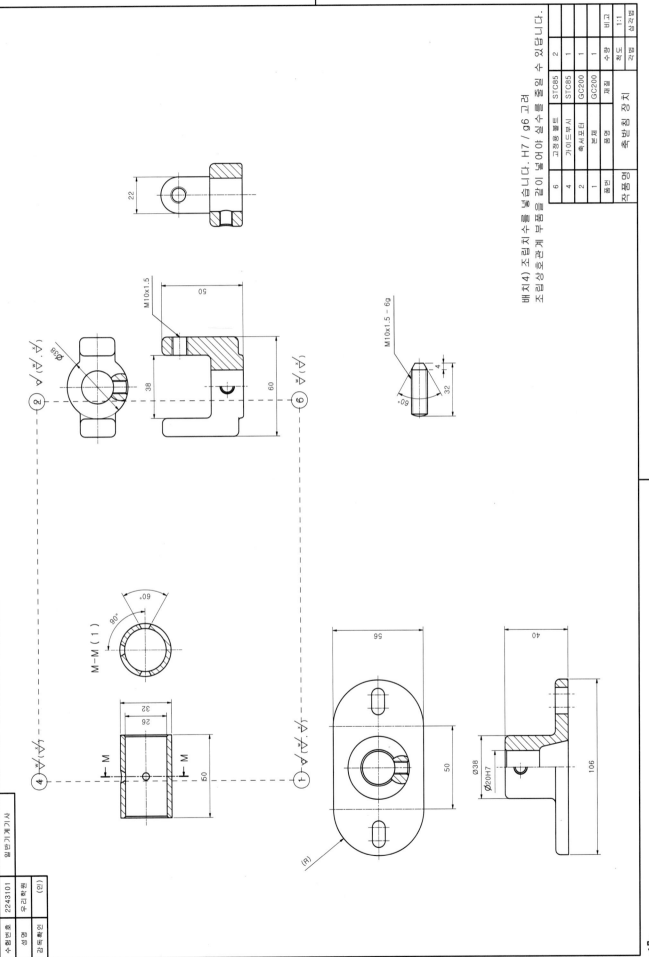

품번	품명	재질	수량	비고
6	고정용 볼트	STC85	2	
4	가이드부시	STC85	1	
2	축서포터	GC200	1	
1	본체	GC200	1	
품번	품명	재질	수량	비고
작품명	축받침 장치		척도	1:1

배치4) 조립치수를 넣습니다. H7 / g6 고려
조립상호관계 부품들 끼리 길이 붙이 넣어야 실수를 줄일 수 있습니다.

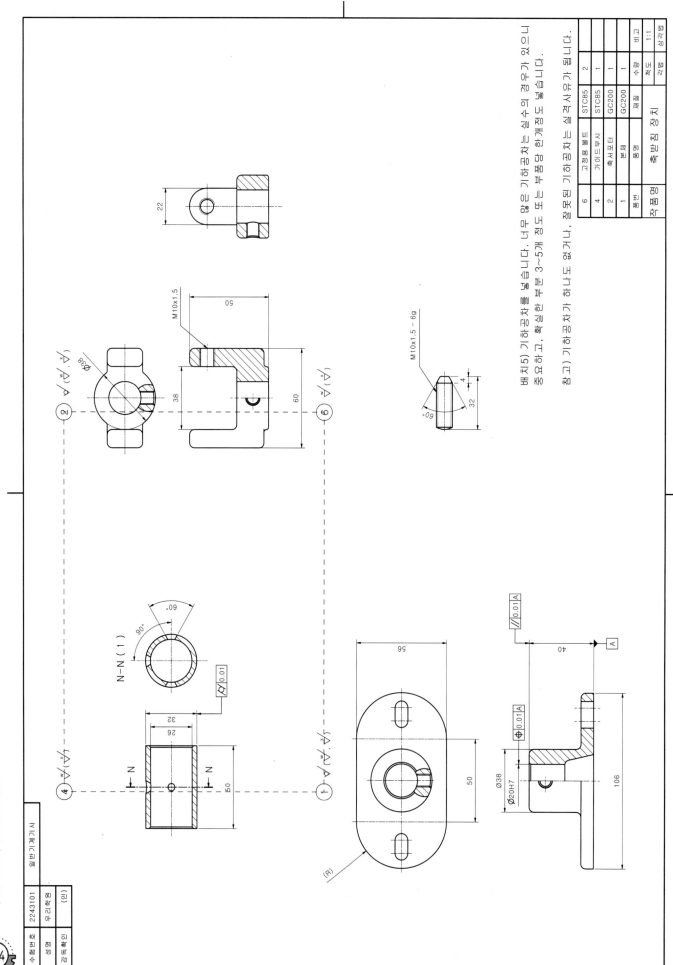

2D 참조도

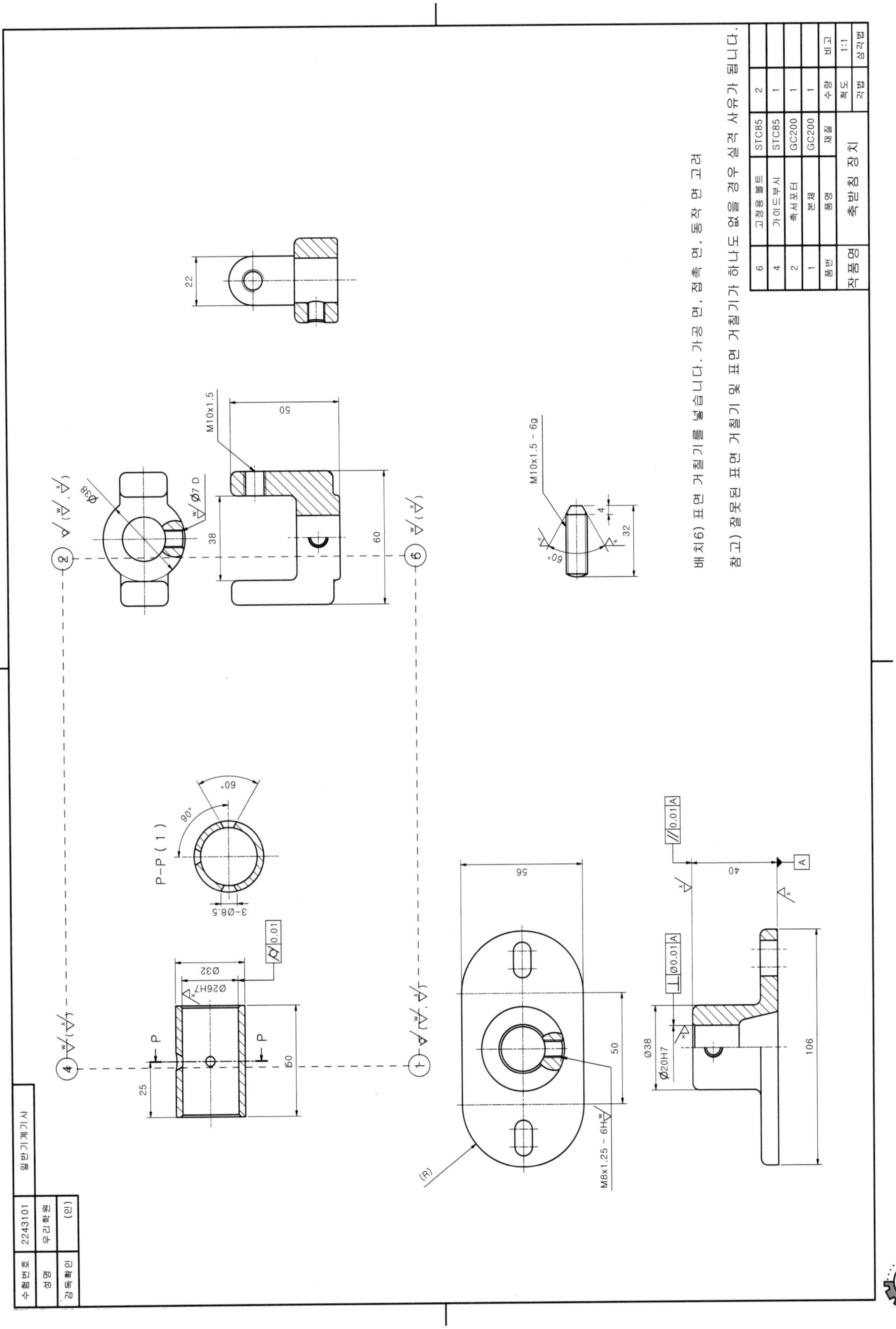

배치6) 표면 거칠기를 넣습니다. 가공 면, 접촉 면, 동작 면 고려
참고) 잘못된 표면 거칠기 및 표면 거칠기가 하나도 없을 경우 실격 사유가 됩니다.
6 고정용 볼트 STC85 2
4 가이드부시 STC85 1
2 축서포터 GC200 1
1 본체 GC200 1
품번 품명 재질 수량 비고
작품명 축받침 장치 척도 1:1 각법 삼각법
수험번호 2243101 일반기계기사
성명 우리학원
감독확인 (인)
P-P (1)
M10x1.5
M10x1.5 - 6g
M8x1.25 - 6H
Ø20H7
Ø26H7
Ø32
Ø38
Ø7 D
3-Ø8.5

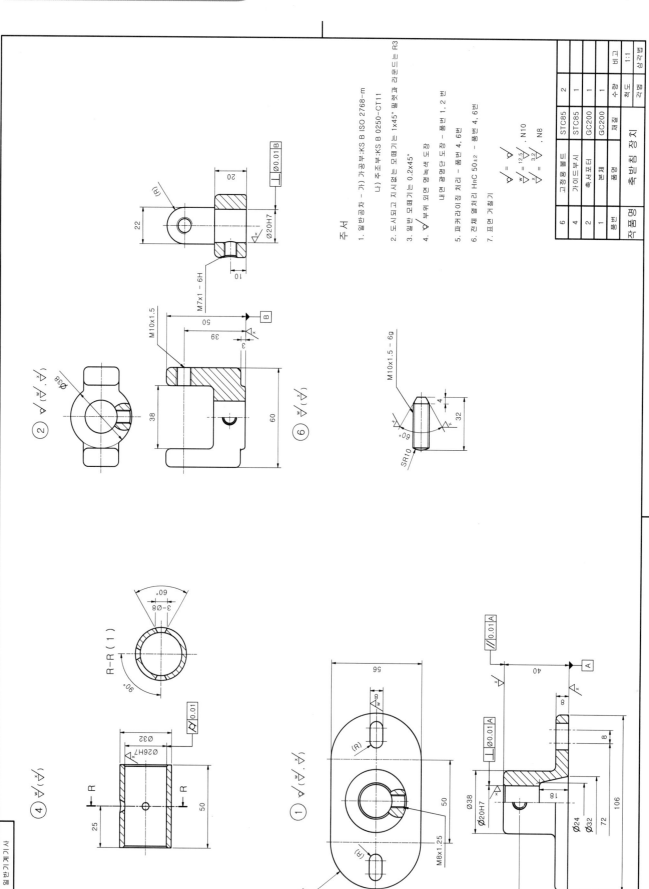

주서
1. 일반공차 - 가) 가공부:KS B ISO 2768-m
　　　　　　　나) 주조부:KS B 0250-CT11
2. 도시되고 지시없는 모떼기는 1x45° 필렛과 라운드는 R3
3. 일반 모떼기는 0.2x45°
4. ▽부위 외면 명녹색 도장
　　내면 광명단 도장 - 품번 1, 2 번
5. 파커라이징 처리 - 품번 4, 6번
6. 전체 열처리 HRC 50±2 - 품번 4, 6번
7. 표면 거칠기

$\frac{w}{\nabla} = \frac{12.5}{\nabla}$, N10

$\frac{x}{\nabla} = \frac{3.2}{\nabla}$, N8

작품명			축받침 장치	척도	1:1
품번	품명			재질	수량	비고
1	본체			GC200	1	
2	축서포터			GC200	1	
4	가이드부시			STC85	1	
6	고정용 볼트			STC85	2	

수험번호	2243101
성명	우리학원
감독확인	(인)

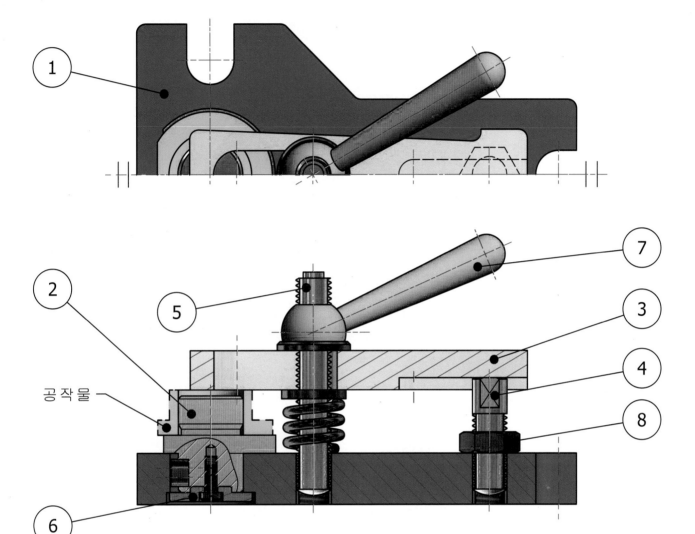

① ② ⑤ ⑦ ③ ④ ⑧ ⑥

공작물

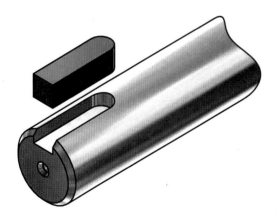

그림1 축단에 체결되는 키의 모습

과제도 해설

1. 품번1과 품번2 조립 시 평행 키의 작도법 KS 규격집 "21. 평행 키(키 홈)"을 참조.
2. 클램프 제품(재질이 SM계열인 경우)은 파커라이징 처리를 기본으로 한다.

🔧 파커라이징(Parkerizong)이란?
부품의 녹 방지를 위해, 철강에 인산 망간 또는 인산 철의 피막을 화학 처리하여 입히는 방식을 파커라이징이라 한다. 파커라이징 처리를 하면 제품이 흑색(또는 제품에 따라 색이 진해짐)으로 변하기에 흑착색이라고도 하며, 이 산화피막은 물에 녹지 않고, 치밀하여 방식효과(防蝕效果)가 크며, 도장(塗裝)의 기본이 된다.

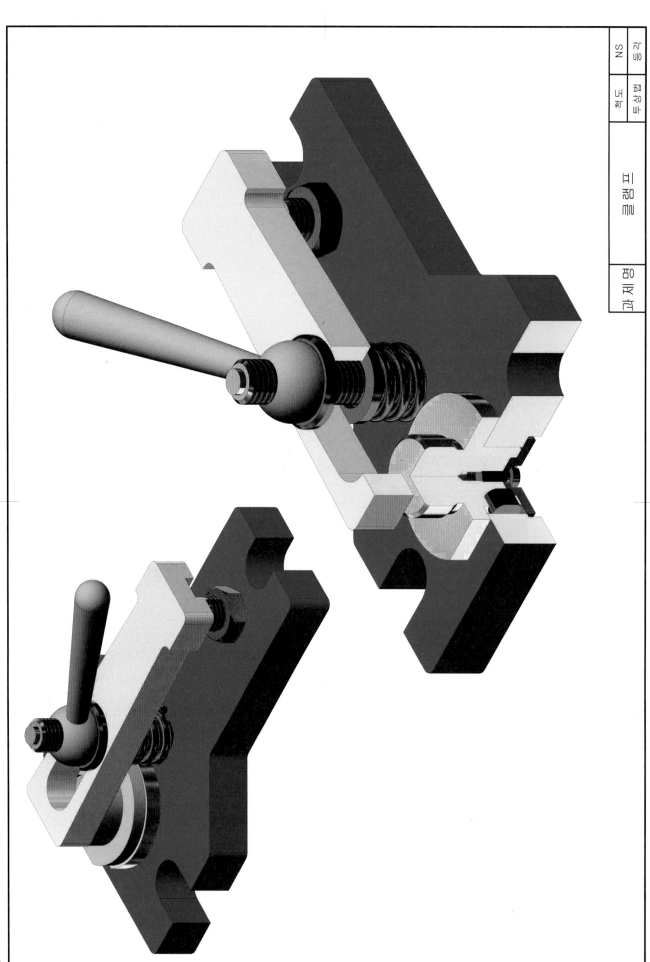

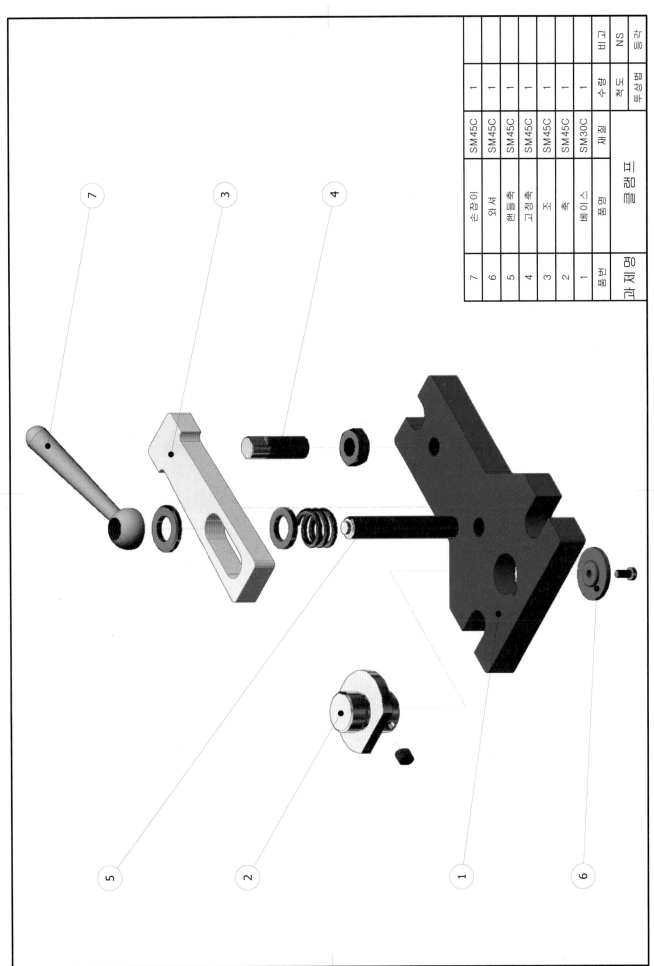

품번	품명	재질	수량	비고
7	손잡이	SM45C	1	
6	와셔	SM45C	1	
5	핸들축	SM45C	1	
4	고정축	SM45C	1	
3	조	SM45C	1	
2	축	SM45C	1	
1	베이스	SM30C	1	
품번	품명	재질	수량	비고

3D 참조도

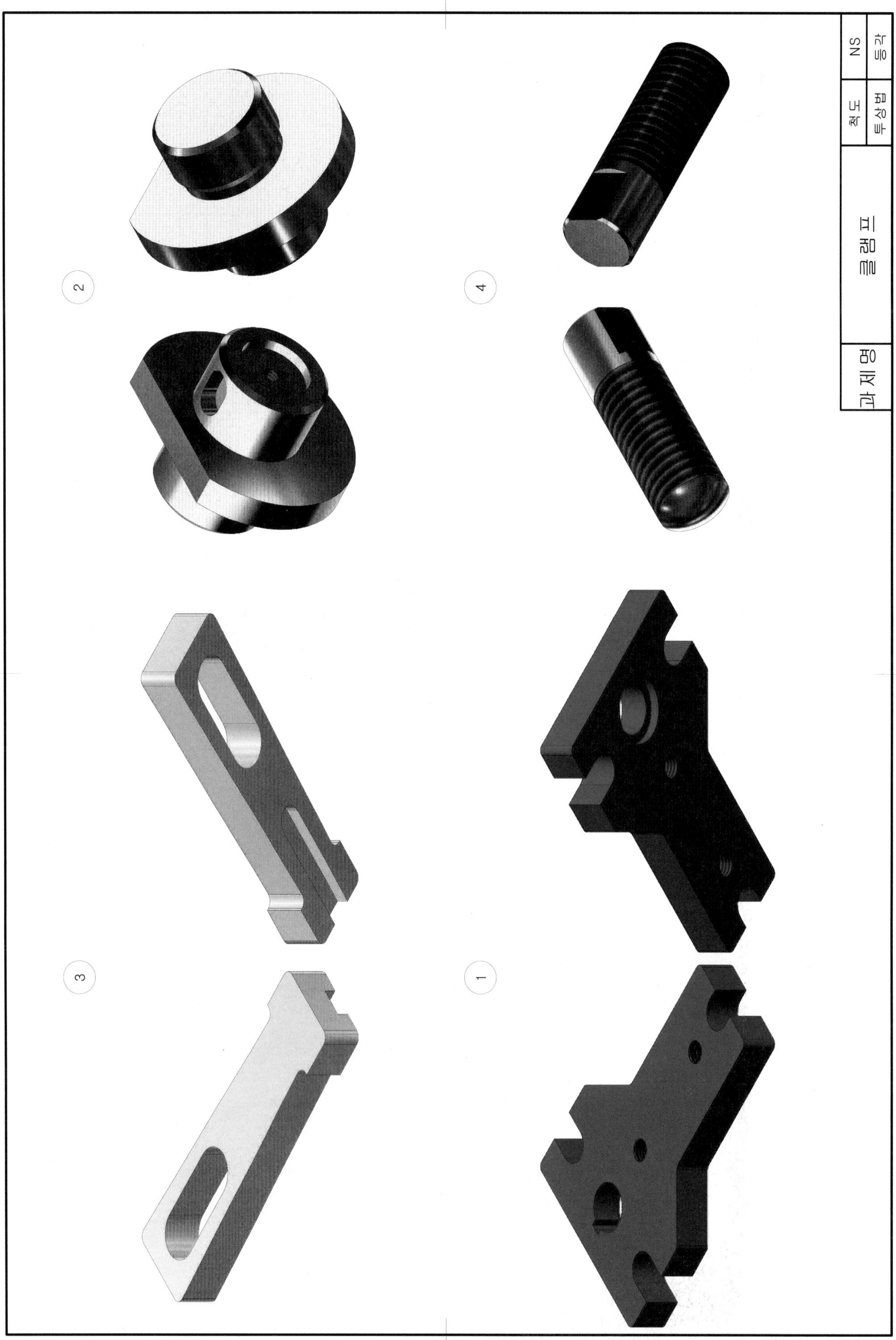

배치1) 기본틀들을 잡아요. 전반적인 형상을 고려 배치

품번	품명	재질	수량	비고
4	고정축	SM45C	1	
3	조	SM45C	1	
2	축	SM45C	1	
1	베이스	SM30C	1	

척도	1:1
각법	3각법

일반기계기사

수험번호	0522243101
성명	
감독확인	(인)

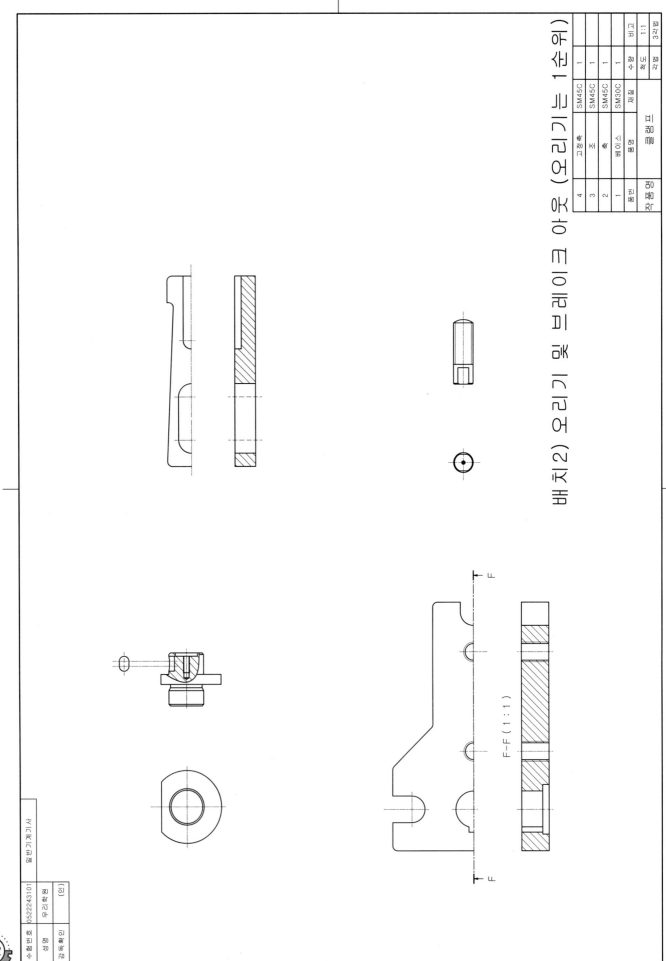

배치2) 오리기 및 브레이크 아웃 (언더기는 1순위)

품번	품명	재질	수량	비고
4	고정축	SM45C	1	
3	조	SM45C	1	
2	축	SM45C	1	
1	베이스	SM30C	1	

척도 1:1

3각법

F-F (1 : 1)

인벤터 기계제도 실기 · 실무

품명	재질	수량	비고
4	고정축	SM45C	1	
3	조	SM45C	1	
2	축	SM45C	1	
1	베이스	SM30C	1	
품번	품명	재질	수량	비고

배치3) 전체 치수 기입

척도 1:1
32점

30

13

115

30

Ø12

39

10

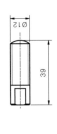

38

9

6

32

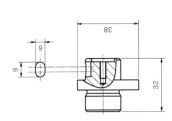

ΦAA

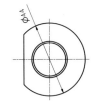

50

K

17

150

K-K (1 : 1)

K

100

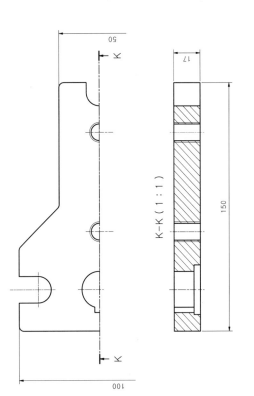

수험번호	0522243101
성명	우리학원
감독관	(인)

일반기계기사

작품명	품번	품명	재질	수량	비고
배치4) 조립 치수 기입	4	고정축	SM45C	1	
	3	조	SM45C	1	
	2	축	SM45C	1	
	1	베이스	SM30C	1	
		클램프	척도	1:1	
			각법	3각법	

M12x1.75

Ø12

39

10g6

10H7

30

13

115

30

38

Ø22g6

6

9

32

Ø22g6

ΦAA

M

50

2-M12x1.75

17

M-M (1 : 1)

150

Ø22H7

M

100

수험번호	052224310I		
성명	홍길동		
감독확인	(인)		

한국산업인력공단

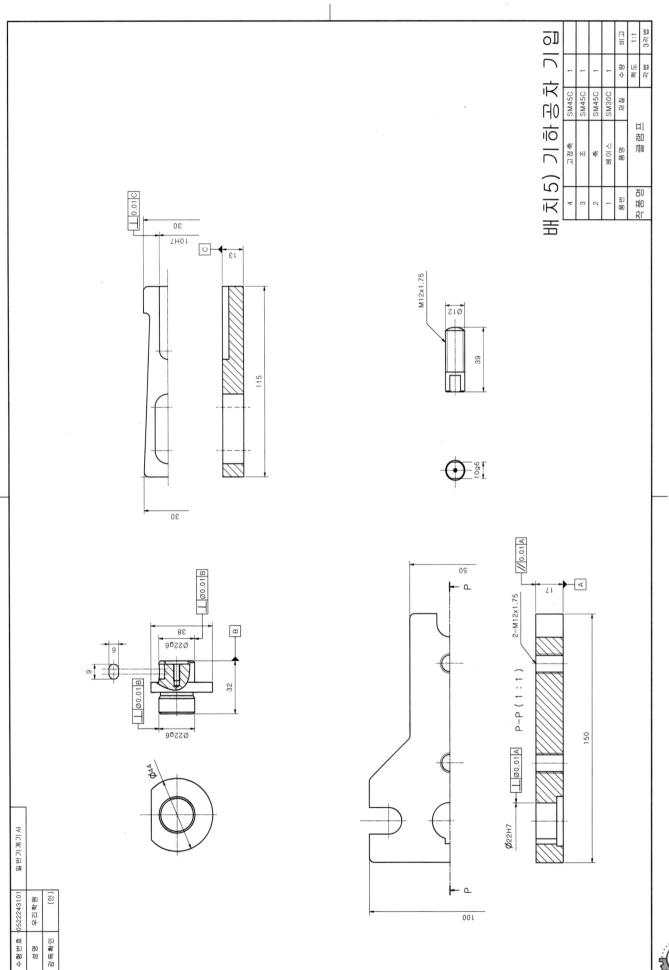

작품명	품번	품명	재질	수량	비고
	4	고정축	SM45C	1	
	3	조	SM45C	1	
	2	축	SM45C	1	
	1	베이스	SM30C	1	
	품번	품명	재질	수량	비고

배치5) 기하공차 기입

척도 1:1
각법 3각법

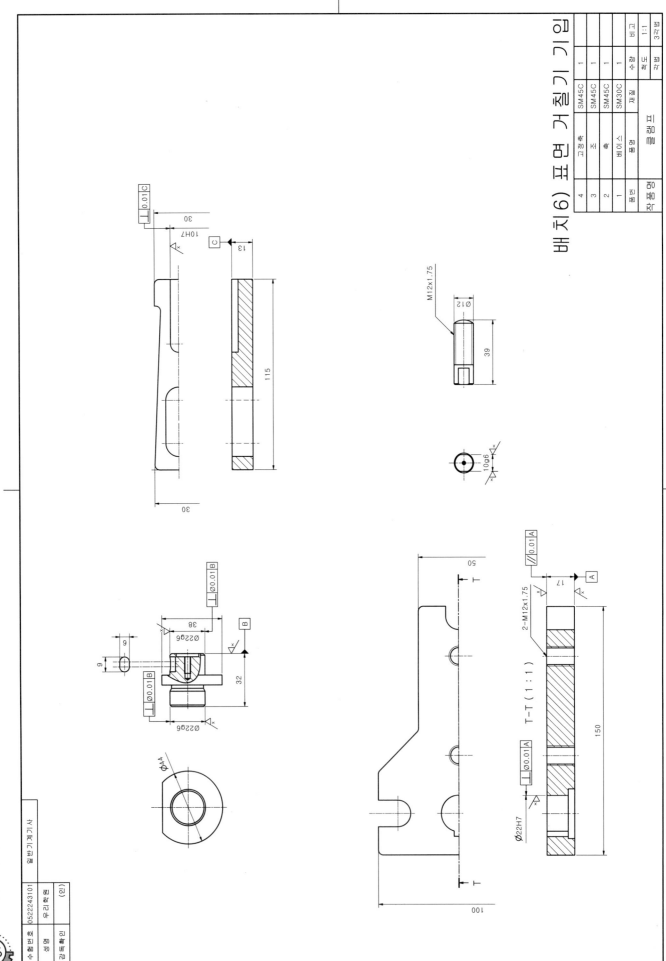

배치6) 표면 거칠기 기입

품번	품명	재질	수량	비고
4	고정축	SM45C	1	
3	조	SM45C	1	
2	축	SM45C	1	
1	베이스	SM30C	1	
작품명	클램프	척도	1:1	
		각법	3각법	

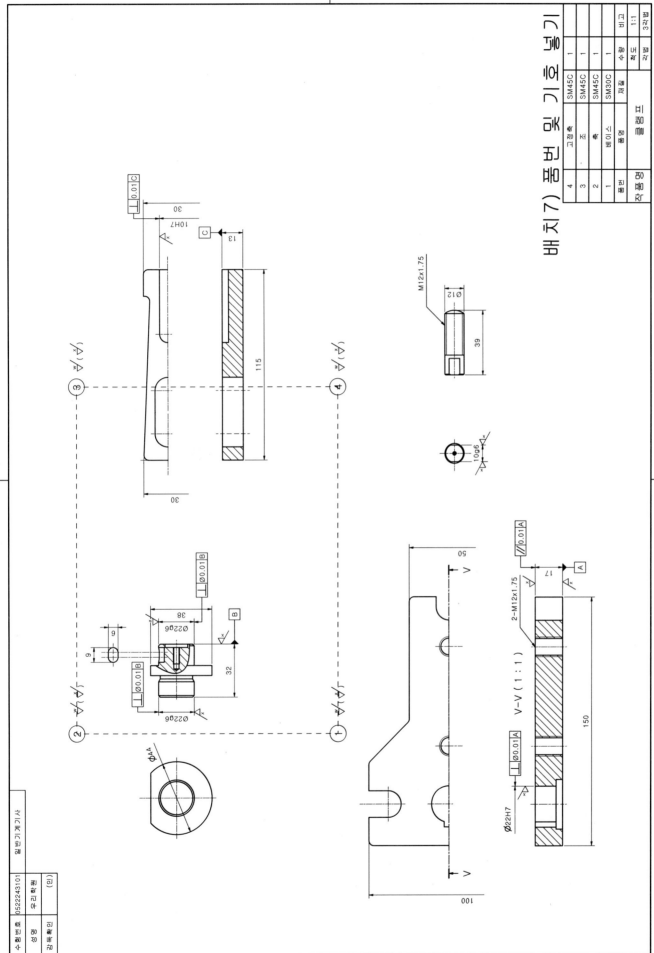

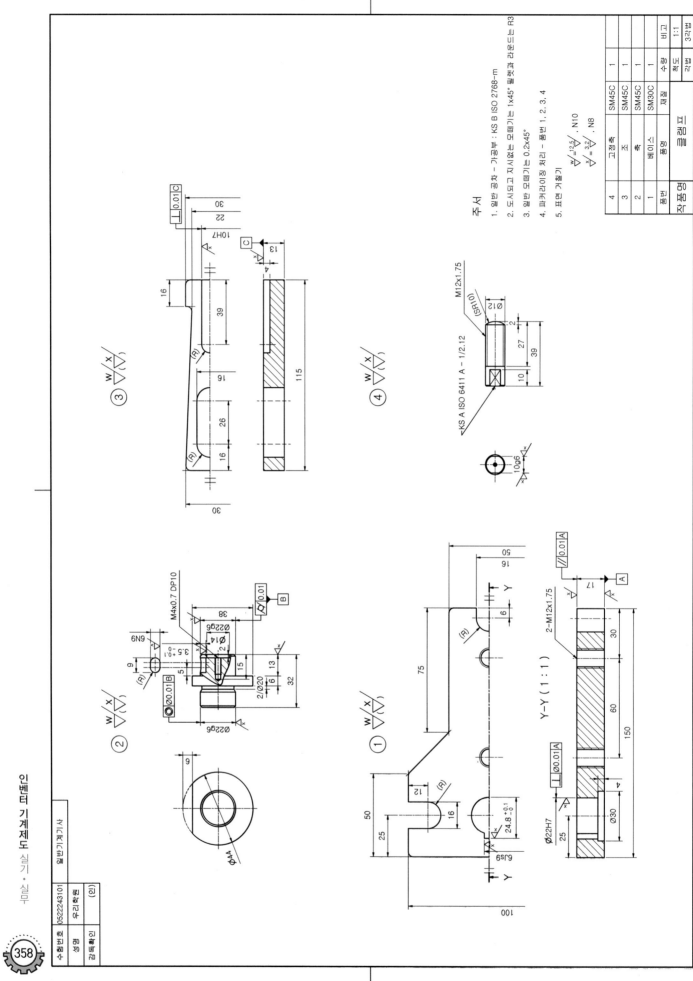

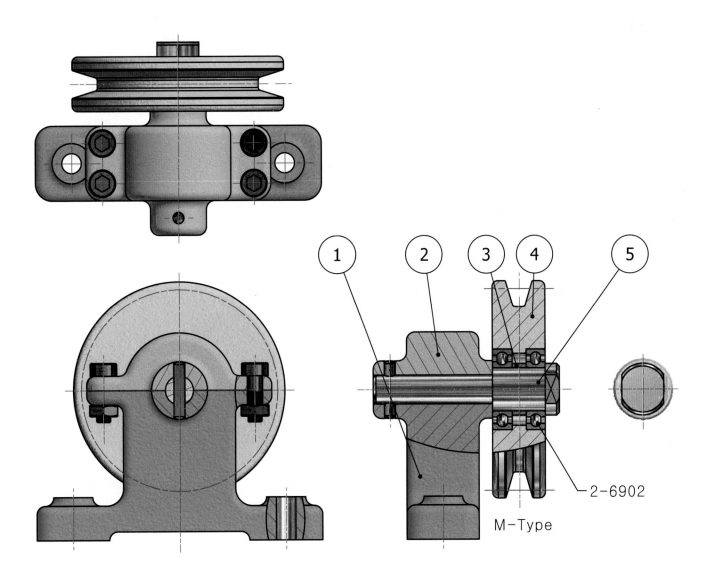

2-6902

M-Type

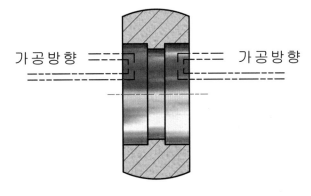

가공방향　가공방향

그림1 가공방향 표시
양쪽에서 가공이 이루어지기에 동심도 필수

과제도 해설

1. 품번4 작도 시 KS 규격집 "40.V벨트풀리"를 참조하여 작도하며, 벨트풀리 타입은 도면 작성시 비고란 및 품번 측면에 기입하여야 한다.
2. 품번4에 6902베어링 2개가 양쪽으로 조립될 때 접촉면에 동심도를 기입한다.
3. 품번1과 품번2의 조립 시 볼트가 너트 체결일 경우 품번1(아랫단), 품번2(윗단)의 모든 구멍에는 스레드(탭)이 없어야 한다. 볼트에 너트 체결이 없을 때는 아랫단만 스레드(탭)표시를 해야 하고, 윗단은 볼트 규격보다 약 1.1배 큰 구멍으로 가공한다.
4. 베어링 외륜회전시 KS규격집 32. 베어링의 끼워 맞춤 확인

10 — 과제도에 따른 해설도

벨트타이트너

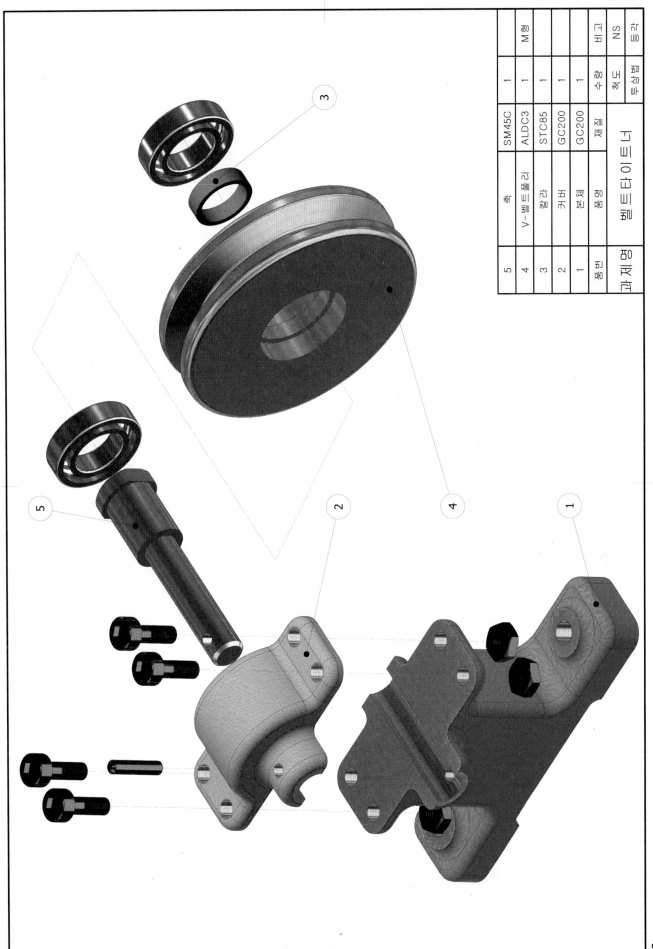

품번	품명	재질	수량	비고
5	축	SM45C	1	M형
4	V-벨트풀리	ALDC3	1	
3	칼라	STC85	1	
2	커버	GC200	1	
1	본체	GC200	1	
품번	품명	재질	수량	비고
			척도	NS
			정척	상

벨트타이트너

과제명

NS 등급

척도 형상도

벨트타이트너

평 치재

② ④ ⑤ ①

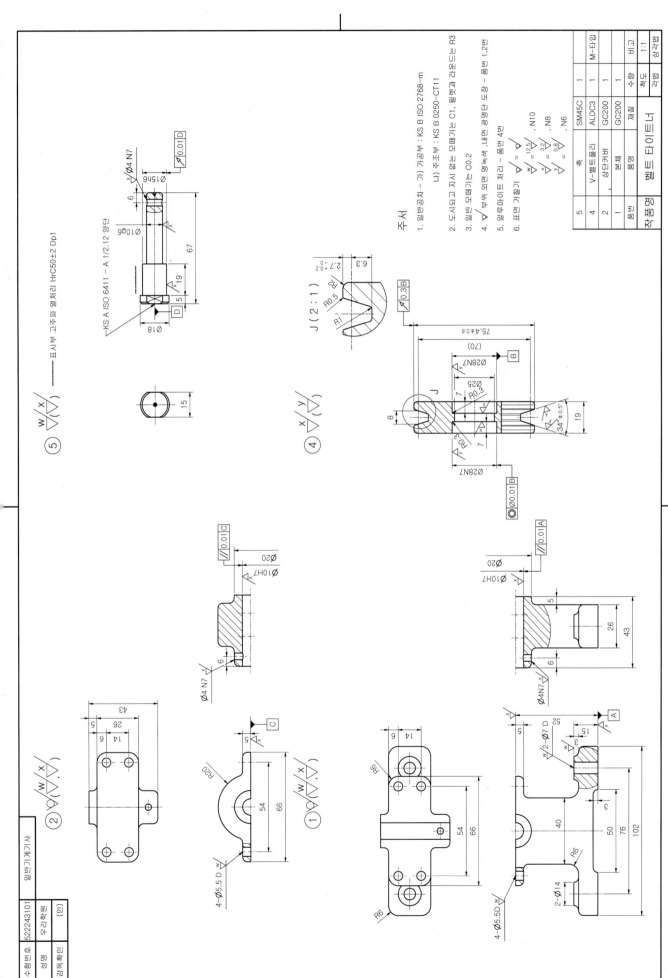

주서

1. 일반공차 - 가) 가공부 : KS B ISO 2768-m
             나) 주조부 : KS B 0250-CT11
2. 도시되고 지시 없는 모떼기는 C1, 필렛과 라운드는 R3
3. 일반 모떼기는 C0.2
4. ▽부위 외면 명녹색, 내면 광명단 도장 - 품번 1,2번
5. 알루미나이트 처리 - 품번 4번
6. 표면 거칠기

5		축	SM45C	1	M-타입
4		V-벨트풀리	ALDC3	1	
2		상단커버	GC200	1	
1		본체	GC200	1	
품번		품명	재질	수량	비고
작품명		벨트 타이트너	척도	1:1	각법

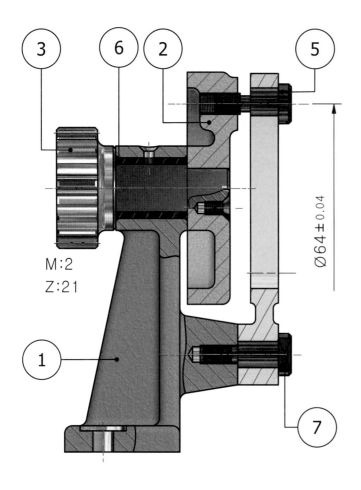

M:2
Z:21

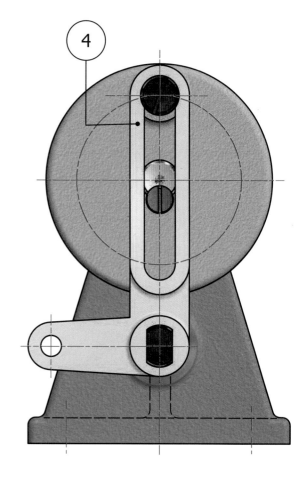

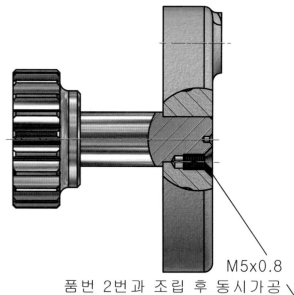

M5x0.8
품번 2번과 조립 후 동시가공

그림1 조립 후 동시가공 표현 예제

과제도 해설

1. 품번1, 품번4은 운동접촉이 되는 마찰면 부분에 표면 거칠기 및 형상 공차 기입(품번1은 품번4와 접촉면 바닥기준 직각도 규제)을 한다.

2. 품번2와 품번3이 조립되는 부위가 모두 나사부이므로 조립 후 동시가 공이 이루어져야 한다. 도면 작성 시 동시가공 표시가 필수(그림1 참조)

조립도

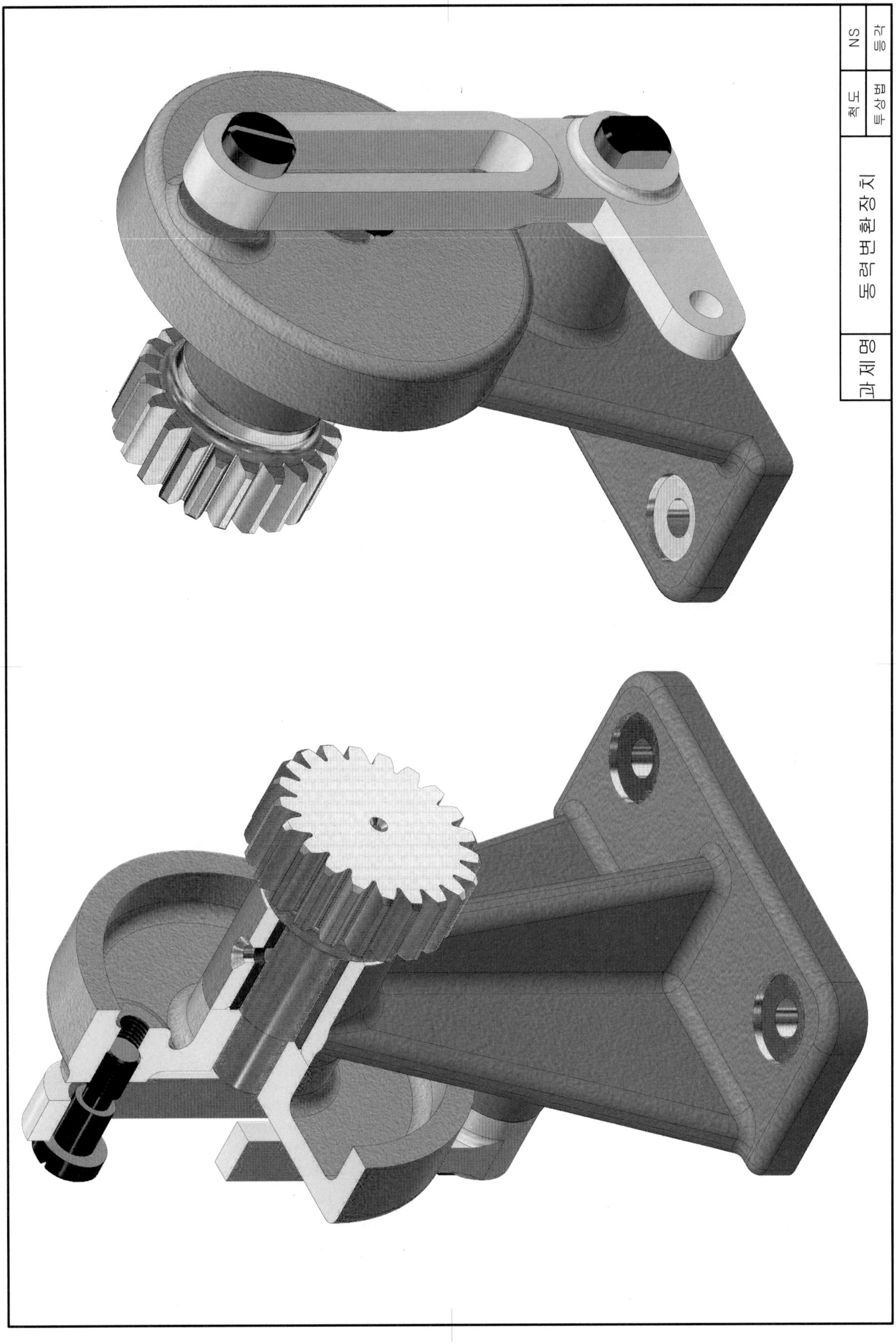

품번	품명	재질	수량	척도	비고
6	부시	STC85	1		
5	고정축	SM45C	1		
4	티크	SM45C	1		
3	기어축	SM45C	1		NS
2	풀림판	GC200	1	척도	
1	본체	GC200	1	형상투영	등급

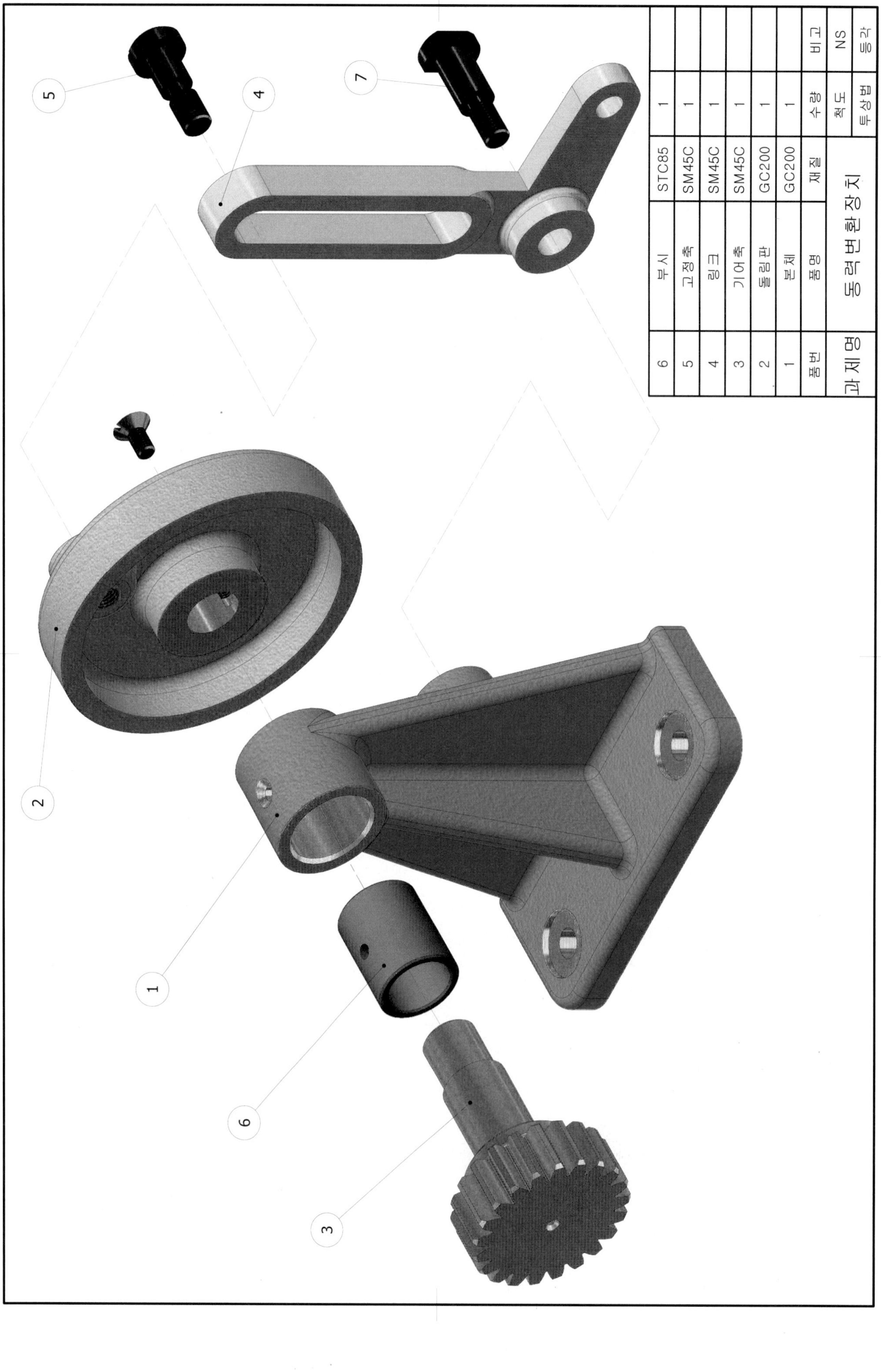

동력변환장치

과제명

③

④

②

①

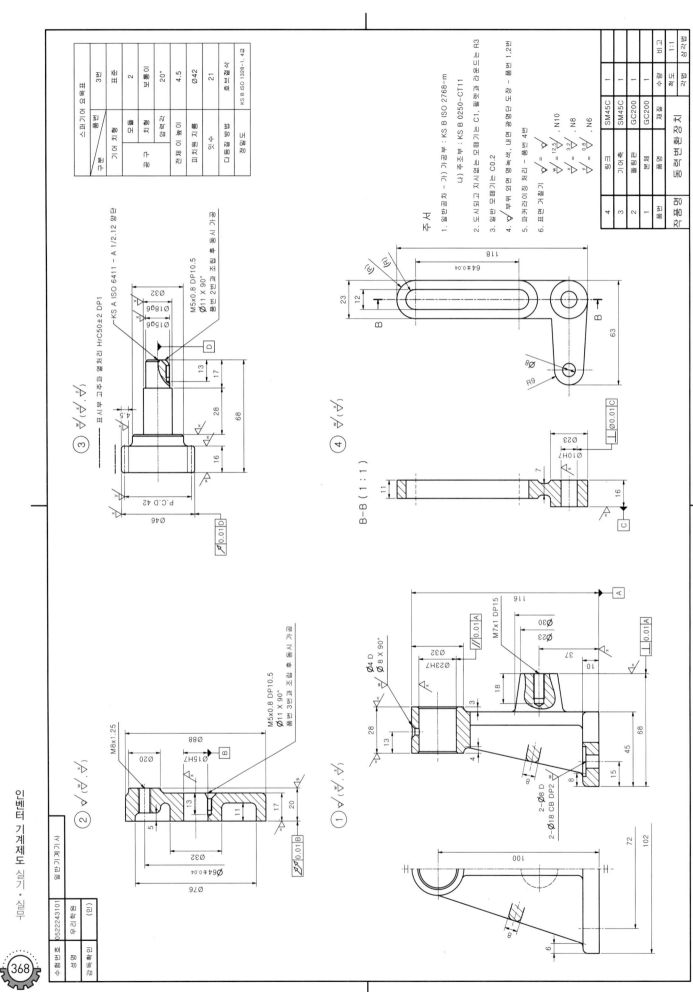

스퍼기어 요목표

구분		품번	3번
기어 치형			표준
공구	치형		보통이
	모듈		2
	압력각		20°
전체 이 높이			4.5
피치원 지름			Ø42
잇수			21
다듬질 방법			호브절삭
정밀도			KS B ISO 1328-1.4급

품번	품명	재질	수량	비고
4	링크	SM45C	1	
3	기어축	SM45C	1	
2	돌림판	GC200	1	
1	본체	GC200	1	
품번	품명	재질	수량	비고

작품명 동력변환장치   척도 1:1

주서
1. 일반공차 - 가) 가공부 : KS B ISO 2768-m
   나) 주조부 : KS B 0250-CT11
2. 도시되고 지시없는 모떼기는 C1, 필렛과 라운드는 R3
3. 일반 모떼기는 C0.2
4. ▽부위 외면 명녹색, 내면 광명단 도장 - 품번 1,2번
5. 파커라이징 처리 - 품번 4번
6. 표면 거칠기
   $\frac{w}{}$ = 12.5 , N10
   $\frac{x}{}$ = 3.2 , N8
   $\frac{y}{}$ = 0.8 , N6

③ ${}^{w}\!\!\sqrt{}(\,{}^{x}\!\!\sqrt{}\,{}^{y}\!\!\sqrt{}\,)$

표시부 고주파 열처리 HrC50±2 DP1

KS A ISO 6411 - A 1/2.12 양단

M5x0.8 DP10.5
Ø11 X 90°
품번 2번과 조립 후 동시 가공

Ø32
Ø18g6
Ø15g6

P.C.D 42

Ø46

13 17 28 68 16

4.5

∥ 0.01 D

④ ${}^{w}\!\!\sqrt{}(\,{}^{x}\!\!\sqrt{}\,)$

B-B (1:1)

Ø23
Ø10H7

7 16 11

⊥ Ø0.01 C

C

118

64±0.04

23 12 63

Ø8
R9

B B

① ${}^{x}\!\!\sqrt{}(\,{}^{w}\!\!\sqrt{}\,{}^{y}\!\!\sqrt{}\,)$

Ø4 D
Ø 8 X 90°

M7x1 DP15

Ø23H7
Ø32

Ø23
Ø30

116

28 13 4 18 3 10 37 68 45 15 8

2-Ø8 D
2-Ø18 CB DP2

∥ 0.01 A
// 0.01 A
⊥ 0.01 A

A

100 72 102 6

② ${}^{w}\!\!\sqrt{}(\,{}^{x}\!\!\sqrt{}\,)$

M8x1.25

M5x0.8 DP10.5
Ø11 X 90°
품번 3번과 조립 후 동시 가공

Ø88
Ø20
Ø15H7

B

5 13 11 17 20

Ø32
Ø64±0.04
Ø76

⊘ 0.01 B

수험번호 0522243101
성명 우리학원
감독확인 (인)
KS 기계 기사

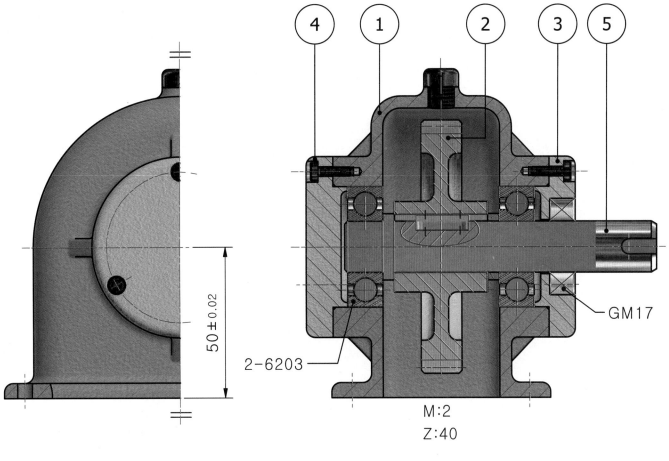

2-6203

GM17

M:2
Z:40

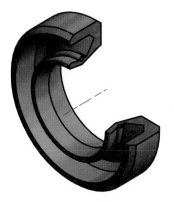
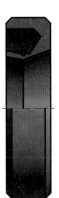

🔧 **그림1** 오일실 참조 모습

과제도 해설

1. 품번1 양쪽(2개소) 구멍에 6203베어링이 각각 접촉되고 있으므로 가공 방향을 고려하여 접촉면 기준으로 동심도를 적용한다.
2. 품번1에 6203베어링을 체결시켜야 하므로 KS규격집 "23. 깊은 홈 볼 베어링"의 베어링 치수를 참조하여 형상 치수를 기입한다. (직접 측정하여 설계하는 부분이 아님)
3. 품번3의 "GM17" 부분은 KS규격집 "37. 오일 실"에서 오일 실의 크기를 참조하여 형상의 치수를 기입한다.
4. 품번5의 우측 끝단을 통해 오일 실이 품번3에 부착된다. 오일 실이 축을 통과해야 품번3에 부착될 수 있으므로 KS규격집 "38. 오일 실 부착관계"를 참조하여 품번5의 우측 끝단 치수를 작도한다.

🌀 오일 실(Oil Seal)이란?
기계 회전부(주로 전동 축)의 실링용으로 내부의 윤활유가 새어나가거나 또는 외부의 이물질이 기계 장치 내부로 침입하는 것을 방지한다.

인벤터 기계제도 실기 · 실무

품번	품명	재질	수량	비고
5	축	SM45C	1	
4	커버	GC200	1	
3	오일실커버	GC200	1	
2	스퍼기어	SC480	1	
1	본체	GC200	1	
과제명	동력전달장치		척도	NS
			각법	3각

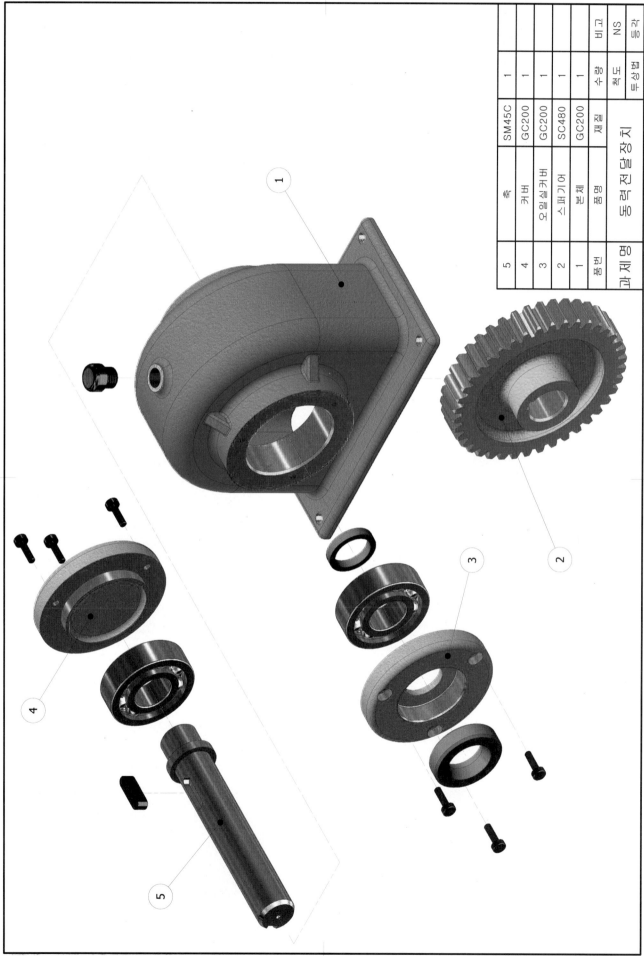

동력전달장치

과제명

척도 NS

등각투상법

⑤

③

②

①

스퍼기어 요목표

구분		품번	2번
기어 치형			표준
공구	모듈		2
	치형		보통이
	압력각		20°
전체 이 높이			4.5
피치원 지름			Ø80
잇수			40
다듬질 방법			호브절삭
정밀도			KS B ISO 1328-1, 4급

주서

1. 일반공차-가) 가공부:KS B ISO 2768-m
   나) 주조부:KS B 0250-CT11
   다) 주강부:KS B 0418 보통급
2. 도시되고 지시없는 모떼기는 C1, 필렛과 라운드는 R3
3. 일반 모떼기는 C0.2
4. ▽부위 외면 명녹색, 내면 광명단 도장 – 품번 1, 2, 3번
5. 표면 거칠기
   ▽ = ▽
   $\frac{w}{12.5}$ = ▽, N10
   $\frac{x}{3.2}$ = ▽, N8
   $\frac{y}{0.8}$ = ▽, N6

5		SM45C	1
3	커버	GC200	1
2	스퍼기어	SC480	1
1	하우징	GC200	1
품번	품명	재질	수량

동력전달장치 척도 1:1

작품명 동력전달장치 비고

D (3 : 1)

R0.5
8.3
0.8
30°

② ▽ (▽ ▽ ▽)
표시부 고주파 열처리 HrC50±2 DP1

5Js9
Ø84
P.C.D 80
Ø62
Ø30
Ø17H7
D
4
14
32
4.5
19.3 +0.1 −0
$\boxed{0.01\ D}$

③ ▽ (▽ ▽ ▽)
Ø60
Ø50
Ø40g6
Ø37
Ø18
C
2
5 +0.01 −0
14
ø32H8
3-Ø3.3 D
Ø6 CB DP3.3
$\boxed{0.00.01\ C}$
D
$\boxed{0.01\ C}$

5Js9
3 +0.1 −0
5N9

⑤ ▽ (▽ ▽ ▽)
표시부 고주파 열처리 HrC50±2 Dp1

$\boxed{0.01\ B}$
Ø17js5
Ø14.9
B
6
E
50
107
18
9.5
13 4
R0.6
Ø17js5
Ø22
(R)
5N9
3 +0.1 −0
$\boxed{0.01\ B}$
KS A ISO 6411 – A 1/2.12 양단

E (3 : 1)
동급기를 준다.
30°

① ▽ (▽ ▽ ▽)
A–A (1 : 1)
$\boxed{0.009\ A}$
3-M3x0.5 DP7
Ø60
Ø50
Ø40H7
M9x1.25
74
Ø12
3
6
10
40
61
75
4-6
5
3-M3x0.5 DP7
Ø40H7
$\boxed{0.01\ A}$
$\boxed{0.00.01\ Z}$
Z
$\boxed{0.01\ A}$
A

(R)
100
103
50±0.02
106
120
A
A
A
Z
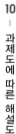

수험번호 052224310 1
성명 우리혼원 (인)
감독확인 (인)
일반기계기사

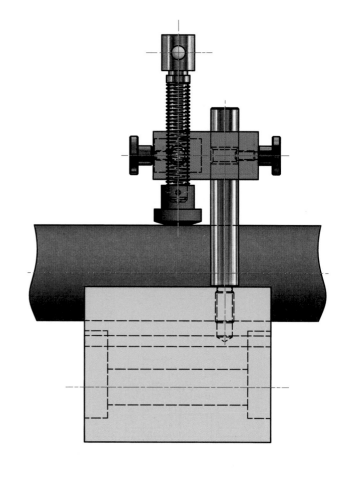

⑤ ③ ④ ② ①

90°

Φ40게이지핀

∠	0.01	A
=	0.01	

90 ± 0.2

A

그림1 V-블록 치수표기법

V블록 형태는 측정 시 게이지 핀을 이용

과제도 해설

1. 품번4의 X표시는 평면 부위을 표시함
2. V블록 작도 시 게이지 핀의 중심은 핀이 닿는 평면보다 높아야 한다. (그림1 참조)

💬 조립 형태의 여러 부품의 투상 실수를 줄이기 위해서, 각 부품별로 채색하는 것을 추천합니다. 색연필 등을 이용하여 채색하면 부품 구분이 쉬워지므로 투상에 대한 실수를 줄일 수 있습니다.

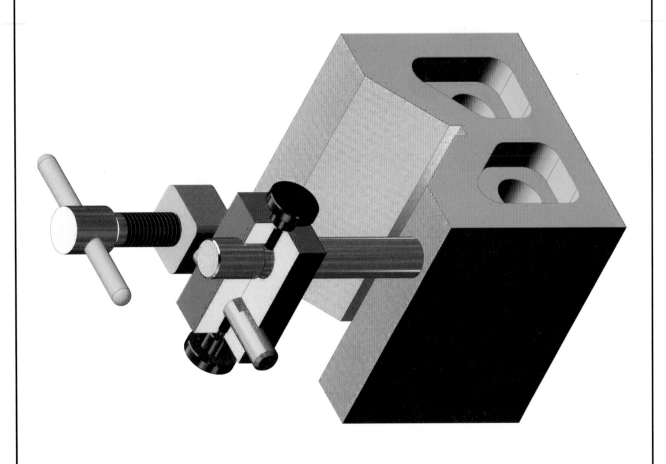

품번	품명	재질	수량	비고
5	게이지축	SM45C	1	
4	조정축지지대	SM30C	1	
3	고정블록	SM30C	1	
2	고정바	SM45C	1	
1	V-블록	SM45C	1	
품번	품명	재질	수량	비고

V-블록 클램프

③

②

⑤

④

①

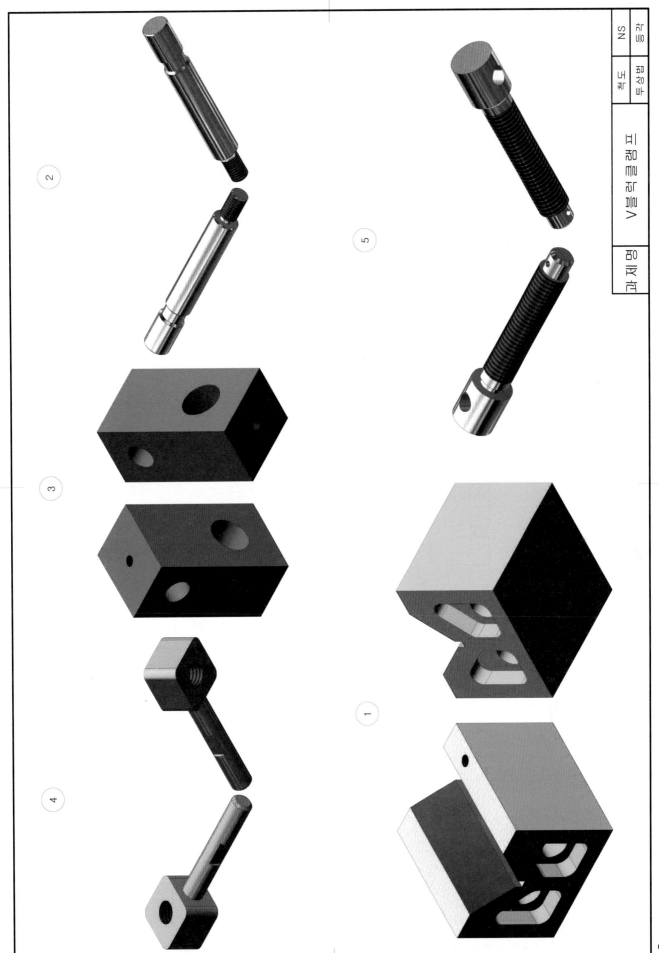

참조	형상	품명	재질
NS	척력	V블록클램프	

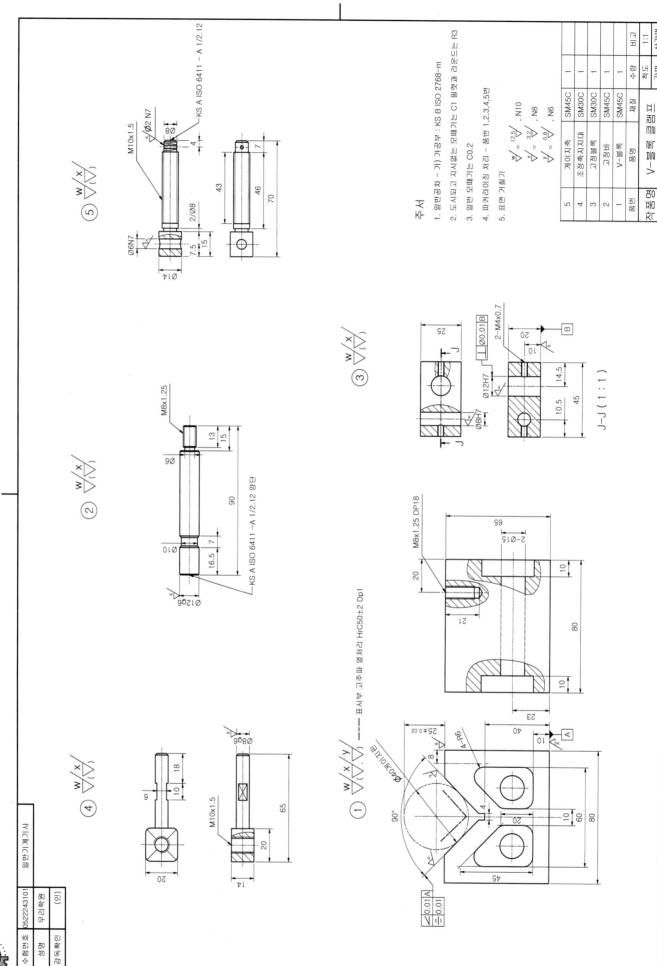

인벤터 기계제도 실기 · 실무

주서
1. 일반공차 - 가) 가공부 : KS B ISO 2768-m
2. 도시되고 지시없는 모떼기는 C1 필렛과 라운드는 R3
3. 일반 모떼기는 C0.2
4. 파카라이징 처리 - 품번 1,2,3,4,5번
5. 표면 거칠기

V-블록 클램프								
품번명	품번	품명	재질	수량	비고			
작품명	1	V-블록	SM45C	1				
	2	고정바	SM45C	1				
	3	고정블록	SM30C	1				
	4	조정축지지대	SM30C	1				
	5	게이지축	SM45C	1				

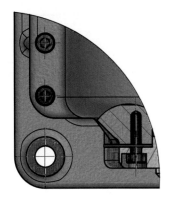

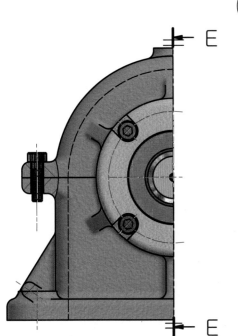

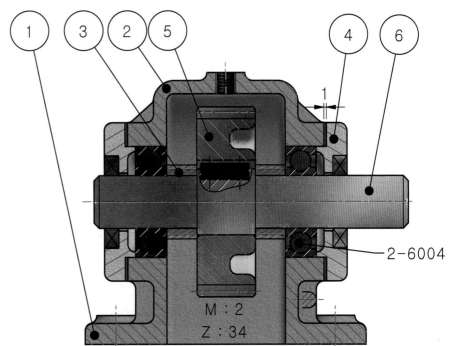

M : 2
Z : 34

2-6004

🔧 그림1 개스킷(Gasket)

접합부에 물이나 기름 등이 유출되는 것을 방지.
수밀성·기밀성 확보를 위해 합성고무제 등의 재료를 사용

과제도 해설

1. 품번1 양쪽(2개소) 구멍에 6004베어링이 각각 접촉되고 있으므로 가공 방향을 고려하여 접촉면 기준으로 동심도를 적용한다.

2. 품번1과 품번4 사이에 개스킷 두께를 적용하여 설계(개스킷 접촉면에는 x면 가공)

3. 품번4에 오일실 부착면 KS규격집 "37. 오일 실"에서 오일 실의 크기를 참조하여 형상의 치수를 기입한다.

4. 품번6의 우측단을 통해 오일 실이 커버에 부착된다. 오일 실이 축을 통과 해야 커버에 부착될 수 있으므로 KS규격집 "38. 오일 실 부착 관계(축 및 하 우징 구멍의 모떼기와 둥글기)" 참조하여 품번6의 축단 치수를 작도한다.

품번	품명	재질	수량	척도	비고
6	축	SM45C	1		
5	스퍼기어	SM45C	1		
4	오일실커버	GC200	2		
3	부시	STC85	2		
2	커버	GC200	1		
1	본체	GC200	1		
품번	품명	재질	수량	척도	비고
작품명	동력전달장치01			NS	각법

인벤터 기계제도 실기 · 실무

NS
등각

척도
투상법

동력전달장치01

작 품 명

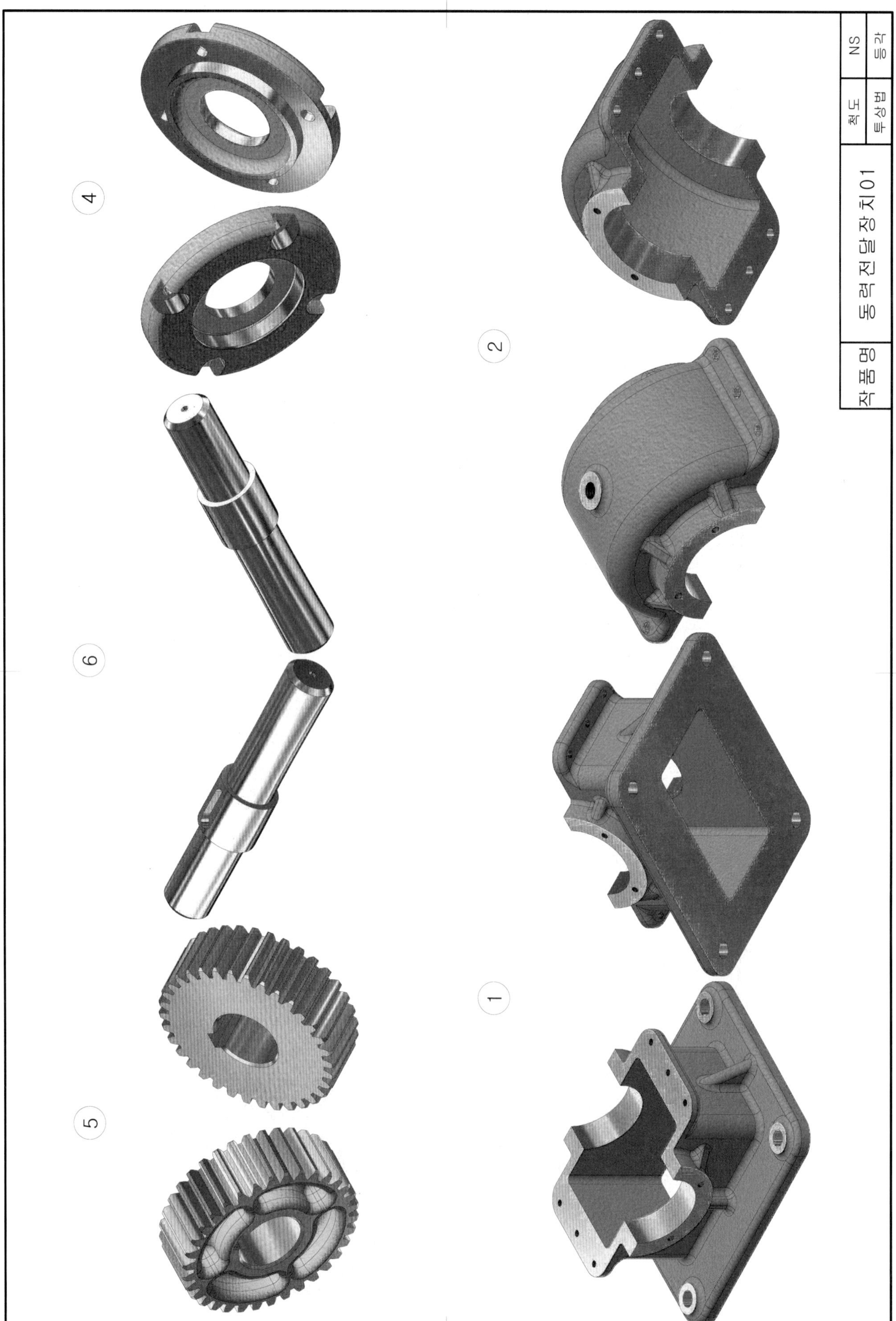

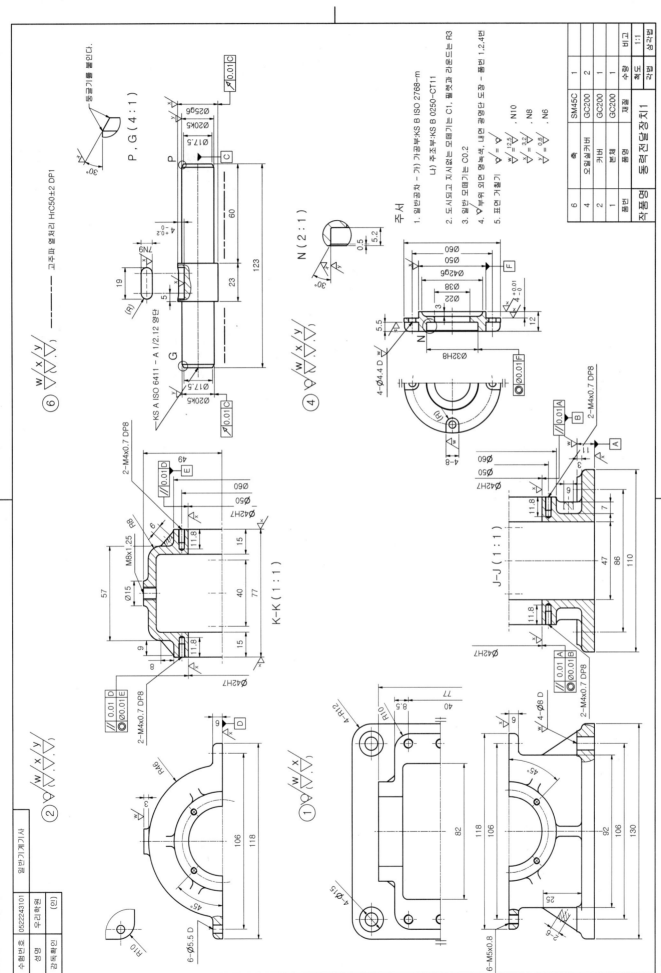

주서

1. 일반공차 - 가) 가공부:KS B ISO 2768-m
   나) 주조부:KS B 0250-CT11
2. 도시되고 지시없는 모떼기는 C1, 필렛과 라운드는 R3
3. 일반 모떼기는 C0.2
4. ▽부위 외면 명녹색, 내면 광명단 도장 - 품번 1,2,4번
5. 표면 거칠기

동력전달장치1

품번	품명	재질	수량	비고
6	오일실커버	SM45C	1	
4	오일실커버	GC200	2	
2	커버	GC200	1	
1	본체	GC200	1	

작품명 동력전달장치1

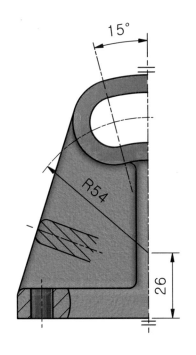

15°

R54

26

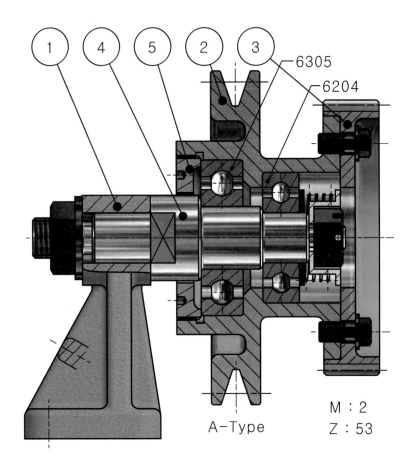

① ④ ⑤ ② ③

6305

6204

A-Type

M : 2
Z : 53

그림1 베어링 커버
외부 나사부 적용 (가는 나사사용) 4개의 구멍을
적합한 핀렌치를 사용하여 조립 분해

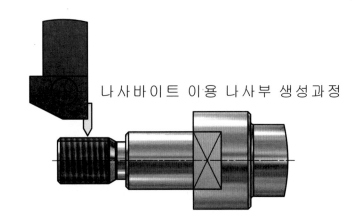

나사바이트 이용 나사부 생성과정

그림2 나사바이트를 이용한 수나사 생성 모습

과제도 해설

1. 품번2 양쪽(2개소) 구멍에 베어링이 각각 접촉되고 있으므로 가공 방향을 고려하여 접촉면 기준으로 동심도를 적용한다.

2. 품번2, 품번3 조립 부위에 끼워맞춤 H7g6 적용

3. 품번2, 품번3 조립나사 부위 품번3은 나사부 없음 (측정된 볼트 규격사이즈 1.1배 구멍).품번2 볼트 규격측정 후 적용

4. 품번4 양단 너트 조립 부위 축단은 KS규격집 "17. 나사의 틈새" 적용

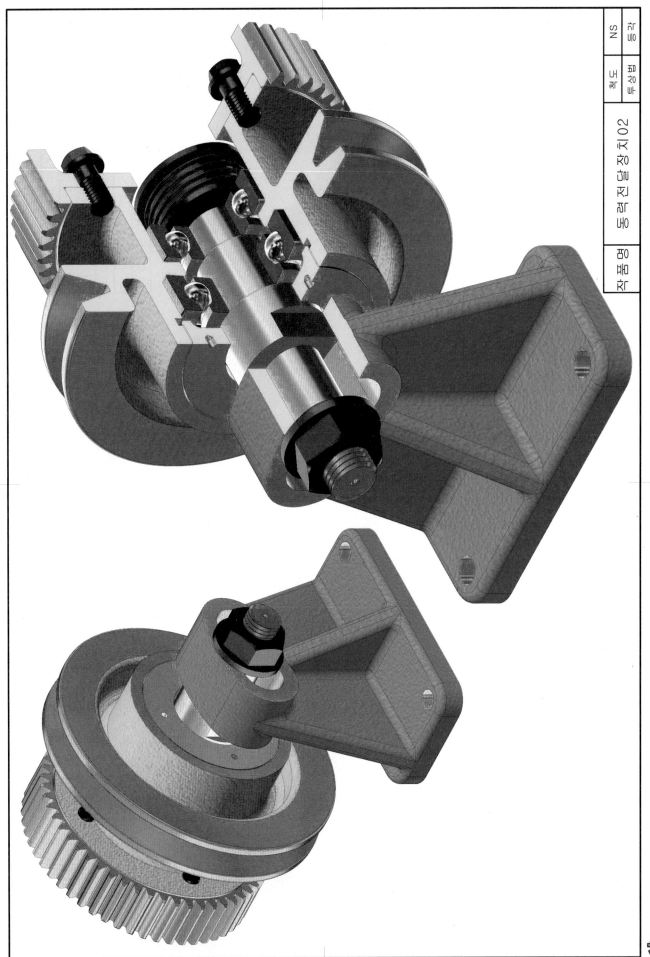

품번	품명	재질	수량	비고
5	베어링 커버	SM30C	1	
4	축	SM45C	1	
3	스퍼기어	SM45C	1	
2	V-벨트풀리	SC480	1	A형
1	본체	GC200	1	
품번	품명	재질	척도	투상법
	동력전달장치 02		NS	등각

작 품 명

③

②

④

①

⑤

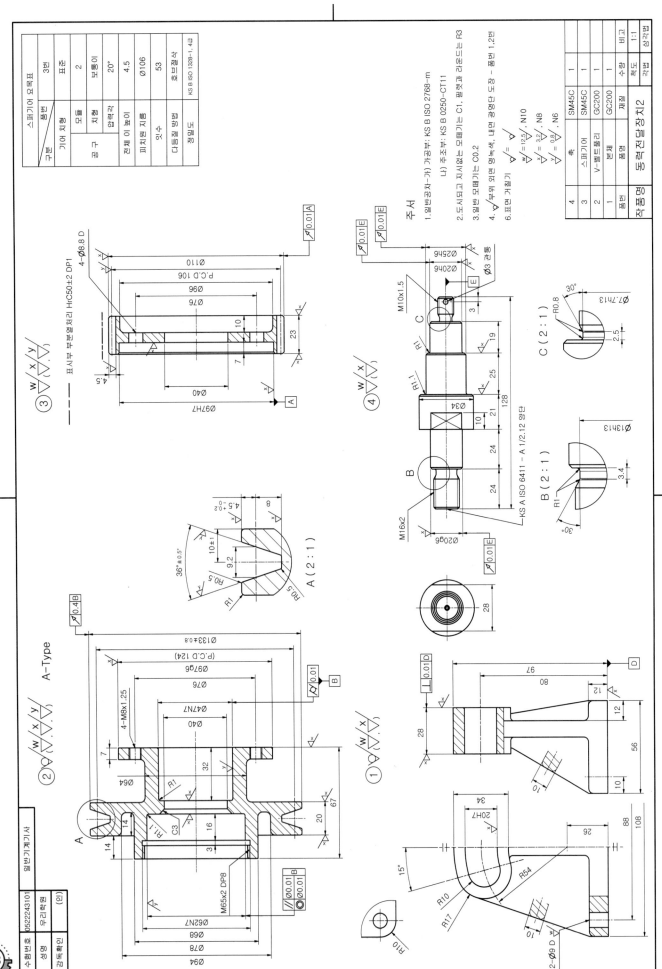

스퍼기어 요목표		
품번		3번
기어 치형		표준
공구	모듈	2
	치형	보통이
	압력각	20°
전체 이 높이		4.5
피치원 지름		Ø106
잇수		53
다듬질 방법		홉브절삭
정밀도		KS B ISO 1328-1, 4급

주서
1. 일반공차 - 가) 가공부: KS B ISO 2768-m
   나) 주조부: KS B 0250-CT11
2. 도시되고 지시없는 모떼기는 C1, 필렛과 라운드는 R3
3. 일반 모떼기는 C0.2
4. ◯ 부위 외면 명녹색, 내면 광명단 도장 - 품번 1,2번
5. 표면 거칠기
   ◯ = $\frac{w}{25.}$, N10
   ◯ = $\frac{x}{3.2}$, N8
   ◯ = $\frac{y}{0.8}$, N6

4	축	SM45C	1	
3	스퍼기어	SM45C	1	
2	V-벨트풀리	GC200	1	
1	본체	GC200	1	
품번	품명	재질	수량	비고
작품명	동력전달장치2		척도	1:1
			각법	

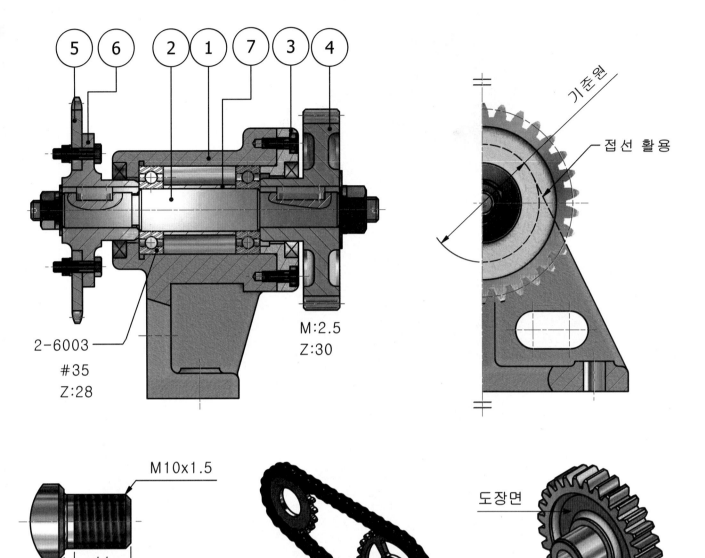

2-6003

#35
Z:28

M:2.5
Z:30

기준원

접선 활용

도장면

M10x1.5

11
13

🔧 그림1 불완전 나사부 적용 모습 🔧 그림2 체인 스프로킷 체인 연결모습 🔧 그림3 스퍼 기어 도장부위 설명

10
—
과제도에 따른 해설도

과제도 해설

1. 품번2 양끝단 너트 앞단 와셔가 있기 때문에, KS규격집 "17. 나사의 틈새"를 적용하거나 불완전 나사부를 적용해도 무방함
2. 품번1 측면도 작도 시 기준원을 먼저 그린 후 접선으로 생성
3. 품번4 그림상 녹색부분은 주물가공 후 제거가공이 필요 없음, 녹방지 및 위험표시를 위해서 도장처리

조립도

분해도

품번	품명	재질	수량	비고
7	칼라	STC85	1	
6	플렌지	SM30C	1	
5	체인스프로킷	SF440	1	
4	스퍼기어	SC480	1	
3	오일실커버	GC200	1	
2	축	SM45C	1	
1	본체	GC200	1	
품번	품명	재질	척도	NS
과제명	동력전달장치 03		각법	삼각법

NS | 등각
척도 | 품명칭
동력전달장치03
과제명

⑥

⑤

②

①

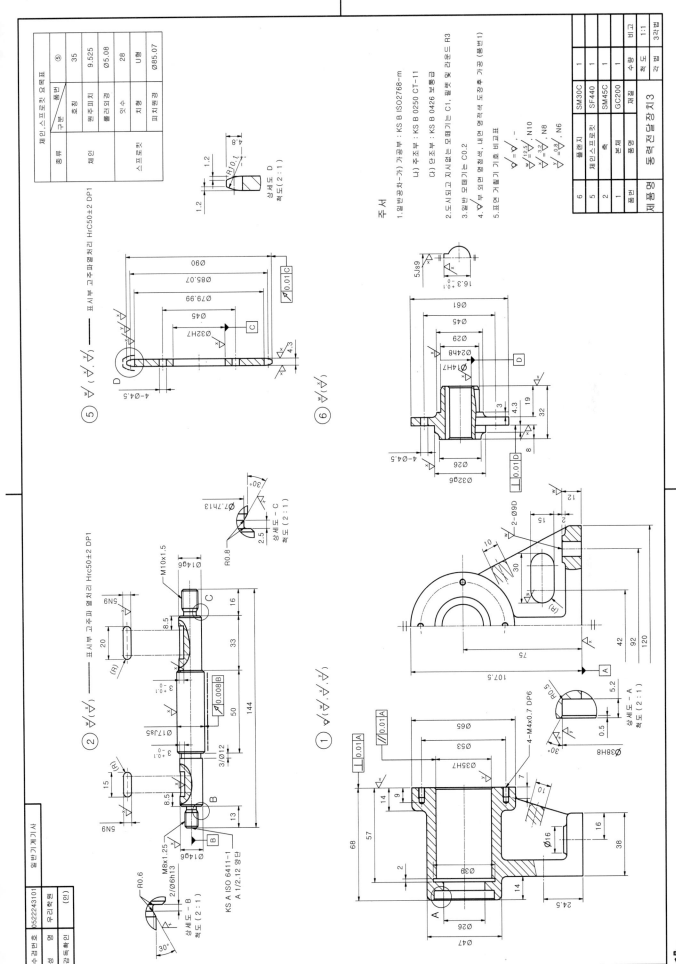

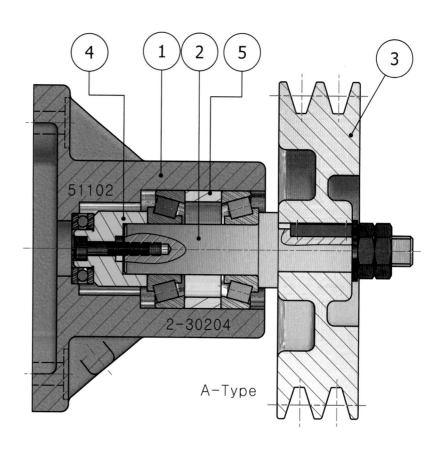

51102

2-30204

A-Type

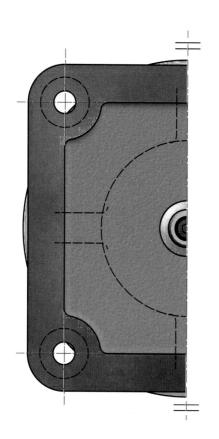

그림1 칼라(Collar)

Thrust Bearing & Spacer 구동축이 축 방향으로
밀리는 것을 잡아주는 역할 및 간격유지 (윤활 필수)

과제도 해설

1. 품번1의 보강대 형태의 부품은 주조로 생성 후
   접촉면 및 운동면은 기계가공
2. 품번3 측면 림 부위는 미접촉면이므로 후가공
   없이 도장 처리
3. 품번2 베어링 접촉 조립부는 KS규격집 "31.베
   어링 구석 홈 부 둥글기" 및 "32.베어링의 끼워
   맞춤" 참조

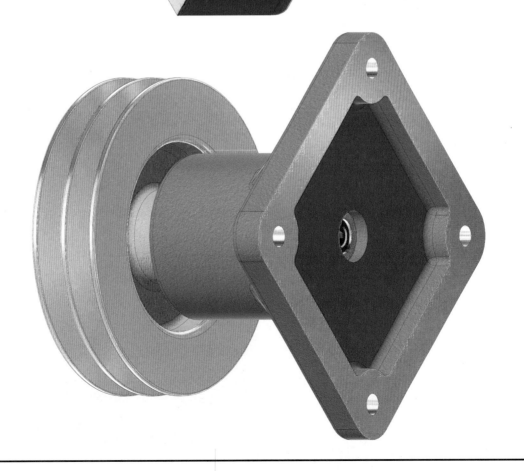

품번	품명	재질	수량	비고
5	칼라	STC85	1	
4	베어링캡	SM30C	1	
3	V-벨트풀리	GC200	1	A-타입
2	축	SM45C	1	
1	하우징	GC200	1	
품번	품명	재질	수량	비고
과제명	동력전달장치04		척도	NS
			등각	등각
			투상법	

③

④

②

①

NS 등각

척도 등상투

동력전달장치 04

과제명

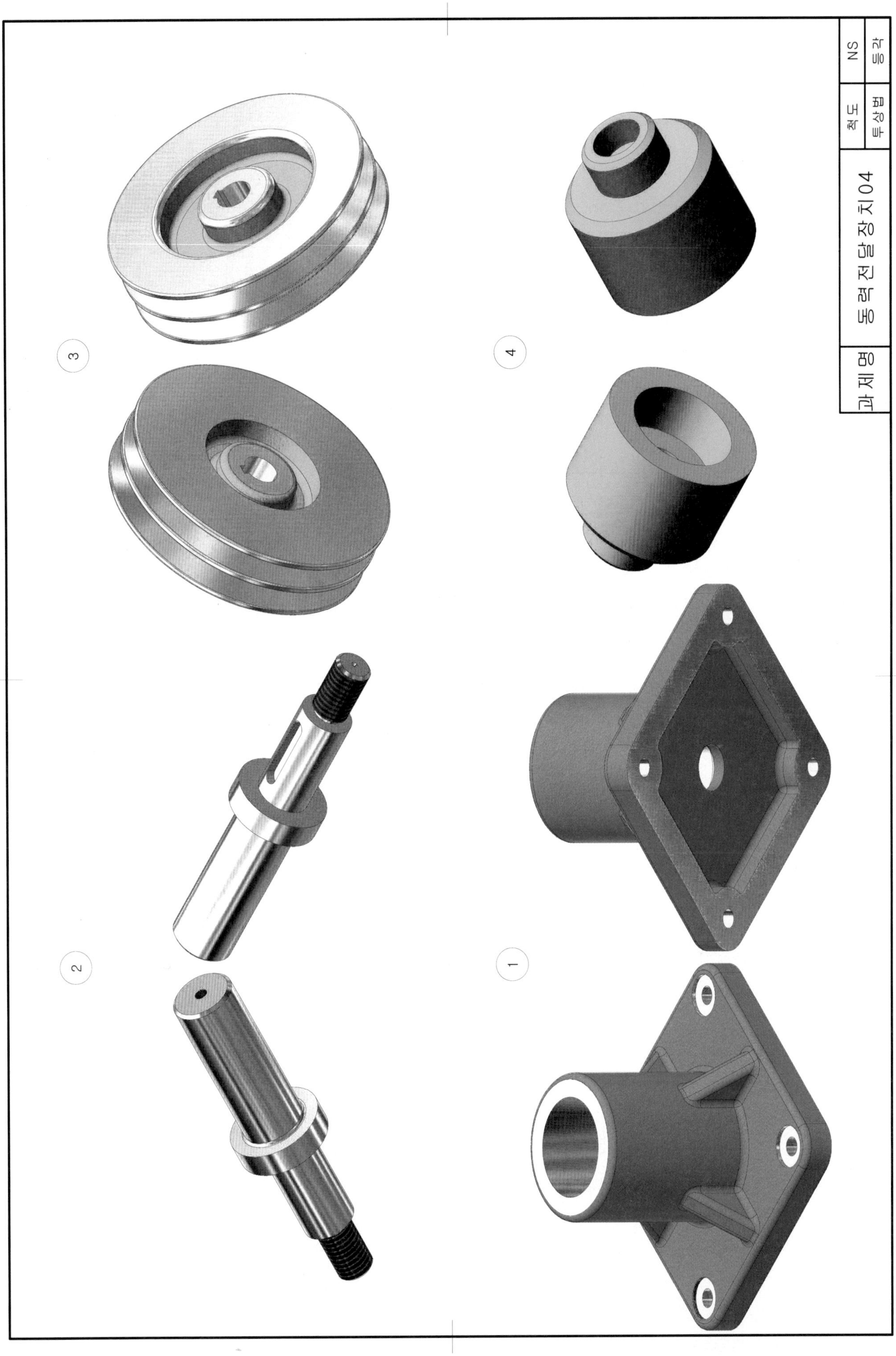

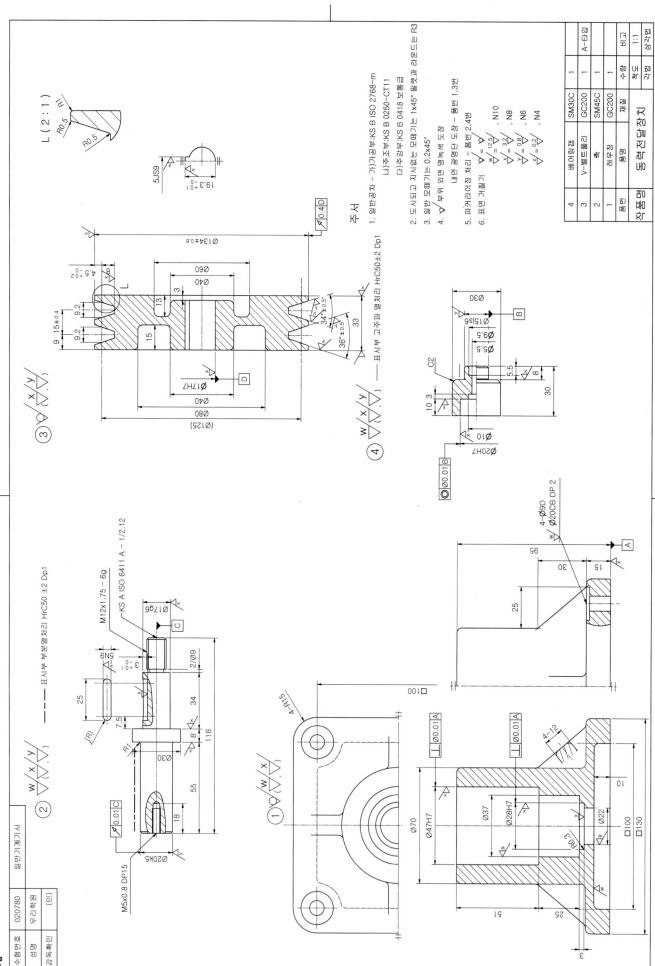

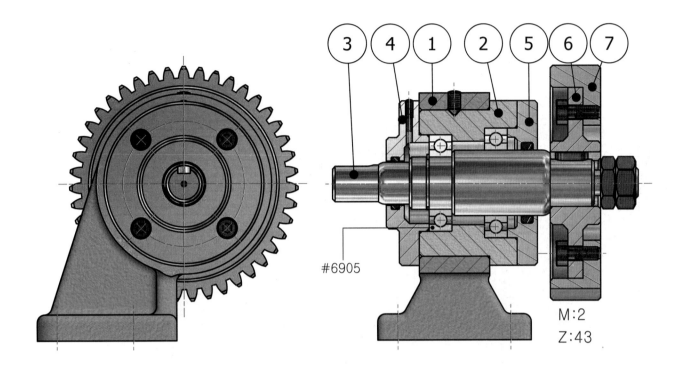

#6905

M:2
Z:43

그림1 축용 멈춤 링

베어링이나 축계 기계요소의 이탈방지
를 목적으로 사용. Snap ring plier 도
구를 이용하여 조립 및 분해

그림2 Snap ring plier

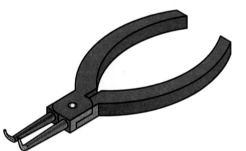

그림3 오링(O-ring)

합성고무·합성수지 등으로 만들어진 단
면이 원형인 링 (기밀·수밀 유지용도 사용)
참고 O-링은 직선 운동 또는 고정부의 실
링용으로 회전부에 적용하지 않음

과제도 해설

1. 품번1, 품번2 조립은 세트 스크류(멈춤 나사)에 의한 회전방지
2. 품번2 양쪽(2개소) 구멍에 베어링이 각각 접촉되고 있으므로 가공 방향을 고려하여 접촉면 기준으로 동심도를 적용
3. 품번3 오링 접촉면은 KS규격집 "35.O링 부착부의 예리한 모서리를 제거하는 설계방법" 참조
4. 품번5 작도 시 KS규격집 "34.O링(원통면)" 참조

🔧 무두볼트(Set Screw) : 보스와 축을 고정하거나, 축에 끼워진 기어 또는 풀리 등의 설치 사용되며, 나사 끝의 마찰,
압착력을 이용 고정시키는 용도로 사용한다.

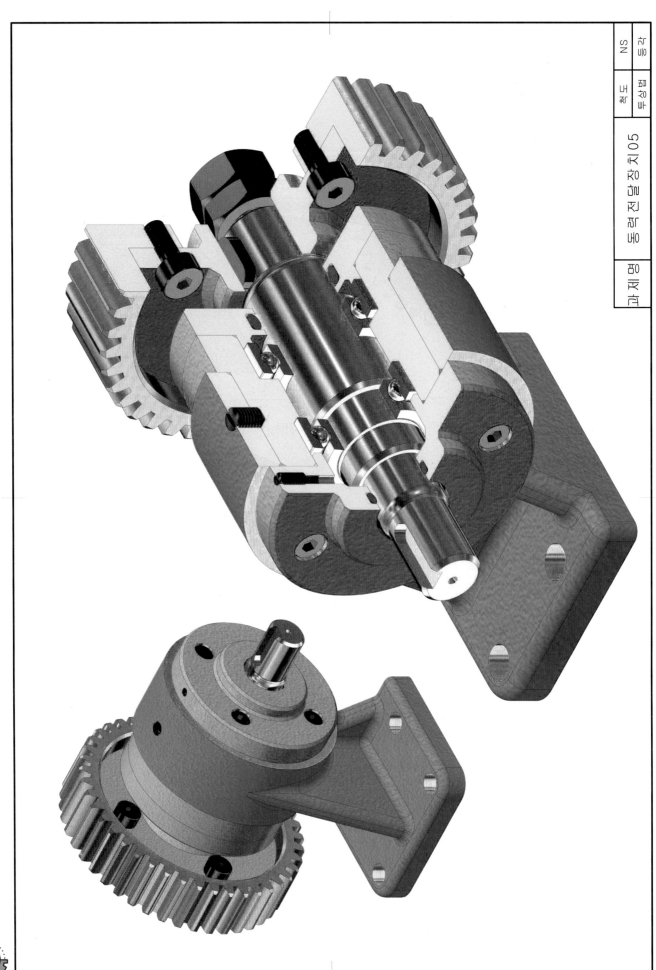

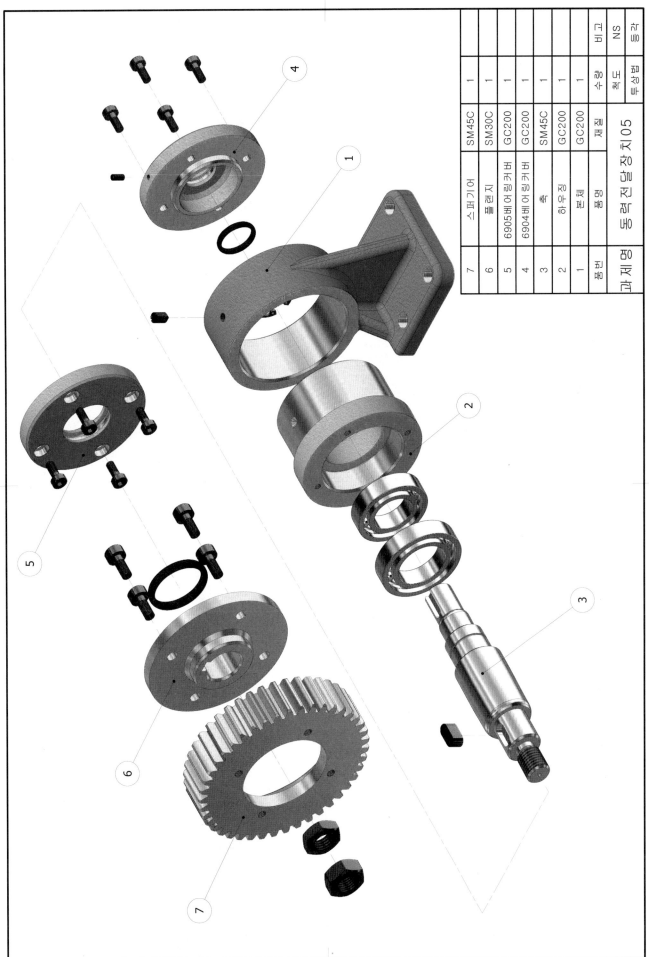

품번	품명	재질	수량	비고
7	스퍼기어	SM45C	1	
6	플랜지	SM30C	1	
5	6905베어링커버	GC200	1	
4	6904베어링커버	GC200	1	
3	축	SM45C	1	
2	하우징	GC200	1	
1	본체	GC200	1	
품번	품명	재질	수량	비고

동력전달장치 05

과제명 | 척도 | NS | 등급

인벤터 기계제도 실기 · 실무

7

5

3

1

척도 NS

각법 3각

과제명 동력전달장치 05

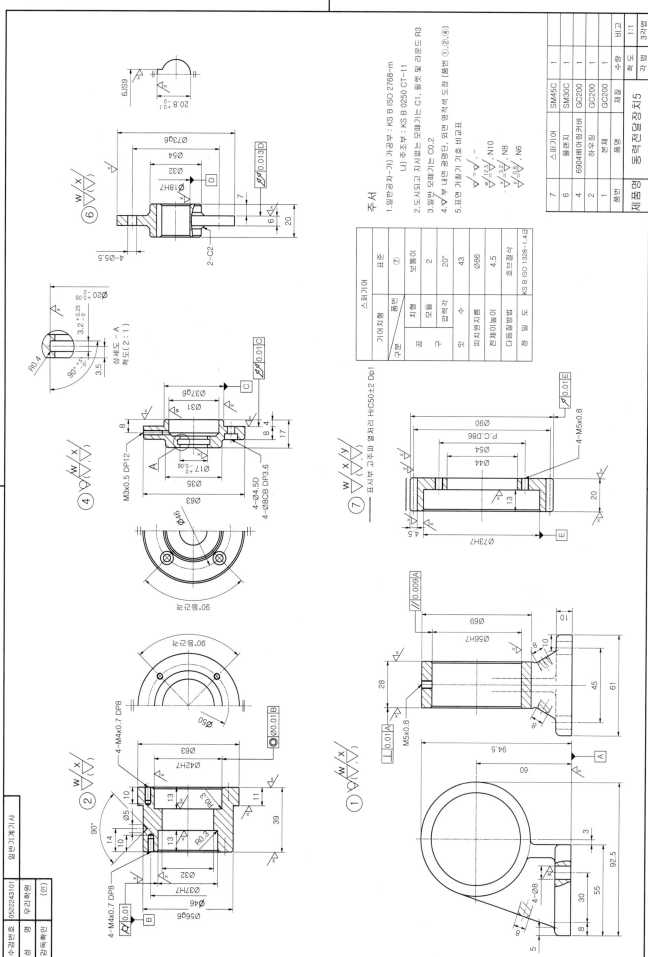

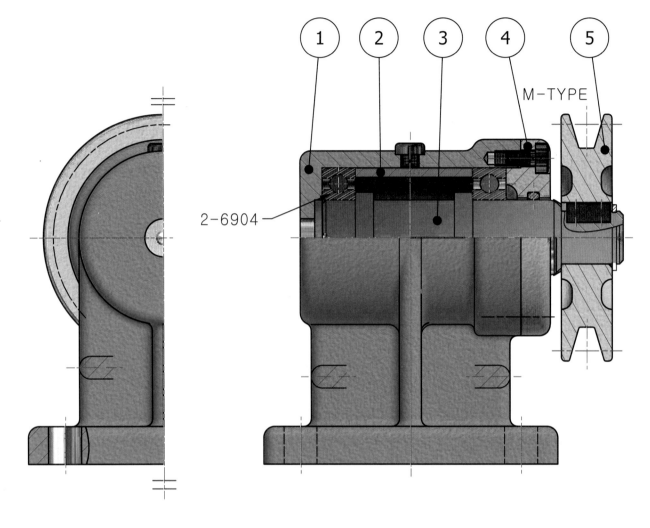

2-6904

M-TYPE

① ② ③ ④ ⑤

🔧 그림1 M5 볼트

🔧 그림2 M4 볼트

과제도 해설

1. 품번1 6904베어링 접촉면 표면 거칠기 및 기하공차 관리
2. 품번3 베어링 접촉면 작도 시 KS규격집 "32.베어링의 끼워 맞춤" 참조
3. 품번4 작도 시 KS규격집 "34.O링(원통면)" 참조
4. 품번5 작도 시 KS규격집 "40.V 벨트 풀리" 참조 (de 허용 차 및 흔들림 허용값 표기)

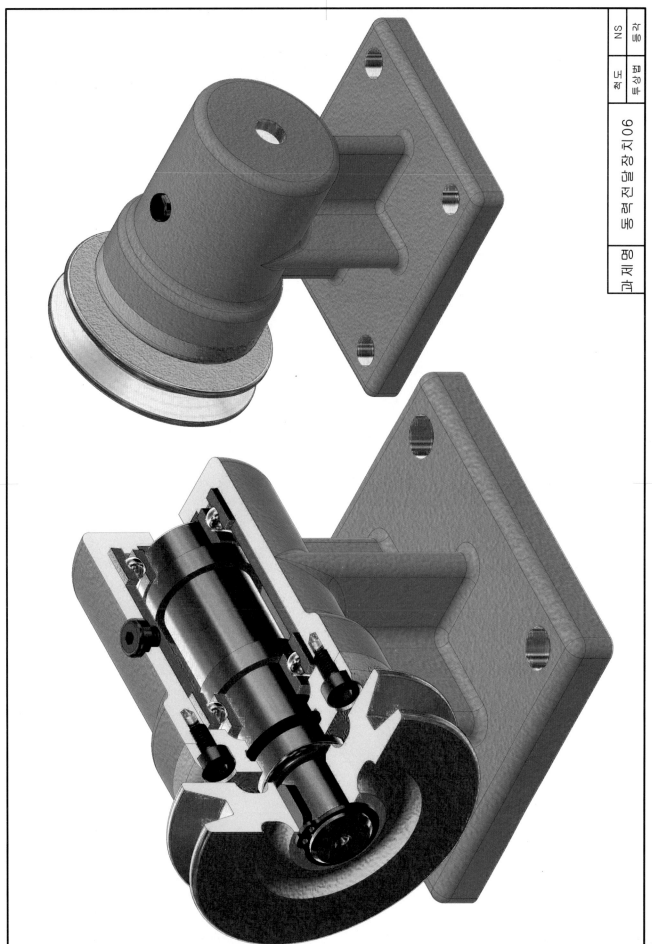

품번	품명		재질	수량	비고
5	V-벨트 풀리	SC480	1		M형
4	커버	GC200	1		
3	축	SM45C	1		
2	칼라	STC85	1		
1	본체	GC200	1		
품번	품명	재질	수량	비고	
과제명	동력전달장치06	척도	NS	각법	

인벤터 기계제도 실기 · 실무

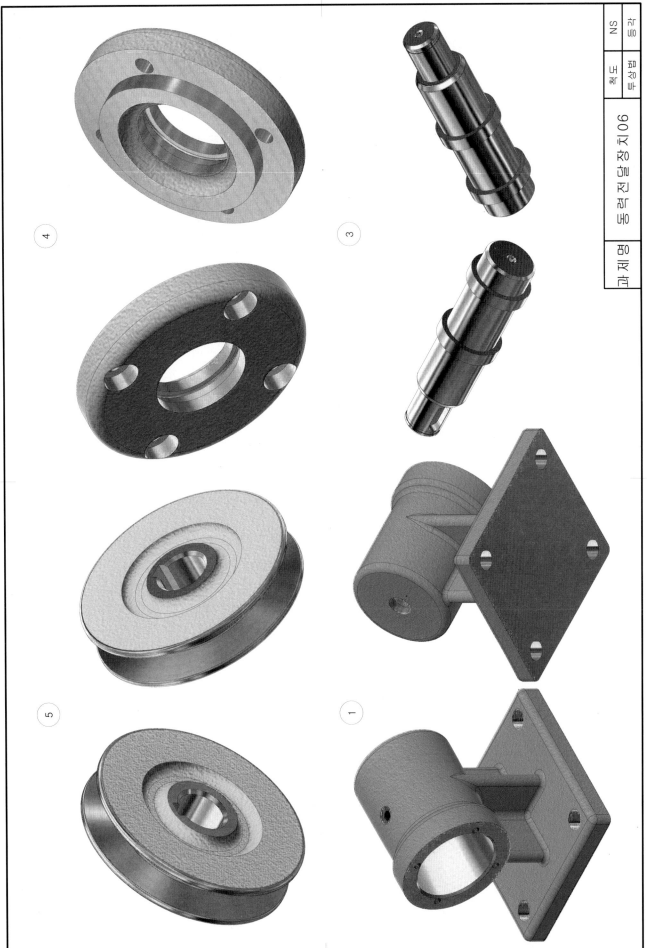

④

③

NS 등급

척도 척도성규

동력전달장치06

과제명

⑤

①

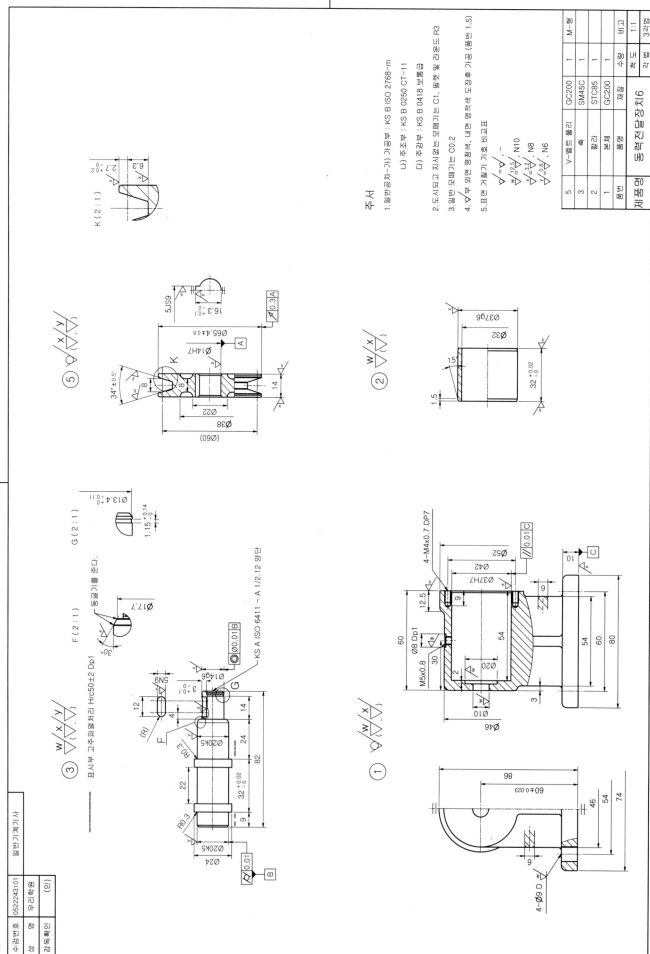

주서
1. 일반공차-가) 가공부 : KS B ISO 2768-m
　　　　나) 주조부 : KS B 0250 CT-11
　　　　다) 주강부 : KS B 0418 보통급
2. 도시되고 지시없는 모떼기는 C1, 필렛 및 라운드 R3
3. 일반 모떼기는 C0.2
4. ▽부 외면 명청색, 내면 명적색 도장후 가공 (품번 1.5)
5. 표면 거칠기 기호 비교표

품번	품명	재질	수량	비고
5	V-벨트 풀리	GC200	1	M-형
3	축	SM45C	1	
2	칼라	STC85	1	
1	본체	GC200	1	

제품명 | 동력전달장치6 | | 척도 | 1:1
| | | 각법 | 3각법

표면 거칠기 기호
▽ = ⁄, -
▽ = ⁄ ⁿ 12.5 , N10
▽ = ⁄ ⁿ 3.2 , N8
▽ = ⁄ ⁿ 0.8 , N6

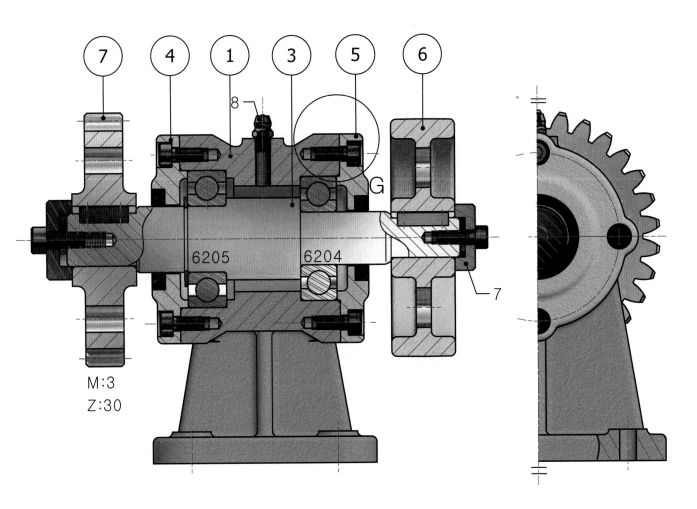

6205   6204

M:3
Z:30

그림1 그리스니플(grease nipple)
그리스 주입구에 체결해두는 나사

조립이 용이하도록 나사머리부보다
크게 구멍가공(틈 생성)

나사의 조립 길이(실제 나사의 모습)

암나사 나사산의 깊이(나사 조립 깊이보다 깊어야 함)

구멍의 깊이(암나사 나사산의 깊이보다 깊어야 함 - 깊이는 측정)

그림2 나사부 표시

과제도 해설

1. 품번1, 품번5 나사체결부 품번5 구멍은 나사
   없음(그림 참조)
2. 품번1 양쪽(2개소) 구멍에 베어링이 각각 접촉
   되고 있으므로 가공 방향을 고려하여 접촉면
   기준으로 동심도를 적용
3. 품번3 양끝단 키 홈 작도시 KS규격집 "21.평행
   키(키 홈)" 참조

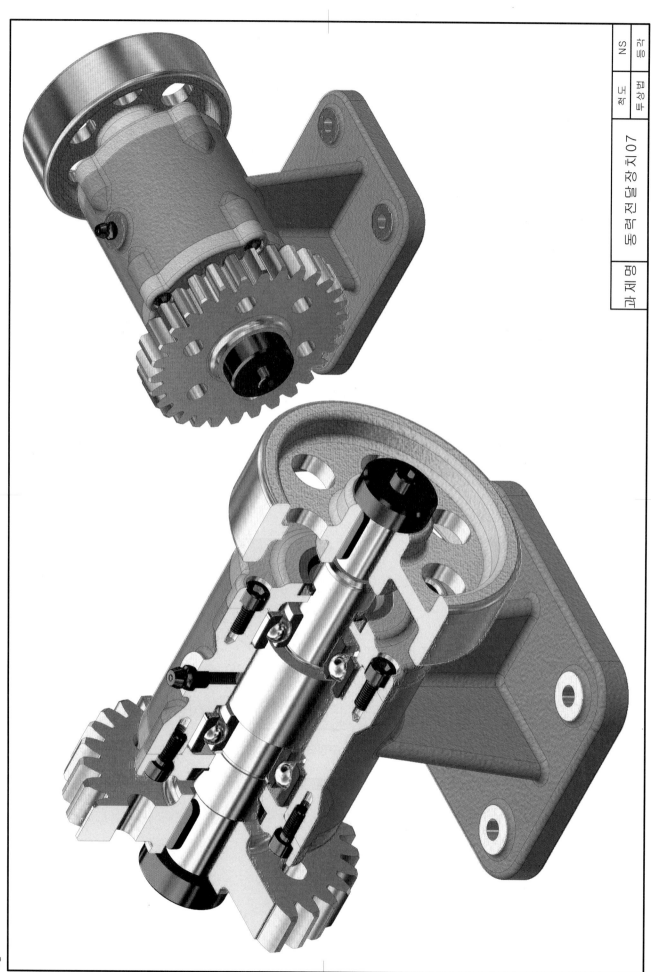

분해도

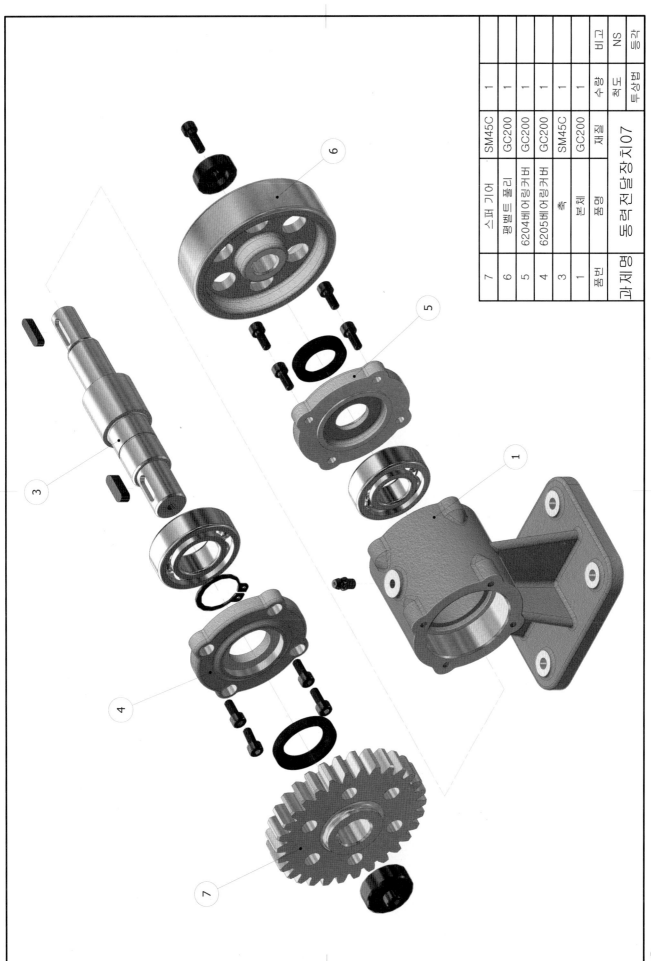

품번	품명	재질	수량	비고
7	스퍼 기어	SM45C	1	
6	평벨트 풀리	GC200	1	
5	6204베어링커버	GC200	1	
4	6205베어링커버	GC200	1	
3	축	SM45C	1	
1	본체	GC200	1	
품번	품명	재질	척도	NS
과제명	동력전달장치07		투상법	3각

⑦

③

④

①

⑥

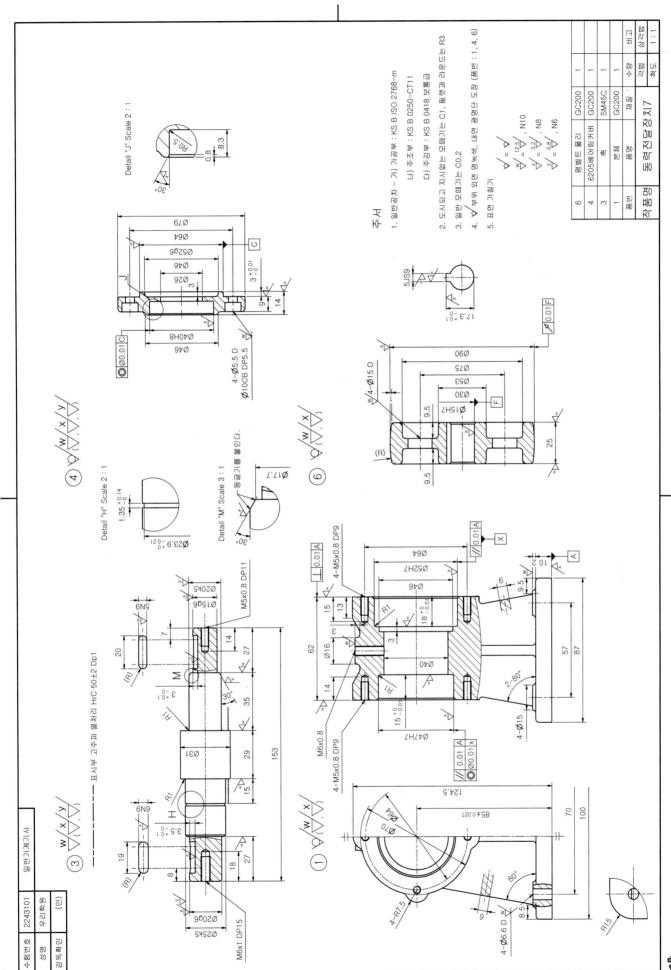

주서
1. 일반공차 - 가) 가공부 : KS B ISO 2768-m
　　　　　　 나) 주조부 : KS B 0250-CT11
　　　　　　 다) 주강부 : KS B 0418 보통급
2. 도시되고 지시없는 모떼기는 C1, 필렛과 라운드는 R3
3. 일반 모떼기는 C0.2
4. ▽부위 외면 명녹색, 내면 광명단 도장 (품번 : 1, 4, 6)
5. 표면 거칠기

Detail "J" Scale 2 : 1

Detail "H" Scale 2 : 1

Detail "M" Scale 3 : 1

표시부 고주파 열처리 HrC 50±2 Dp1

품번	품명	재질	수량	비고
6	평벨트풀리	GC200	1	
4	6205베어링커버	GC200	1	
3	축	SM45C	1	
1	본체	GC200	1	

작품명 | 동력전달장치7

수험번호	2243101
성 명	우리화원
감독확인	(인)

일반기계기사

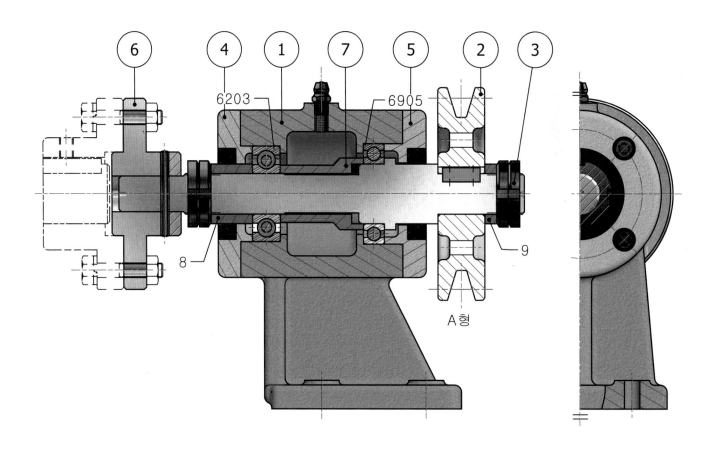

6203   6905

A형

그림1 로크너트(Lock nut)
기계진동 등으로 인한 풀림을 방지하기 위해
두 개를 조립하여 사용

과제도 해설

1. 품번1 양쪽(2개소) 구멍에 베어링이 각각 접촉되고 있으므로 가공 방향을 고려하여 접촉면 기준으로 동심도를 적용
2. 품번2 구멍은 특별한 지시가 없을 시, 단면에서 2개가 보이면 4개, 1개인 경우 3개로 작도
3. 품번5 오일 실 부착면 KS규격집 "37. 오일 실"에서 오일 실의 크기를 참조하여 형상의 치수를 기입
4. 품번6 도면상엔 조립면이 없으나 가상선을 고려, 접촉면 치수 및 표면 거칠기 관리

NS 동력

척도 동성법

동력전달장치08

과제명

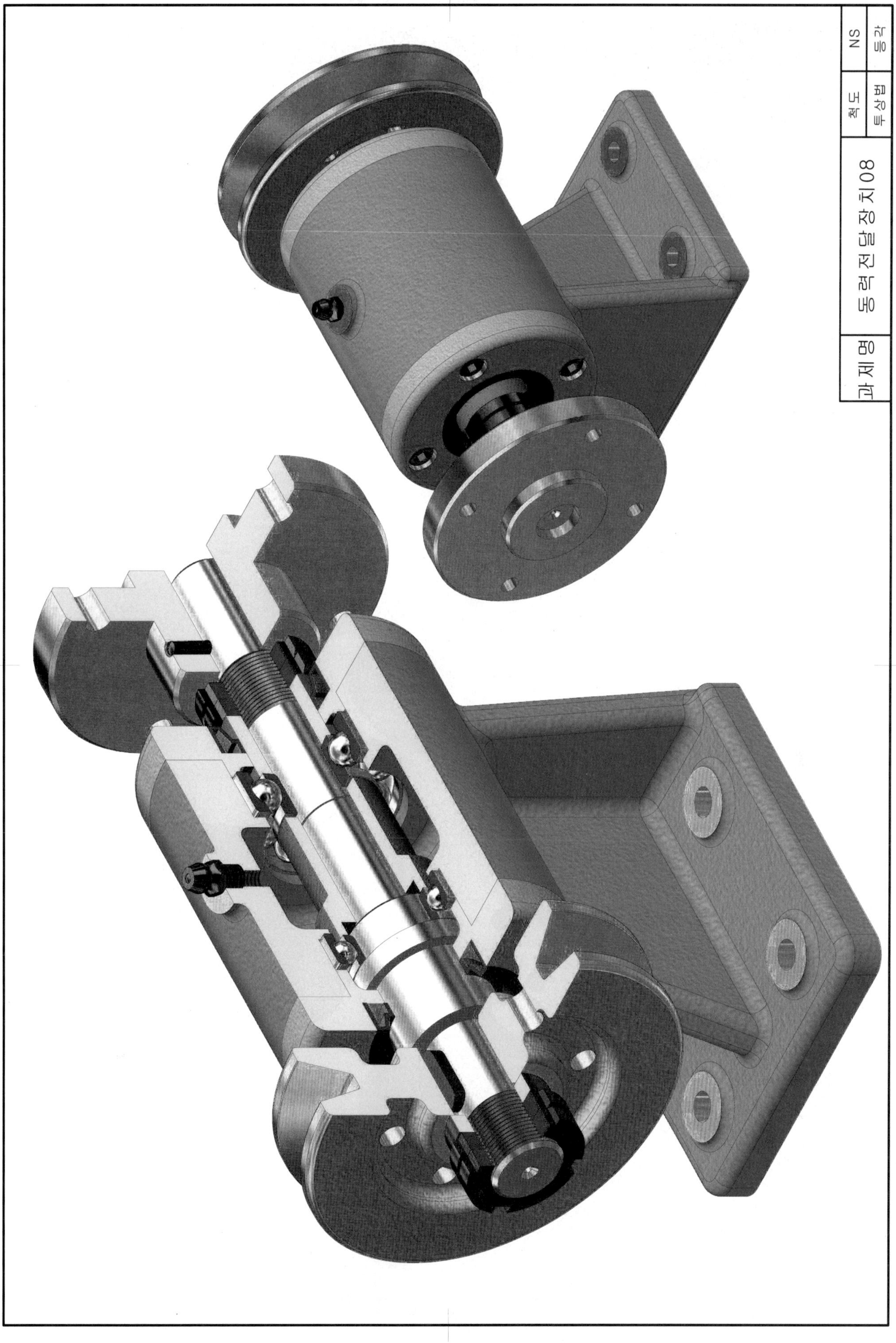

품번	품명	재질	수량	비고
7	칼라	STC85	1	
6	커플링	SM30C	1	
5	오일실 커버	GC200	1	
4	오일실 커버	GC200	1	
3	축	SM45C	1	A-형
2	V-벨트 풀리	GC200	1	비고
1	본체	GC200	1	NS
품번	품명	재질	수량	척도

과제명 동력전달장치08

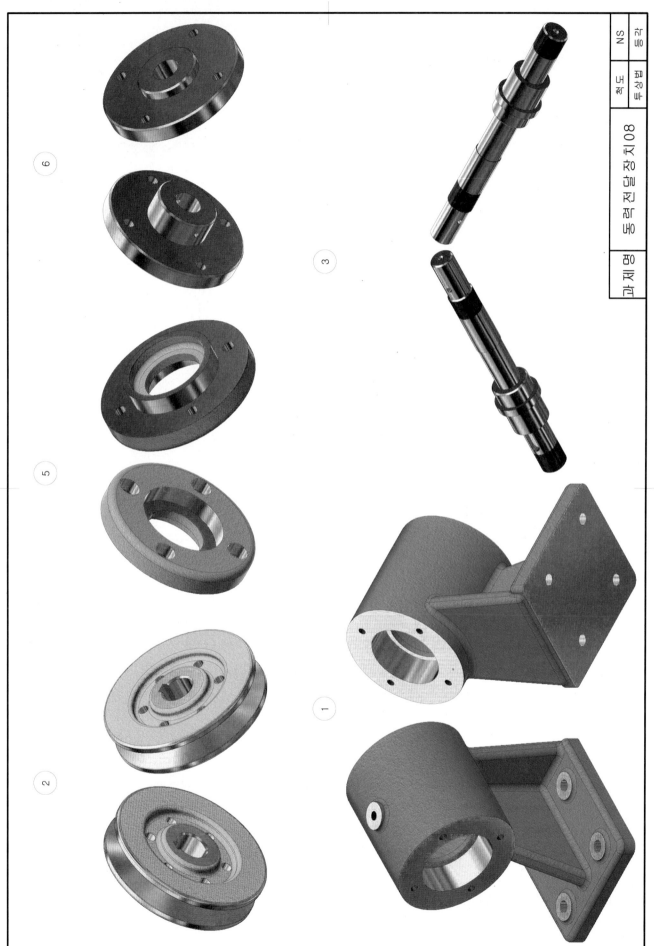

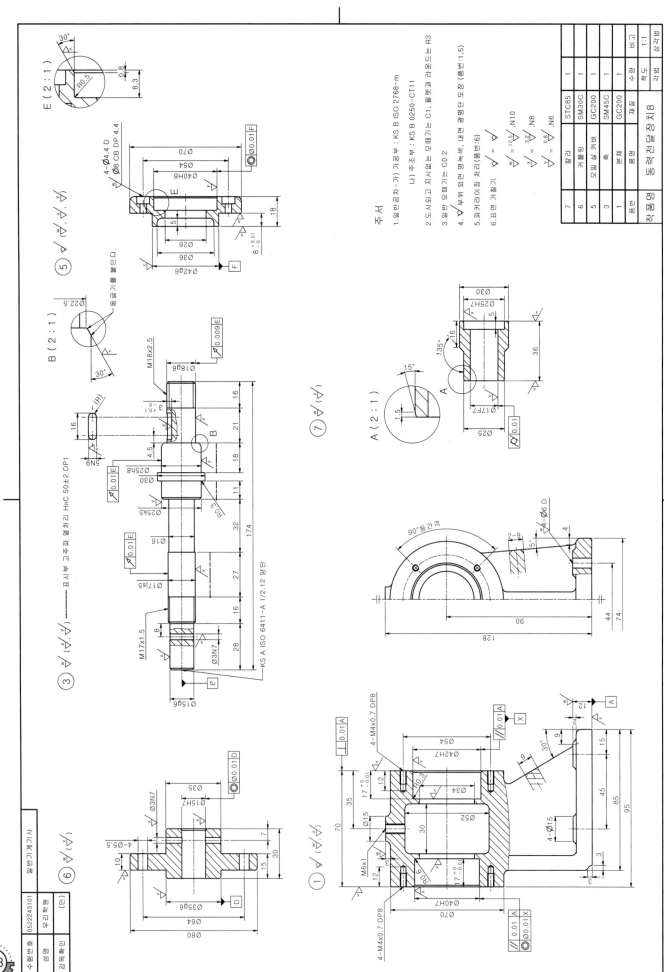

주서
1. 일반공차-가) 가공부 : KS B ISO 2768-m
　　　　　나) 주조부 : KS B 0250-CT11
2. 도시되고 지시없는 모떼기는 C1, 필렛과 라운드는 R3
3. 일반 모떼기는 C0.2
4. ▽부위 외면 명녹색, 내면 광명단 도장 (품번:6)
5. 파카라이징 처리 (품번:6)
6. 표면 거칠기　　　　　＝
　　　　　　　　　　　w ＝ 12.5, N10
　　　　　　　　　　　x ＝ 3.2 , N8
　　　　　　　　　　　y ＝ 0.8 , N6

품번	품명	재질	수량	비고
7	칼라	STC85	1	
6	커플링	SM30C	1	
5	커넥팅 기어	GC200	1	
3	축	SM45C	1	
1	본체	GC200	1	

작품명 동력 전달 장치 8

수험번호 05222243101
성명 우리학생
감독확인 (인)
일반기계기사

해설도

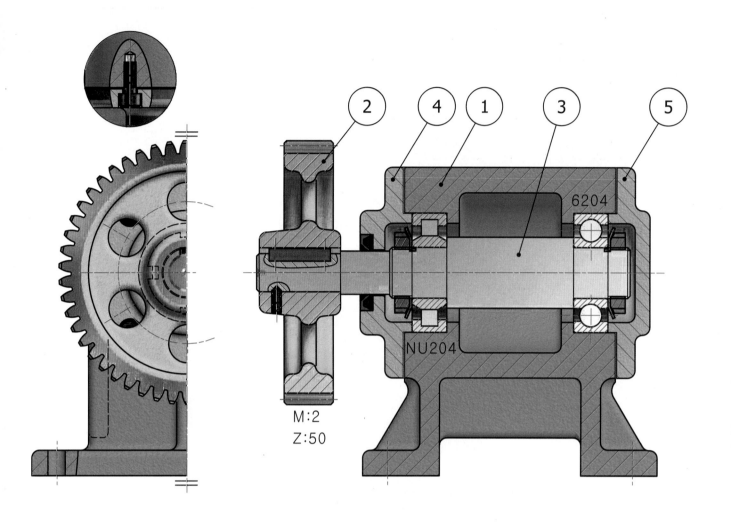

M:2
Z:50

6204

NU204

🔧 **그림1** 무두볼트(Set Screw)
보스와 축을 고정하거나, 축에 끼워진 기어 또는
풀리 등의 설치 사용되며, 나사 끝의 마찰, 압착력
을 이용 고정시키는 용도로 사용

🔧 **그림2** 로크와셔(Lock washer)
너트(Nut) 풀림 방지를 위해 사용

과제도 해설

1. 품번1 양쪽(2개소) 구멍에 베어링이 각각 접촉되고 있으므로 가공 방향을 고려하여 접촉면 기준으로 동심도를 적용
2. 품번1에 품번4,5 접촉면 사이에 개스킷 두께를 적용하여 설계(개스킷 접촉면에는 x면 가공)
3. 품번3 좌측단 아랫방향에 무두볼트(Set Screw) 삽입

🐭 개스킷(Gasket) • 접합부에 물이나 기름 등이 유출되는 것을 방지
• 수밀성·기밀성 확보를 위해 합성고무제 등의 재료를 사용

NS 감독

독찰 팀장승인

동력전달장치09

과제명

인벤터 기계제도 실기 · 실무

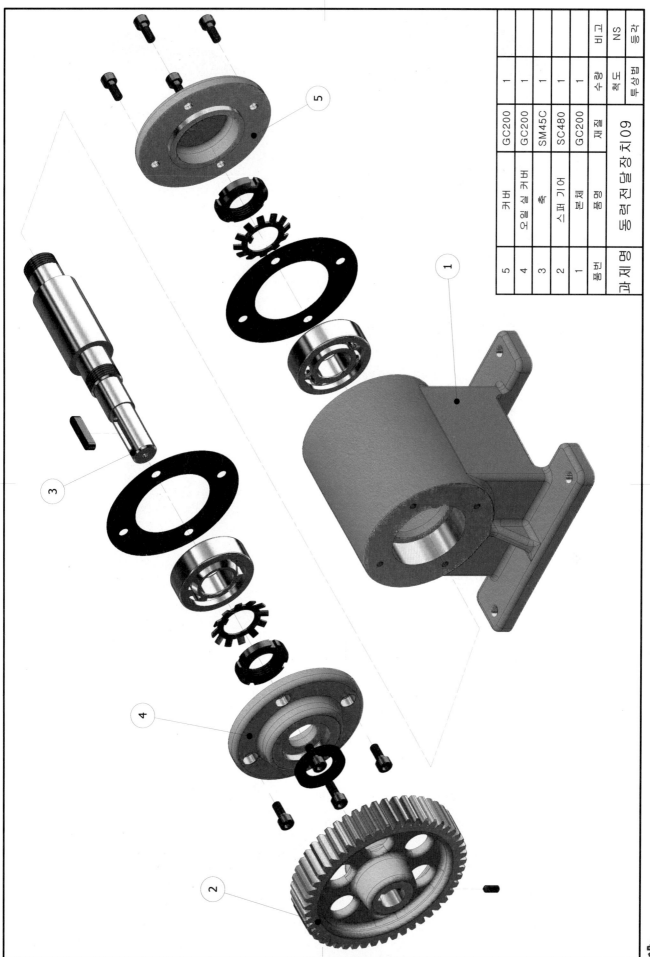

품번	품명	재질	수량	비고
5	커버	GC200	1	
4	오일실 커버	GC200	1	
3	축	SM45C	1	
2	스퍼 기어	SC480	1	
1	본체	GC200	1	
품번	품명	재질	수량	비고
과제명	동력 전달 장치 09		척도	NS

②

④

③

①

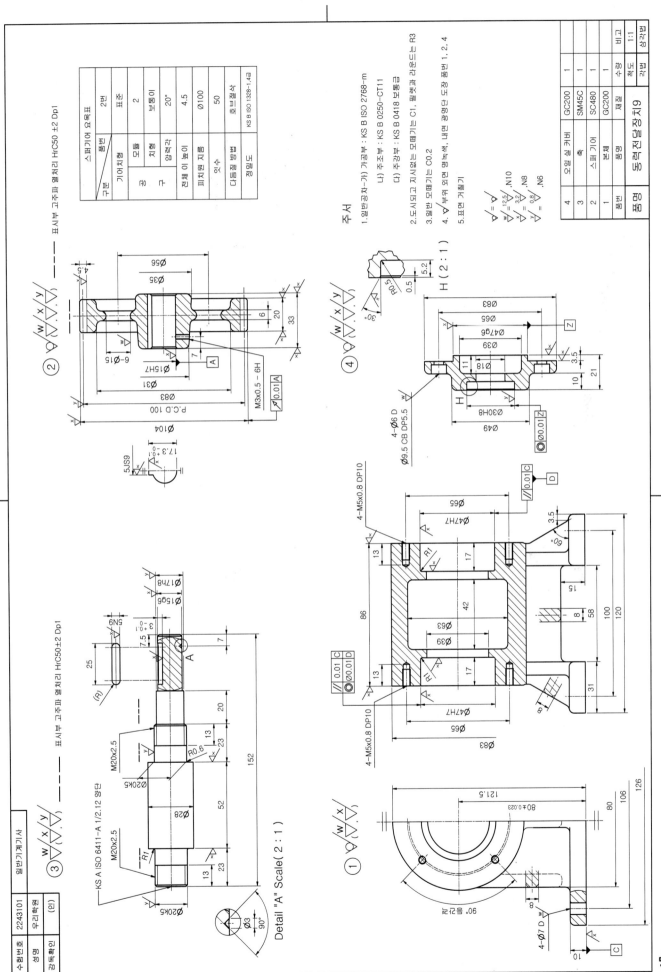

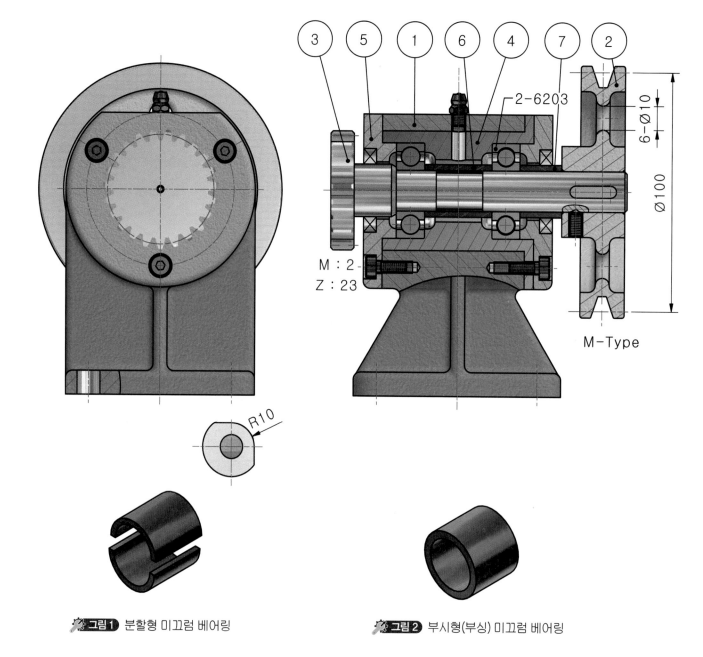

M : 2
Z : 23

2-6203

6-Ø10

Ø100

M-Type

그림1 분할형 미끄럼 베어링

R10

그림2 부시형(부싱) 미끄럼 베어링

과제도 해설

1. 품번1, 품번4 작도 시 접촉면 끼워맞춤(H7g6) 적용

2. 품번4 양쪽(2개소) 구멍에 베어링이 각각 접촉되고 있으므로 가공 방향을 고려하여 접촉면 기준으로 동심도를 적용

3. 품번6과 품번7은 유사하게 생겼으나, 이름과 역할이 다르다. 품번6은 베어링의 간격을 유지하기 위한 칼라(Column spacer)이며, 품번7은 부시형 미끄럼 베어링(sliding bearing)이다.

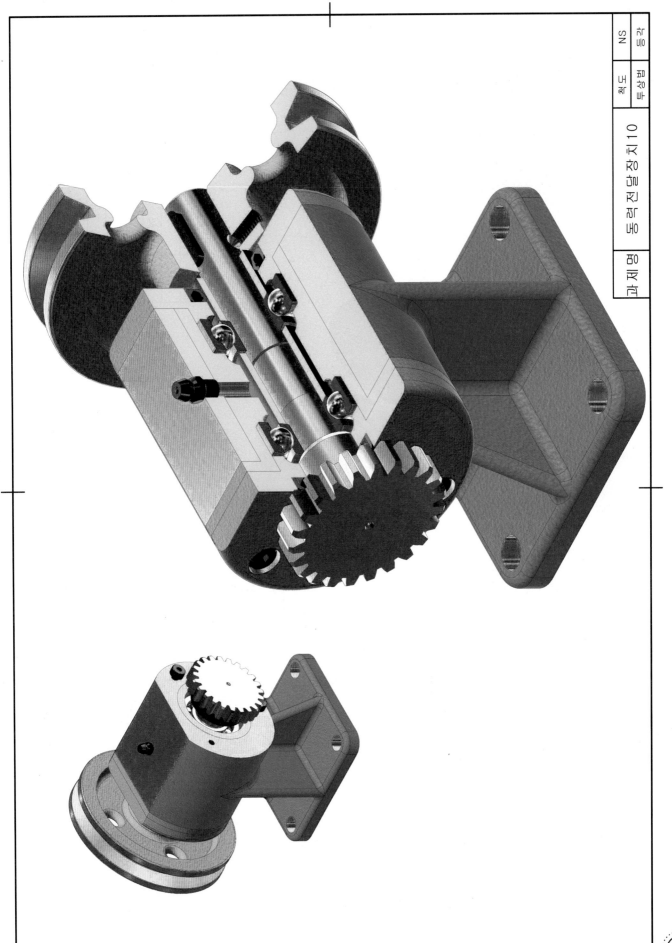

품번	품명	재질	수량	비고
7	부시	STC85	1	
6	칼라	STC85	1	
5	오일 실 커버	GC200	2	
4	하우징	SM30C	1	
3	스퍼 기어축	SM45C	1	
2	V-벨트풀리	GC200	1	M-타입
1	본체	GC200	1	
품번	품명	재질	수량	비고
과제명	동력전달장치10	척도	NS	
		투상법	3각	

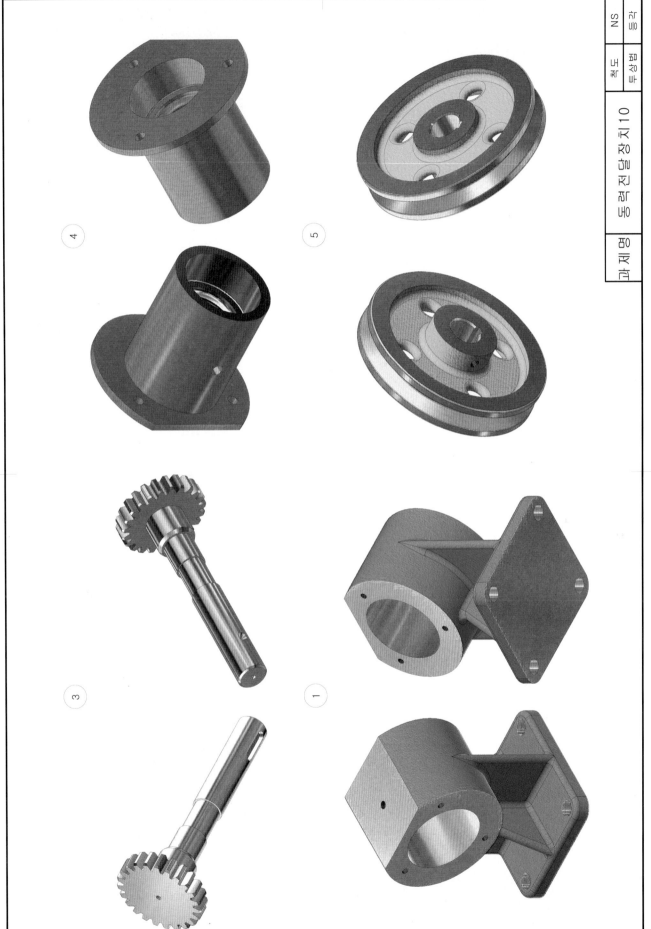

10
— 과제도에 따른 해설도

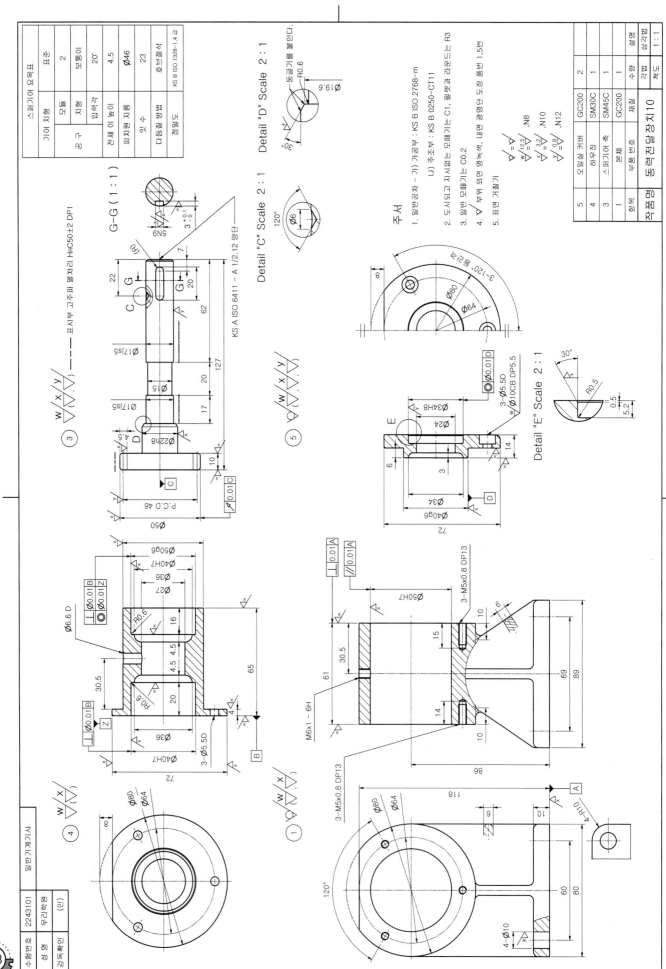

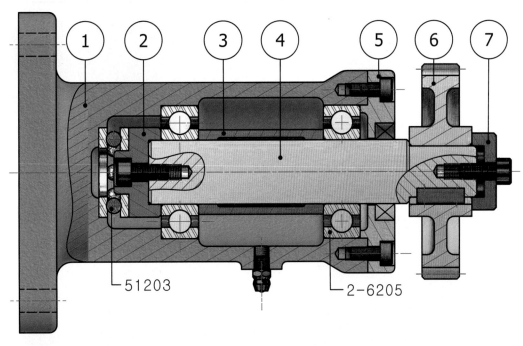

51203

2-6205

M:2
Z:40

그림 1 6205베어링(깊은 홈 볼 베어링)

그림 2 51203베어링(평면 자리형 스러스트 볼 베어링)

과제도 해설

1. 품번4 우측단 작도 시 KS규격집 "38.오일 실 부착 관계 (축 및 하우징 구멍의 모떼기와 둥글기)" 참조
2. 품번5 오일 실 부착면 KS규격집 "37. 오일 실"에서 오일 실의 크기를 참조하여 형상의 치수를 기입

🐦 과제도에서 저면도가 나오면, 저면도에서만 표현 가능한 치수나 형상이 있다는 점을 유념

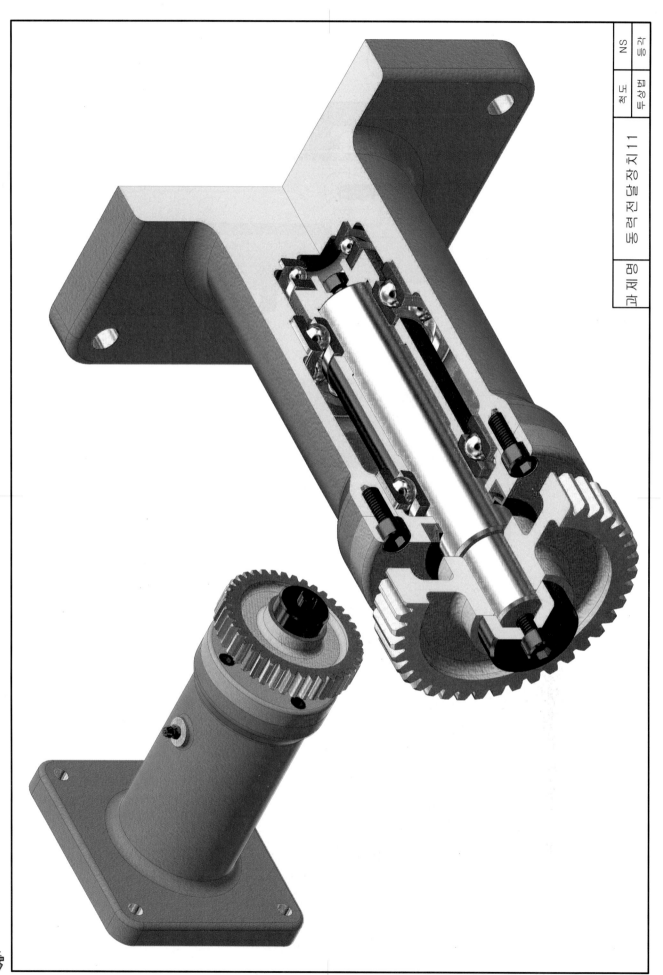

NS 등각

척도 투상법

동력전달장치11

과제명

430

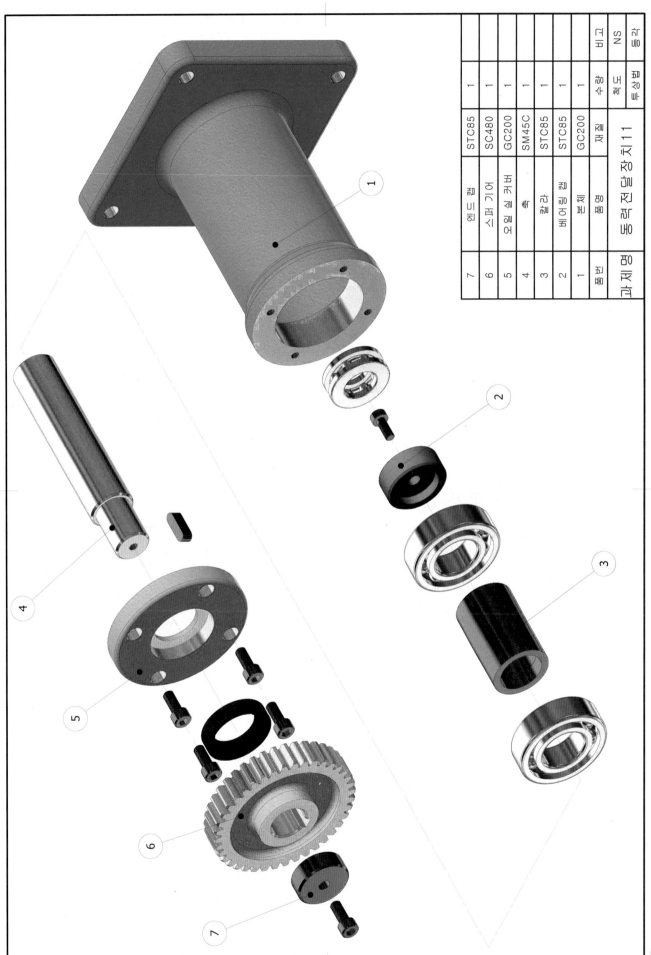

7	6	5	4	3	2	1	품번	품명
헤드 캡	스퍼 기어	오일실 커버	축	칼라	베어링 캡	본체	품명	동력전달장치11
STC85	SC480	GC200	SM45C	STC85	STC85	GC200	재질	
1	1	1	1	1	1	1	수량	척도 NS
							비고	등각

과제도

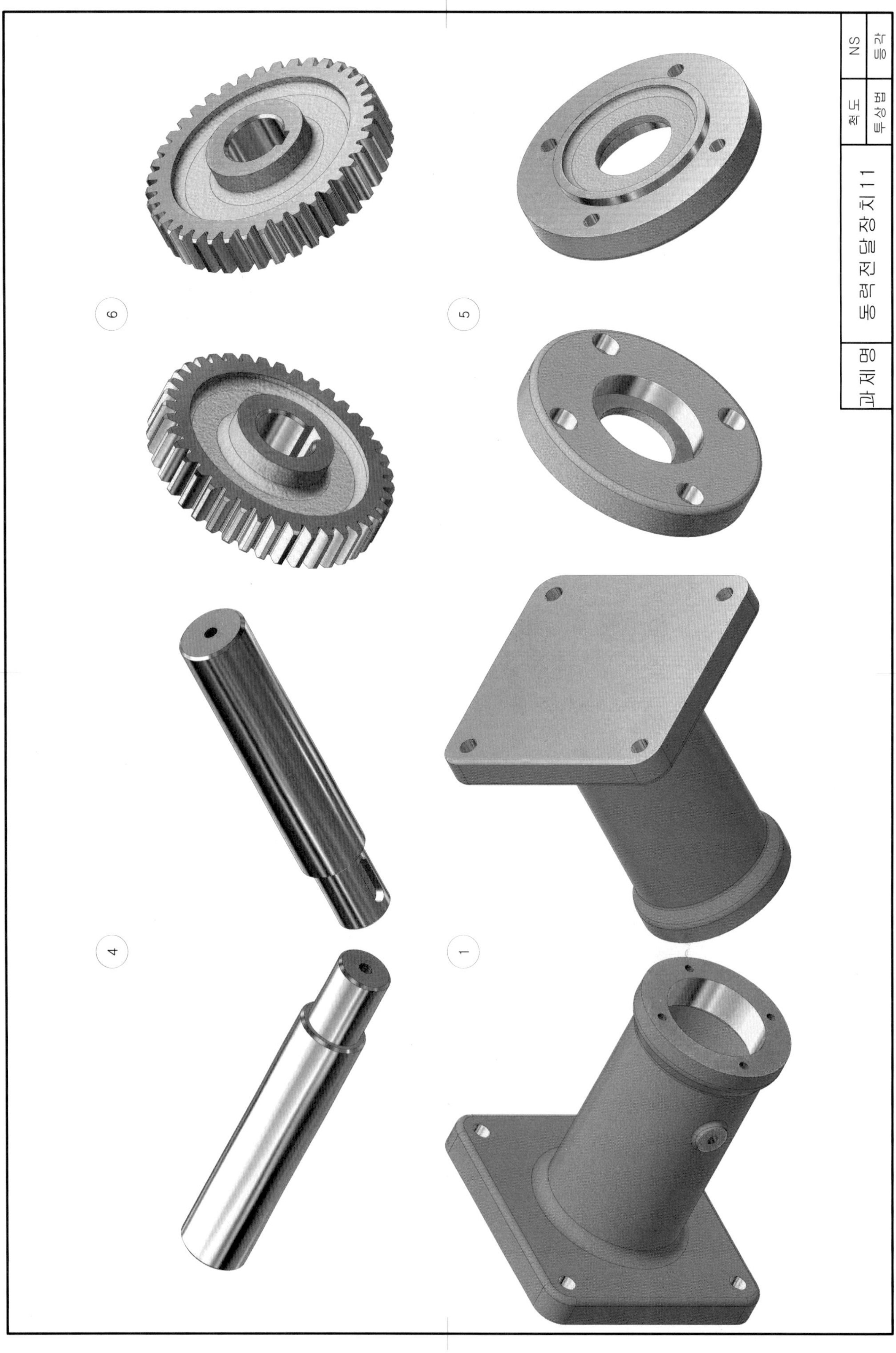
과제명
동력전달장치11
척도
NS
투상법
등각
1
4
5
6

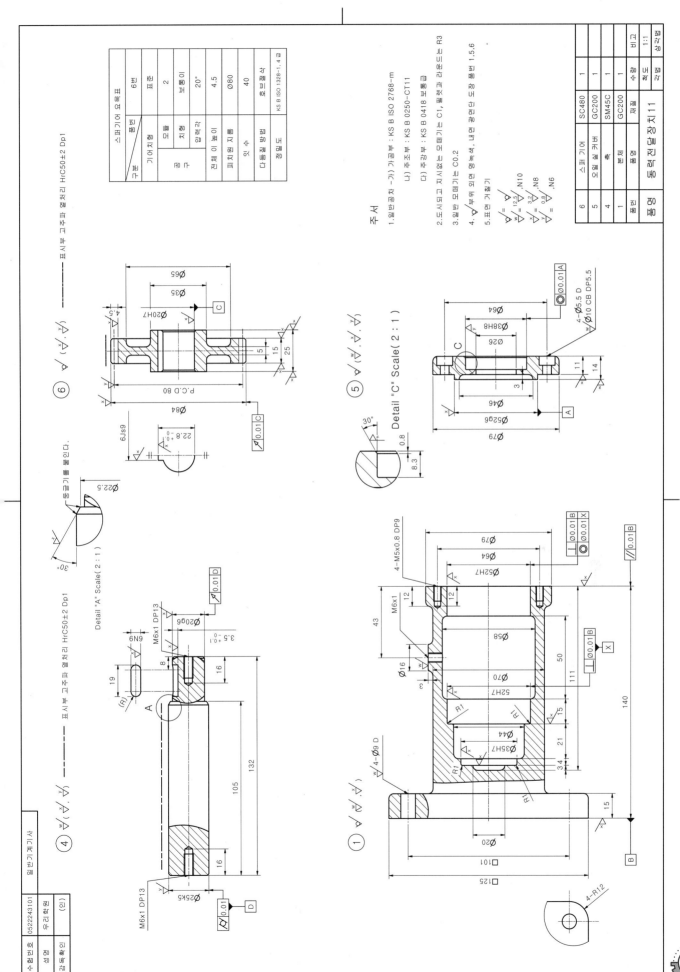

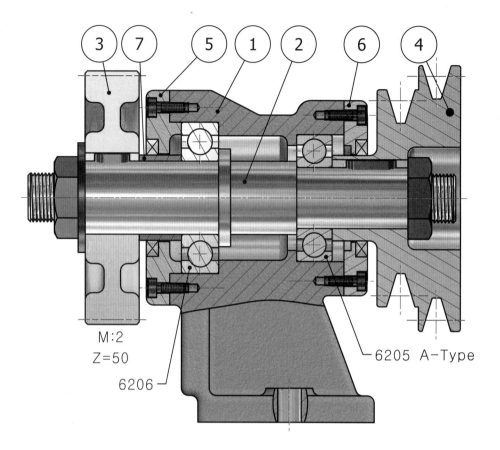
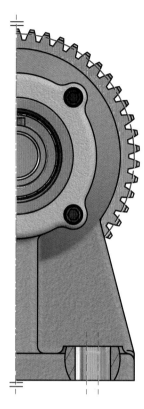

M:2
Z=50

6206

6205 A-Type

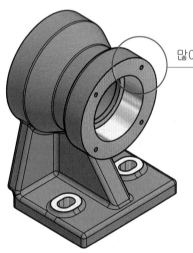

많이 틀리는 투상 형태

🔧 그림1 많이 틀리는 투상 형태

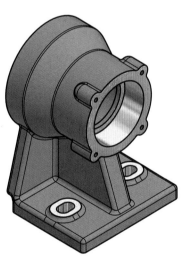

🔧 그림2 올바른 투상 형태

과제도 해설

1. 품번1 양쪽(2개소) 구멍에 베어링이 각각 접촉되고 있으므로 가공 방향을 고려하여 접촉면 기준으로 동심도를 적용
2. 품번2 양단 너트체결 부위 작도 시 KS규격집 "17.나사의 틈새" 적용
3. 품번2 베어링 접촉면 작도 시 KS규격집 "32.베어링의 끼워 맞춤" 적용
4. 품번4 작도 시 KS규격집 "40.V 벨트 풀리" 참조(바깥지름 de허용 차 및 바깥둘레 흔들림 허용값 기입)

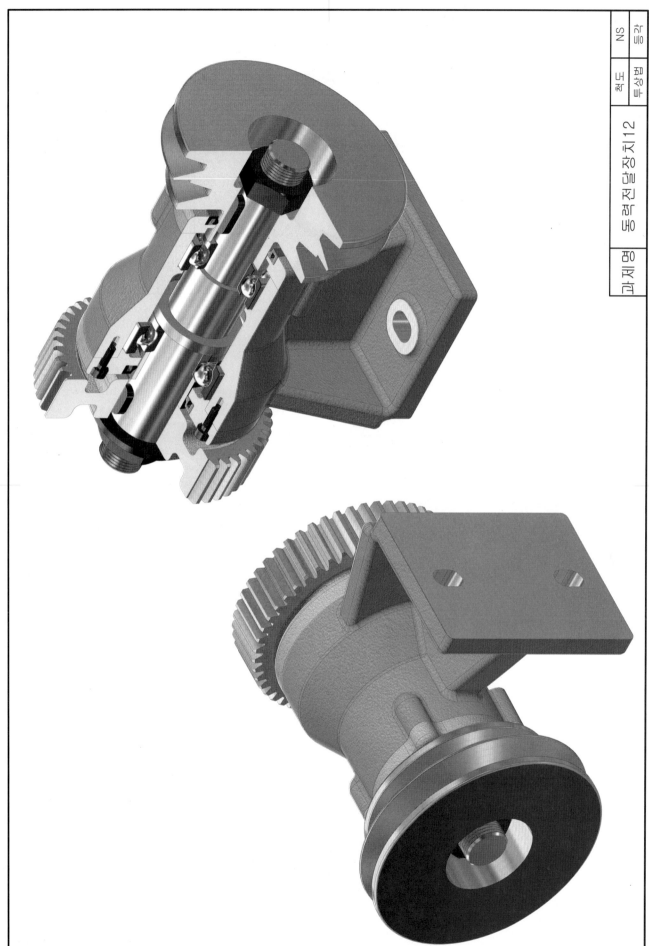

품번	품명	재질	수량	비고
7	칼라	STC85	1	
6	6205베어링 커버	GC200	1	
5	6206베어링 커버	GC200	1	
4	V-벨트 풀리	ALDC3	1	A-타입
3	스퍼 기어	SC480	1	
2	축	SM45C	1	
1	본체	GC200	1	
품번	품명	재질	척도	투상법
과제명	동력전달장치12		NS	3각

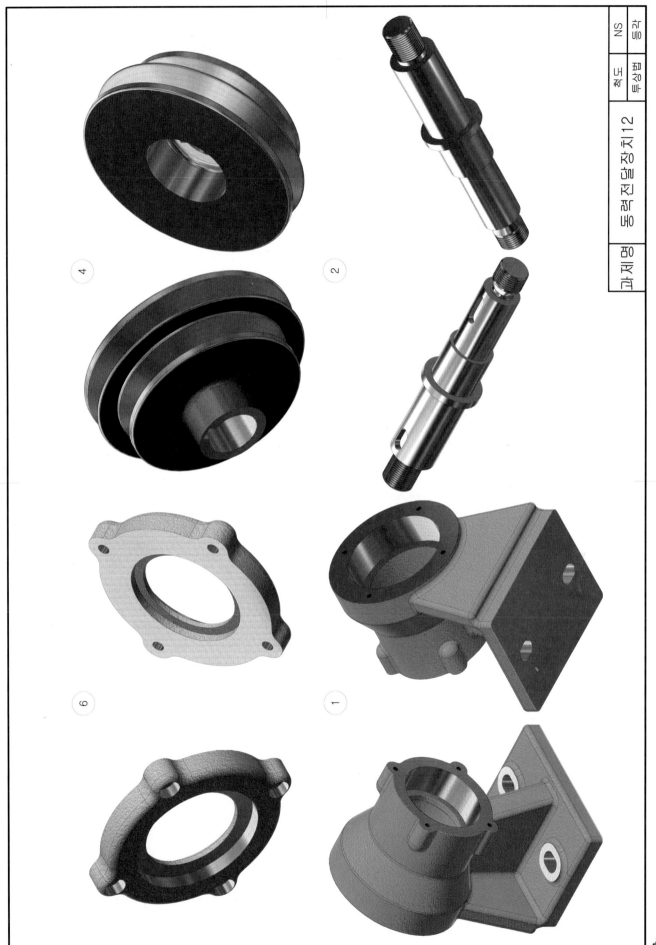

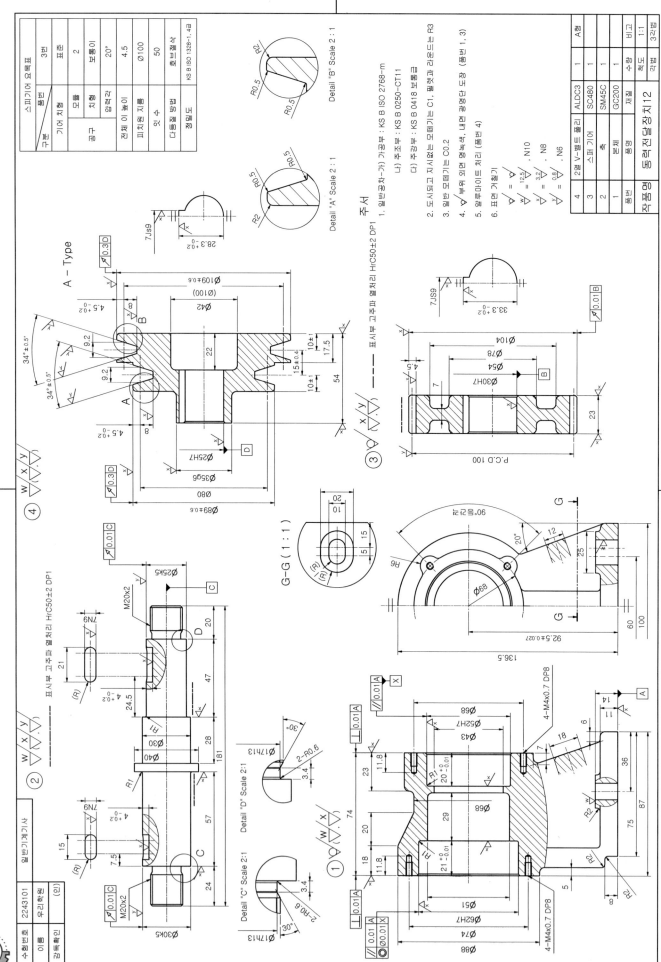

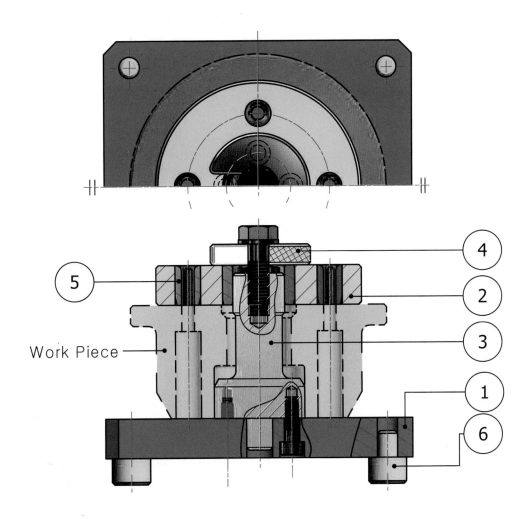

🔧 **그림1** C형 와셔

볼트(Bolt)와 너트(Nut)로 체결 시, 볼트 또는 너트의 밑에 끼는 둥글고 얇은 쇠붙이. 똬리쇠. 자릿쇠. 좌금(座金)이라고도 한다.

과제도 해설

1. 품번3 공작물과 접촉면 표면 거칠기 및 기하공차 관리
2. 품번4 C형 와셔 (널링 표현법 2D/3D 연습필요)
3. 품번6과 품번1은 조립부 직각도 유지

🐣 Jig류는 통상 SM 재질을 많이 사용함 (SM30C. SM45C 등)

🐣 Jig류 소재는 철강의 겉면에 인산 망간 또는 인산 철의 막을 입혀 녹스는 것을 막는 파커라이징 처리한다.

🐣 Top-Down 설계방식으로 작도해야만 실수를 줄일 수 있다.

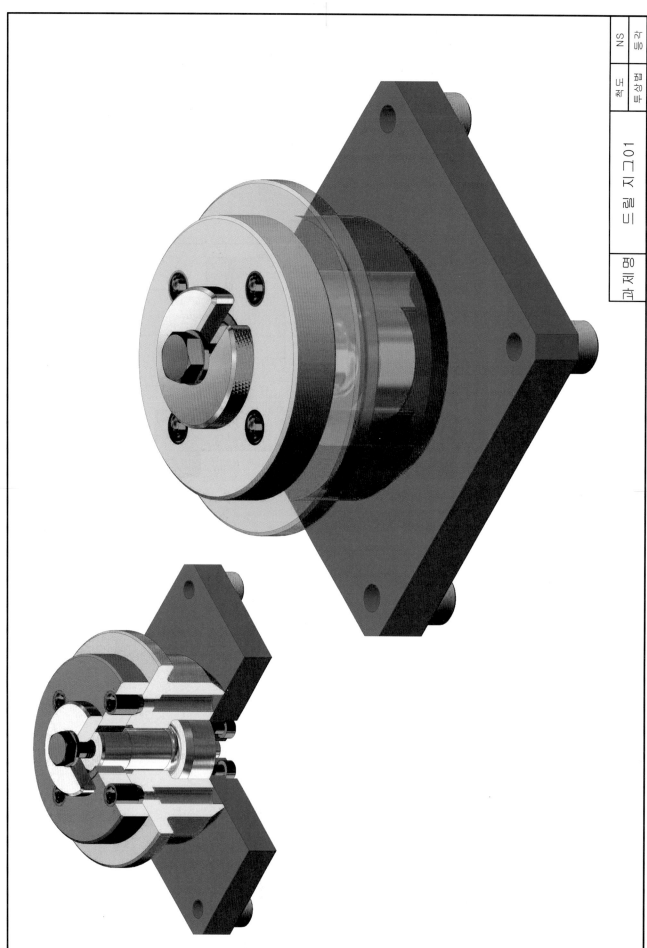

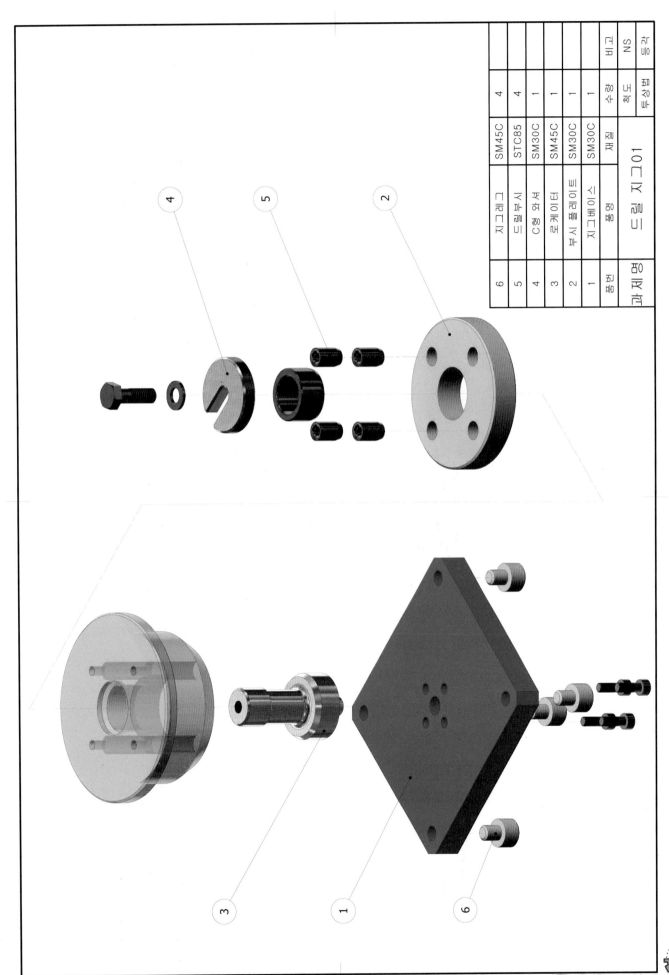

품번	품명	재질	수량	비고
6	지그레그	SM45C	4	
5	드릴부시	STC85	4	
4	C형 와셔	SM30C	1	
3	로케이터	SM45C	1	
2	부시플레이트	SM30C	1	
1	지그베이스	SM30C	1	
품번	품명	재질	수량	비고
과제명	드릴 지그 01	척도	NS	
		각법		

③

②

④

①

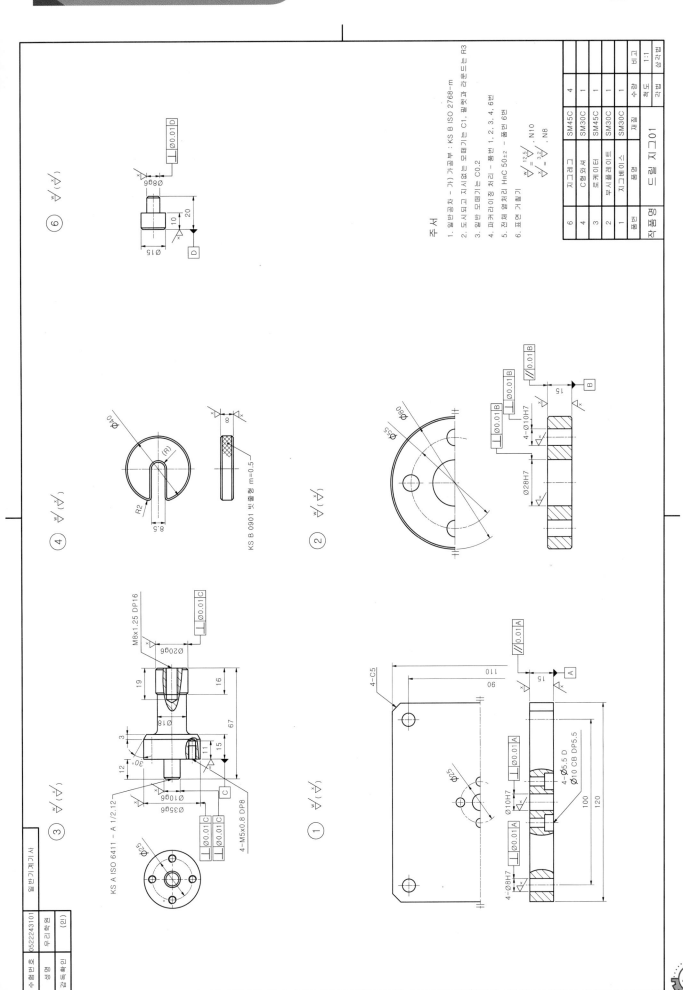

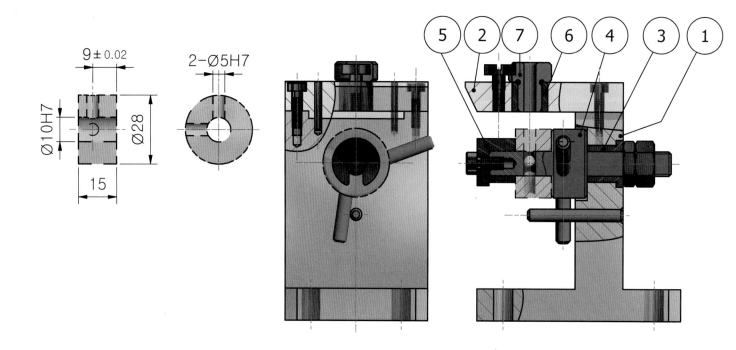

9 ± 0.02

2-Ø5H7

Ø10H7

Ø28

15

떨림 발생

회전

그림 1 ø5 드릴

그림 2 멈춤 나사

그림 3 삽입 부시

그림 4 고정라이너

그림 1 ø5 드릴
ø5 드릴은 회전 시 떨림 발생, 품번4의 드릴 자리는
ø5 규격의 1.1배 이상의 구멍으로 가공한다.

과제도 해설

1. 품번1, 품번2는 조립 시 맞춤핀 자리 고려
2. 품번4에 접촉되어 있는 2점 쇄선 물체는 공작물이며, 공작물의 치수가 주어진다면 반드시 참조하여 작도.
   (공작물을 타 부품에 붙여 그리는 투상 오류는 실격 사유가 됨)
3. 품번7 작도 시 KS규격집 "42.삽입 부시" 및 "44.부시와 멈춤쇠 또는 멈춤 나사의 중심 거리 및 부착 나사의 가공 치수"
   참조

조립도

NS 척도 / 각법 평삼각 / 드릴 지그 02 / 평재료

품번	품명	재질	수량	비고
7	노치형 삽입부시	STC85	1	
6	고정라이너	STC85	1	
5	누름쇠	SM30C	1	
4	축	SM45C	1	
3	부시	STC85	1	
2	부시홀더	SM30C	1	
1	본체	SM30C	1	

드릴 지그 02

과제명

②

④

⑤

①

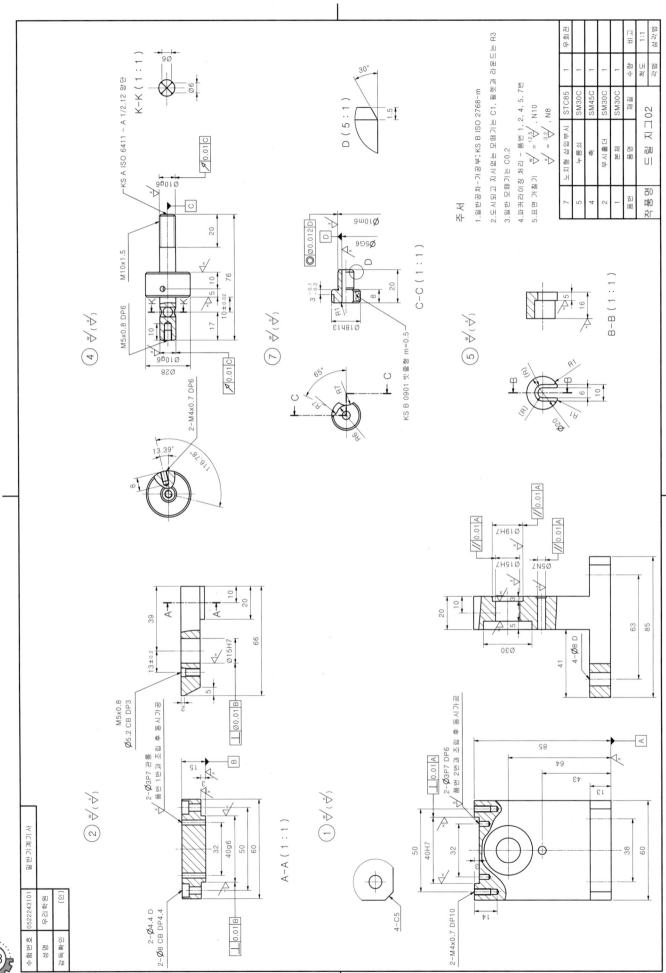

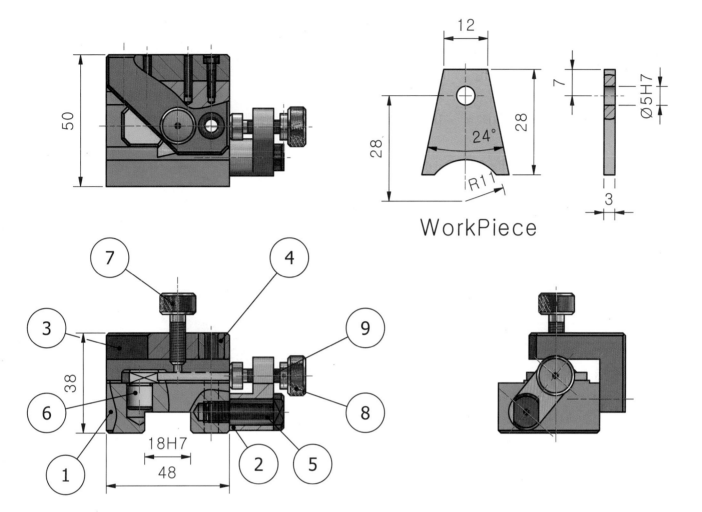

WorkPiece

과제도 해설

1. 품번1 "18H7" 자리는 텅자리이며, 바닥기준 직각도를 유지한다.
2. 품번1, 품번3 맞춤핀 자리는 P7의 공차를 가지며, 조립 후 동시가공 표기
   예 ø10 P7 품번2번과 조립 후 동시가공(표면 거칠기 x 면 유지)

🐤 공작물의 치수가 주어진다면 반드시 참조하여 작도. (공작물을 타 부품에 붙여 그리는 투상 오류는 실격 사유가 됨)

🐤 볼트 옆에 자리잡은 핀은 통상 맞춤핀이며, 맞춤핀은 부품을 클램핑 후 동시에 가공핀을 끼워 중간 끼워 맞춤으로 가공한다.

🐤 Jig류 소재는 철강의 겉면에 인산 망간 또는 인산 철의 막을 입혀 녹스는 것을 막는 파커라이징 처리합니다.

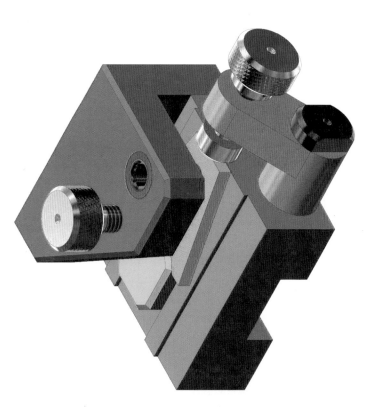

품번	품명	재질	척도	비고
7	고정물 누름 축	SM45C	1	
6	스토퍼	SM45C	1	
5	힌지축	SM45C	1	
4	고정 부시	STC85	1	
3	부시 홀더	SM30C	1	
2	레버	SM45C	1	
1	베이스	SM30C	1	
품번	품명	재질	수량	등급
과제명	드릴 지그 03		NS	

가공 부위

③

④

⑦

⑥

①

②

⑤

인벤터 기계제도 실기 · 실무

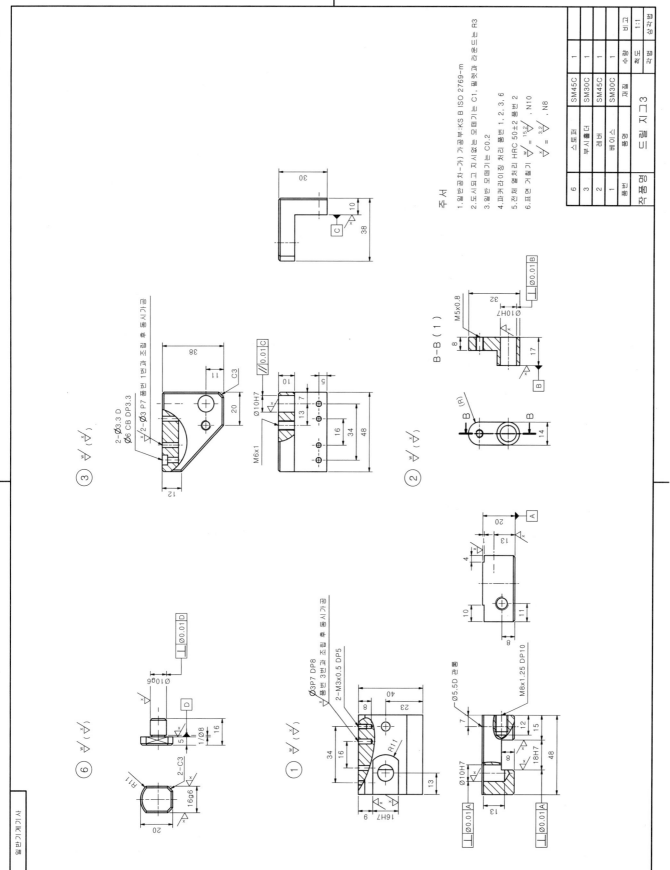

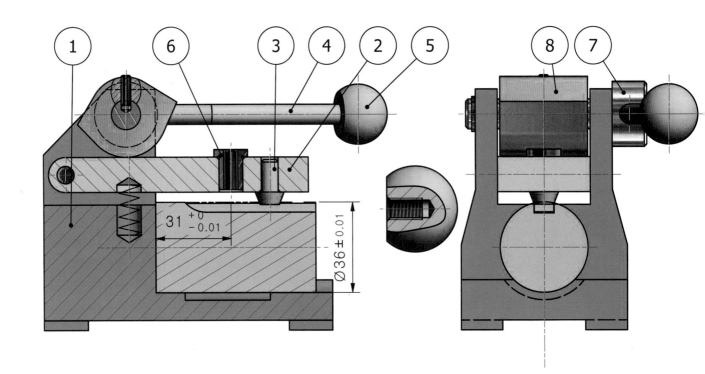

$31 \begin{smallmatrix} +0 \\ -0.01 \end{smallmatrix}$

$\varnothing 36 \pm 0.01$

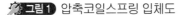

그림1 압축코일스프링 입체도

그림2 압축코일스프링 간략도

과제도 해설

1. 품번1, 품번7 조립 부위 작도 시 KS규격집 "19.멈춤 링" 참조
2. 품번1 공작물 접촉면 고주파 열처리

Jig류 소재는 철강의 겉면에 인산 망간 또는 인산 철의 막을 입혀 녹스는 것을 막는 파커라이징 처리합니다.

Jig류는 각 부분을 구분해서 어떻게 조립되고, 어떻게 동작되는지 이해 후 부품을 그리는게 시행착오를 줄일 수 있습니다. 색연필 등을 이용 부품별로 채색해서 부품을 구분하는 능력을 키우세요!

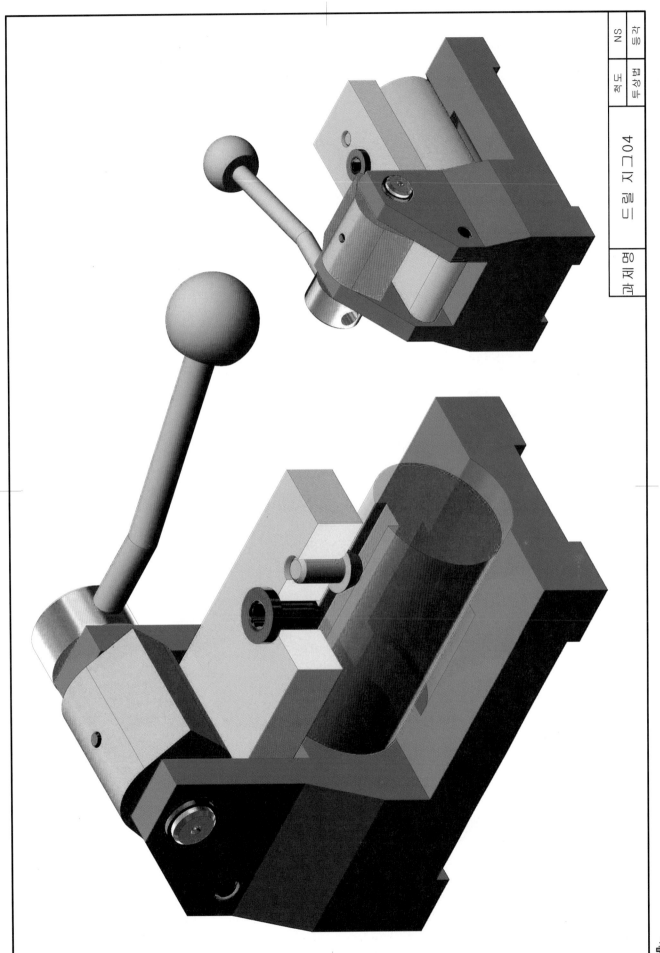

품번	품명	재질	수량	비고
8	핀	SM45C	1	
7	축	SM45C	1	
6	드릴고정부시	STC85	1	
5	손잡이봉	SM30C	1	
4	레버	SM45C	1	
3	가이드핀	STC85	1	
2	부시홀더	SM30C	1	
1	본체	SM30C	1	
품번	품명	재질	수량	비고

드릴지그04

매칭홈

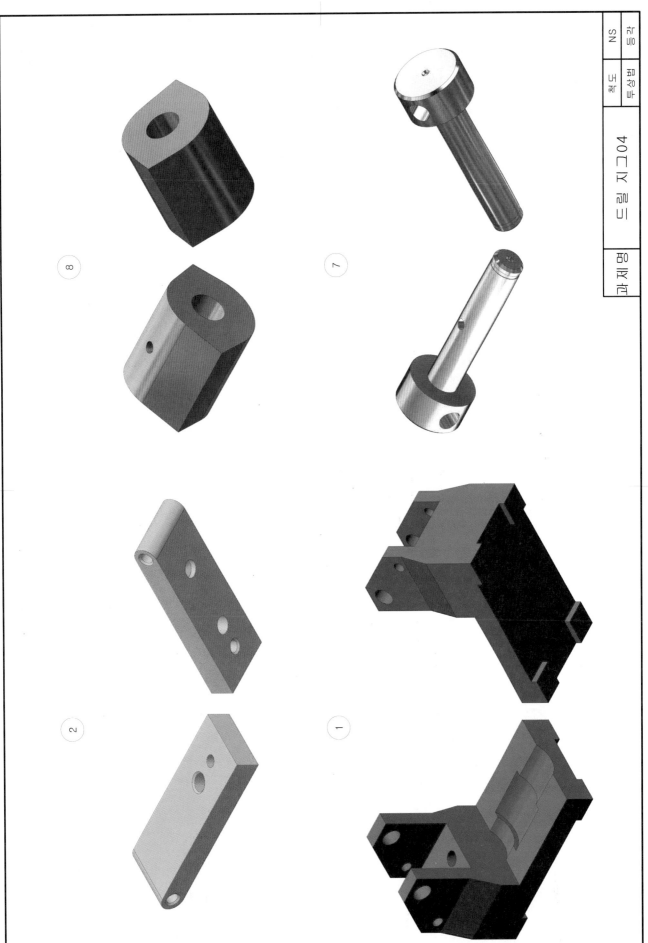

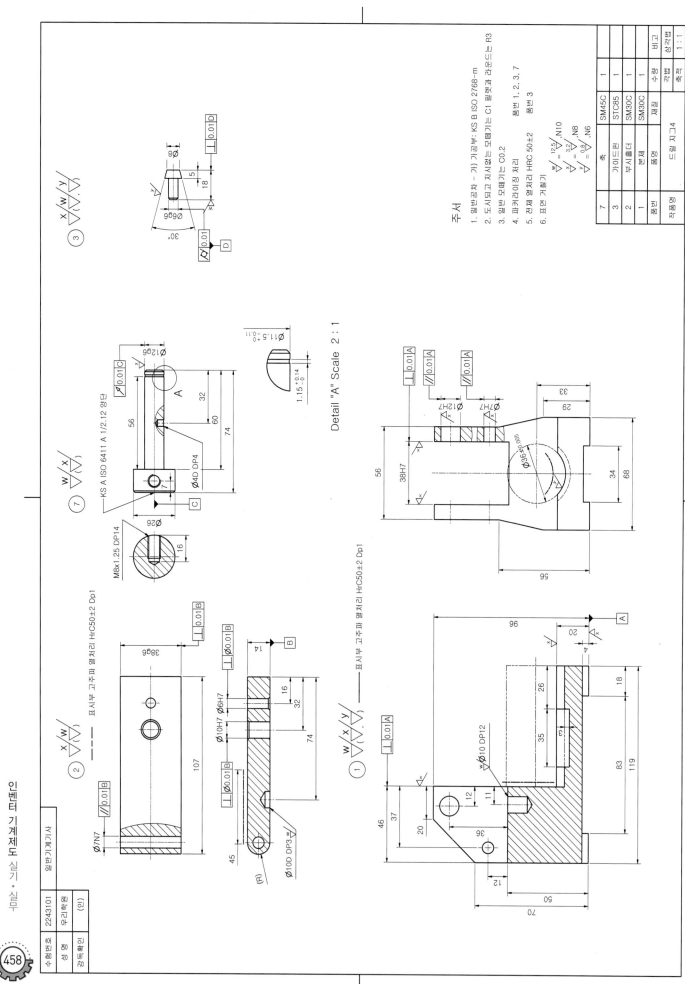

Detail "A" Scale 2 : 1

인벤터 기계제도 실기 · 실무

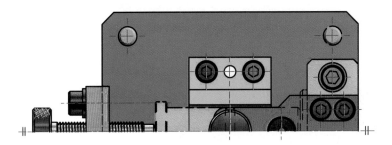

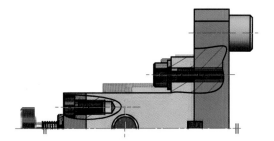

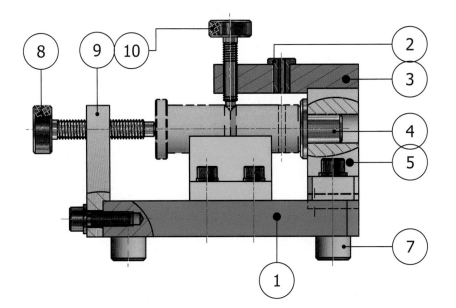

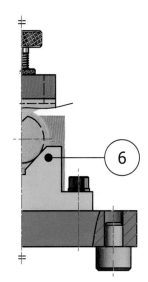

과제도 해설

1. 품번1, 품번6은 조립 시 맞춤핀 자리 고려

2. 품번6 작도 시 V-블록 표기법 참조(p.366 <그림 1>V-블록 치수표기법)

3. 품번2 작도시 KS규격집 "#41 지그용 부시 및 그 부속 부품 (고정 부시)" 참조
   3번에서 "43삽입 부시" → (42삽입 부시)로 변경

🐤 드릴 지그 형태는 Top-Down 설계방식으로 작도해야만 실수를 줄일 수 있습니다.

🐤 Jig류 소재는 철강의 겉면에 인산 망간 또는 인산 철의 막을 입혀 녹스는 것을 막는 파커라이징 처리 합니다.

🐤 Jig류는 각 부분을 구분해서 어떻게 조립되고, 어떻게 동작되는지 이해 후 부품을 그리는게 시행착오을 줄일 수 있습니다. 색연필 등을 이용 부품별로 채색해서 부품을 구분하는 능력을 키우세요!

등급 NS

척도 평상하

드릴 지그 05

명제각

품번	품명	재질	수량	척도	비고
10	공작물고정축	SM45C	1		
9	클램프축가이드	SM30C	1		
8	클램프축	SM45C	1		
7	지그레그	SM45C	4		
6	V-블록	SM45C	1		
5	편드가이드	SM30C	1		
4	스톱퍼드	SM30C	1		
3	부시플레이트	SM30C	1		
2	드릴부시	STC85	1		
1	지그베이스	SM30C	1		
품번	품명	재질	수량	척도	비고
과제명	드릴 지그 05			투상법	NS

10 ― 과제도에 따른 해설도

3D 참조도

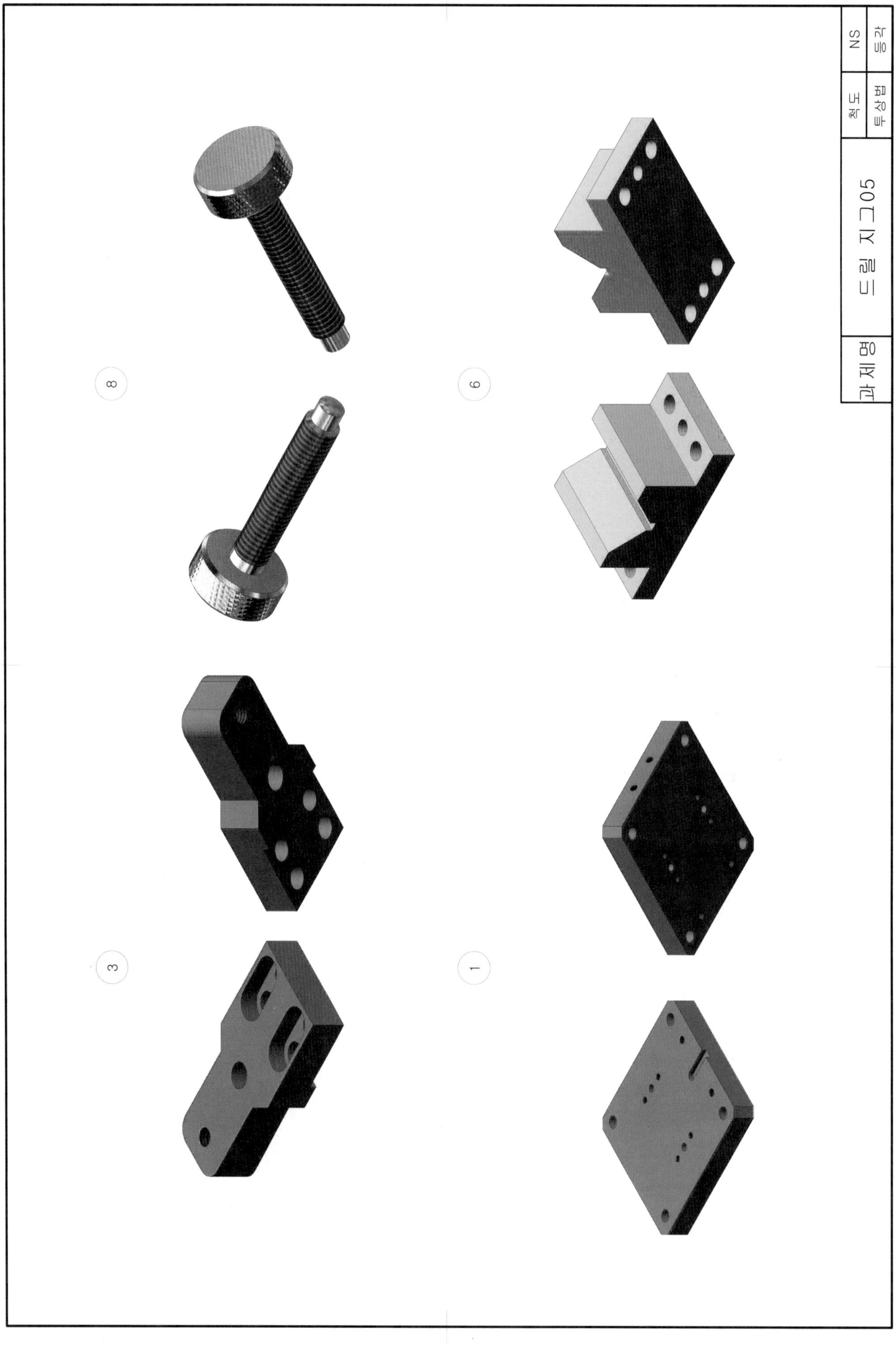

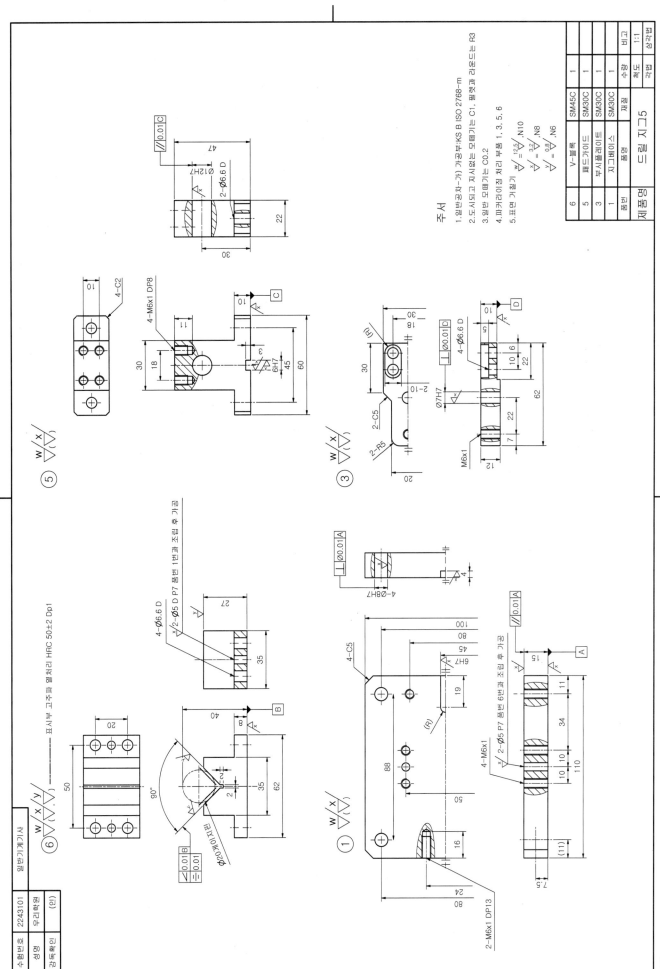

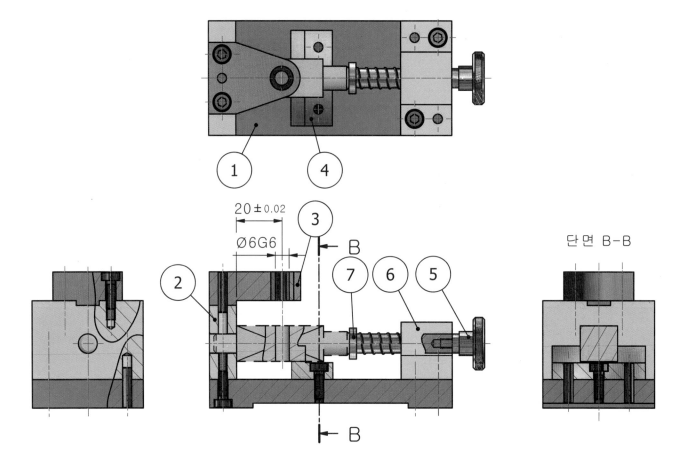

단면 B-B

과제도 해설

1. 품번1과 품번4, 품번2와 품번6의 맞춤핀 자리를 고려하여 작도해야 하며 P7의 공차기입, 조립 후 동시가공 표기
   예 ø10 P7 품번2와 조립 후 동시가공 (표면 거칠기 x면 유지)
2. 품번4 상단 2점 쇄선은 공작물의 표기법이며, 공작물을 타 부품에 붙여 그리는 투상 오류는 실격 사유가 됨. (**예** 공작물을 품번7로 착각하여 함께 작도하는 경우)

🐤 볼트 옆에 자리잡은 핀은 통상 맞춤 핀이며, 맞춤 핀은 부품을 클램핑 후 동시에 가공, 핀을 끼워 중간 끼워맞춤 또는 억지 끼워맞춤으로 가공한다.

🐤 Jig류 소재는 철강의 겉면에 인산 망간 또는 인산 철의 막을 입혀 녹스는 것을 막는 파커라이징 처리 필수입니다.

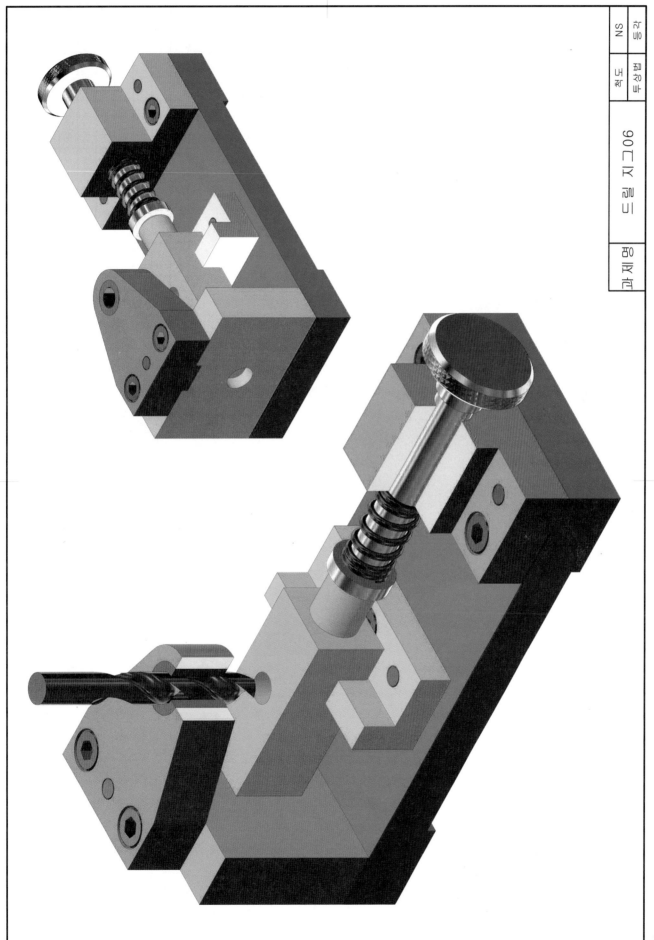

품번	품 명	재 질	수량	비고
7	공작물고정축	SM45C	1	
6	축지지대	SM30C	1	
5	널링손잡이	SM45C	1	
4	공작물받침대	SM30C	1	
3	부시홀더	SM30C	1	
2	부시홀더지지대	SM30C	1	
1	베이스	SM30C	1	
품번	품 명	재 질	수량	비고

드릴 지그 06

과제명

등각

NS

③

②

①

멈춤 핀

⑦

④

⑥

⑤

NS | 각도
척도 | 평면도
드릴 지그 06
투상법

② ③ ④ ①

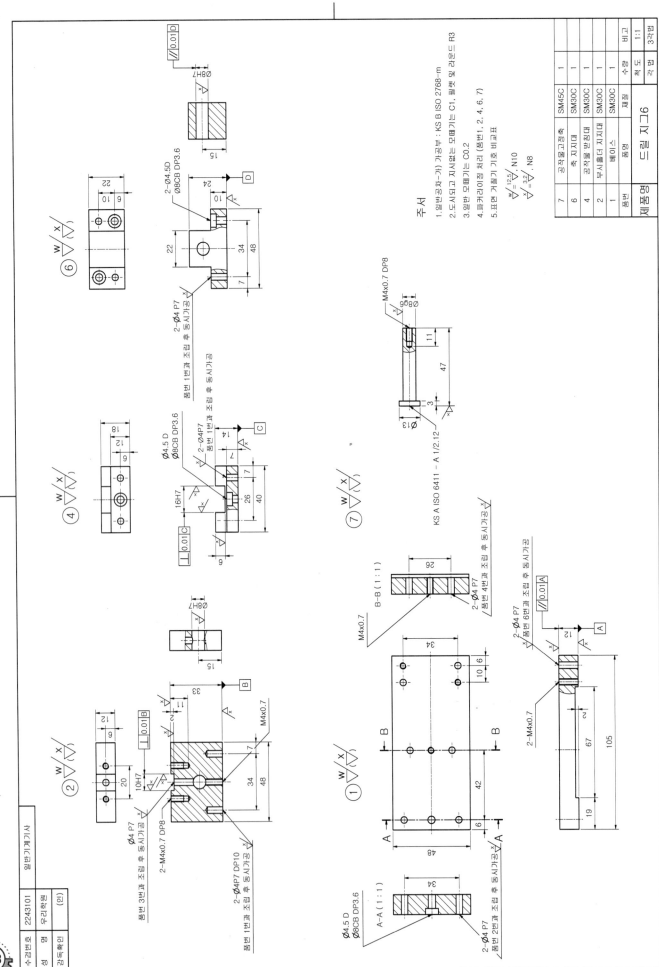

주서
1. 일반공차-가) 가공부 : KS B ISO 2768-m
2. 도시되고 지시없는 모떼기는 C1, 필렛 및 라운드 R3
3. 일반 모떼기는 C0.2
4. 파커라이징 처리 (품번1, 2, 4, 6, 7)
5. 표면 거칠기 기호 비교표

$\sqrt{}$
$\overset{w}{\nabla} = \sqrt[12.5]{}$, N10
$\overset{x}{\nabla} = \sqrt[3.2]{}$, N8

품명			재질	수량	비고
7	공작물고정축		SM45C	1	
6	축 지지대		SM30C	1	
4	공작물 받침대		SM30C	1	
2	부시홀더 지지대		SM30C	1	
1	베이스		SM30C	1	
품번	품명		재질	수량	비고
제품명	드릴 지그6			척 도	1:1
				각법	3각법

수검번호	2243101	
성 명	우리학연	
감독확인	(인)	

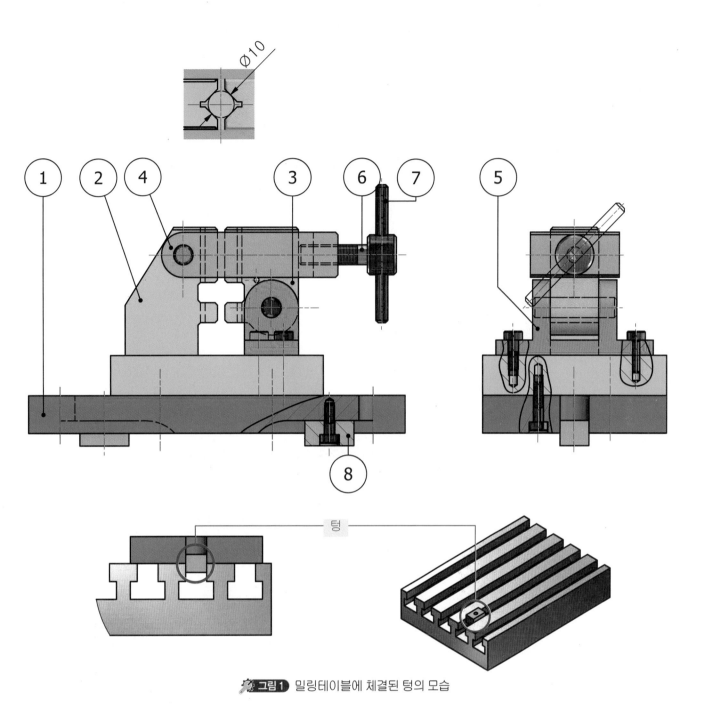

그림1 밀링테이블에 체결된 텅의 모습

과제도 해설

1. 품번1, 품번8과 조립 부위는 텅 자리이며 끼워맞춤 및 형상공차 규제
2. 품번2, 품번5 조립부는 맞춤핀 자리를 고려하여 작도해야 하며 P7의 공차기입, 조립 후 동시가공 표기
3. 품번2와 품번3은 V-블록 표기법 참조(p.366 <그림 1>V-블록 치수기입법)

👷 부품을 구분할 때는 체결 부분이 중요한 단서입니다. 나사 체결이 있는 곳은 서로 다른 부품이며, Hatch 방향이 다른 경우도 다른 부품인 경우가 많답니다.

👷 Jig류는 각 부분을 구분해서 어떻게 조립되고, 동작되는지 이해한 후 부품을 그리는게 시행착오을 줄일 수 있습니다.

👷 조립 형태의 여러 부품의 투상 실수를 줄이기 위해서, 각 부품별로 채색 하는 것을 추천합니다. 색연필 등을 이용하여 채색하면 부품 구분이 쉬워지므로 투상에 대한 실수를 줄일 수 있습니다.

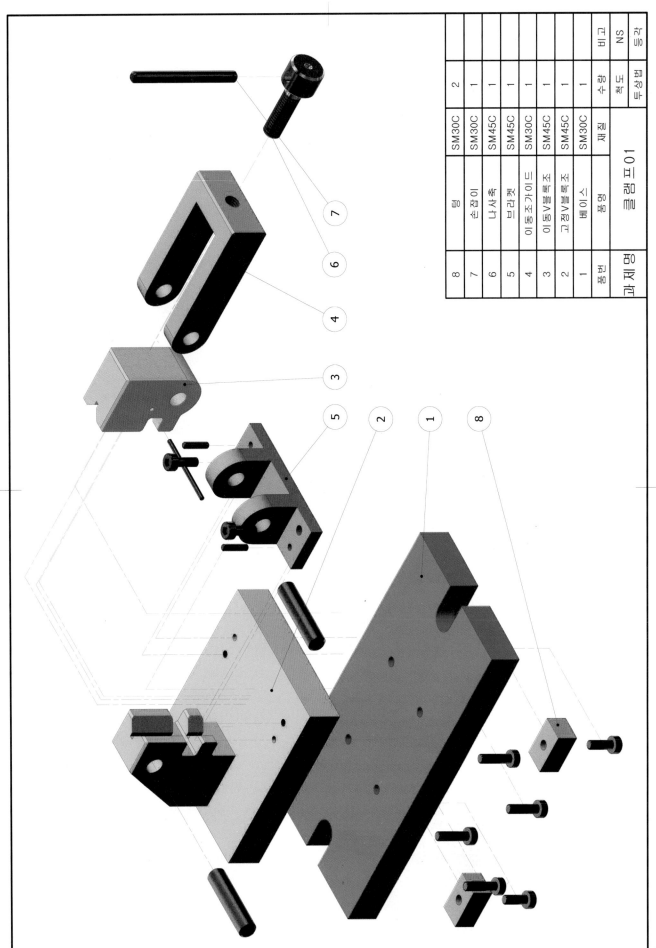

품번	품명	재질	수량	비고
			등급	NS
			척도	1
			현상품	현상품
8	핀	SM30C	2	
7	손잡이	SM30C	1	
6	나사축	SM45C	1	
5	브라켓	SM45C	1	
4	이동조가이드	SM30C	1	
3	이동V블록조	SM45C	1	
2	고정V블록조	SM45C	1	
1	베이스	SM30C	1	
품번	품명	재질	수량	비고

클램프 01

3D 참조도

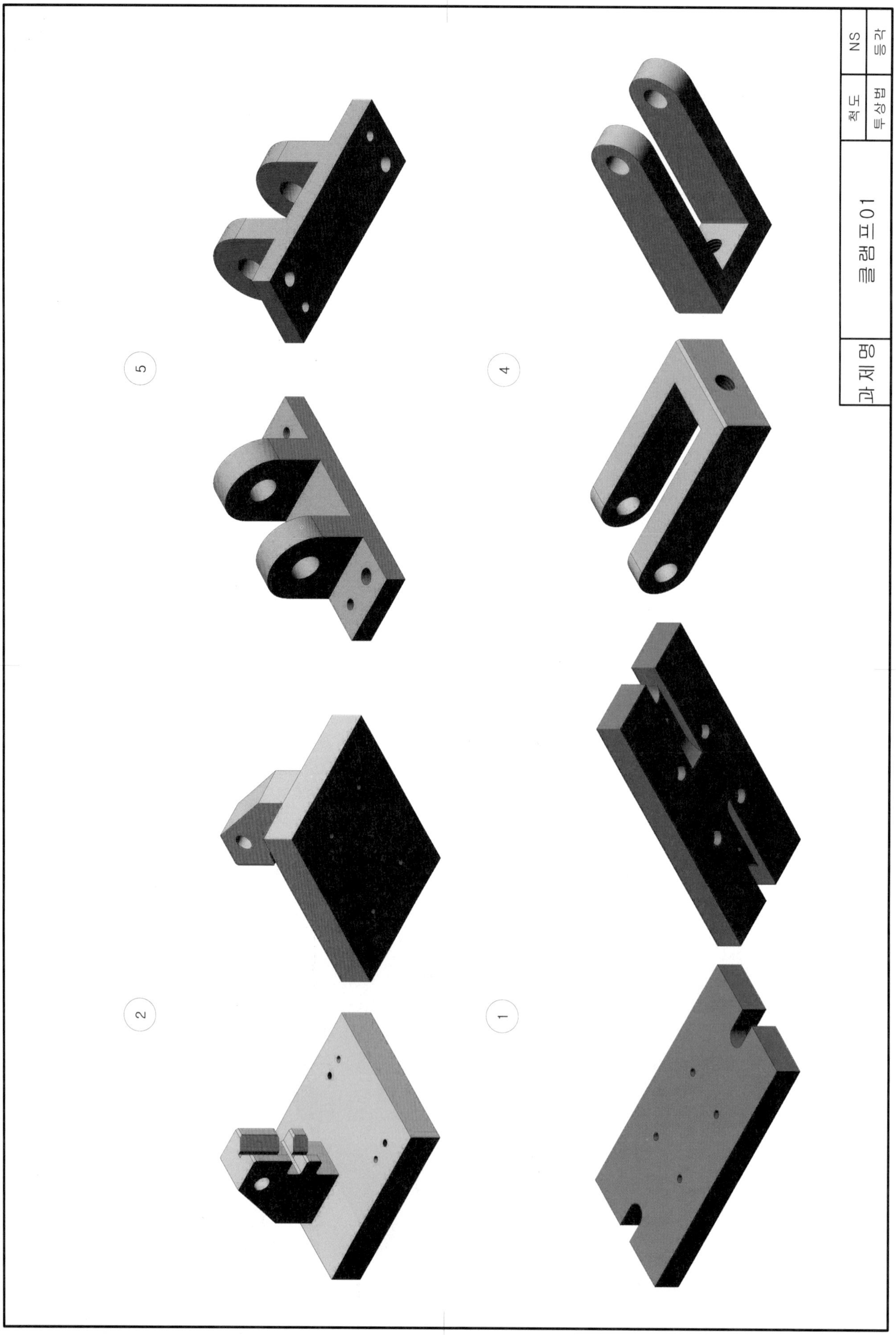

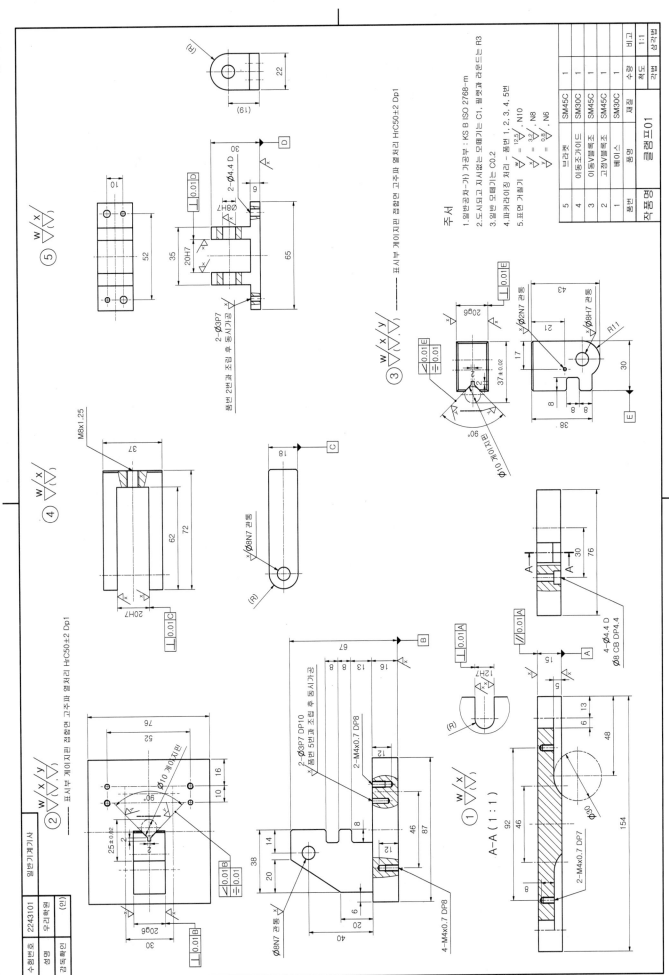

해설도

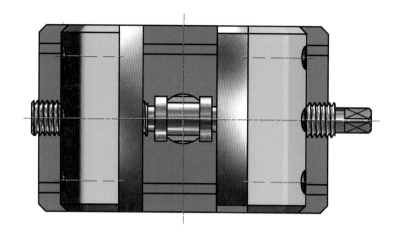

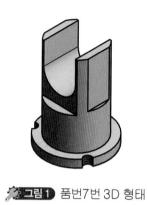

🔧 **그림 1** 품번7번 3D 형태

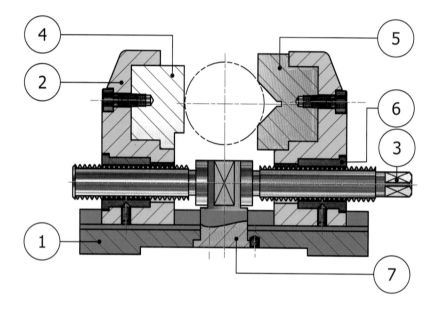

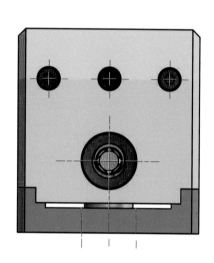

과제도 해설

1. 품번3 한쪽은 왼나사, 반대쪽은 오른나사를 적용하여 회전 시 조의 유격을 조절
2. 품번3 우측단은 생크이며, KS규격집 "20.생크" 참조
3. 품번5와 V−블록 형태는 치수 기입 시 게이지 핀을 활용(p.366 <그림 1>V−블록 치수기입법)

🔧 생크(Shank) : 공구를 공작기계에 결합시키는 사각 형태의 자루 부분.

🔧 사다리꼴 나사(Trapezoidal Thread)란?
나사의 효율면에서 4각 나사가 이상적이나 가공의 어려움이 있어 사다리꼴 나사를 사용한다. 나사산 각이 미터계(Tr)는 30°, 인치계(TW)는 29°, 미터계는 피치를 mm로, 인치계는 1인치에 대한 나사산 수를 기준으로 나타내며, 애크미 나사 (Acme Thread)라고도 한다.
　이 나사는 추력(Thrust)을 전달하는 부품에 적합하며, 4각 나사보다 강도가 높고 나사 봉우리와 골 사이에 틈새가 있으므로 물림이 좋으며 마모가 되어도 어느 정도 조정할 수가 있어, 공작기계의 이송 나사(Feed Screw), 밸브의 개폐용, 잭, 프레스 등의 축력을 전달하는 운동용 나사로 사용된다.

10 ― 과제도에 따른 해설도

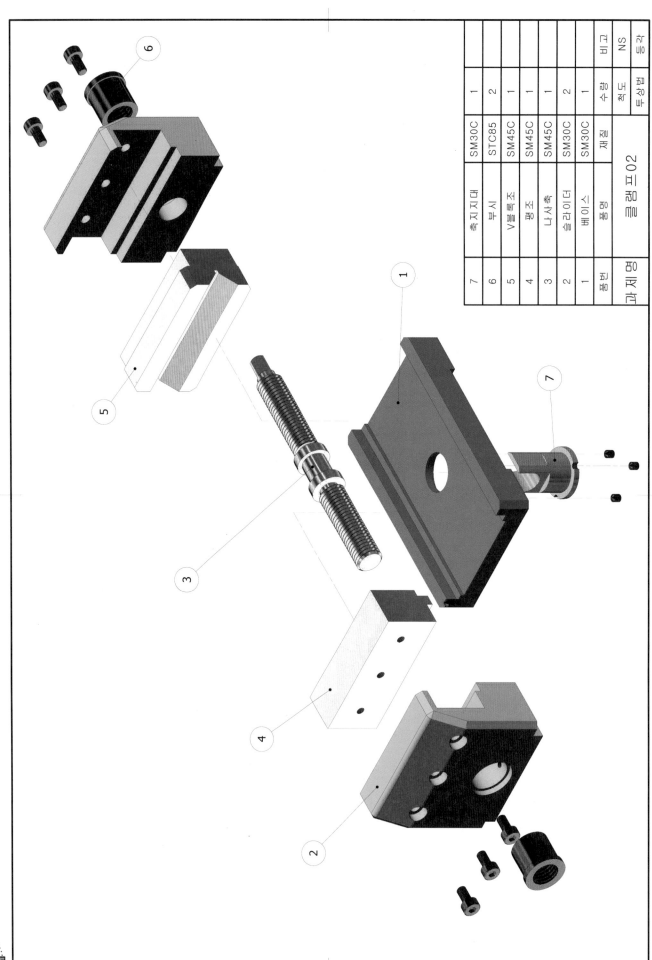

품번	품명	재질	수량	비고
7	축지지대	SM30C	1	
6	부시	STC85	2	
5	V블록조	SM45C	1	
4	평조	SM45C	1	
3	나사축	SM45C	1	
2	슬라이더	SM30C	2	
1	베이스	SM30C	1	
품번	품명	재질	수량	비고

클램프 02

3D 참조도

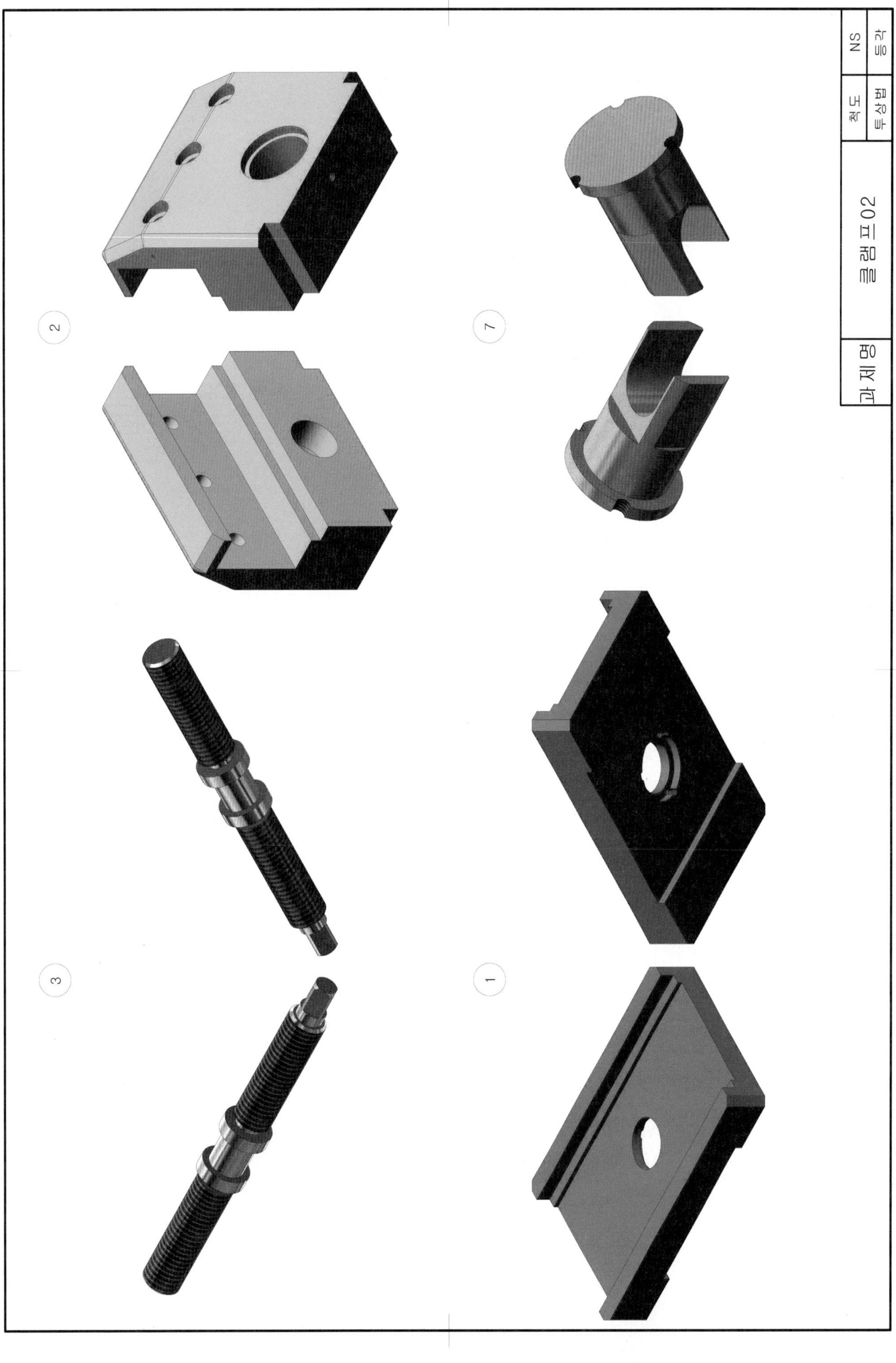

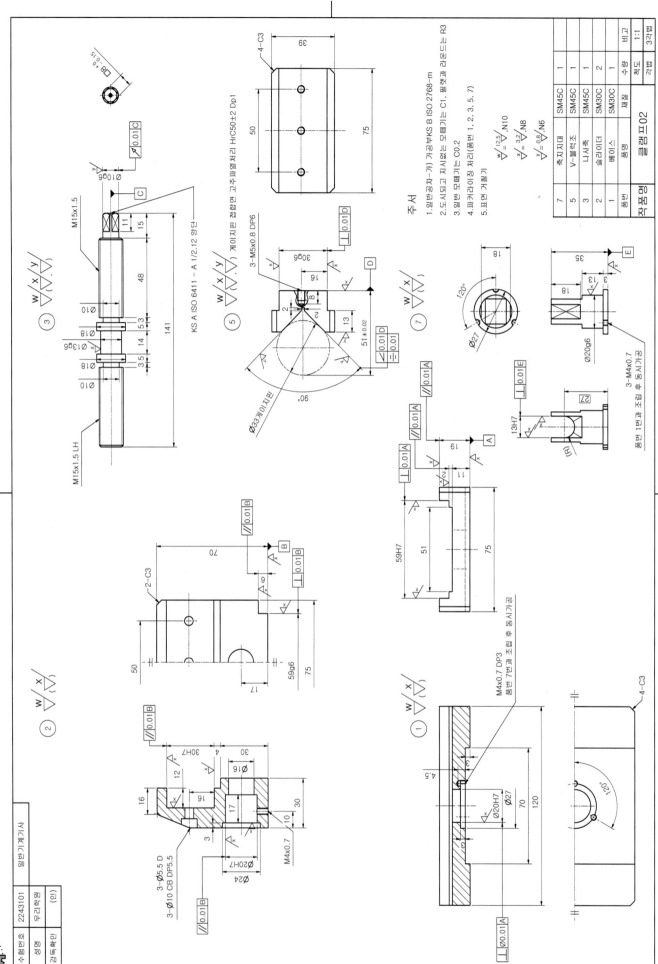

주서
1. 일반공차(-기) 가공부KS B ISO 2768-m
2. 도시되고 지시없는 모떼기는 C1, 필렛과 라운드는 R3
3. 일반 모떼기는 C0.2
4. 파커라이징 처리(품번 1, 2, 3, 5, 7)
5. 표면 거칠기

$\frac{w}{}= \sqrt[12.5]{}$, N10

$\frac{x}{}= \sqrt[3.2]{}$, N8

$\frac{y}{}= \sqrt[0.8]{}$, N6

품번	품명	재질	수량	척도	비고
7	축지지대	SM45C	1		
5	V-블럭조	SM45C	1		
3	나사축	SM45C	1		
2	슬라이더	SM30C	2		
1	베이스	SM30C	1		

작품명 클램프02

각법 3각법

척도 1:1

KS A ISO 6411 – A 1/2.12 양단

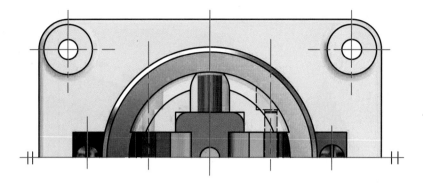

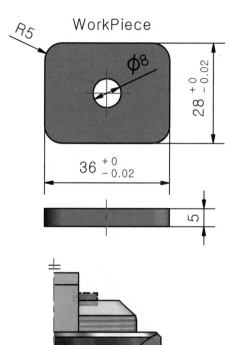

WorkPiece

R5

$\phi 8$

$28 {\,}^{+0}_{-0.02}$

$36 {\,}^{+0}_{-0.02}$

5

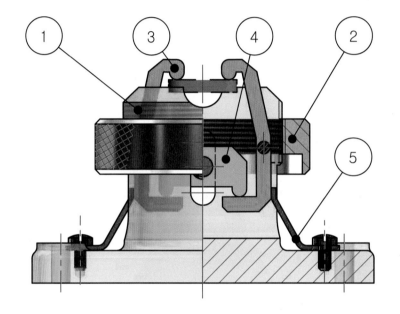

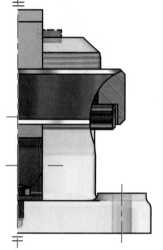

과제도 해설

1. 품번2 3D 모델링은 "Knurl1_bump.bmp" 파일 적용하여 널링 표현

💬 Jig류는 각 부분을 구분해서 어떻게 조립되고, 동작되는지 이해한 후 부품을 그리는 게 시행착오을 줄일 수 있습니다.

💬 공작물의 치수가 주어진다면 반드시 참조하여 작도(공작물을 타부품에 붙여 그리는 투상 오류는 실격 사유가 됨)

💬 조립 형태의 여러 부품의 투상 실수를 줄이기 위해서 각 부품별로 채색 하는 것을 추천합니다. 색연필 등을 이용하여 채색하면 부품 구분이 쉬워지므로 투상에 대한 실수를 줄일 수 있습니다.

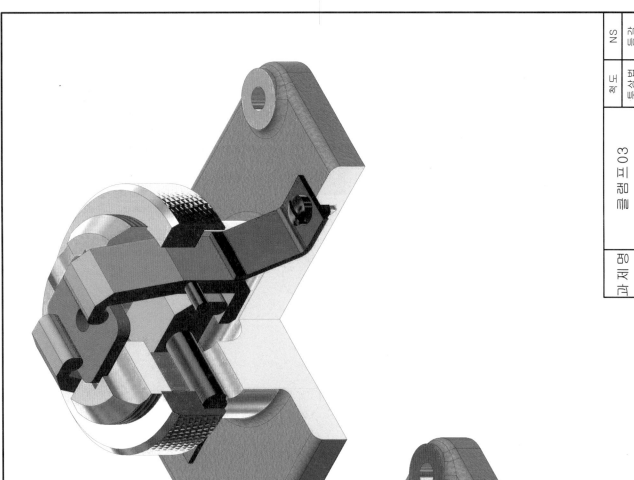

분해도

품번	품명	재질	수량	비고
5	판스프링	SM30C	2	
4	조정판	SM30C	1	
3	로커암	SM45C	2	
2	너트	SM30C	1	
1	본체	GC200	1	
품번	품명	재질	수량	비고

클램프 03

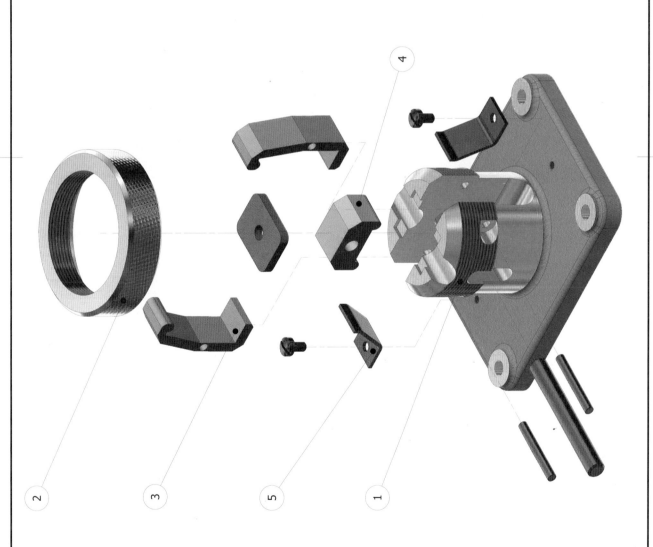

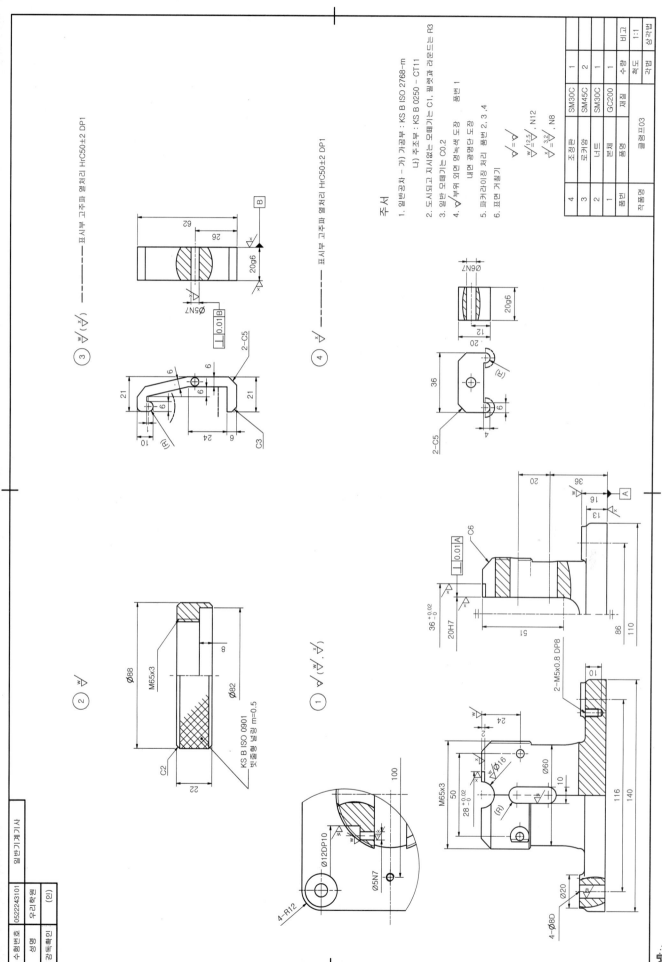

주서

1. 일반공차 - 가) 가공부 : KS B ISO 2768-m
　　　　　　나) 주조부 : KS B 0250 - CT11
2. 도시되고 지시없는 모떼기는 C1, 필렛과 라운드는 R3
3. 일반 모떼기는 C0.2
4. ▽부위 외면 명녹색 도장　품번 1
　　내면 광명단 도장
5. 파카라이징 처리 품번 2, 3, 4
6. 표면 거칠기

작품명	클램프03	품번	품명	재질	수량	척도	
품번		1	본체	GC200	1	도번	1:1
2		2	너트	SM30C	1		
3		3	로카암	SM45C	2		
4		4	조정판	SM30C	1		

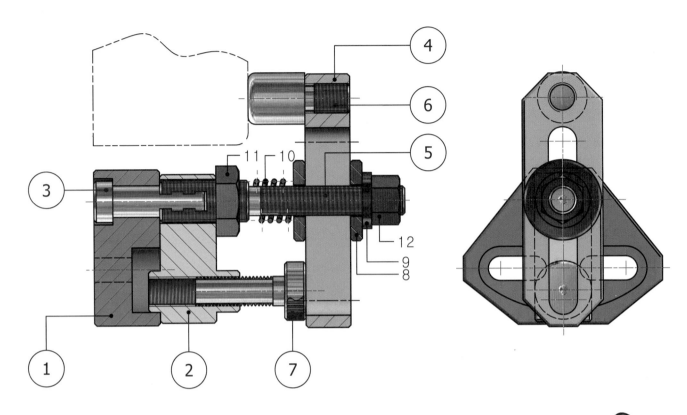

그림1 압축코일 스프링

그림2 스프링의 2D표현법

그림3 바른줄형 널링 축

인
벤
터
기
계
제
도
실
기
·
실
무

과제도 해설

1. 품번1, 품번2는 슬라이딩 접촉면 표면 거칠기 관리필요

2. 품번3, 품번5 측면에서 조립되는 끼워맞춤 형태

3. 품번7 바른줄형 널링 작도법 숙지 필요

🔩 널링(Knurling)이란?

공구 등을 손으로 잡는 부분이 미끄럼 방지를 위해 빗줄형 또는 바른줄형으로 모양을 만드는 가공법(널링이란 프랑스어로 깔쭉깔쭉한 모양을 뜻한다.)

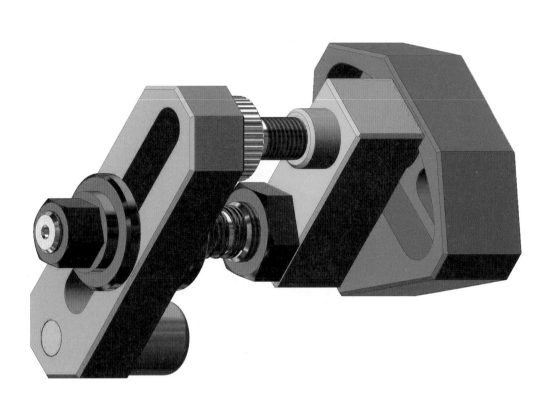

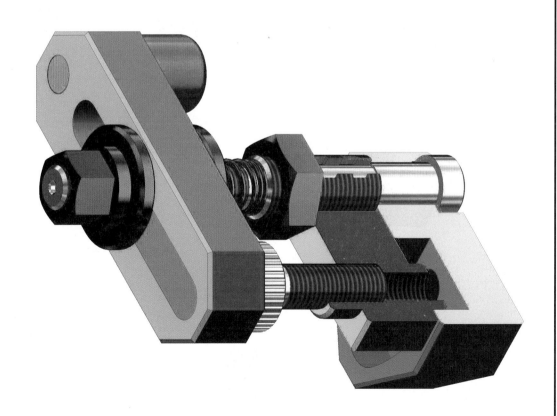

품번	품명	재질	수량	비고
7	나사축	SM45C	1	
6	공작물고정축	SM45C	1	
5	클램프몸통축	SM45C	1	
4	클램프몸통	SM45C	1	
3	고정축	SM45C	1	
2	고정몸통	SM30C	1	
1	본체	SM30C	1	
품번	품명	재질	수량	비고
과제명	클램프 04		척도	NS
			각법	3각

⑤

③

④

② ① ①

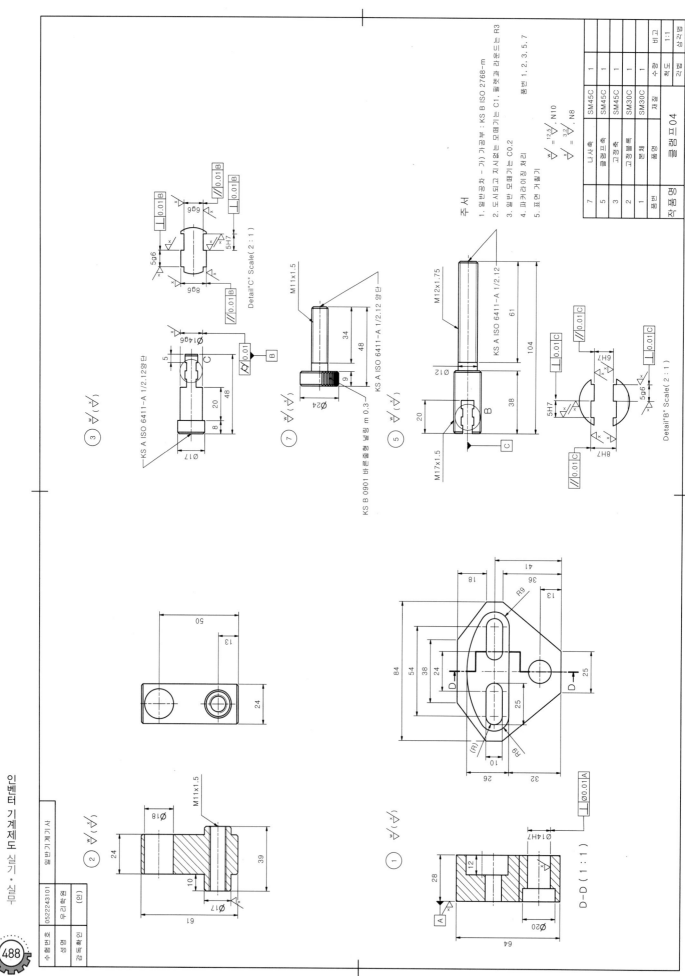

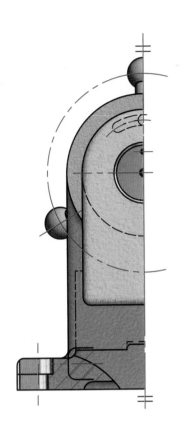

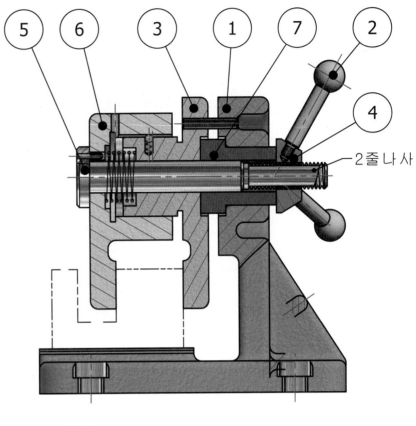

2 줄 나 사

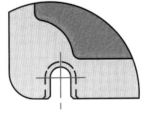

과제도 해설

1. 품번1 리브 형태가 있는 부품은 주물 후 접촉면과 동작면은 기계가공
2. 품번1 저면도 및 평면도가 나오는 경우, 정면도에서 표현 안되는 형상이 있다는 힌트입니다. 즉 도면에 그대로 표기한다.
3. 품번3, 품번6은 공작물(2점 쇄선)을 클램핑하기 위해 평행 유지하여야 하며, 기하공차 및 표면 거칠기 관리 필요

🐷 Jig류는 각 부분을 구분해서 어떻게 조립되고, 동작되는지 이해한 후 부품을 그리는게 시행착오을 줄일 수 있습니다.

🐷 과제도에 두 줄 나사가 나와도, 모델링은 변하지 않아요. 한 줄 나사와 두 줄 나사의 외형은 같습니다.

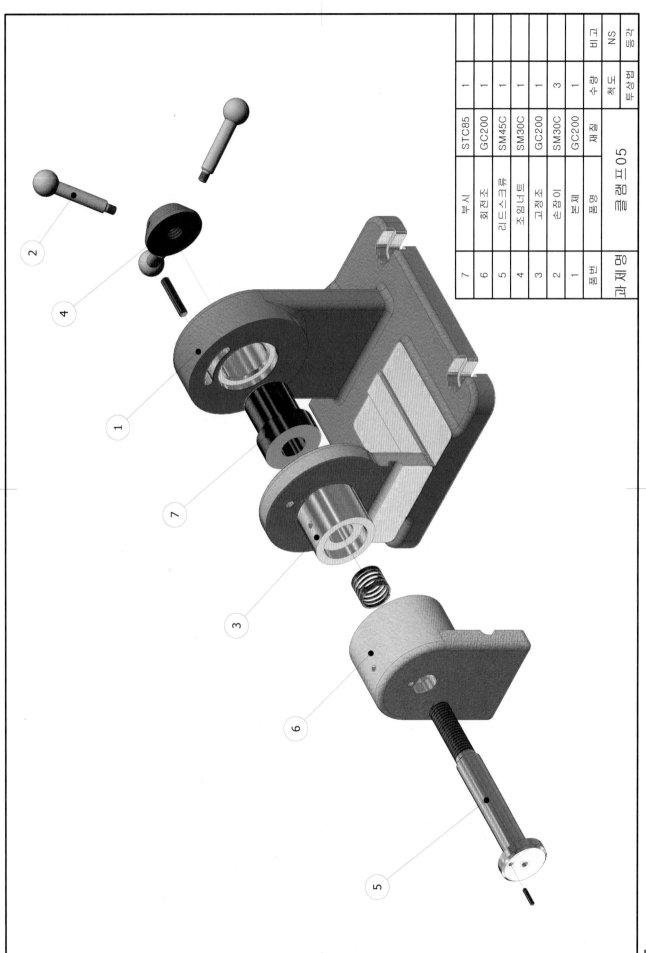

품번	품명	재질	도척수	NS
			수량	비고
7	부시	STC85	1	
6	회전조	GC200	1	
5	리드스크류	SM45C	1	
4	조임너트	SM30C	1	
3	고정조	GC200	1	
2	손잡이	SM30C	3	
1	본체	GC200	1	
품번	품명	재질	도척수	비고

클램프 05

과제도

인벤터 기계제도 실기 · 실무

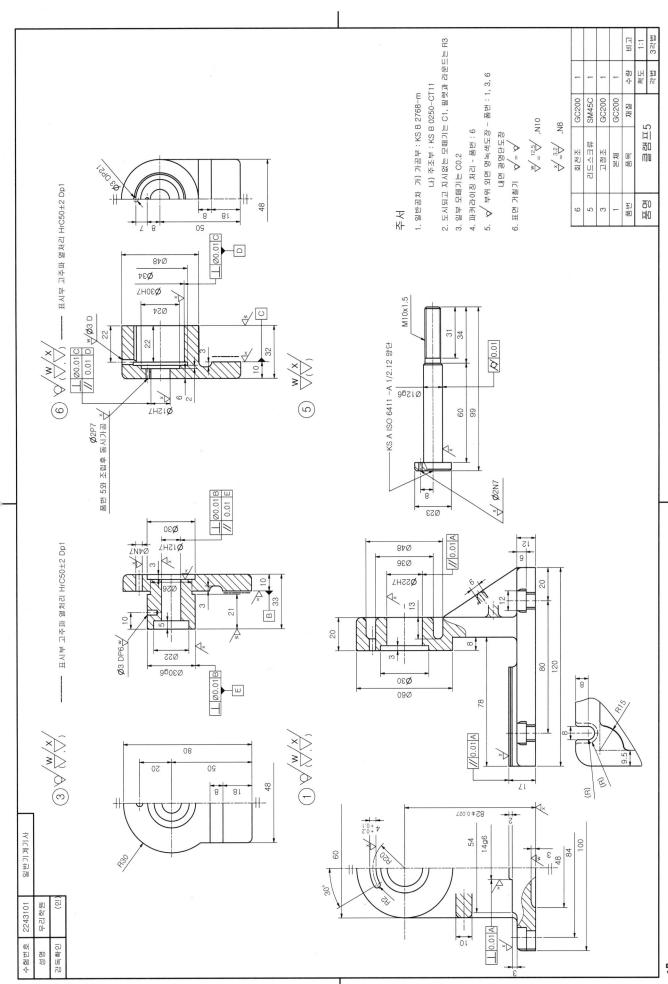

10
— 과제도에 따른 해설도

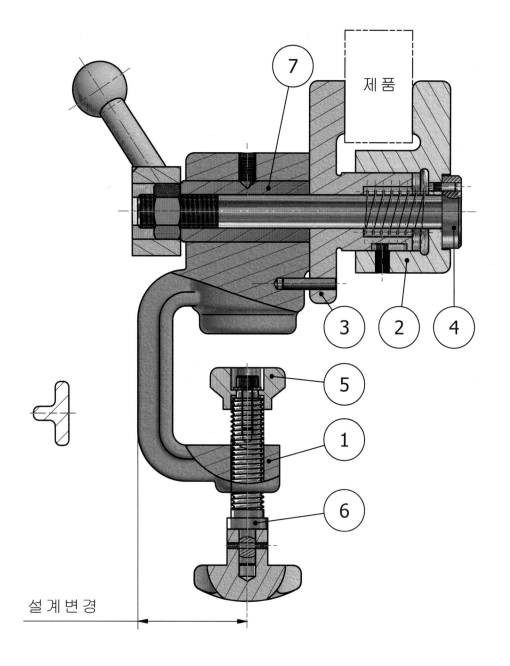

제품

7

3 2 4

5

1

6

설 계 변 경

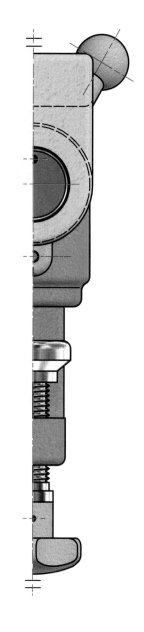

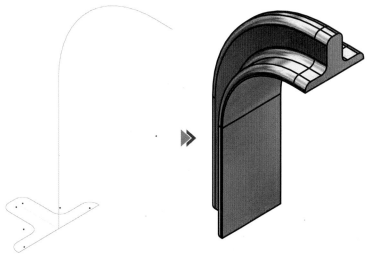

그림 1 스윕예제 모델링(경로를 따라 스윕)

과제도 해설

1. 품번1 리브 형태가 있는 부품은 주물 후 접촉면과 동작면은 기계가공
2. 품번1 스윕기능 활용 모델링
3. 품번1 2D 도면 시 리브 단면 표시 필수
4. 품번2, 품번3은 공작물(2점 쇄선)을 클램 핑 하기 위해 평행 유지하여야 하며 기하공 차 및 표면 거칠기 관리 필요

🐤 스윕은?
경로를 따라, 경로 및 안내 레일을 따라 그리 고 경로 및 안내 곡면을 따라 작성하는 모델링 입니다.

NS	척
도척	도상면

비례척아님

품번표

495

품번	품명	재질	수량	비고
7	부시	STC85	1	
6	리드스크류	SM45C	1	
5	받침대	SM45C	1	
4	축	SM45C	1	
3	고정조	GC200	1	
2	이동조	GC200	1	
1	클램프	GC200	1	NS
품번	품명	재질	척상	등척

라청프상탁

3D 참조도

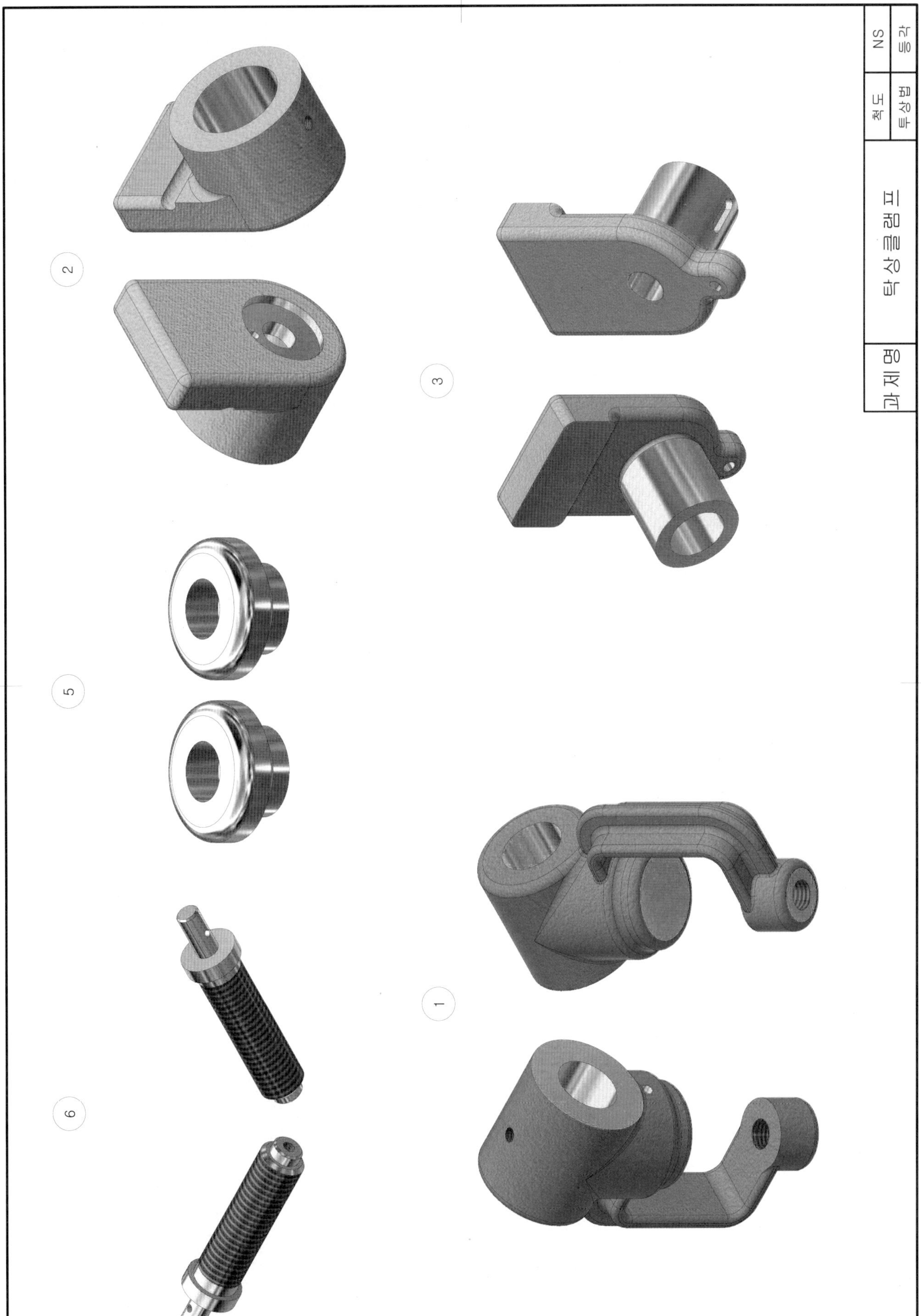

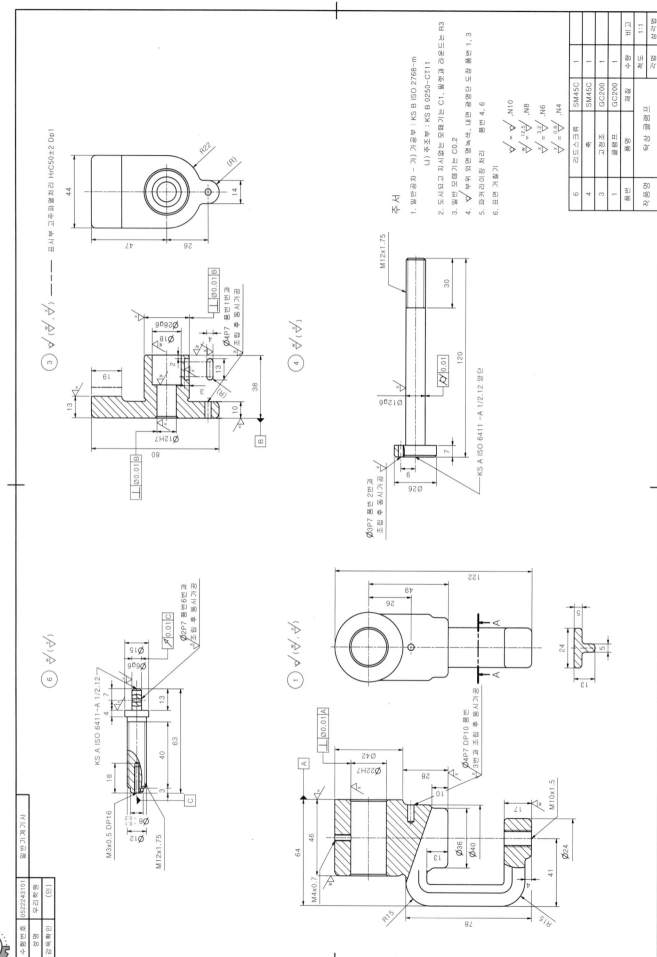

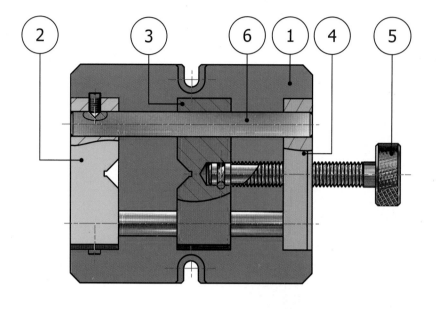

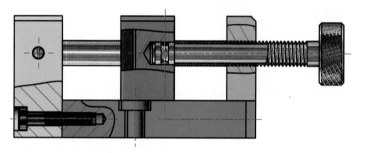 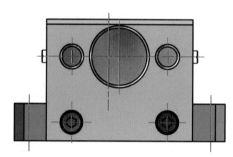

과제도 해설

1. 품번2, 품번3, 품번4는 품번6과 체결 부위가 이론적으로 정확한 치수를 기입
2. 품번5 회전 시 품번3이 품번5와 함께 이동되기 위해선 두 부품 간의 체결 필수

🐟 Top-Down(하향식) 설계방식으로 작도해야만 실수를 줄일 수 있답니다.

🐟 Top-Down(하향식)설계는 제품의 구조 최상위 단계에서의 조립성, 동작성 등을 고려, 제품을 이루는 하위 단계의 모든 부품에 적용되도록 설계를 진행해나가는 방법입니다.

Top-Down(하향시)설계의 구체적인 장점으로는 설계관리의 측면에서 Layout과 Skeleton은 설계의 중요한 개념, 즉 고정위치, 하위 부품이 조립되기 위해 필요한 공간의 크기나 제약조건, 또는 중요한 치수 등과 같은 설계 파라미터 등을 포함하고 있기 때문에 이 Skeleton과 Layout에 설계변경을 적용하면 Skeleton과 Layout을 기준으로 구성된 그 하위의 모든 부품들에 설계변경을 적용할 수 있으므로 제품 설계의도의 유지 관리가 용이하며, 변경 및 수정보안이 편리합니다.

이때 물론 Layout과 Skeleton에 부여된 설계개념에 위반되는 변경사항은 자동으로 검증이 됩니다.

NS | 등각

척도 | 투상법

바이스 01

명칭

분해도

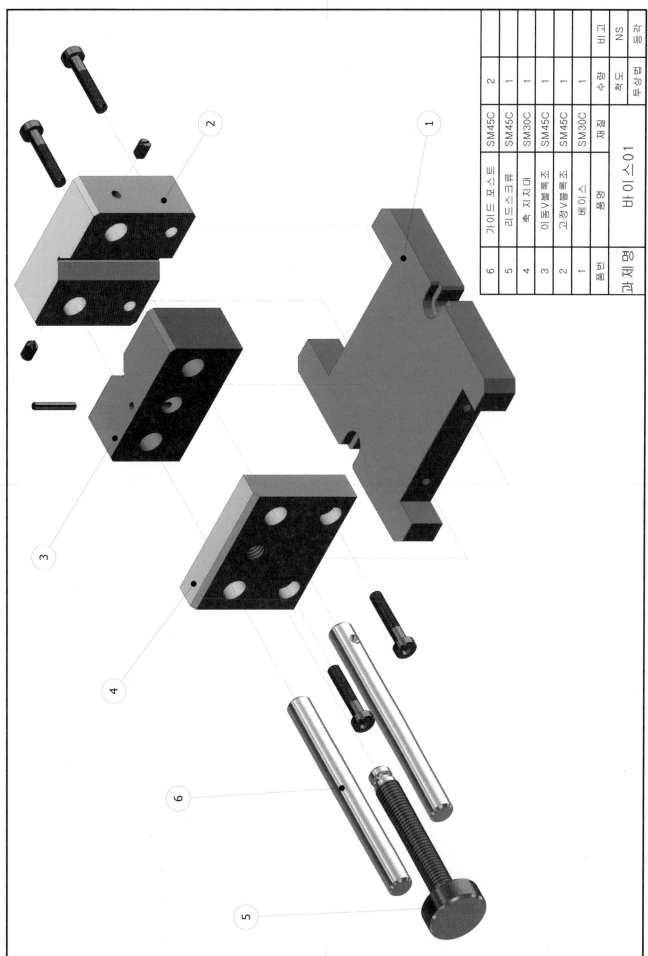

품번	품명	재질	수량	비고
6	가이드 포스트	SM45C	2	부품명칭
5	리드스크류	SM45C	1	척도 NS
4	축 지지대	SM30C	1	고비
3	이동V블록조	SM45C	1	
2	고정V블록조	SM45C	1	
1	베이스	SM30C	1	
품번	품명	재질	수량	비고

바이스 01

과제명

바이스 01

NS | 등각
척도 | 투상법
품명 | 과제명

④

③

②

⑤

①

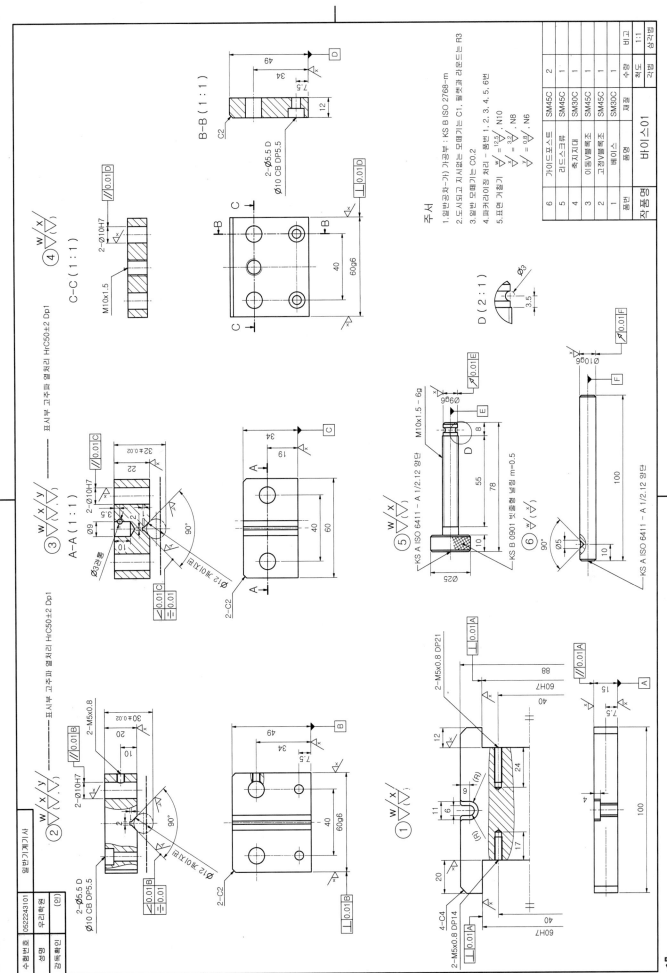

B-B (1 : 1)

C-C (1 : 1)

A-A (1 : 1)

D (2 : 1)

주서

1. 일반공차-가) 가공부 : KS B ISO 2768-m
2. 도시되고 지시없는 모떼기는 C1, 필렛과 라운드는 R3
3. 일반 모떼기는 C0.2
4. 파카라이징 처리 - 품번 1, 2, 3, 4, 5, 6번
5. 표면 거칠기

바이스 01

품번	품명	재질	수량	비고
6	가이드포스트	SM45C	2	
5	리드스크류	SM45C	1	
4	축지지대	SM30C	1	
3	이동V블록	SM45C	1	
2	고정V블록	SM45C	1	
1	베이스	SM30C	1	

작품명

표시부 고주파 열처리 HrC50±2 Dp1

KS A ISO 6411 – A 1/2.12 양단 M10x1.5 – 6g

KS B 0901 밧줄형 널링 m=0.5

KS A ISO 6411 – A 1/2.12 양단

2-M5x0.8 DP21

2-M5x0.8 DP14

단면 A-A

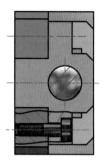

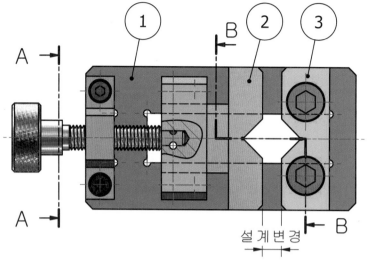

단면 B-B

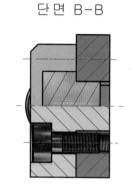

설계변경

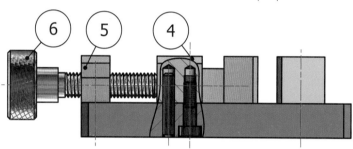

맞춤핀자리

나사자리

🔧 **그림1** 품번4 나사와 맞춤 핀의 자리

인벤터 기계제도 실기 · 실무

과제도 해설

1. 품번4 우측은 나사자리, 좌측은 맞춤 핀이며 반대편 은 우측 맞춤 핀자리, 좌측은 나사자리로 그림1 형태 로 구성된다.

2. 품번6 회전 시 나사의 리드만큼 진행하는데, 품번6에 품번2이 체결이 되어야 동시에 운동이 가능하다.

🐤 Top-Down 설계방식으로 작도해야만 실수를 줄 일 수 있답니다.

🐤 색연필을 이용 각 부품별로 채색하여 부품을 구분 하는 능력을 키우세요!

🐤 Jig류 소재는 철강의 겉면에 인산 망간 또는 인산 철의 막을 입혀 녹스는 것을 막는 파커라이징 처리 필수입니다.

품번	품명	재질	수량	비고
6	널링축	SM45C	1	
5	축지지대	SM30C	1	
4	이동조서포트	SM30C	1	
3	V-블록 고정 조	SM45C	1	
2	V-블록 이동 조	SM45C	1	
1	베이스	SM30C	1	
품번	품명	재질	척도	NS
과제명	바이스 02		투상법	3각법

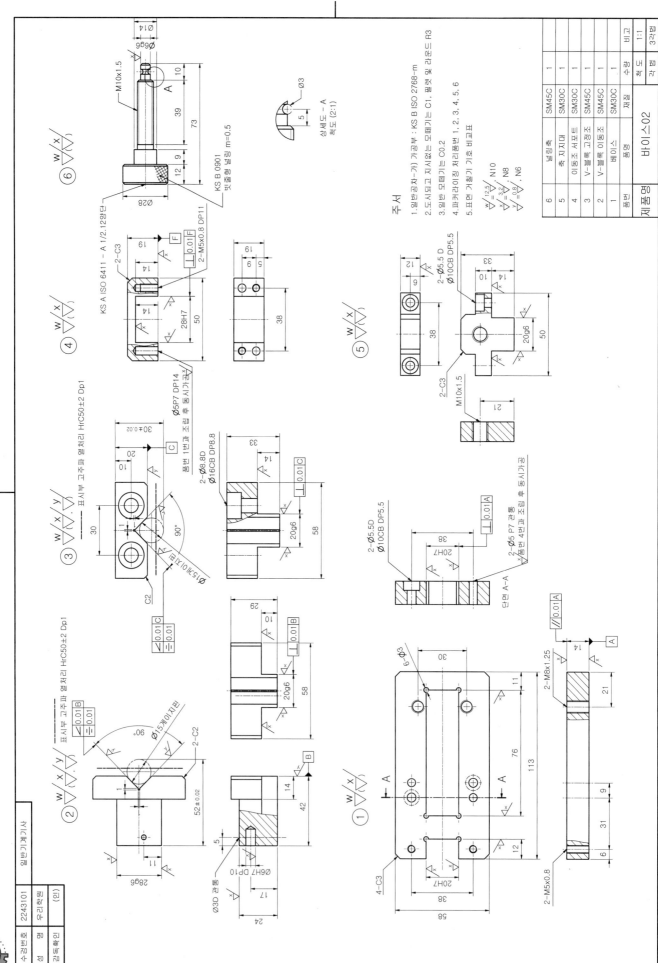

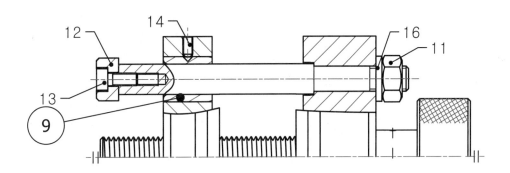

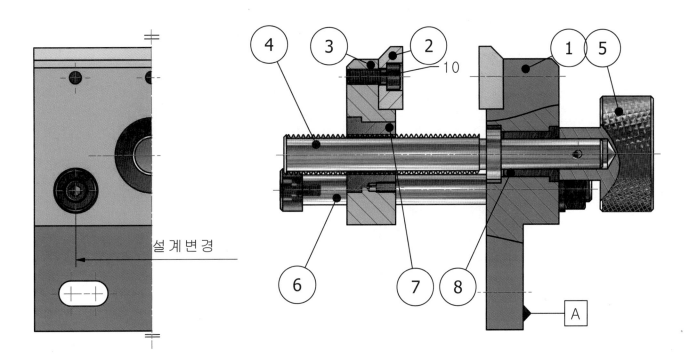

설 계 변 경

A

과제도 해설

1. 품번1 기준면(데이텀)은 바닥면이 아닌 측면 연결 부위(도면상 A 표기부)
2. 품번3, 품번7의 조립되는 부위가 모두 나사부이므로 조립 후 동시가공이 이루어져야 한다. 도면 작성 시 동시가공 표시
   가 필수

🐟 시험에서 품번3 또는 품번7만 도면 작도를 지시하여도 각 부품에 조립 후 동시가공 표시는 반드시 할 것!

🐟 Top-Down 설계방식으로 작도해야만 실수를 줄일 수 있답니다.

🐟 색연필을 이용 각 부품별로 채색하여 부품을 구분하는 능력을 키우세요!

SN 등급

표상품 등록

바이스 03

평가 가치

품번	품명	재질	수량	비고
			척도	NS
			투상법	3각
9	부시	STC85	2	
8	부시	STC85	1	
7	부시	SM45C	1	
6	가이드포스트	SM45C	2	
5	노브	SM30C	1	
4	리드스크류	SM45C	1	
3	슬라이더	SM30C	1	
2	조	SM45C	2	
1	본체	SM30C	1	

과제명 : 바이스03

NS

측력 평상력

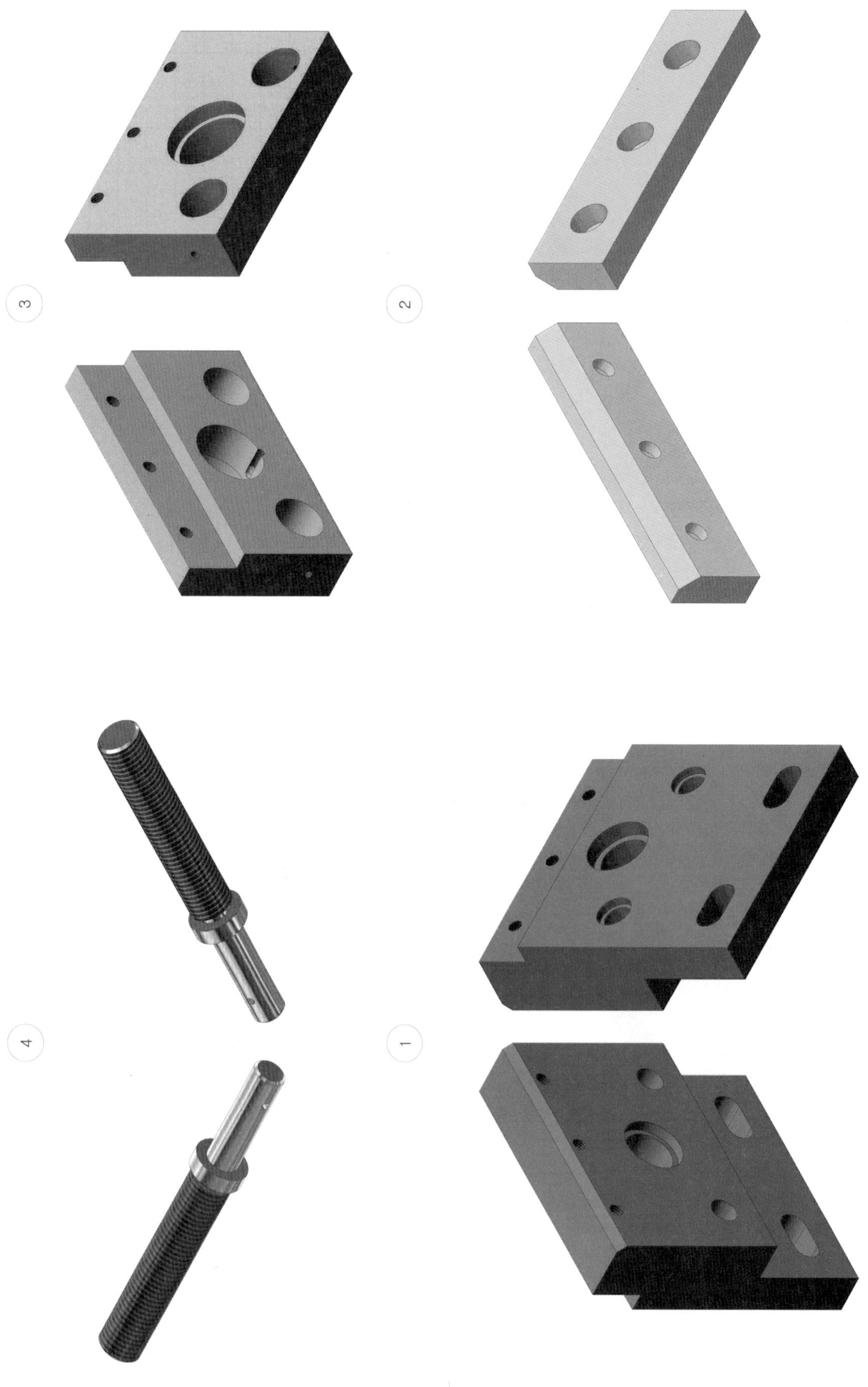

바이스 03

억제 편

③

②

④

①

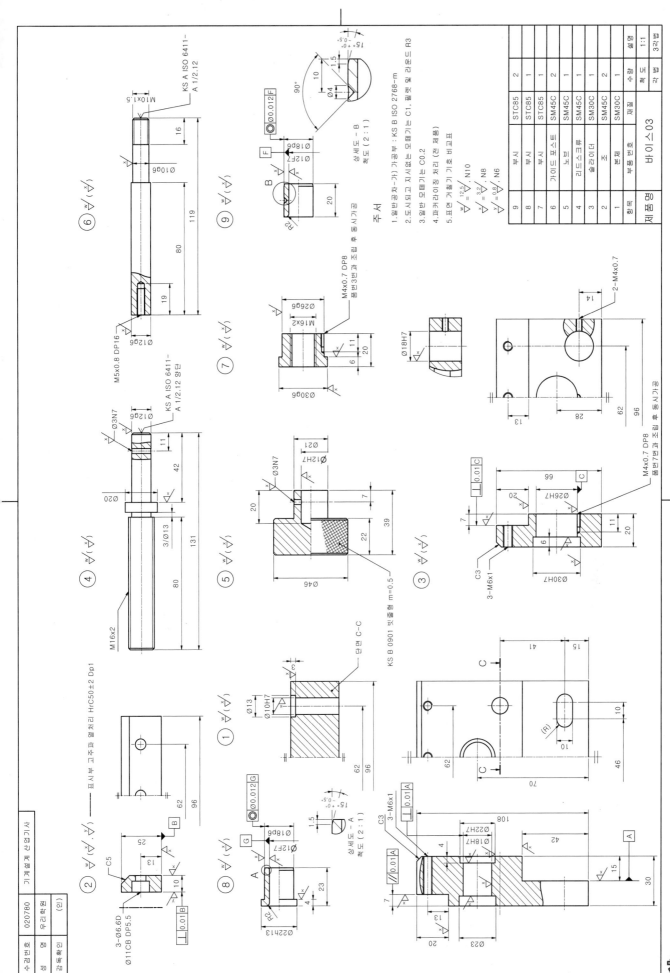

주서

1. 일반공차-가 가공부 : KS B ISO 2768-m
2. 도시되고 지시없는 모떼기는 C1, 필렛 및 라운드 R3
3. 일반 모떼기는 C0.2
4. 파크라이저 처리 (전 제품)
5. 표면 거칠기 기호 비교표
   $\frac{w}{}$ = $\overset{12.5}{\nabla}$, N10
   $\frac{x}{}$ = $\overset{3.2}{\nabla}$, N8
   $\frac{y}{}$ = $\overset{0.8}{\nabla}$, N6

항목	품명	재질	수량
9	부시	STC85	2
8	부시	STC85	1
7	부시	STC85	1
6	가이드 포스트	SM45C	2
5	노브	SM45C	1
4	리드스크류	SM45C	1
3	슬라이더	SM30C	1
2	조	SM45C	2
1	본체(몸체)	SM30C	1
제품명	바이스 03		

척도 1:1
각법 3각법

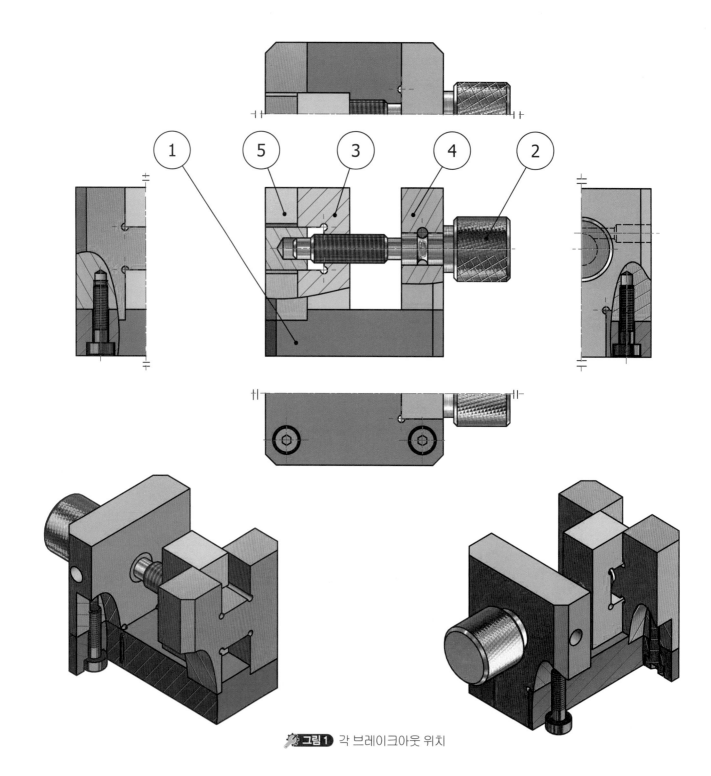

🔧 그림 1 각 브레이크아웃 위치

과제도 해설

1. 품번4, 품번5 채색 실수가 많은 부품이므로 주의바람.

2. 품번2는 품번4에 고정되어야 제자리에서 회전할 수 있음.(핀 연결 필수)

🐥 Top-Down 설계방식으로 작도해야만 실수를 줄일 수 있답니다.

🐥 색연필을 이용 각 부품별로 채색하여 부품을 구분하는 능력을 키우세요!

🐥 Jig류 소재는 철강의 겉면에 인산 망간 또는 인산 철의 막을 입혀 녹스는 것을 막는 파커라이징 처리 필수입니다.

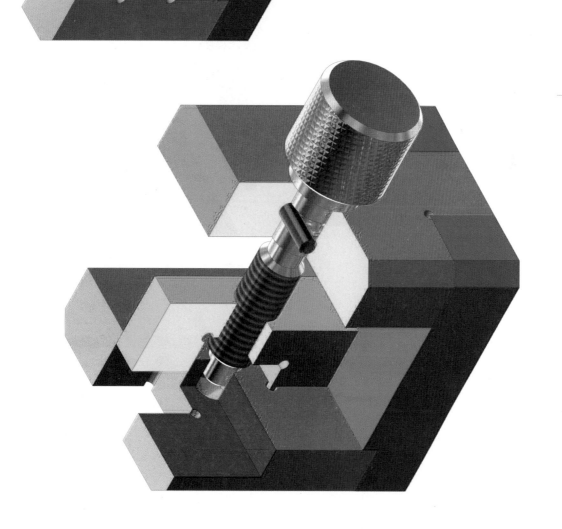

품번	품명	재질	수량	척도	비고
5	너클볼	SM30C	1		
4	축지지대	SM30C	1		
3	이동조	SM45C	1		
2	나사축	SM45C	1		
1	베이스	SM30C	1		
품번	품명	재질	수량	척도	비고
과제명	바이스04			척도	NS
				각법	3각

3D 참조도

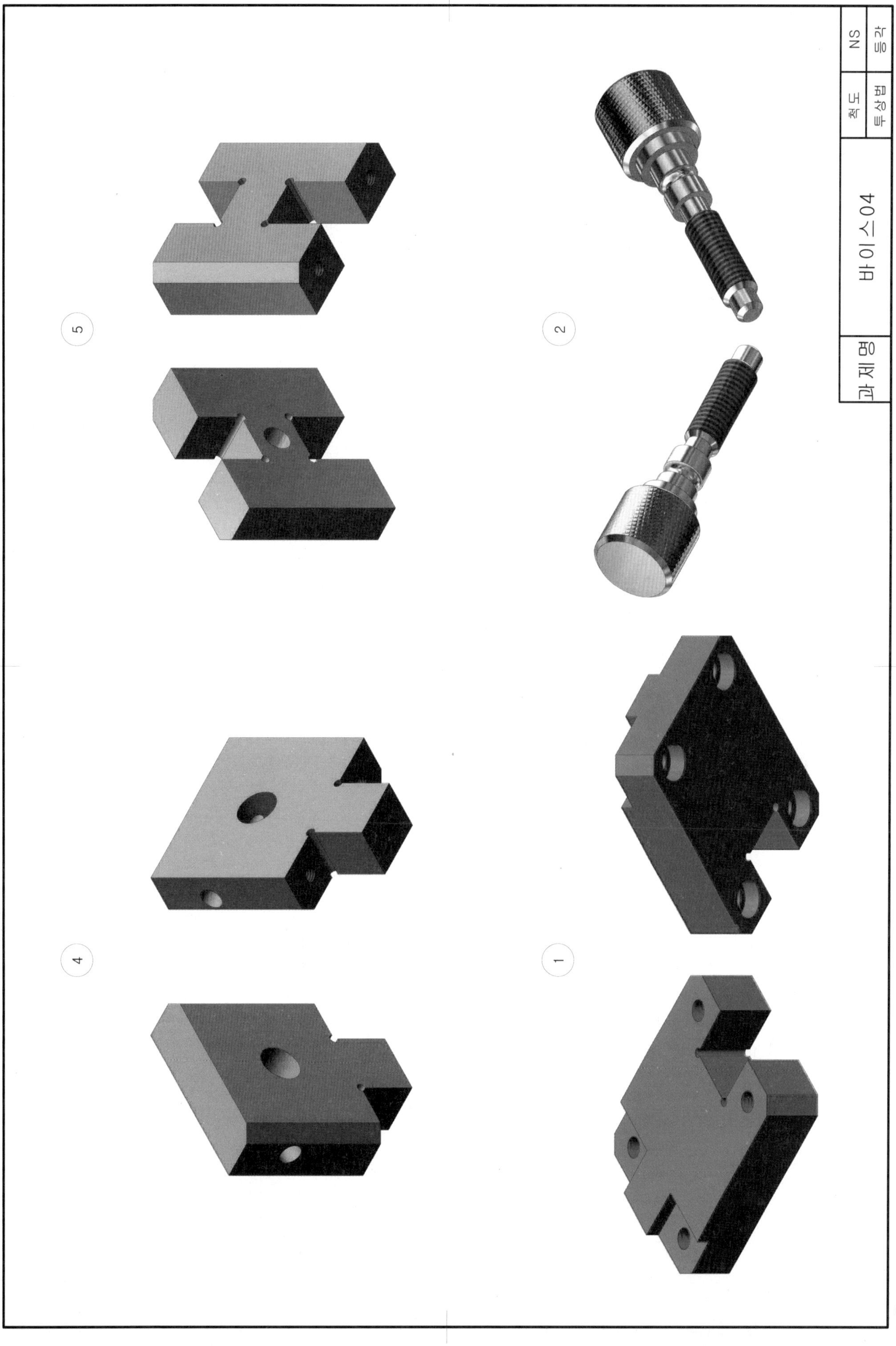

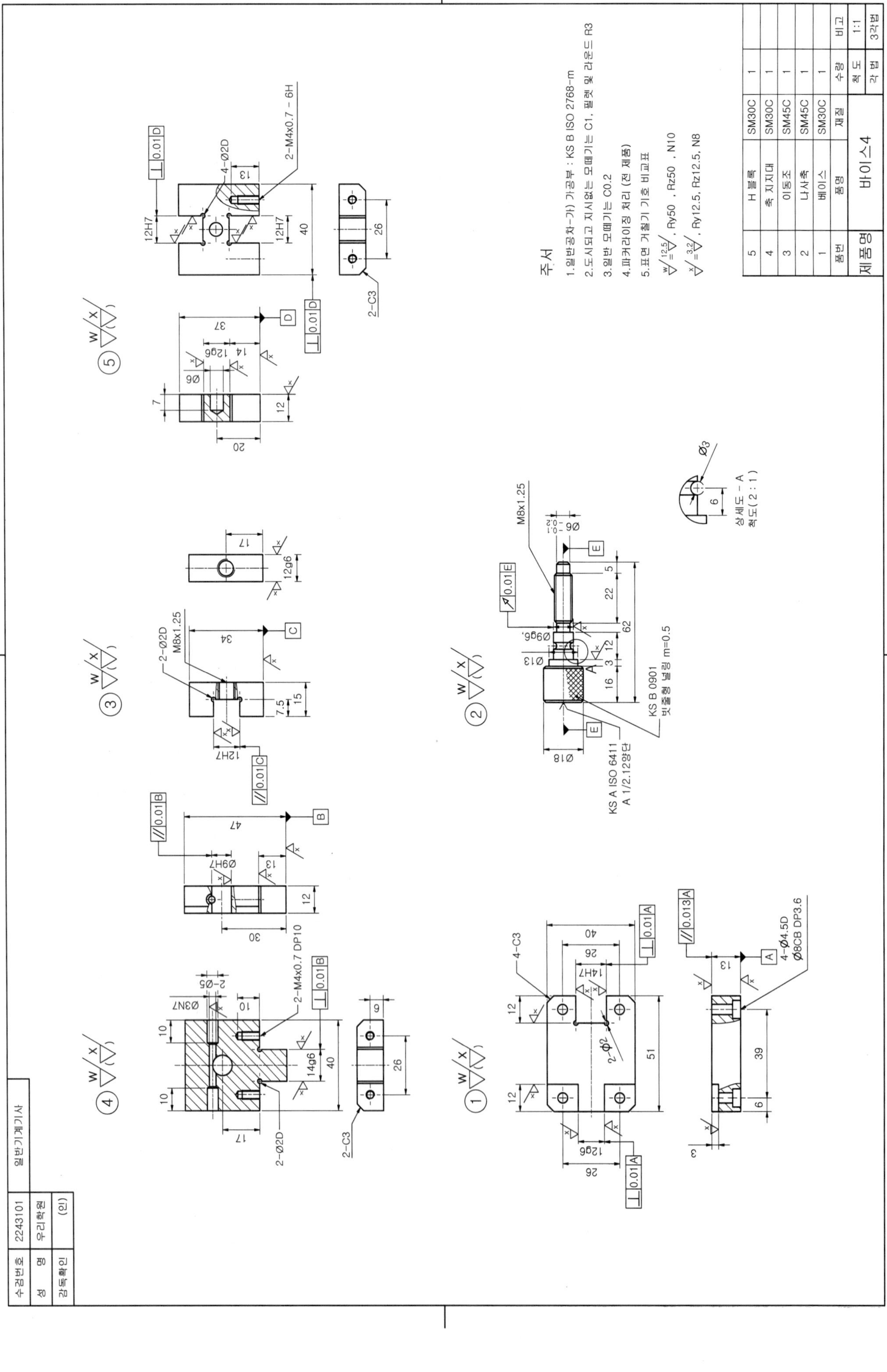

주서
1.일반공차-가) 가공부 : KS B ISO 2768-m
2.도시되고 지시없는 모떼기는 C1, 필렛 및 라운드 R3
3.일반 모떼기는 C0.2
4.파커라이징 처리 (전 제품)
5.표면 거칠기 기호 비교표
w/ = 12.5/ , Ry50 , Rz50 , N10
x/ = 3.2/ , Ry12.5, Rz12.5, N8
5 | H 블록 | SM30C | 1
4 | 축 지지대 | SM30C | 1
3 | 이동조 | SM45C | 1
2 | 나사축 | SM45C | 1
1 | 베이스 | SM30C | 1
품번 | 품명 | 재질 | 수량 | 비고
제품명 | 바이스4 | 척도 1:1 | 각법 3각법
수검번호 2243101 | 일반기계기사
성명 우리학원
감독확인 (인)
상세도 - A 척도(2 : 1)
KS B 0901 빗줄형 널링 m=0.5
KS A ISO 6411 A 1/2.12양단
M8x1.25
2-M4x0.7 - 6H
2-M4x0.7 DP10
4-Ø4.5D Ø8CB DP3.6

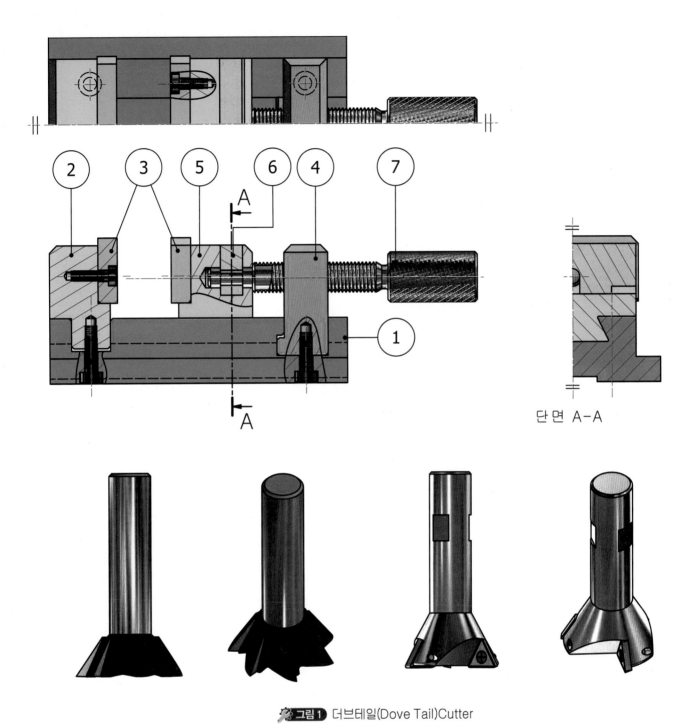

그림1 더브테일(Dove Tail)Cutter

과제도 해설

1. 품번1 하단에 텅 자리 표현
2. 품번6은 품번7이 빠지는 것을 방지하는 스토퍼 역할임.
3. 품번1 상부면에 품번5가 미끄럼 운동을 하므로 기준에 따른 기하공차 및 표면 거칠기 관리필요
4. 품번1, 품번5는 더브테일 작도법 참조 (더브테일은 45°, 60° 각을 사용함)

더브테일(Dove Tail)이란?
미끄럼면의 끼워맞춤 형식의 일종으로, 하나는 비둘기 꼬리형 돌기부(凸)를 더브테일, 다른 조립부 홈이 팬 부분(凹)을 더블테일 홈이라 한다.

품번	품명	재질	수량	비고
7	널링축	SM45C	1	
6	스토퍼	SM45C	1	
5	슬라이더	SM30C	1	
4	축지지대	SM30C	1	
3	죠	SM45C	2	
2	고정죠	SM30C	1	
1	베이스	SM30C	1	
품번	품명	재질	척도	투상법
과제명	바이스 05		NS	3각법

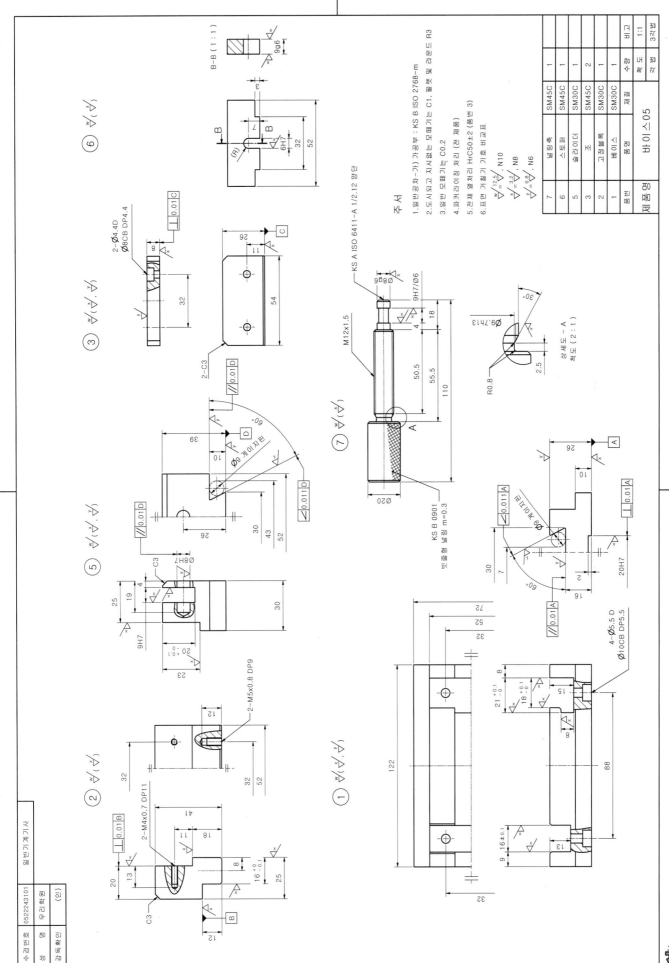

10 — 과제도에 따른 해설도

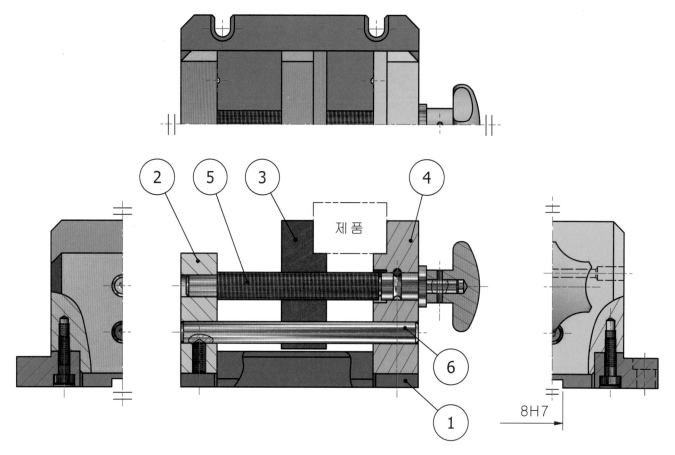

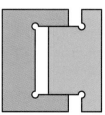

🔧 그림1 조립예제
원활한 조립을 위한 조치법

8H7

과제도 해설

1. 품번1 텅 자리 관리
2. 품번2 구멍위치는 품번5, 품번6 조립 높이 값은 이론적으로 정확한 치수 기입
3. 품번3 원활한 운동을 위해서 품번1과 마찰이 없도록 관리
4. 품번4 구멍위치는 품번5, 품번6 조립 높이 값은 이론적으로 정확한 치수기입

💡 Top-Down 설계방식으로 작도해야만 실수를 줄일 수 있답니다.

💡 Jig류 소재는 철강의 겉면에 인산 망간 또는 인산철의 막을 입혀 녹스는 것을 막는 파커라이징 처리 필수입니다.

💡 바이스의 기본 형태로 시험에도 자주 나옵니다. 기본 동작 원리를 파악 후 작도해야 합니다.

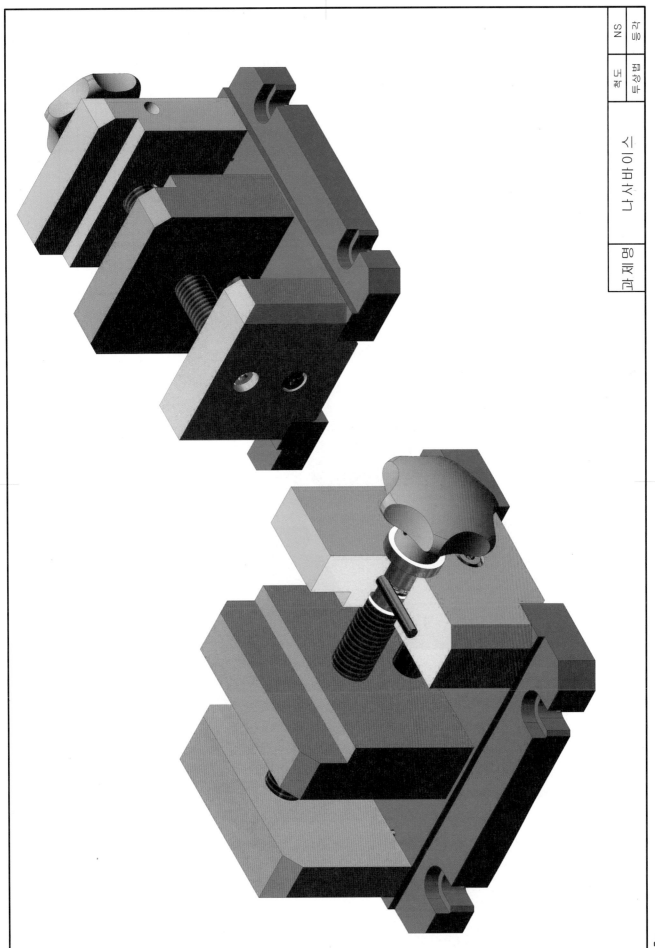

품번	품명	재질	수량	비고
6	가이드포스트	SM45C	1	
5	리드스크류	SM45C	1	
4	고정조	SM45C	1	
3	이동조	SM45C	1	
2	축지지대	SM30C	1	
1	메인플레이트	SM30C	1	
품번	품명	재질	척도	NS
과제명	나사바이스		동력	

3D 참조도

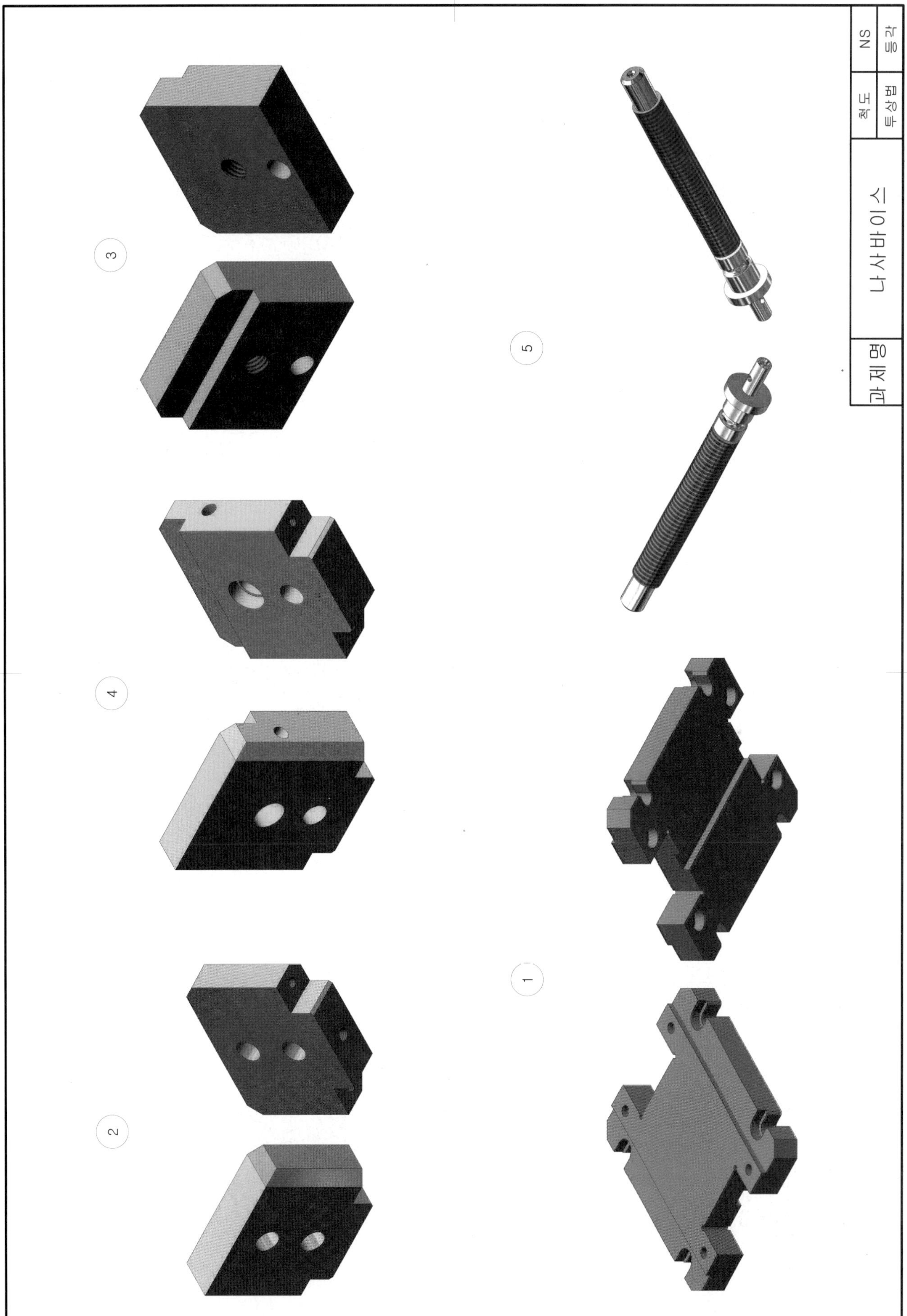

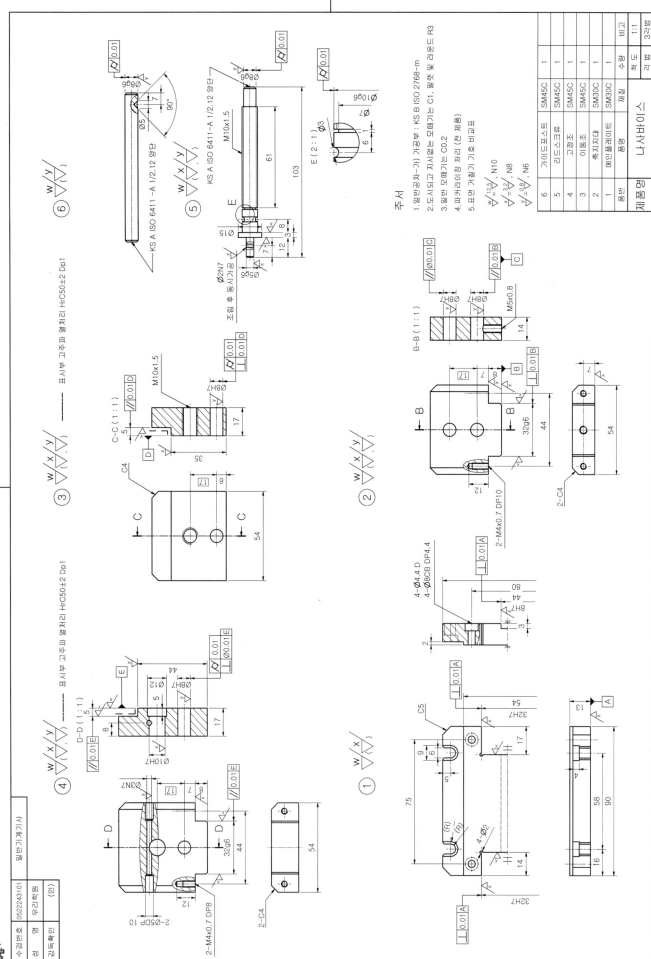

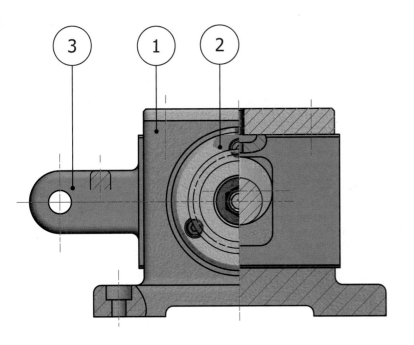

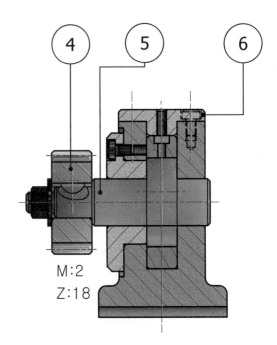

M:2
Z:18

🔧 **그림1** 반달 키(Woodruff key)
큰 힘이 걸리지 않는 축에 핸들 등을 설치하는
데 사용(키 홈의 가공이 간단)

과제도 해설

1. 품번5 편심 축 편심량 확인 후 KS규격집 "4.중
   심 거리의 허용차" 1급 값 적용
2. 품번5 편심축 원통도 기입
3. 품번3, 품번1, 품번6 미끄럼 마찰면 표면 거칠
   기 및 기하공차 관리

🐤 편심이란?
어떤 물체의 중심이 한쪽으로 치우쳐 있어, 중심
이 서로 맞지 않는 상태.
행정 거리(Stroke)는 편심량의 2배이므로 설계변
경 시 참조한다.

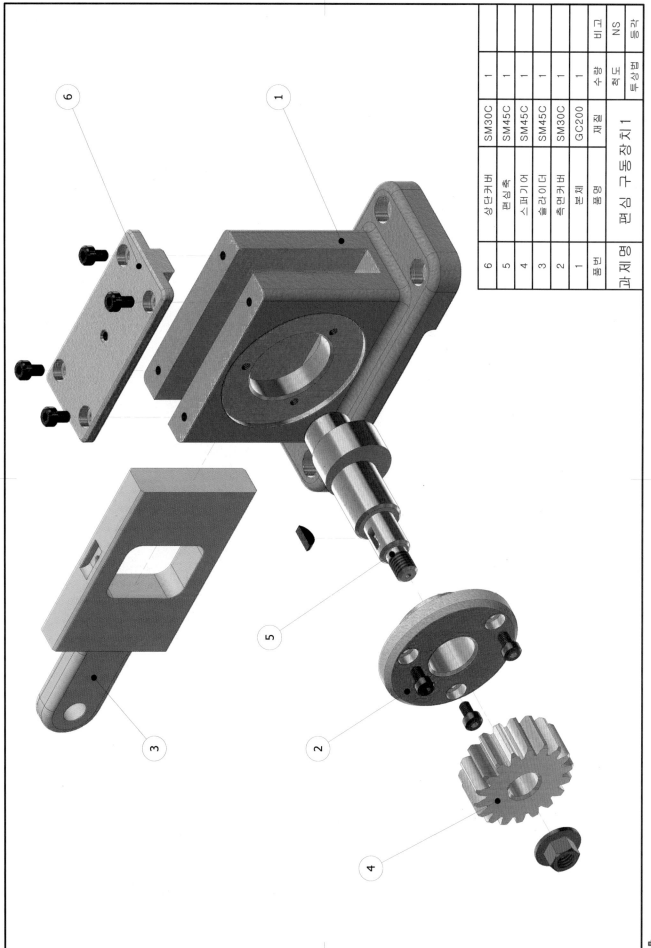

품번	품명	재질	수량	비고
6	상단커버	SM30C	1	
5	편심축	SM45C	1	
4	스퍼기어	SM45C	1	
3	슬라이더	SM45C	1	
2	측면커버	SM30C	1	
1	본체	GC200	1	
품번	품명	재질	수량	비고

과제명 편심 구동장치 1

척도 NS

등각

3D 참조도

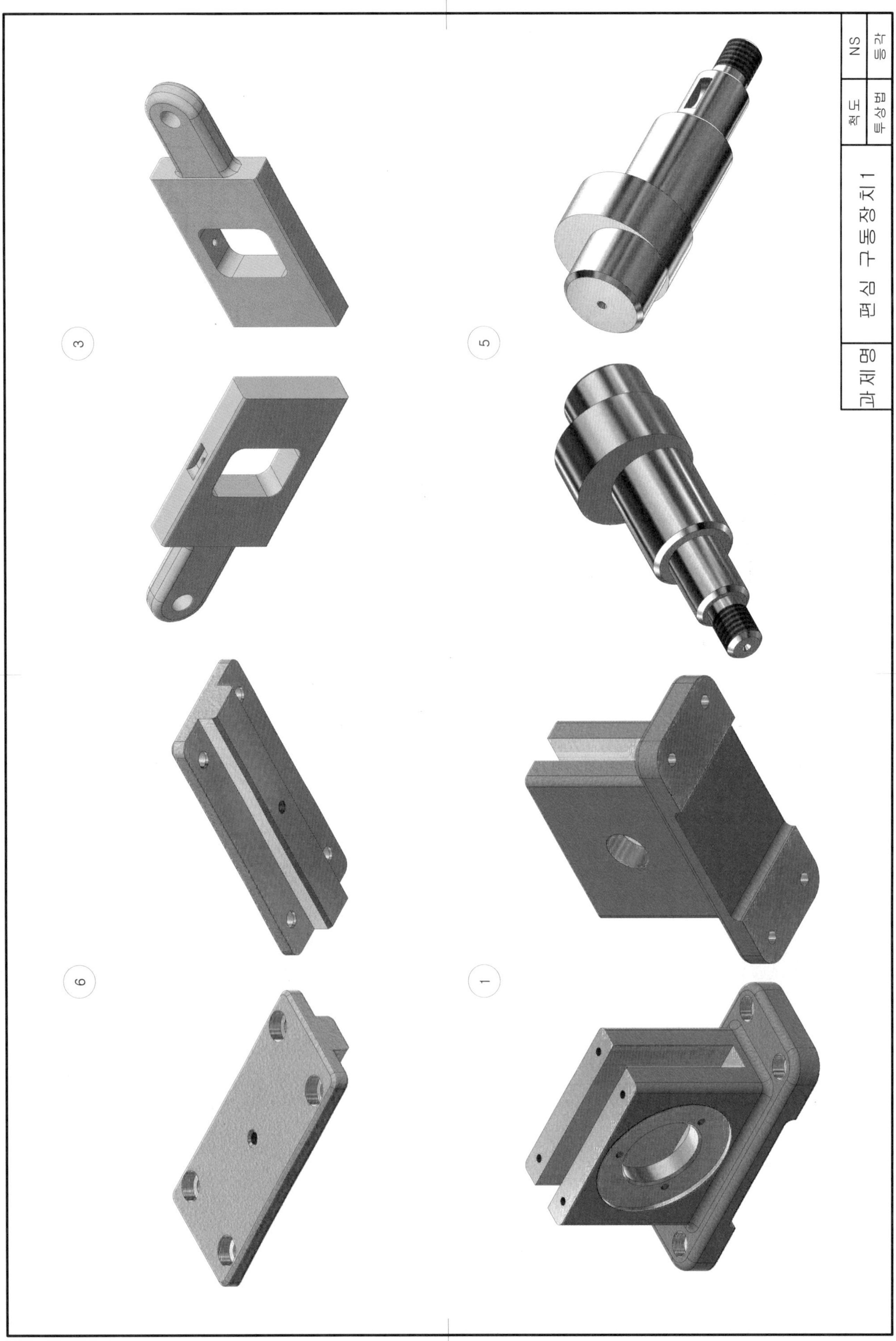

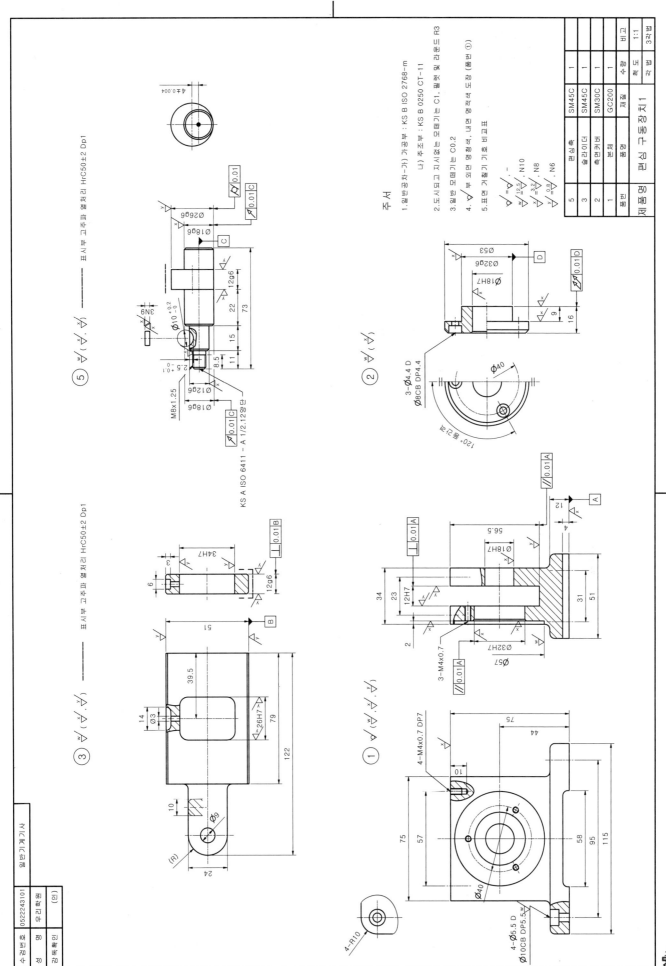

10 — 과제도에 따른 해설도

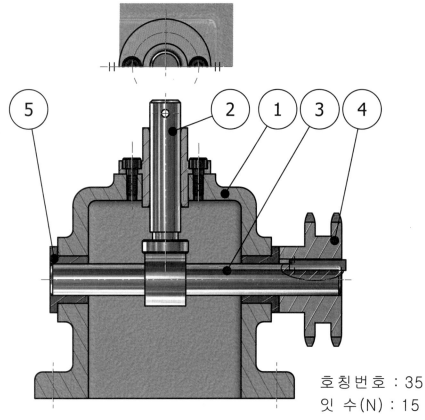

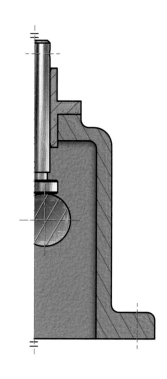

호칭번호 : 35
잇 수(N) : 15

🔍 **그림1** 체인 스프로킷(chain sprocket, 鎖齒車)

체인 전동에 이용하는 기어. 주로 자전거, 모터사이클, 자동차, 무한궤도 등 기계 등에서 기어가 적합하지 못한 곳에서 사용되며, 체인 기어라고도 한다. 큰 동력을 미끄러짐 현상 없이 확실하게 먼 거리까지 전달할 수 있으나 체인과 스프로킷의 마찰에 의해 진동과 소음이 큰 단점이 있다.

과제도 해설

1. 품번1 양쪽(2개소) 구멍에 부시가 각각 접촉되고 있으므로 구멍 가공 방향을 고려하여 접촉면 기준으로 동심도를 적용
2. 품번3 정면도에서 편심이 안 보이나, 우측면도 확인 필수(과제도명이 편심이면 편심이 반드시 나옴)
3. 품번4 작도 시 KS규격집 "39.롤러체인, 스프로킷" 부분 <스프로킷 기준치수> 표를 참조하여 계산
4. 품번4 단조부 (SF440) - KS B 0426보통급 (주서 기입)

💬 단조(鍛造, Forging)란?
단조는 단금이라고도 하며 고체인 금속재료를 해머 등으로 두들기거나 가압하여 원하는 형태로 만드는 가공 방법이다. 주로 철에 사용된다. 철은 적렬한 두 조각을 쇠망치로 치면 결합하고, 반복하여서 때리면 단련되어서 강인하게 되는 성질이 있다.
재결정(再結晶)이 진행되는 온도를 경계로 낮은 온도에서 단조하는 것을 냉간단조(冷間鍛造), 재결정온도상에서 단조하는 것을 온간단조(溫間鍛造), 그 이상의 온도에서 단조하는 것을 열간단조(熱間鍛造)한다.

품번	품명	재질	수량	비고
4	체인스프로킷	SF440	1	
3	편심축	SM45C	1	
2	슬라이더	SM45C	1	
1	본체	GC200	1	
품번	품명	재질	척도	등각
과제명	편심 구동장치 2		NS	
			투상법	등각

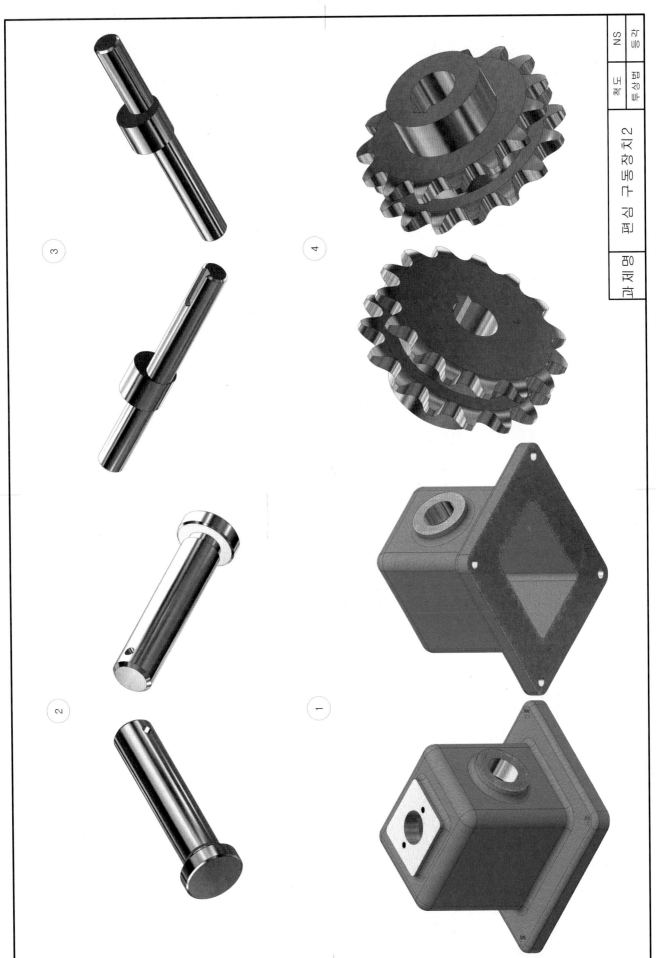

체인, 스프로킷 요목표

종류	구분		품번 4번
체인		호칭	35
		원주피치	Ø9.525
		롤러외경	Ø5.08
스프로킷		잇수	17
		치형	U형
		피치원경	Ø45.81

주서
1. 일반공차 - 가) 가공부:KS B ISO 2768-m
   나) 주조부:KS B 0250-CT11
   다) 단조부:KS B 0426보통급
2. 도시되고 지시없는 모떼기는 C1, 필렛과 라운드는 R3
3. 일반 모떼기는 C0.2
4. ▽부위 외면 명녹색, 내면 광명단 도장 - 품번 2, 3, 4
5. 표면 고주파 열처리 - 품번 2, 3, 4
6. 표면 거칠기

4	체인스프로킷	SF440	1
3	편심축	SM45C	1
2	슬라이더	SM45C	1
1	본체	GC200	1
품번	품명	재질	수량

작품명 편심 구동장치2

수량 | 척도 1:1

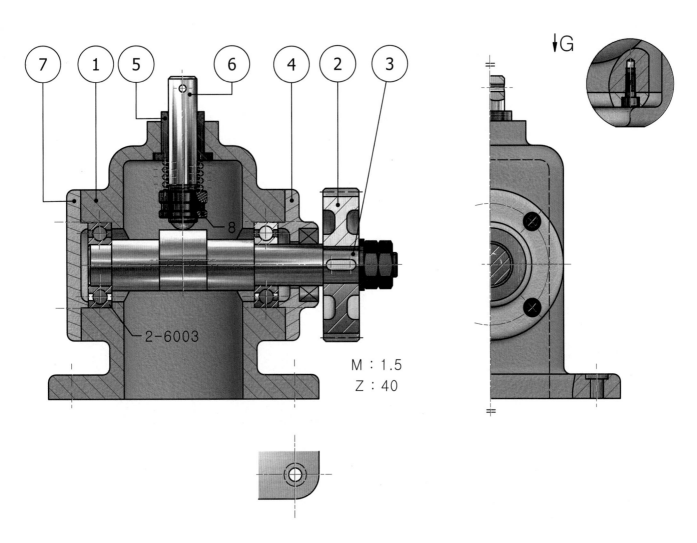

M : 1.5
Z : 40

2-6003

8

과제도 해설

1. 품번1 양쪽(2개소) 구멍에 베어링이 각각 접촉되고 있으므로 가공방향을 고려하여 접촉면 기준으로 동심도를 적용
2. 품번1 저면도 및 평면도가 나오는 경우, 정면도에서 표현 안되는 형상이 있다는 힌트, 즉 도면에 그대로 표기한다.
3. 품번6 왕복 운동하는 슬라이더 형태 원통도 기입

🌀 슬라이더(Slider)란?
외부의 회전운동을 직선운동으로 바꾸어 미끄럼 왕복운동을 하는 부품 (예 피스톤, 실린더 등)

539

편심 구동장치3

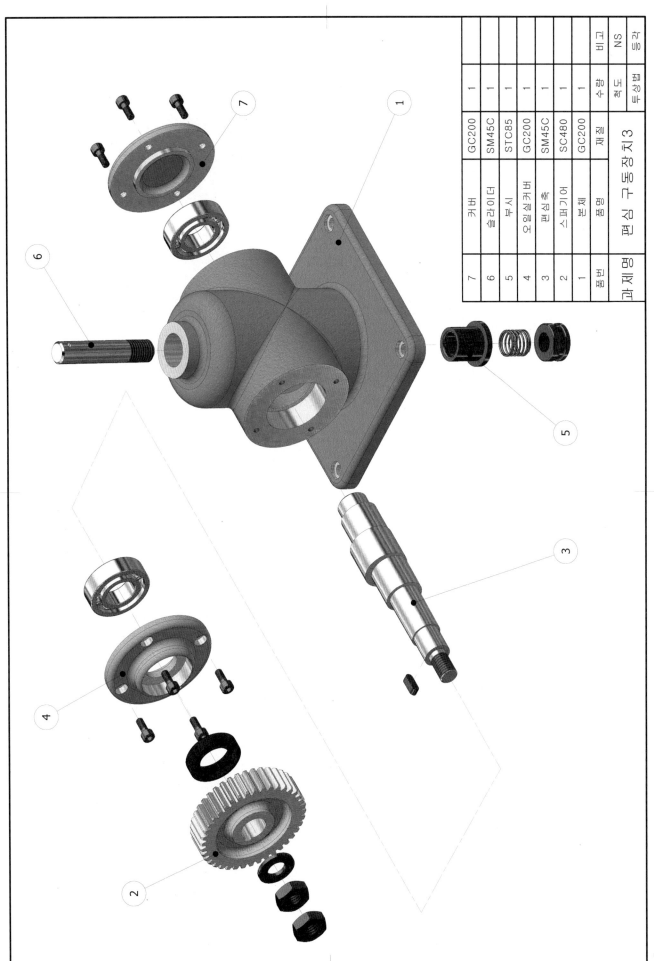

품번	품명	재질	수량	척도	비고
7	커버	GC200	1		
6	슬라이더	SM45C	1		
5	부시	STC85	1		
4	오일실커버	GC200	1		
3	편심축	SM45C	1		
2	스퍼기어	SC480	1		
1	본체	GC200	1		
품번	품명	재질	수량	척도	비고
	편심 구동장치 3				NS
과제명					등급

과제명	편심 구동장치3	척도	NS
		각법	삼각법

④

②

③

①

인벤터 기계제도 실기 · 실무

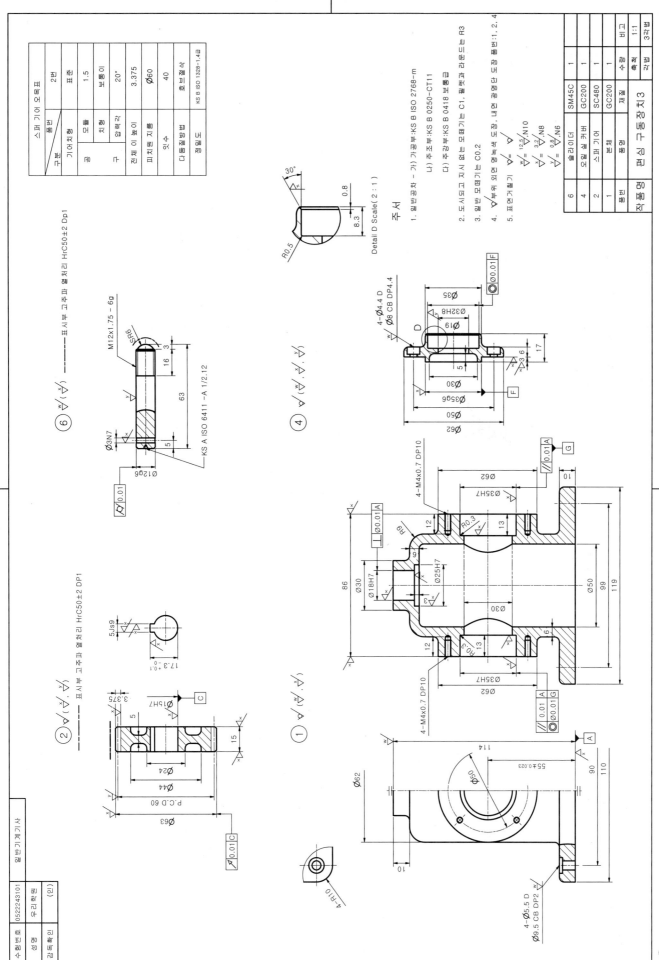

10

— 과제도에 따른 해설도

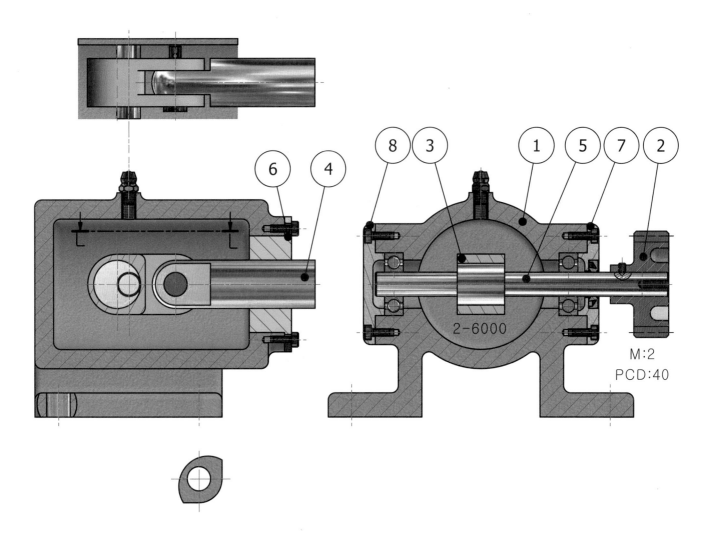

2-6000

M:2
PCD:40

과제도 해설

1. 품번1 양쪽(2개소) 구멍에 베어링이 각각 접촉되고 있으므로 가공 방향을 고려하여 접촉면 기준으로 동심도를 적용
2. 품번4 왕복 운동하는 슬라이더 형태이며 원통도 기입
3. 품번5 편심량 확인 후 KS규격집 "4.중심 거리의 허용차" 1급 값 적용
4. 품번5 작품명에 편심이란 부분이 있다면. 정면도 또는 우측면도, 평면도에 편심 존재

🔧 편심 구동장치의 동작 원리를 이해 후 작업한다.

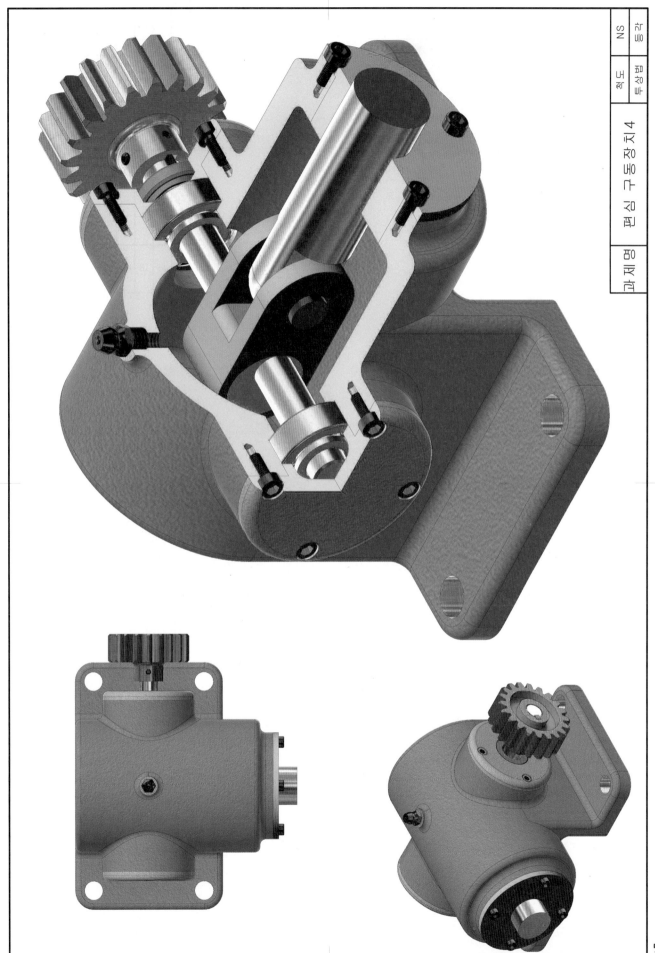

편상차주

NS 응응

축도 평상차주

편심 구동장치 4

과제명

품번	품명	재질	수량	비고
8	베어링 커버	GC200	1	
7	오일실 커버	GC200	1	
6	부시	STC85	1	
5	편심축	SM45C	1	
4	슬라이더	SM45C	1	
3	링크	SM45C	1	
2	스퍼 기어	SC480	1	
1	본체	GC200	1	
품번	품명	재질	수량	비고
과제명	편심 구동장치 4		척도	NS

NS 능력

척도 완성품

편심 구동장치 4

과제명

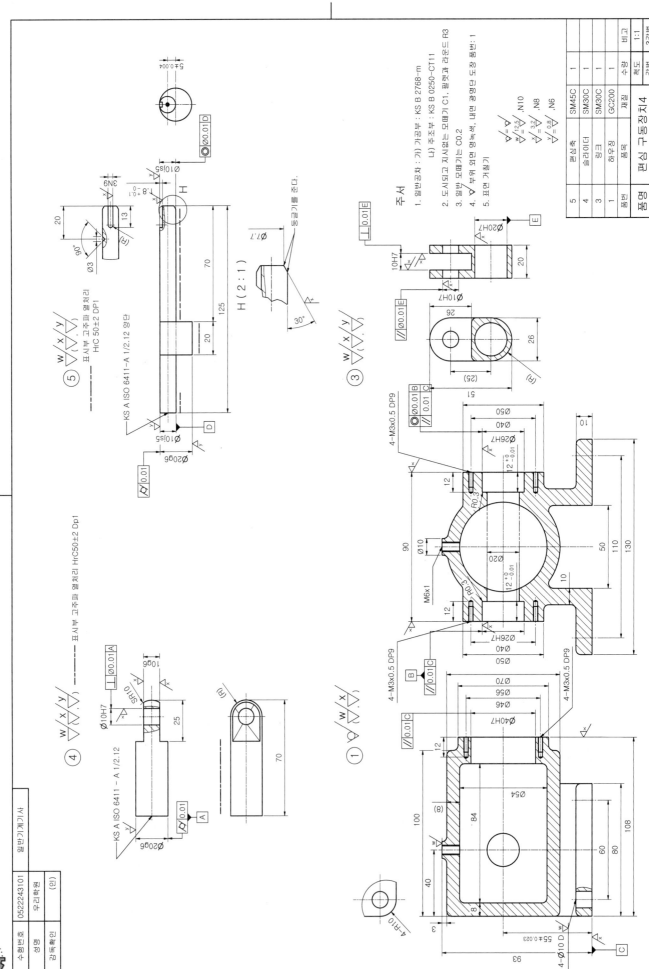

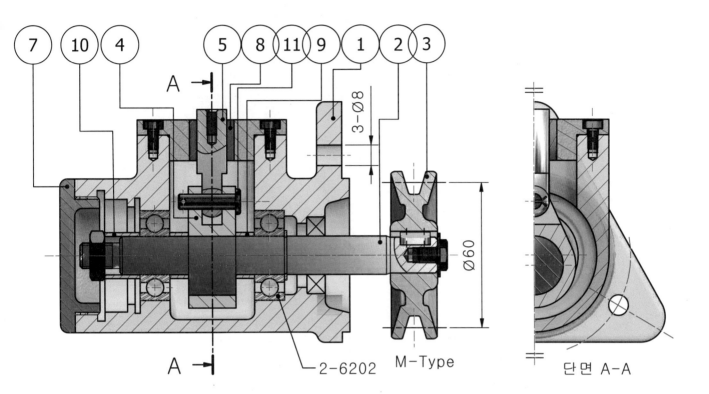

3-Ø8

Ø60

M-Type

2-6202

단면 A-A

과제도 해설

1. 품번1 양쪽(2개소) 구멍에 베어링이 각각 접촉되고 있으므로 가공 방향을 고려하여 접촉면 기준으로 동심도를 적용
2. 품번2 편심량 확인 후 KS규격집 "4.중심 거리의 허용차" 1급 값 적용
3. 품번5 왕복 운동하는 슬라이더 형태이며 원통도 기입

🐦 V-벨트풀리(V-Belt Pulley)란?
알루미늄 합금제나 주철등에 의해 주조로 제작하며, 키 홈은 브로칭(Broaching) 또는 슬로팅(Slotting)에 의해 가공한다. 표면처리는 알루미늄인 경우 알루마이트, 주철인 경우 도장처리한다.

🐦 본체 형태가 기본동력 형태로 자주 사용 됨(연습 필요)

10

과제도에 따른 해설도

549

인벤터 기계제도 실기 · 실무

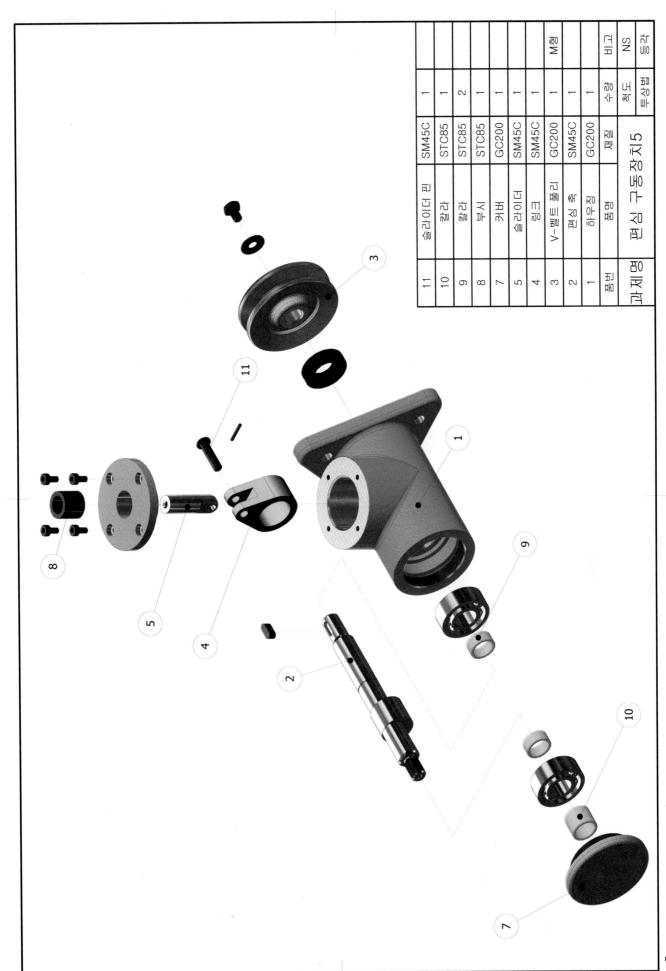

품번	품명	재질	수량	비고
11	슬라이더 핀	SM45C	1	
10	칼라	STC85	1	
9	칼라	STC85	2	
8	부시	STC85	1	
7	커버	GC200	1	
5	슬라이더	SM45C	1	
4	크랭크	SM45C	1	
3	V-벨트 풀리	GC200	1	M형
2	편심 축	SM45C	1	
1	하우징	GC200	1	

편심 구동장치5

척도 | NS
등급 | 품상등급

3D 참조도

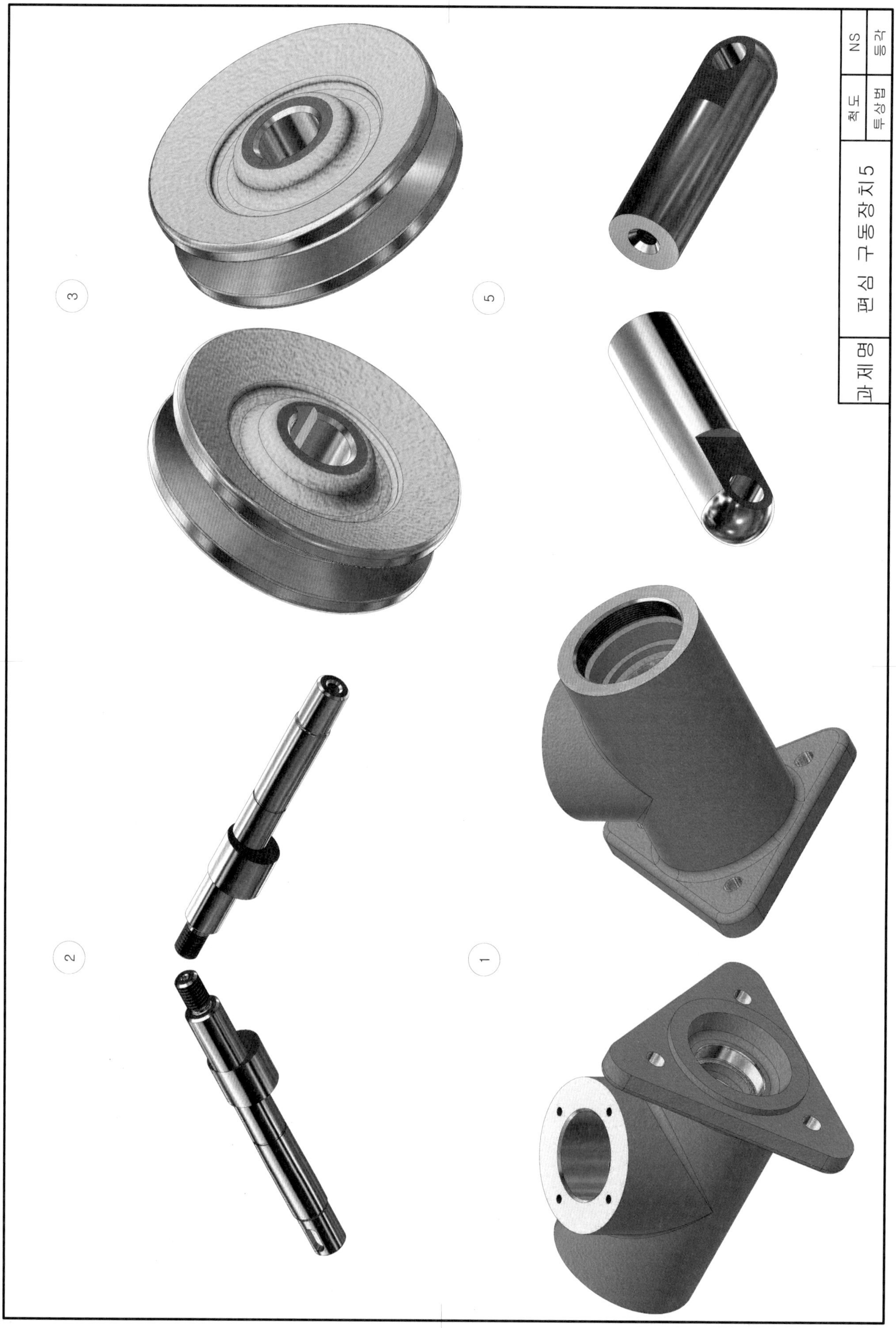

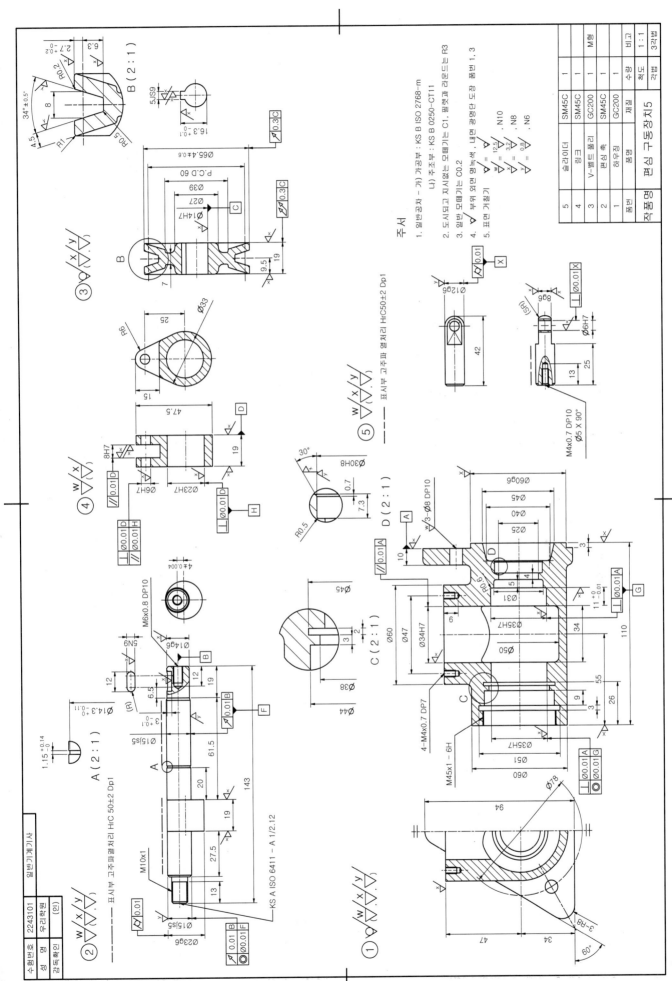

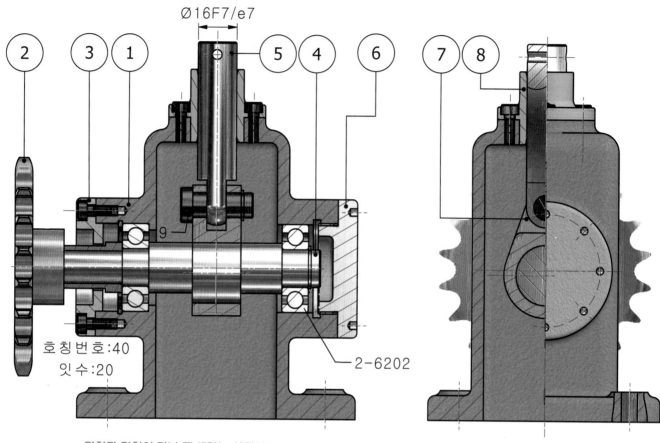

Ø16F7/e7

② ③ ① ⑤ ④ ⑥ ⑦ ⑧

9

호칭번호:40
잇수:20

2-6202

원형과 원형이 만날 때 생기는 상관선

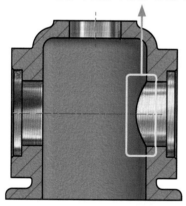

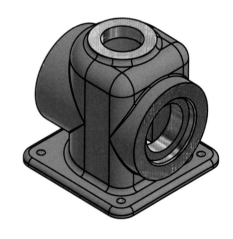

🔧 그림1 본체 모양에 따른 상관선

과제도 해설

1. 품번1 양쪽(2개소) 구멍에 베어링이 각각 접촉되고 있으므로 가공 방향을 고려하여 접촉면 기준으로 동심도를 적용
2. 품번1 몸통이 원통인지 사각인지 구분을 하기 위해서는 가로, 세로 길이 값이 같은 경우 상관선을 확인
3. 품번5 왕복 운동하는 슬라이더 형태이며 원통도 기입. ø16F7/e7 도면 표기에 따라 축은 ø16e7 공차 적용

💬 멈춤 링(Snap Ring)이란?
멈춤 링은 축용과 구멍용 2종류가 있다. 구멍용 멈춤 링은 리테이닝 링(Retaining Ring)이라고 하며, 샤프트(Shift) 축
또는 구멍에 파놓은 홈에 끼워 축 또는 삽입한 기계 부품의 이동을 막는 역할을 함.

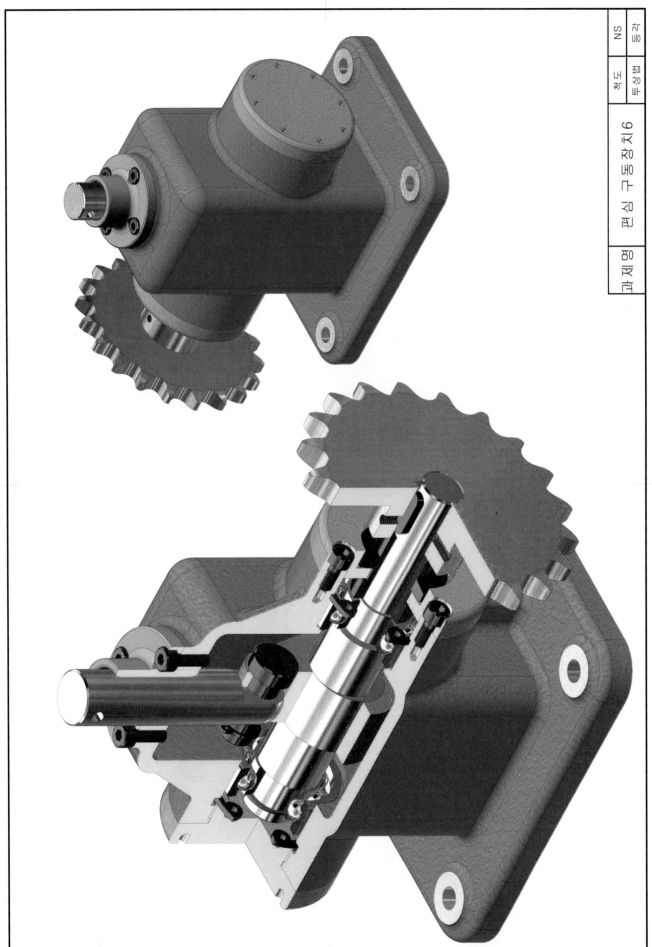

품번	품명	재질	수량	비고
8	부시	STC85	1	
7	링	SM45C	1	
6	커버	GC200	1	
5	슬라이더	SM45C	1	
4	편심축	SM45C	1	
3	오일실 커버	GC200	1	
2	체인 스프로킷	SF440	1	
1	본체	GC200	1	
품번	품명	재질	수량	비고

편심 구동장치6

과제명 부상평등 척도 NS 등각

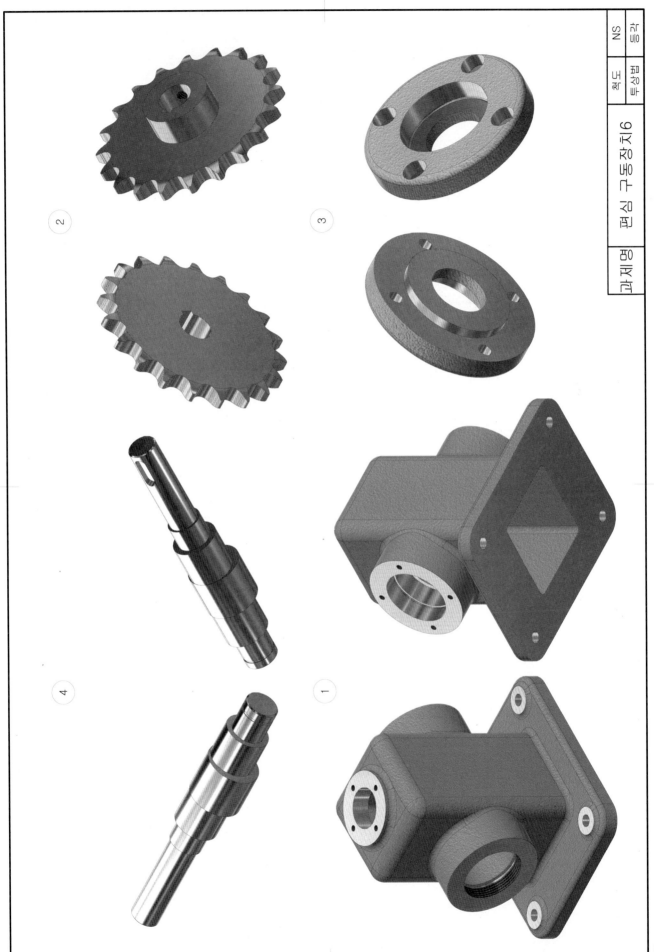

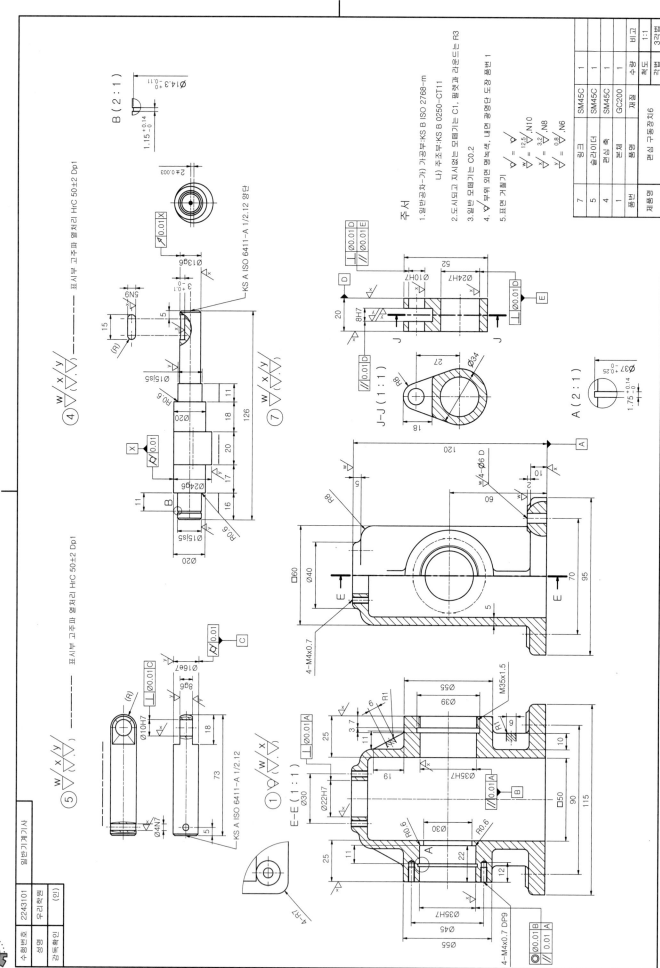

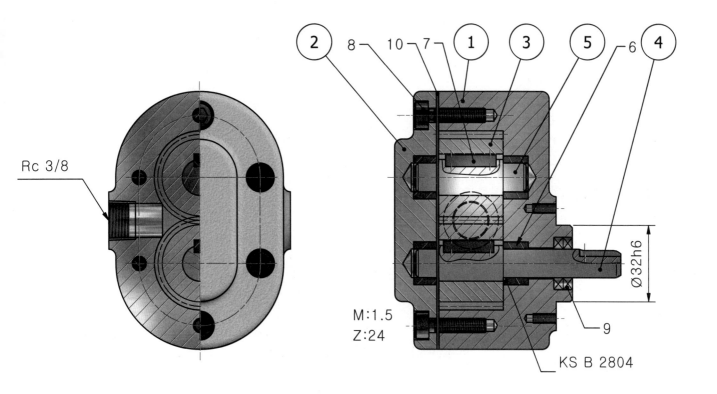

Rc 3/8

M:1.5
Z:24

Ø32h6

KS B 2804

과제도 해설

1. 품번1, 품번2 사이의 중심선 거리 36H7(기어 P. C. D 간의 맞물림 거리)

2. 품번1, 품번4와 조립부위 작도 시 KS규격집 "37.오일 실" 참조

3. 품번4 우측단을 통해 오일 실이 품번1에 부착된다. 오일 실이 축을 통과해야 품번1에 부착될 수 있으므로 KS규격집 "38. 오일 실 부착 관계(축 및 하우징 구멍의 모떼기와 둥글기)" 참조하여 품번4의 축단 치수를 작도한다.

🔵 개스킷(Gasket)이란?
접합부에 물이나 기름 등이 새는걸 방지. 수밀성·기밀성 확보를 위해 사용하는 합성고무제의 재료를 사용

🔵 Rc(관용 테이퍼 암나사) 3/8 표시부는 ISO Taper Internal 3/8 선택

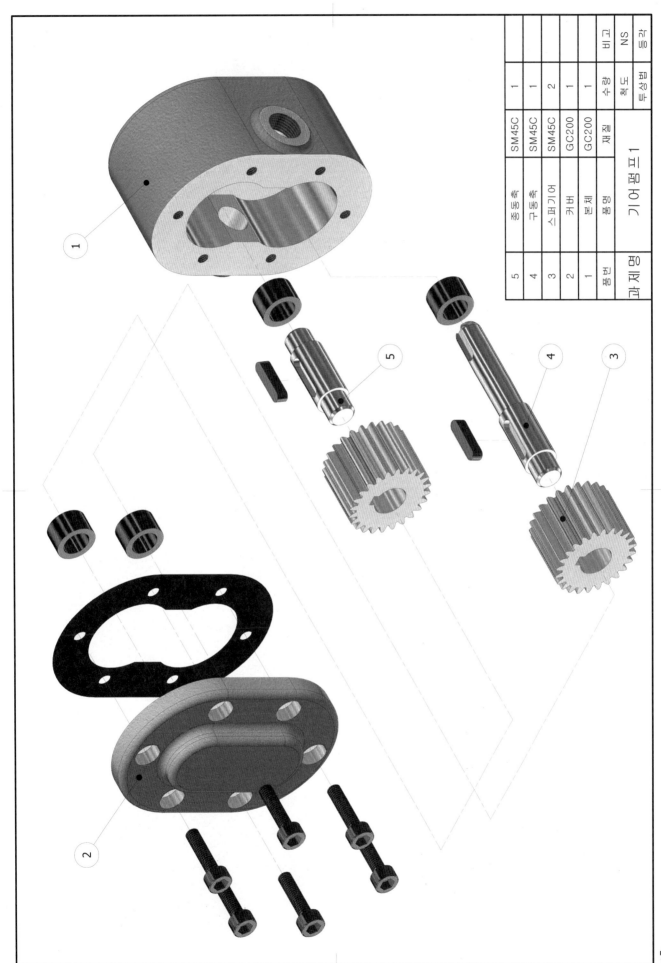

품번	품명	재질	수량	비고
5	종동축	SM45C	1	
4	구동축	SM45C	1	
3	스퍼기어	SM45C	2	
2	커버	GC200	1	
1	본체	GC200	1	
품번	품명	재질	수량	척도 NS
	기어펌프1			
과제명				

④

⑤

②

①

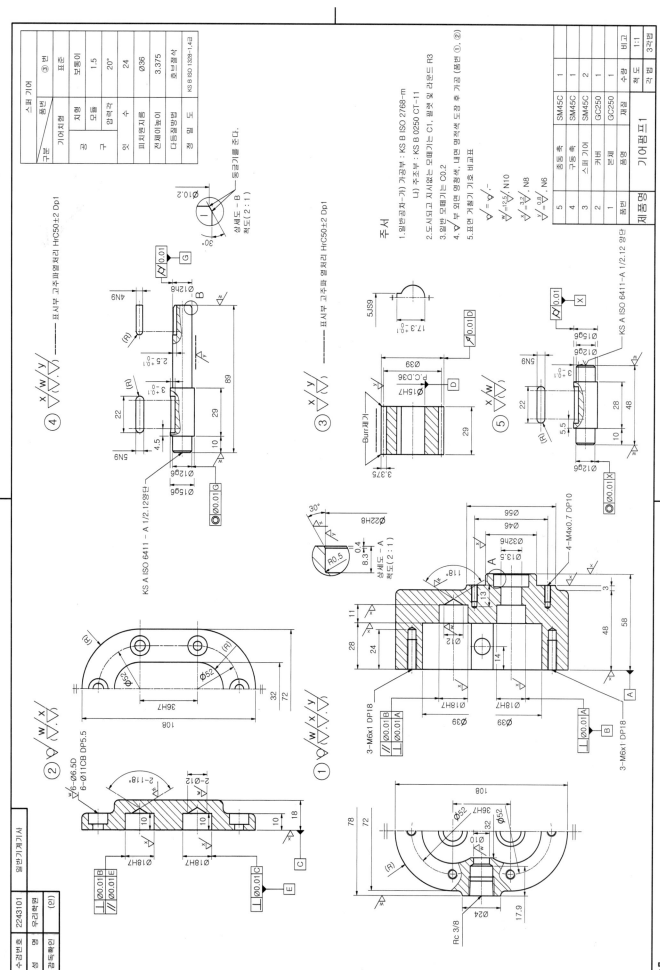

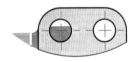

Rc 1/4

기어 요목
M : 1.5
Z : 26

🔑 그림 1 고무패킹

과제도 해설

1. 품번1, 품번2 사이 중심선 거리 39H7 (기어 P.C.D 간의 맞물림 거리)
2. 품번3 앞부분 고무패킹 (고무패킹과 합쳐서 그리면 실격처리될수 있음)
3. 품번3 패킹누르개(그랜드)가 고무패킹을 눌러서 누수방지 효과
4. 품번4와 품번5는 기어축이다.

🐛 Rc(관용 테이퍼 암나사) 1/4 표시부는 ISO Taper Internal 1/4 선택

조립도

SN 등급

표상도 본척

기어펌프 2

척도 명

품번	품명	재질	수량	비고
등급	SN	고급		
표상등급	적록	표상등급		
5	구동스퍼기어축	SM45C	1	
4	종동스퍼기어축	SM45C	1	
3	그렌드	GC200	1	
2	커버	GC200	1	
1	본체	GC200	1	
품번	품명	재질	수량	비고

기어펌프 2

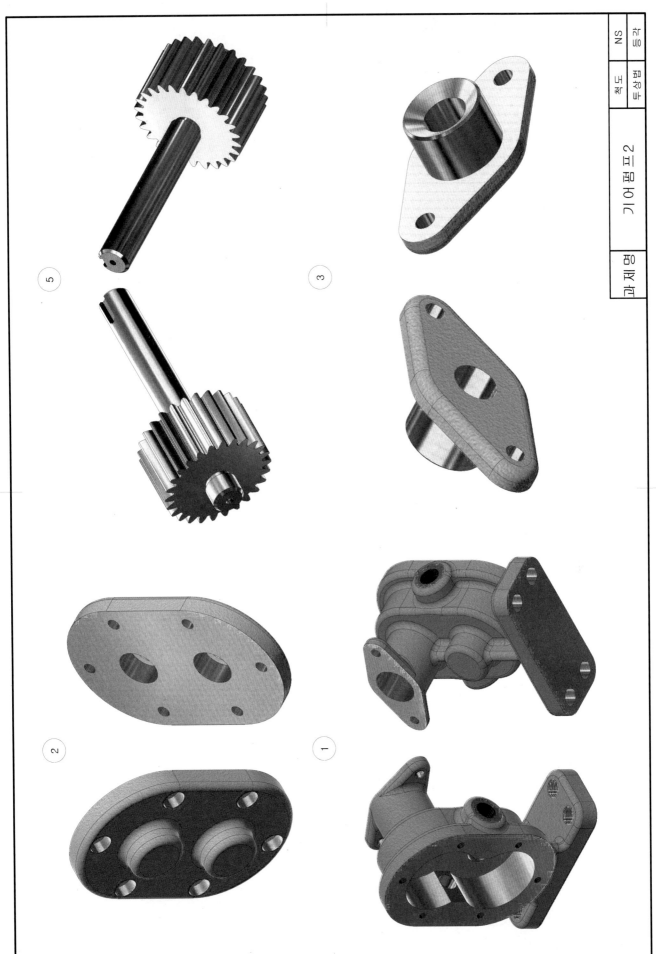

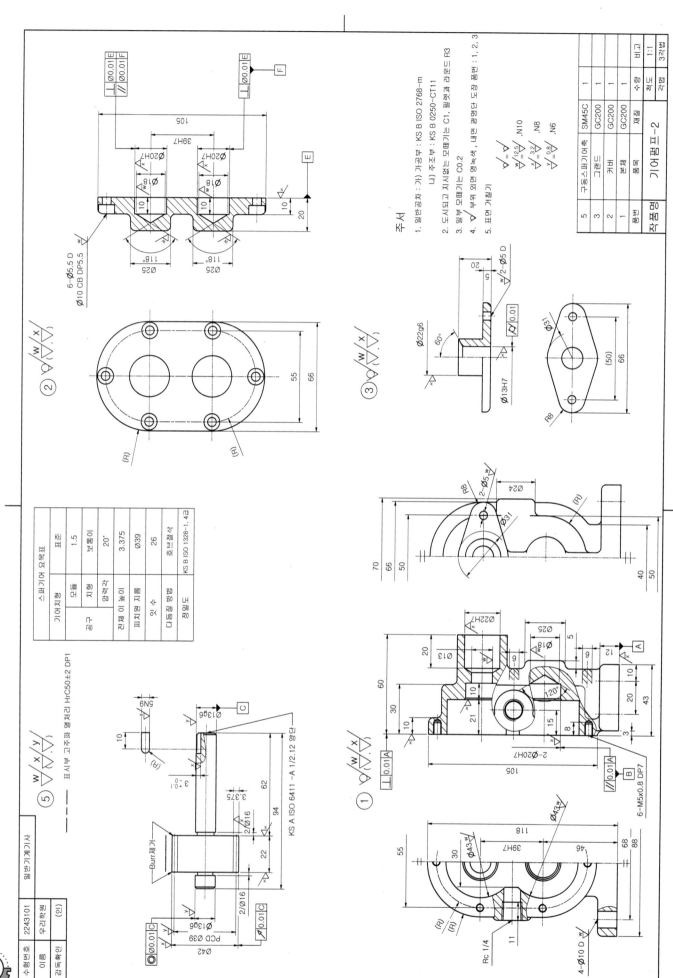

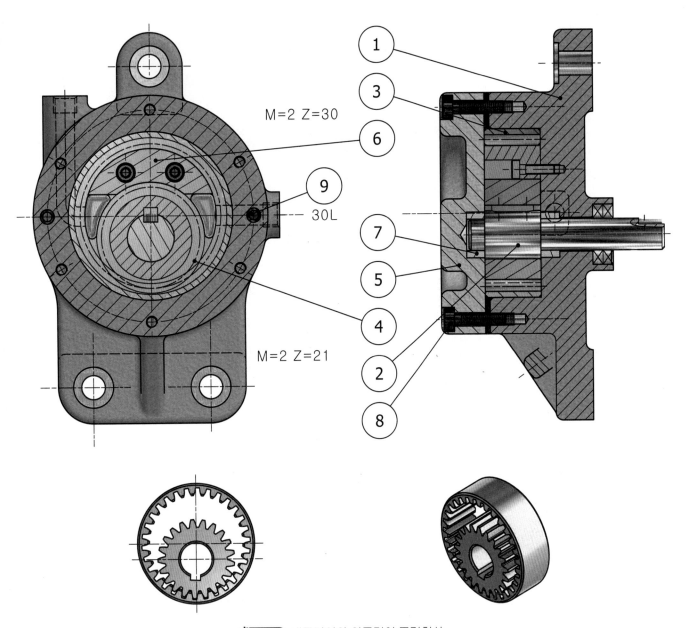

M=2 Z=30

30L

M=2 Z=21

그림1 내륜기어와 외류기어 조립형상

과제도 해설

1. 품번1 작도 시 스윕기능 활용 학습 필요
2. 품번2 우측단을 통해 오일 실이 품번1에 부착된다. 오일 실이 축을 통과해야 품번1에 부착될 수 있으므로 KS규격집 "38. 오일 실 부착 관계(축 및 하우징 구멍의 모떼기와 둥글기)" 참조하여 품번2의 축단 치수를 작도한다.
3. 품번3, 품번4 사이의 중심선 거리 H7 기입

💡 펌프류에 사용하는 기어는 SM계열을 사용하며, 누수방지를 위해 모따기 없이 버(Burr)만 제거한다. 기어 이 부위는 고주파 열처리

등급 SN

평상도 도척

기어펌프 3

평가표

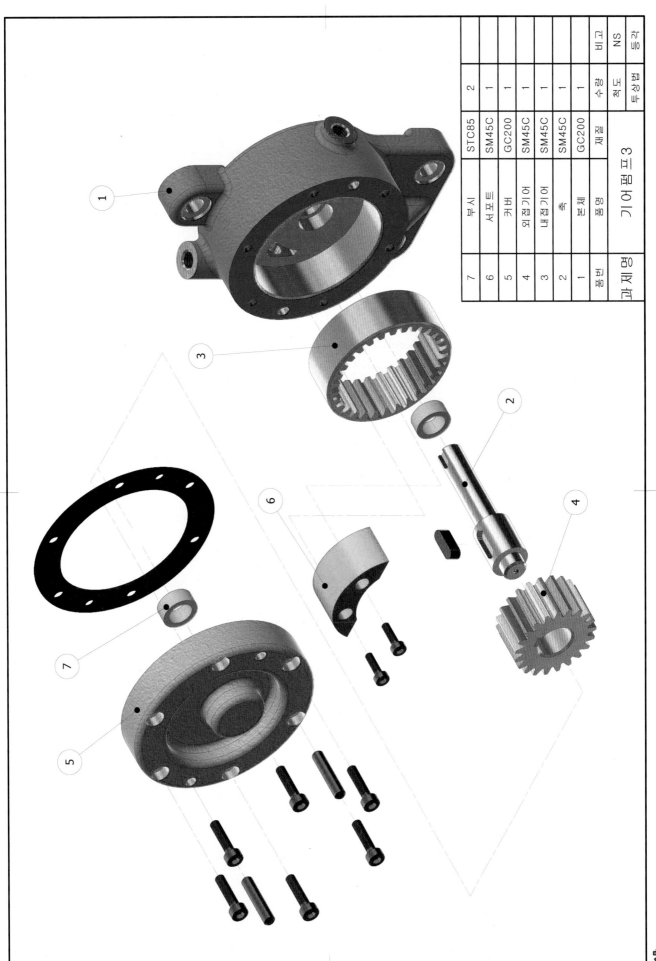

품번	품명	재질	수량	비고
7	부시	STC85	2	
6	서포트	SM45C	1	
5	커버	GC200	1	
4	외접기어	SM45C	1	
3	내접기어	SM45C	1	
2	축	SM45C	1	
1	본체	GC200	1	
품번	품명	재질	수량	비고
과제명	기어펌프 3		척도	각법
			현척	3각법

3D 참조도

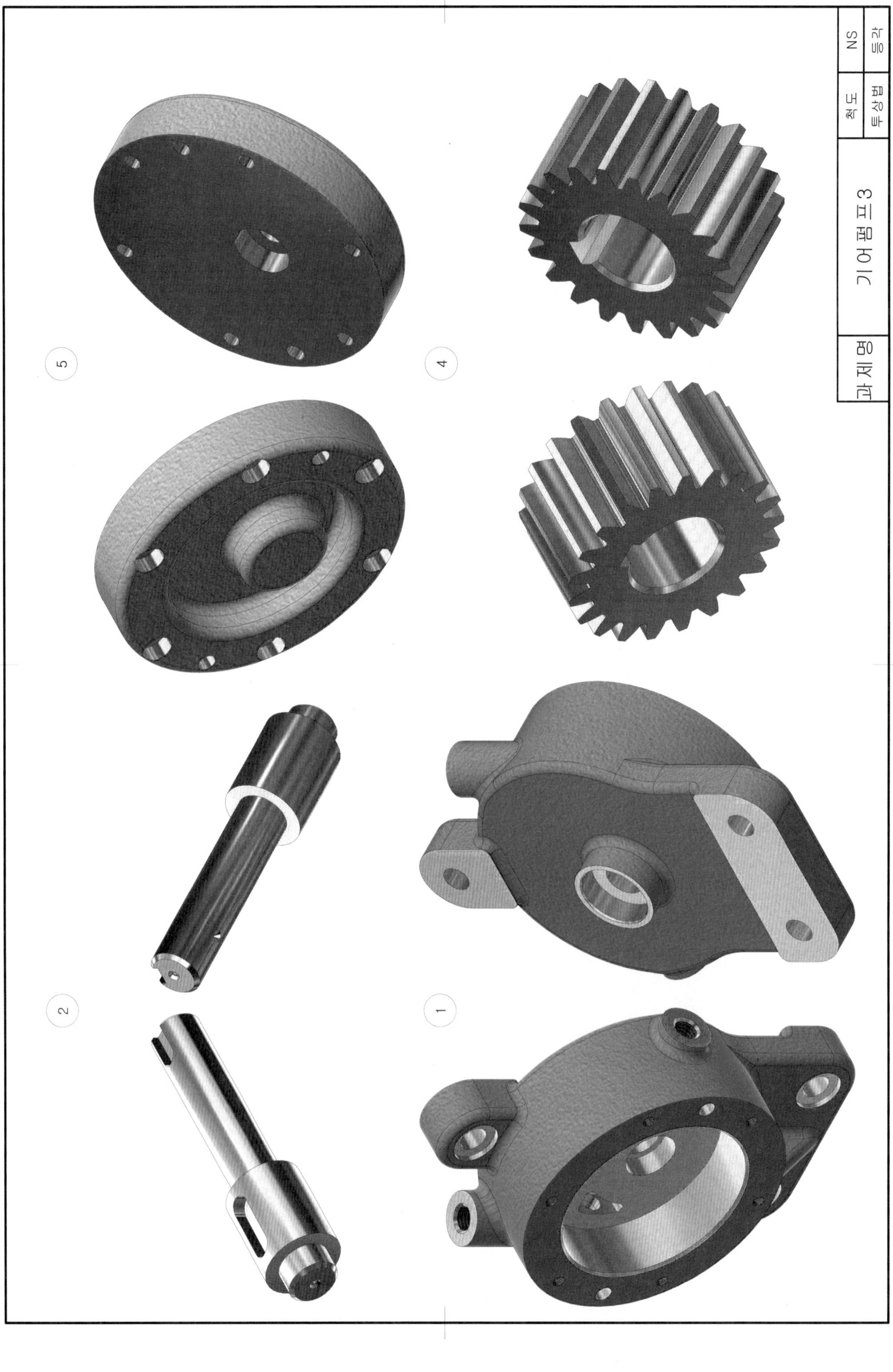

주서

1. 일반공차-가) 가공부 : KS B ISO 2768-m
  나) 주조부 : KS B 0250 CT-11
2. 도시되고 지시없는 모떼기는 C1, 필렛 및 라운드 R3
3. 일반 모떼기는 C0.2
4. ▽ 두 외면 명적색, 내면 명적색 도장후 가공 (품번 ①)
5. 표면 거칠기 기호 비교표

재품명 기어펌프3

품번	품명	재질	수량	비고
1	본체	GC200	1	
2	축	SM45C	1	
3	내접기어	SM45C	1	
6	서포트	SM45C	1	

구분	내접기어		
기어치형	표준	③
치형	보통이	
모듈	2	
압력각	20°	
잇수	30	
피치원지름	Ø60	
전체이높이	4.5	
다듬질방법	호브절삭	
정밀도	KS B ISO 1328-1.4급	

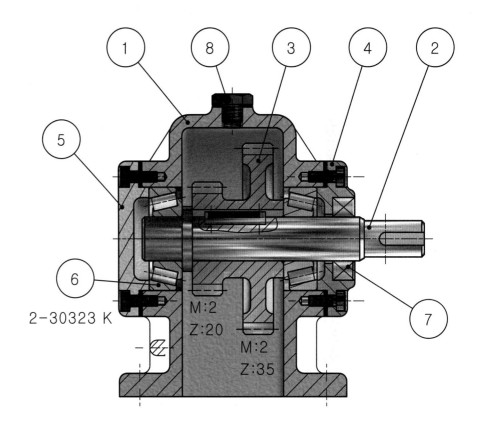

2-30323 K

M:2
Z:20

M:2
Z:35

🔧 그림1 오일 실(Oil Seal)

기계 회전부(주로 전동 축)의 실링용으로 내부의 윤활유가 새어나가거나 또는 외부의 이물질이 기계 장치 배부로 칩입하는 것을 방지한다. 내부에 스프링이 원주면을 감싸고, 탄성이 우수한 합성고무를 사용한다.

과제도 해설

1. 품번1 양쪽(2개소) 구멍에 베어링이 각각 접촉되고 있으므로 가공 방향을 고려하여 접촉면 기준으로 동심도를 적용
2. 품번1, 품번2를 작도 시 베어링 KS규격집 "27.테이퍼 롤러 베어링" 참조
3. 품번4 작도 시 오일 실 KS규격집 "37.오일 실" 참조

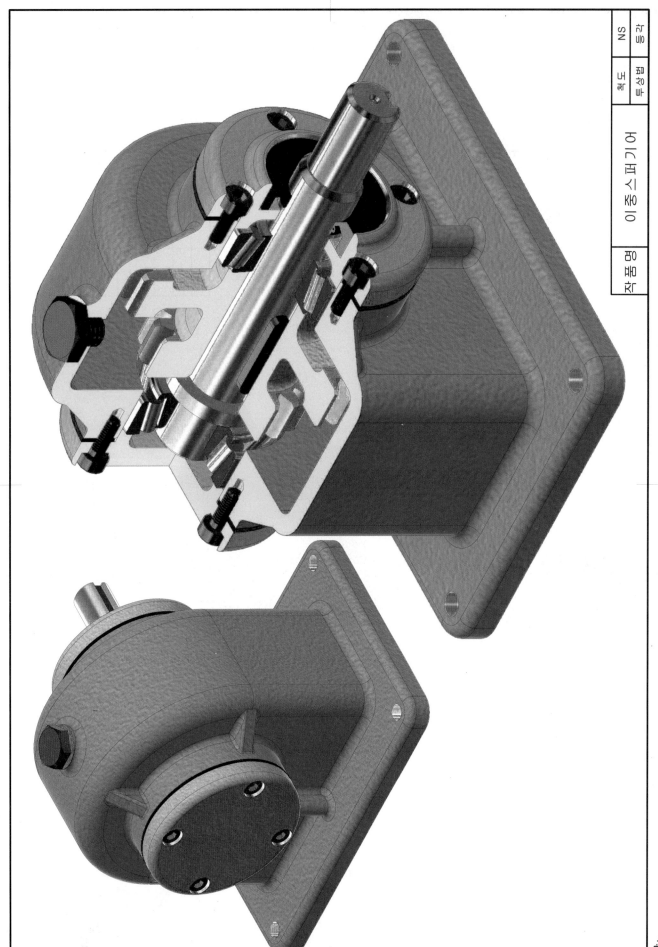

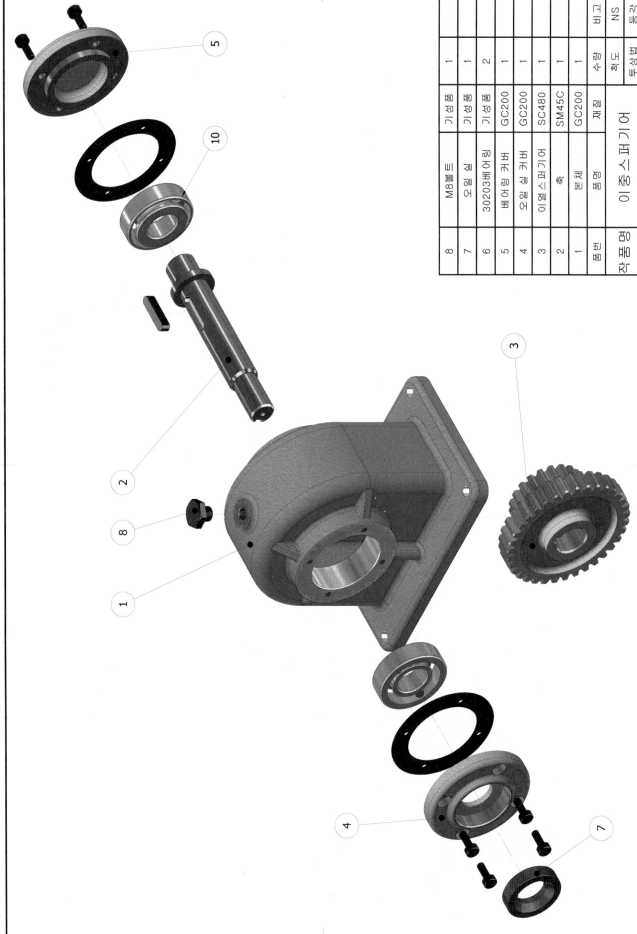

품번	품명	재질	수량	비고
8	M8볼트	기성품	1	
7	오일실	기성품	1	
6	30203베어링	기성품	2	
5	베어링 커버	GC200	1	
4	오일실 커버	GC200	1	
3	이중스퍼기어	SC480	1	
2	축	SM45C	1	
1	본체	GC200	1	
품번	품명	재질	수량	비고
작품명	이중스퍼기어	척도	NS	등각

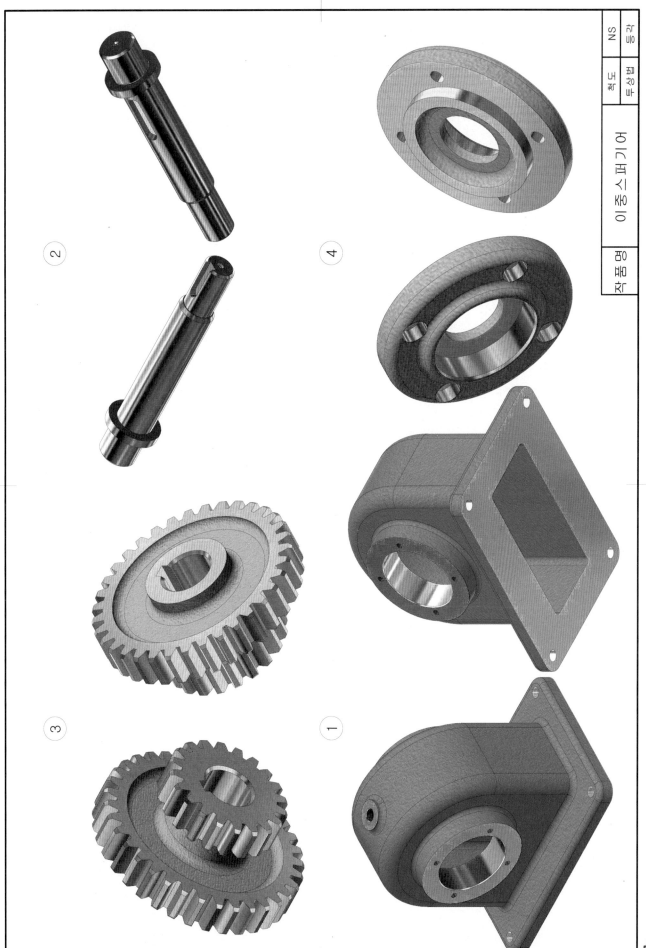

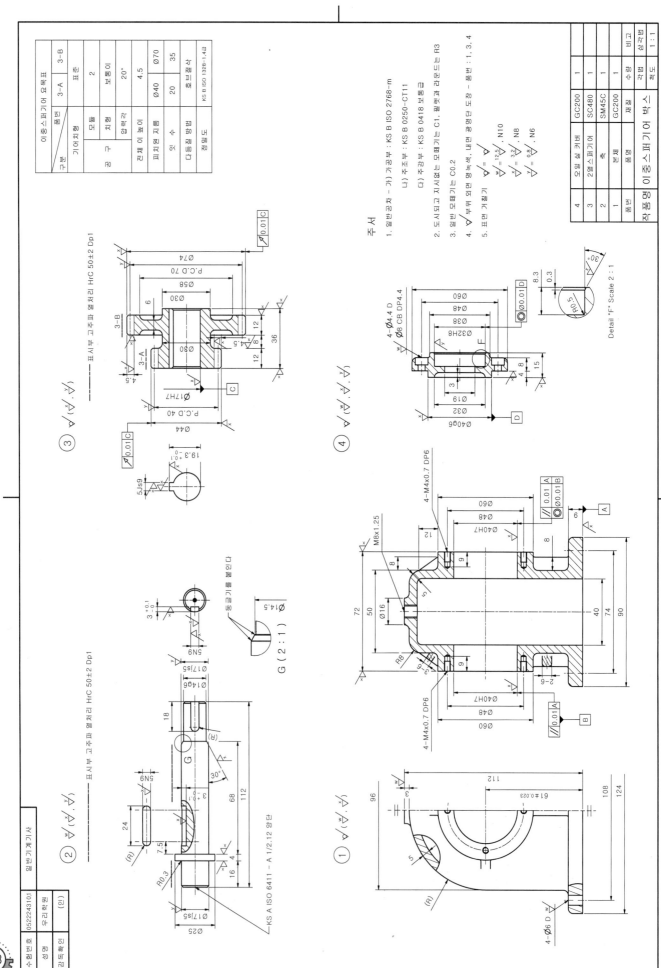

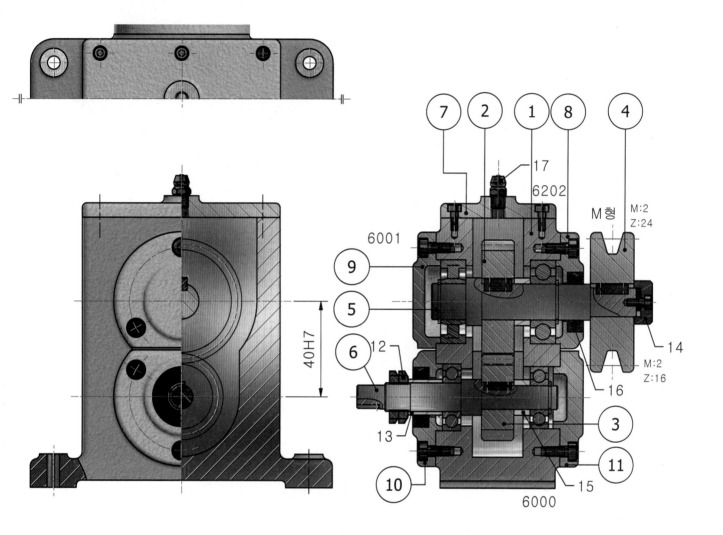

7 2 1 8 4

17
6202
6001
M 형   M:2
Z:24
9
5
6   12
13
10   15
6000   3   11   14   M:2 Z:16   16

과제도 해설

1. 품번1 중심선 거리 40H7 (기어 P. C. D 간의 맞물림 거리)
2. 품번1 양쪽(2개소) 구멍에 베어링이 각각 접촉되고 있으므로 가공 방향을 고려하여 접촉면 기준으로 동심도를 적용
3. 품번4 작도 시 KS규격집 "40.V 벨트 풀리" 참조. 도면 작성 시 벨트풀리 Type 기입
4. 품번5 작도 시 축용 멈춤 링 KS규격집 "19.멈춤 링" 참조

🐛 V-벨트풀리(V-Belt Pulley)란?
알루미늄 합금제나 주철등에 의해 주조로 제작하며, 키 홈은 브로칭(Broaching) 또는 슬로팅(Slotting)에 의해 가공한다.
표면처리는 알루미늄인 경우 알루마이트, 주철인 경우 도장처리한다.

SN

등급

척도

평상북

기 어 박 스 1

평파북

품번	품명	재질	수량 작성자 척도	비고
11	커버	GC200	1	
10	커버	GC200	1	
9	커버	GC200	1	
8	커버	GC200	1	
7	커버	GC200	1	
6	축	SM45C	1	
5	축	SM45C	1	
4	V-벨트 풀리	ALDC3	1	M형
3	스퍼 기어	SM45C	1	
2	스퍼 기어	SM45C	1	
1	하우징	GC200	1	
품번	품명	재질	수량 작성자 척도	비고

기어 박스 1

과제도에 따른 해설도

NS 등급

척도 완성도

기어 박스

품재료

⑧

④

⑤

①

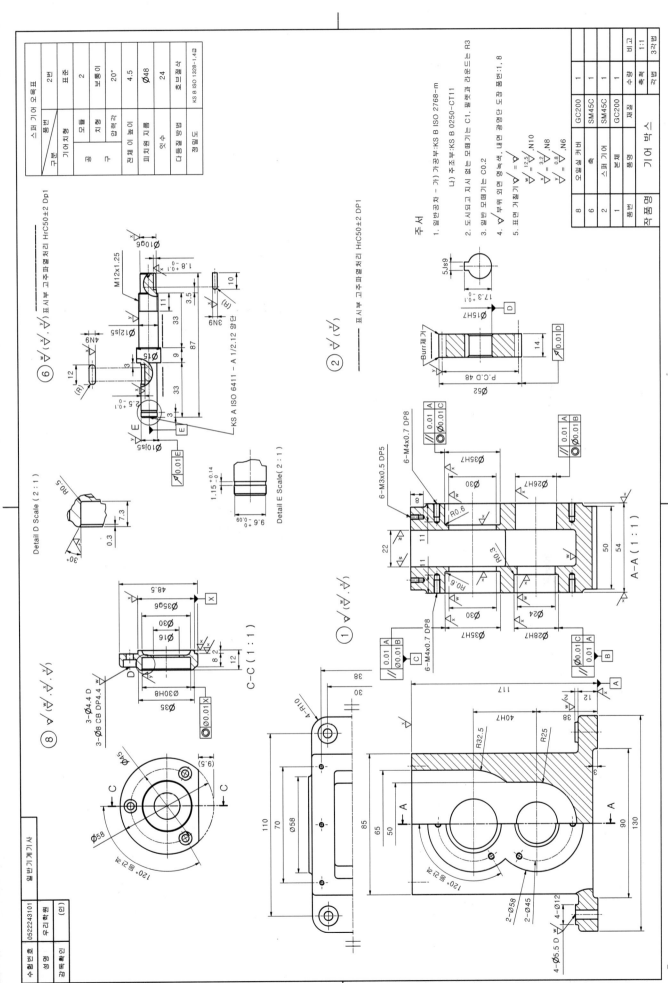

해설도

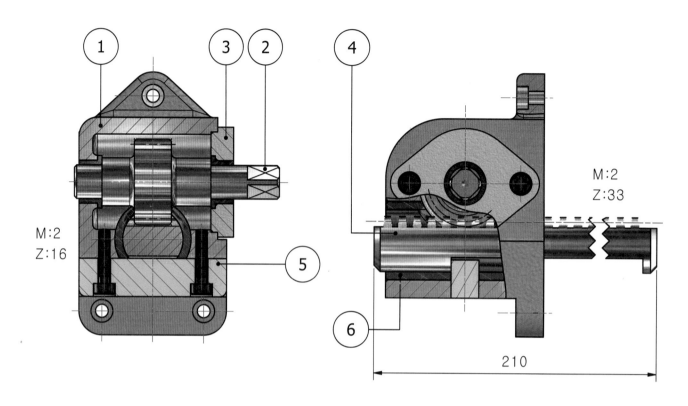

M:2
Z:16

M:2
Z:33

210

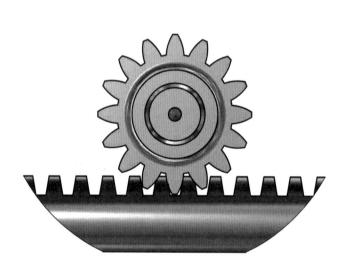

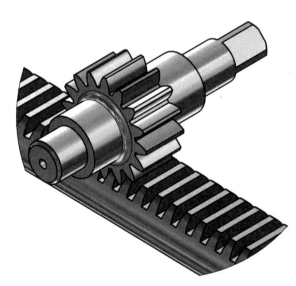

🔧그림1 래크와 피니언 조립모습

과제도 해설

1. 품번1 중심축선 24H7 (기어 P. C. D 간의 맞물림 거리)
2. 품번2 우측단 작도 시 KS규격집 "20.생크" 참조
3. 품번4 작도 시 "래크 작도법" 참조

🐤 항시 기어가 나오면 요목표가 필수입니다. KS규격집 "49.기어요목표" 참조

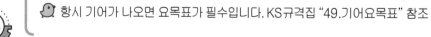

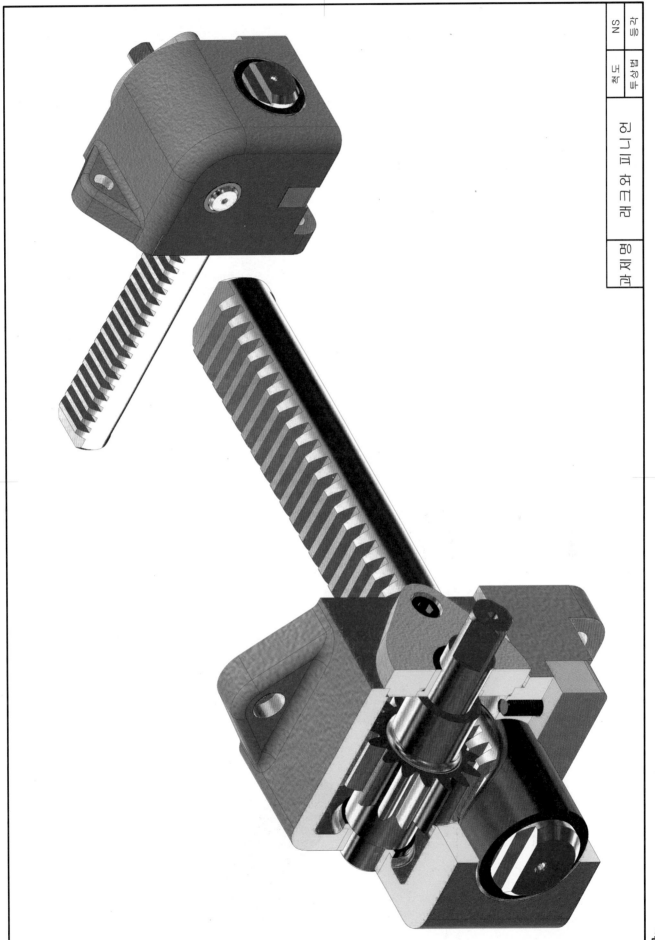

품번	품명	재질	수량	비고
6	슬리브	SM45C	1	
5	래크스토퍼	SM45C	1	
4	래크	SM45C	1	
3	커버	GC200	1	
2	피니언축	SM45C	1	
1	하우징	GC200	1	
품번	품명	재질	수량	비고

래크와 피니언

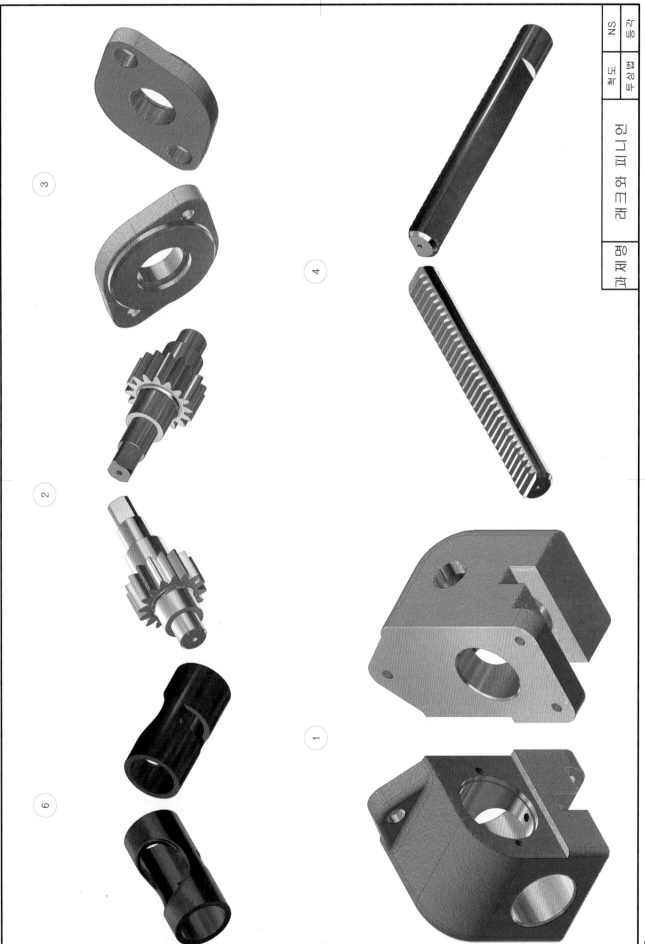

10 — 과제도에 따른 해설도

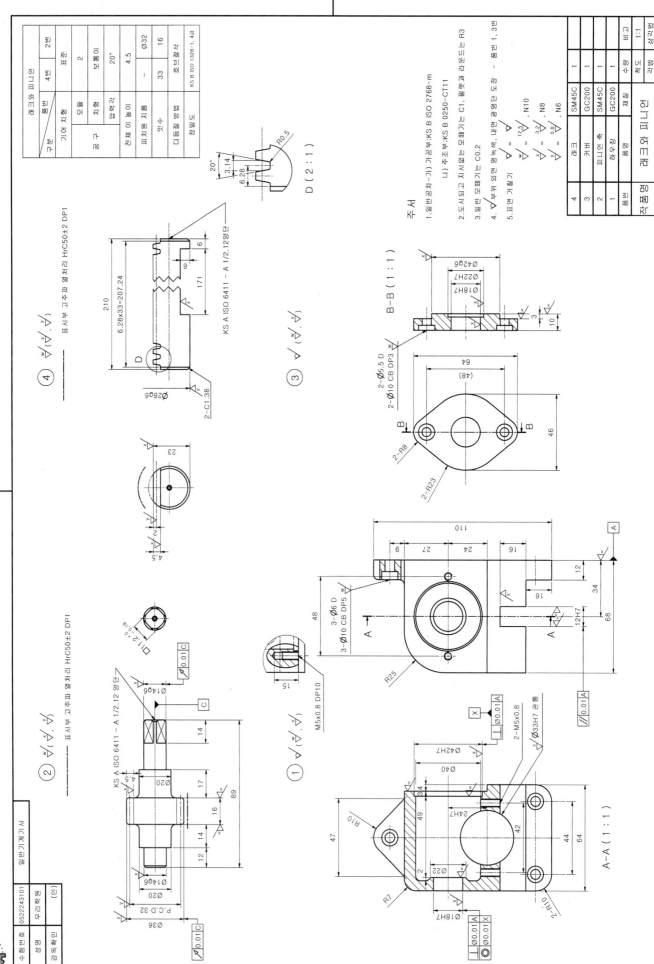

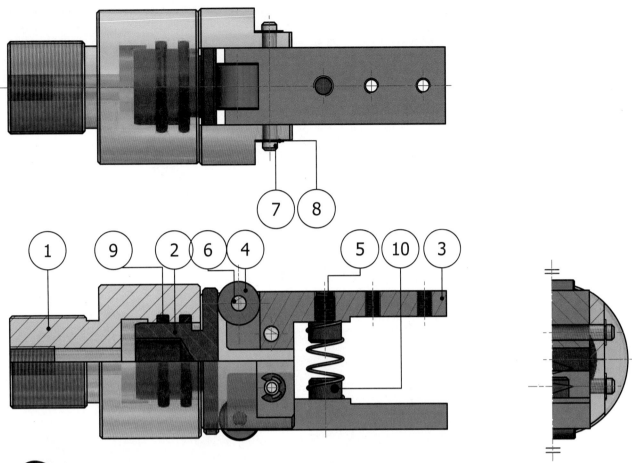

 그림1 O-링

수밀유지 목적으로 사용되는, 원형의 고리로, 천연고무, 합성고무, 합성수지 등으로 만들어 사용한다.

그림2 E형 멈춤 링

축계 기계요소로 외접링에 주로 사용하며, 장착이나 탈착이 쉽다는 장점이 있지만, 축과 접촉 면적이 작아 큰 힘이 걸리는 경우 이탈할 우려가 있기에 비교적 작은 힘이 걸리는 곳에 설치 사용한다. 재질은 스프링강이나 스테인리스강 등을 사용한다.

과제도 해설

1. 품번1, 품번2 조립부 작도 시 KS규격집 "34.O-링(원통면) 운동용" 참조
2. 품번1 ALDC3재질 사용
3. 품번1의 뒤쪽에서 공기압이 압입되면 품번2가 전진하여 품번6에 고정된 품번3 을 밀게 되고, 2개의 품번3은 품번6 을 기준으로 하여 오므라지게 된다.

다이케스딩(Die-Casting): 다이(Die)라 부르는 금속재질의 틀(금형)에다가 소재가 되는 금속을 녹여서 높은 압력으로 강제로 밀어 넣는 주조 방법 중 하나다. 틀 자체가 정밀가공이 가능한 금속이다보니 정밀가공이 가능한 것이 큰 장점. 다만 '틀'이 녹아 버리면 안 되므로 소재가 되는 금속은 틀보다 녹는점이 낮은 금속을 써야 한다. 보통 철로 된 틀에다가 알루미늄을 녹여 붓는 방식이 많이 쓰이며(알루미늄다이케스팅) 알루미늄의 내식 내마모성 증가를 위해 직류 유산법 원명인 아노다이징(Anodizing) 처리를 한다. 일본 및 우리나라 현업에서는 양극산화법(Anodizing Method)을 명칭하는 알루마이트(Alumite)라고도 한다.

알루마이트(Alumite): 부식이나 마모에 약한 알루미늄의 단점을 보완하기 위해 내식성과 내마모성을 향상하고자, 양극산화법에 의해 알루미늄 표면에 산화처리를 함으로써 산화알루미늄 막을 형성하는 작업

각도	SN
성명	척도

소형레버에어척

과제명

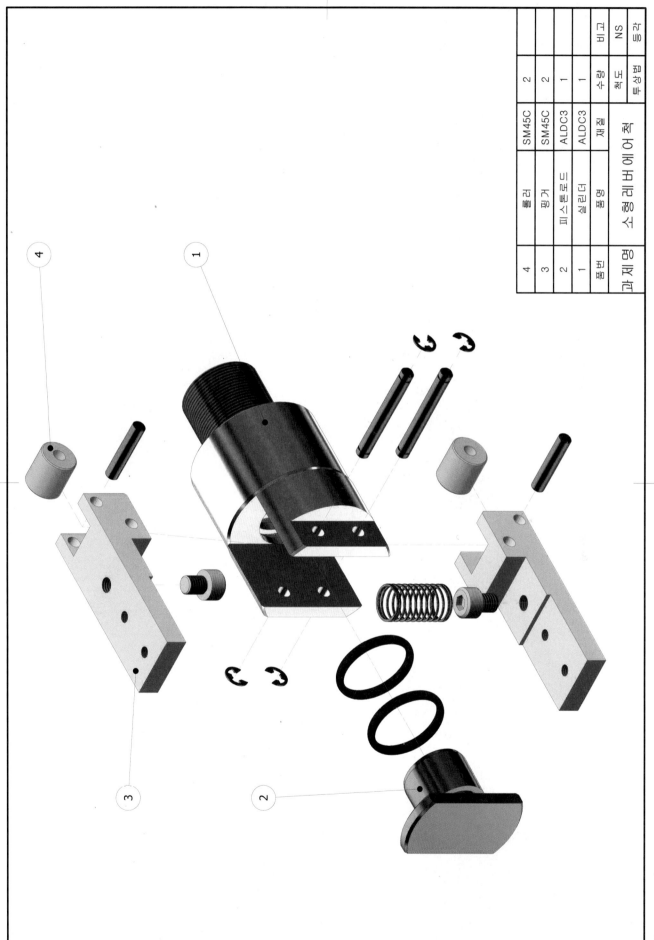

품번	품명	재질	수량	비고
4	롤러	SM45C	2	
3	핑거	SM45C	2	
2	피스톤로드	ALDC3	1	
1	실린더	ALDC3	1	
품번	품명	재질	수량	비고
과제명	소형레버에어척	척도	NS	
		투상법	3각법	

③

①

②

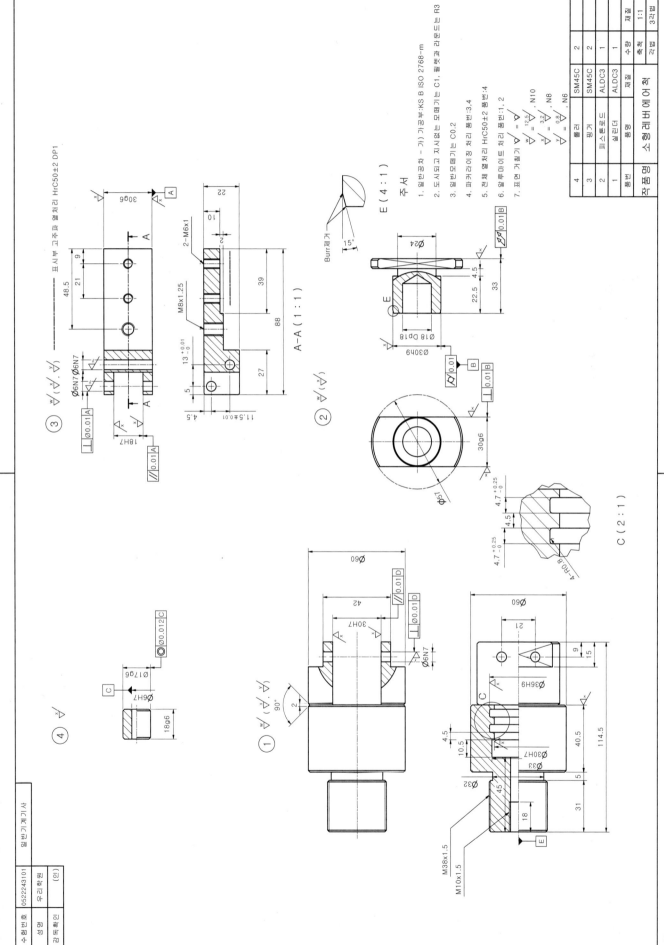

주서

1. 일반공차 - 가) 가공부:KS B ISO 2768-m
2. 도시되고 지시없는 모떼기는 C1, 필렛과 라운드는 R3
3. 일반모떼기는 C0.2
4. 파카라이징 처리 폼번:3,4
5. 전체 열처리 HrC50±2 폼번:4
6. 알루마이트 처리 폼번:1,2
7. 표면 거칠기

작품명	소형 레버 에어 척		
4	롤러	SM45C	2
3	핑거	SM45C	2
2	피스톤로드	ALDC3	1
1	실린더	ALDC3	1
품번	품명	재질	수량

표시부 고주파 열처리 HrC50±2 DP1

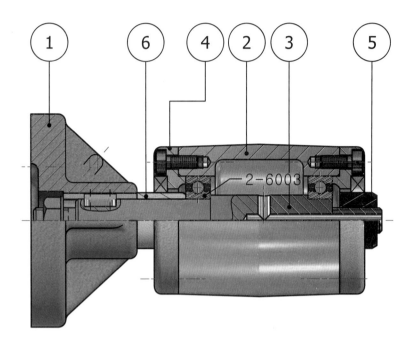

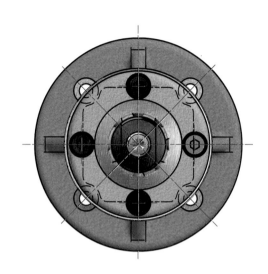

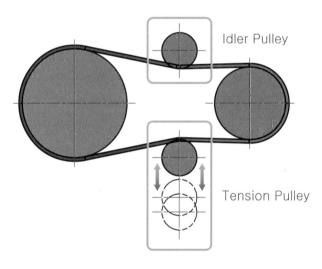

🔧 **그림1** 아이들러풀리

과제도 해설

1. 품번1의 형상은 측면도의 숨은선을 참조하여 작도한다.

2. 품번2 평벨트풀리는 가운데를 높게 설계하여, 관성에 의한 벨트가 풀리로부터 이탈방지 벨트의 풀림을 방지한다.

🐢 평벨트는?

구름마찰의 원리를 응용하여 두 축 사이의 동력을 전달시키는 간접전달요소이다. 이러한 동력전달방법을 감아걸기 전동장치(wrapping connector driving gear)라고 한다.

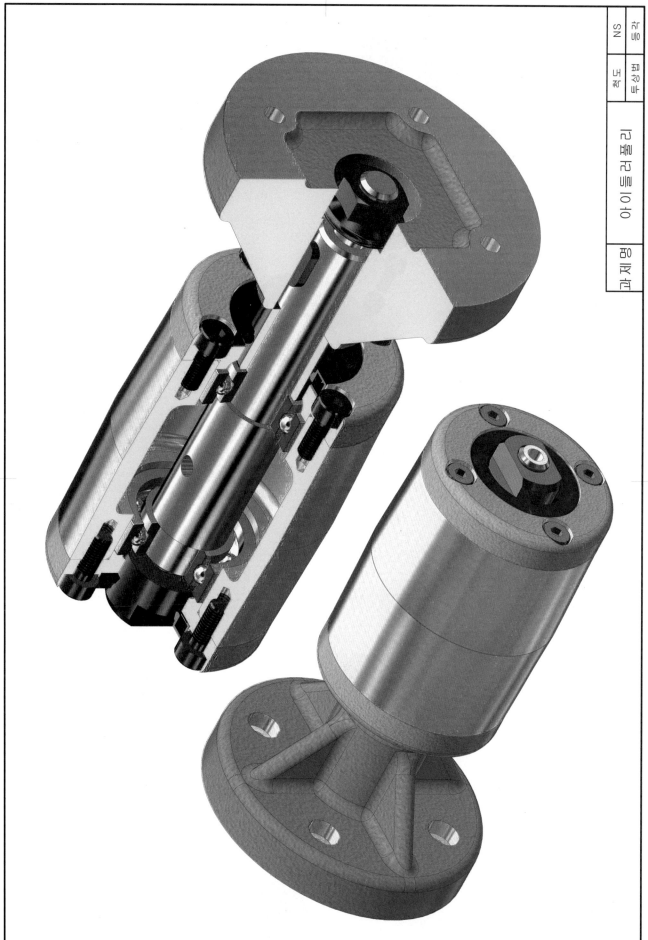

품번	품명	재질	수량	비고
6	칼라	STC85	1	NS
5	양면라이너트	STC85	1	NS
4	커버	GC200	2	
3	축	SM45C	1	
2	풀리	ALDC3	1	
1	플랜지	GC200	1	
품번	품명	재질	수량	비고

아이들러 풀리

3D 참조도

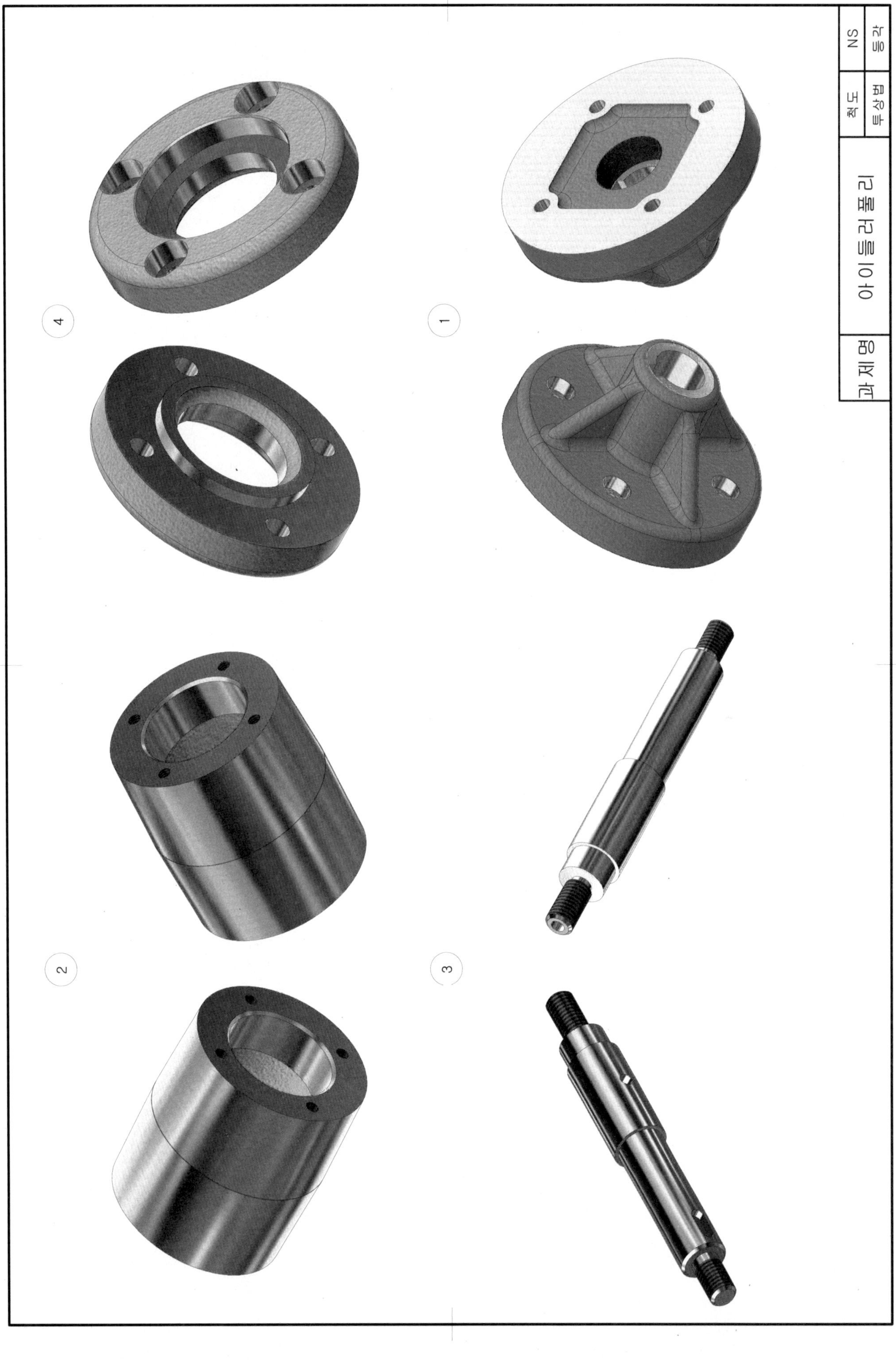

주서

1. 일반공차-가) 가공부:KS B ISO 2768-m
　　　　　나) 주조부:KS B 0250-CT11
2. 도시되고 지시없는 모떼기는 C1, 필렛과 라운드는 R3
3. 일반 모떼기는 C0.2
4. ▽부위 외면 명녹색, 내면 광명단 도장 – 품번 1, 4번
5. 알루마이트 처리 – 품번 2번
6. 표면 거칠기

품번	재질	수량	비고
5	STC85	1	앤면러너트
4	GC200	2	커버
3	SM45C	1	축
2	ALDC3	1	풀리
1	GC200	1	플랜지
품번	재질	수량	비고

작품명 아이들러풀리 척도 1:1

수험번호 2243101
성명 우리학원
감독확인 (인)

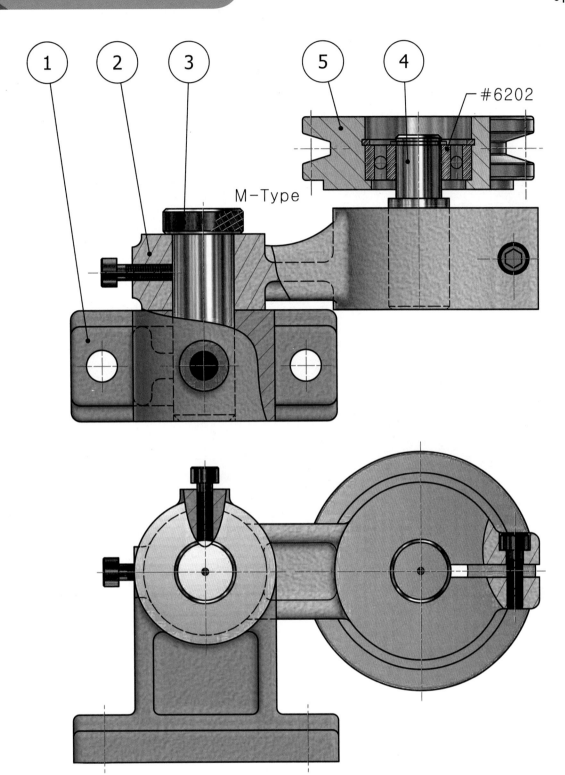

#6202

M-Type

과제도 해설

1. 품번3 형상은 "Knurl1_bump.bmp" 파일 적용하여 널링 표현
2. 품번4 작도 시 축용 멈춤 링 KS규격집 "19.멈춤 링" 참조
3. 품번5 작도 시 KS규격집 "40.V 벨트 풀리" 참조. 도면 작성 시 벨트풀리 Type 기입
4. 품번5 작도 시 구멍용 멈춤 링 KS규격집 "19.멈춤 링" 참조

💬 널링(Knurling)이란?
공구 등을 손으로 잡는 부분이 미끄럼 방지를 위해 빗줄형 또는 바른줄형으로 모양을 만드는 가공법(널링이란 프랑스어로 깔쭉깔쭉한 모양을 뜻한다.)

인벤터 기계제도 실기 · 실무

NS 등각

척도 부상법

과제명 Angle Tightener

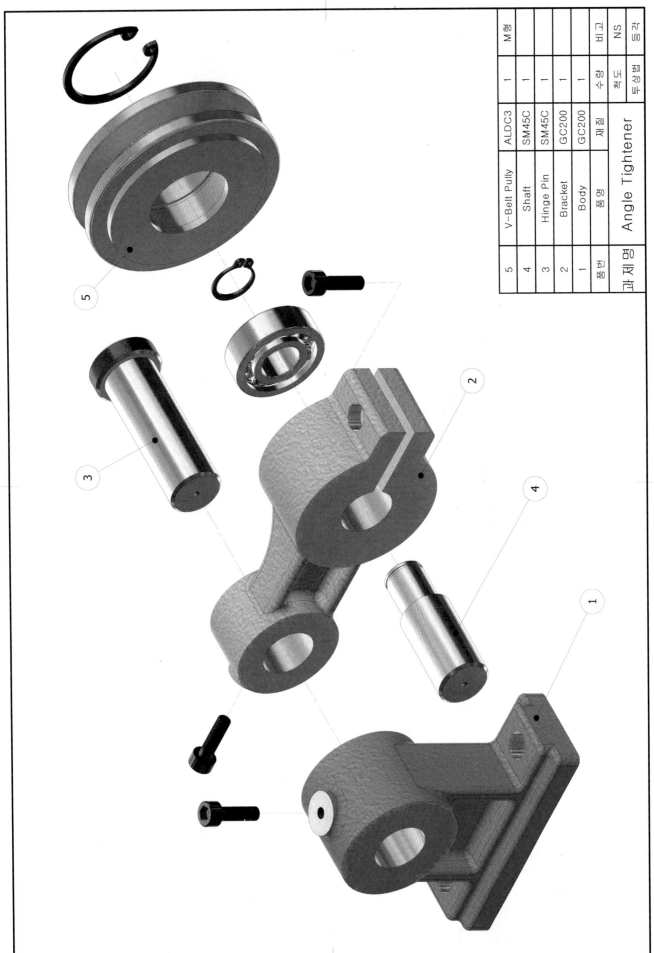

품번	품명	재질	수량	척도	비고
5	V-Belt Pully	ALDC3	1		M형
4	Shaft	SM45C	1		
3	Hinge Pin	SM45C	1		
2	Bracket	GC200	1		
1	Body	GC200	1		NS
품번	품명	재질	수량	척도	비고
과제명	Angle Tightener				

NS | 등각
척도 | 투상법

Angle Tightener

과제명

⑤

④

②

①

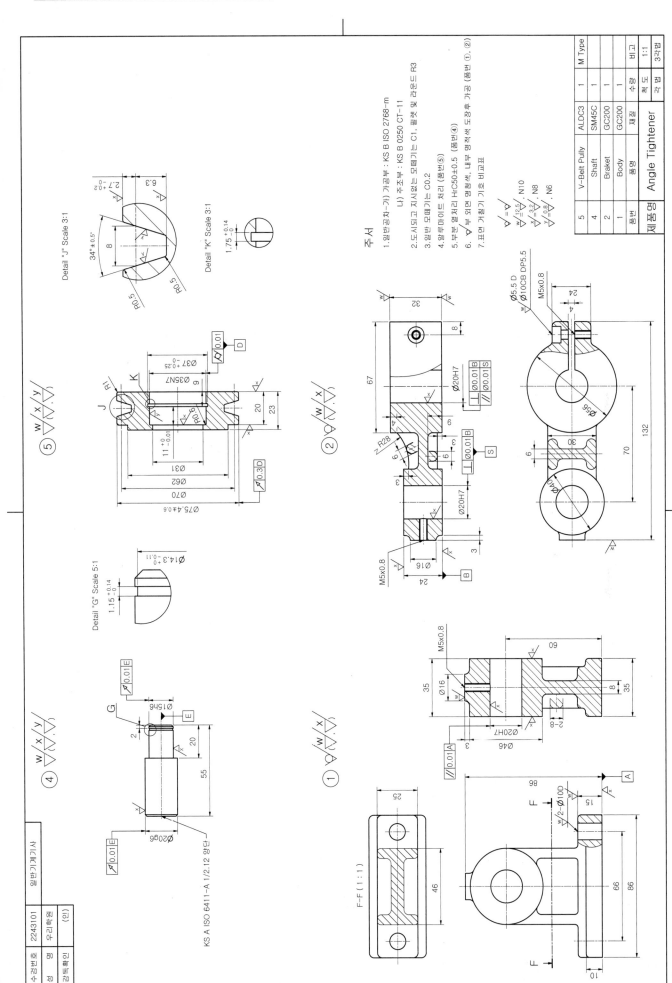

Detail "J" Scale 3:1

Detail "K" Scale 3:1

Detail "G" Scale 5:1

F-F (1 : 1)

주서
1. 일반공차-가) 가공부 : KS B ISO 2768-m
　나) 주조부 : KS B 0250 CT-11
2. 도시되고 지시없는 모떼기는 C1, 필렛 및 라운드 R3
3. 일반 모떼기는 C0.2
4. 알루마이트 처리 (품번⑤)
5. 부분 열처리 HrC50±0.5 (품번④)
6. 주 외면 영광색, 내부 영적색 도장후 가공 (품번 ①, ②)
7. 표면 거칠기 기호 비교표

품번	품명	재질	수량	비고
5	V-Belt Pully	ALDC3	1	M Type
4	Shaft	SM45C	1	
2	Braket	GC200	1	
1	Body	GC200	1	

제품명 Angle Tightener

척 도 1:1
각 법 3각법

일반기계가사
수검번호 2243101
성 명 우리학행
감독확인 (인)

KS A ISO 6411-A 1/2.12 양단

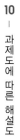

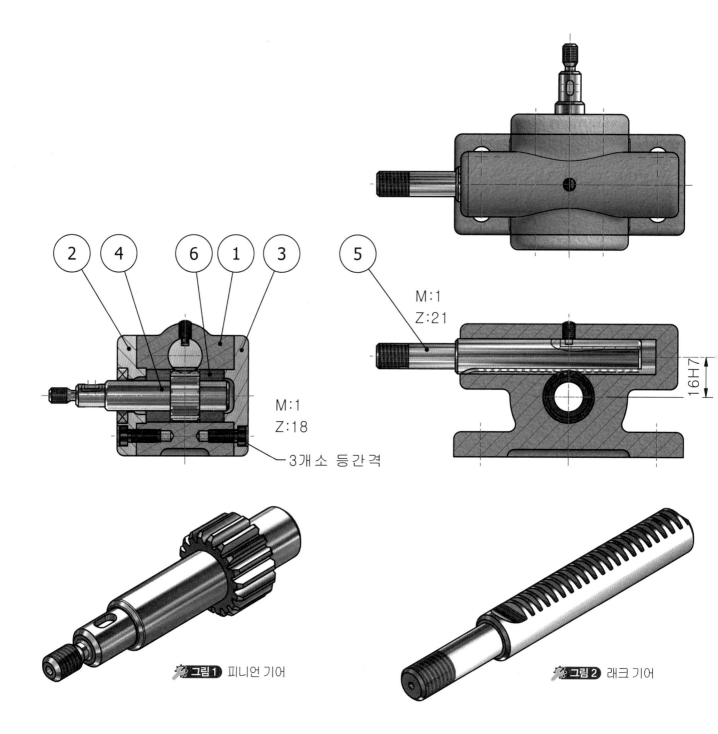

M:1
Z:21

16H7

M:1
Z:18

3개소 등간격

🔧 그림 1 피니언 기어

🔧 그림 2 래크 기어

과제도 해설

1. 품번1 기어 치 부위의 거리값은 H7을 기입합니다.(기어 P. C. D 간의 맞물림 거리)
2. 품번2 작도 시 오일 실 KS규격집 "37.오일 실" 참조
3. 품번4 작도 시 KS규격집 "38.오일 실 부착 관계 (축 및 하우징 구멍의 모떼기와 둥글기)" 참조
4. 품번5 작도 시 "래크 작도법" 참조 및 요목표 작성 필수

💬 오일 실(Oil Seal)이란?
기계 회전부(주로 전동 축)의 실링용으로 내부의 윤활유가 새어나가거나 또는 외부의 이물질이 기계 장치 배부로 침입하는 것을 방지한다. 내부에 스프링이 원주면을 감싸고, 탄성이 우수한 합성고무를 사용한다.

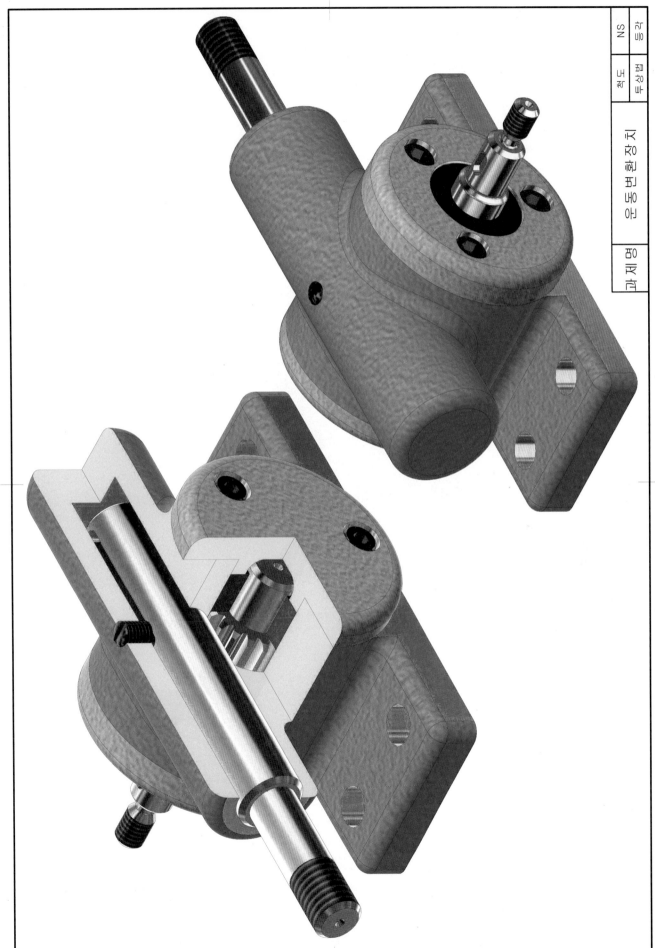

품번	품명	재질	수량	비고
6	부시	STC85	2	
5	래크	SM45C	1	
4	피니언축	SM45C	1	
3	커버	GC200	1	
2	오일실 커버	GC200	1	
1	본체	GC200	1	

과제명 : 운동변환장치

등각 / 척도 NS / 투상법 삼각

④

②

⑤

①

NS 능력

측도 평상능

운동변환장치

과제명

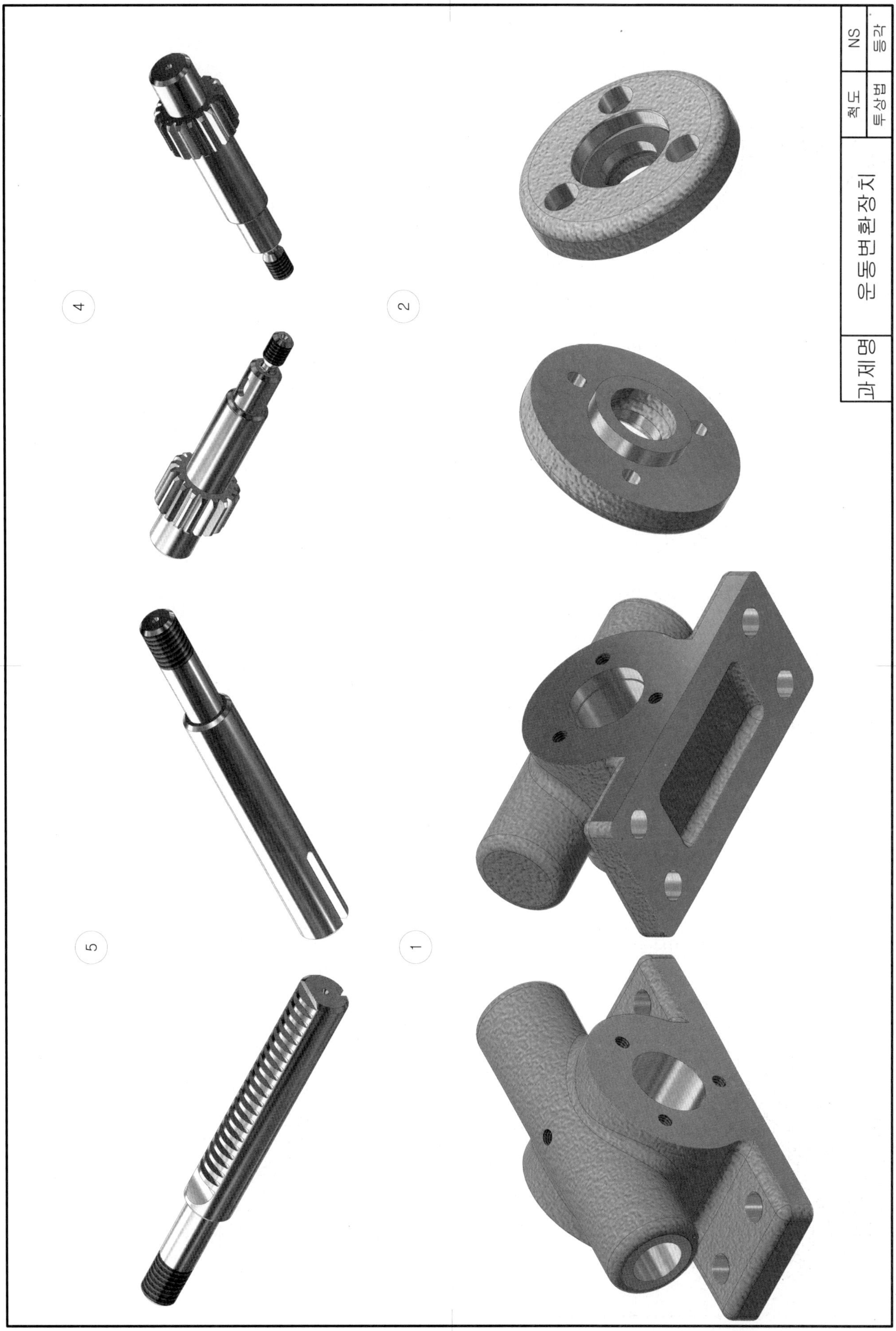

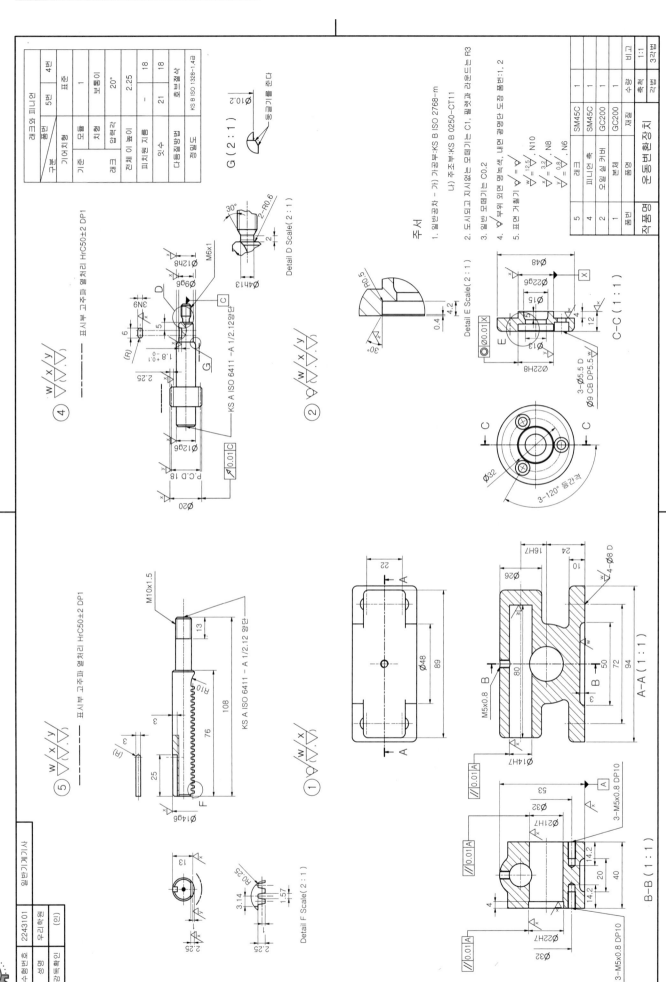

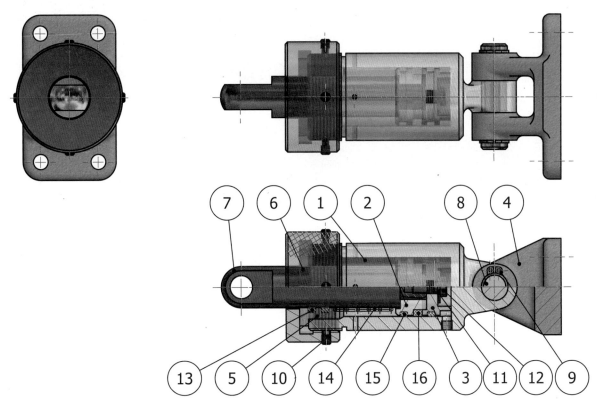

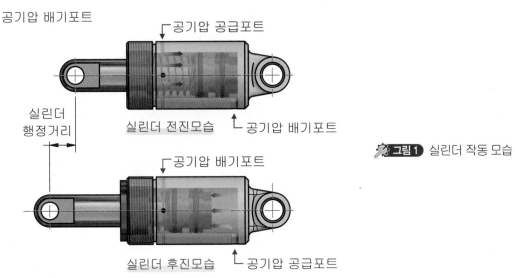

공기압 배기포트

공기압 공급포트

실린더
행정거리

실린더 전진모습 ── 공기압 배기포트

🔧 **그림1** 실린더 작동 모습

공기압 배기포트

실린더 후진모습 ── 공기압 공급포트

과제도 해설

1. 품번1 ALDC3 재질 사용(알루마이트 처리 필수)
2. 품번1 오링 접촉면은 KS규격집 "35.O링 부착 부의 예리한 모서리를 제거하는 설계방법" 참조
3. 품번2, 품번3 작도시 KS규격집 "34.O링(원통면)" 참조

🐤 다이케스팅(Die-Casting): 다이(Die)라 부르는 금속재질의 틀(금형)에다가 소재가 되는 금속을 녹여서 높은 압력으로 강제로 밀어 넣는 주조 방법 중 하나다. 틀 자체가 정밀가공이 가능한 금속이다보니 정밀가공이 가능한 것이 큰 장점. 다만 '틀'이 녹아 버리면 안 되므로 소재가 되는 금속은 틀보다 녹는점이 낮은 금속을 써야 한다. 보통 철로 된 틀에다가 알루미늄을 녹여 붓는 방식이 많이 쓰이며(알루미늄다이케스팅) 알루미늄의 내식 내마모성 증가를 위해 직류 유산법 원명인 아노다이징(Anodizing) 처리를 한다. 일본 및 우리나라 현업에서는 양극산화법(Anodizing Method)을 명칭하는 알루마이트(Alumite) 라고도 한다.

🐤 알루마이트(Alumite): 부식이나 마모에 약한 알루미늄의 단점을 보완하기 위해 내식성과 내마모성을 향상하고자, 양극산화법에 의해 알루미늄 표면에 산화처리를 함으로 산화알루미늄 막을 형성하는 작업

10

과제도에 따른 해설

SN

품명 규격

리프트에어실린더 평자리

품번	품명	재질	수량	척도	비고
8	힌지축	SM45C	1		
7	피스톤로드	ALDC3	1		
6	커버링너트	SM30C	1		
5	로드부시	STC85	1		
4	브라켓	GC200	1		
3	피스톤	ALDC3	1		
2	피스톤링	SM30C	1		
1	실린더	ALDC3	1		
과제명	리프트 에어 실린더		척도	NS	

3D 참조도

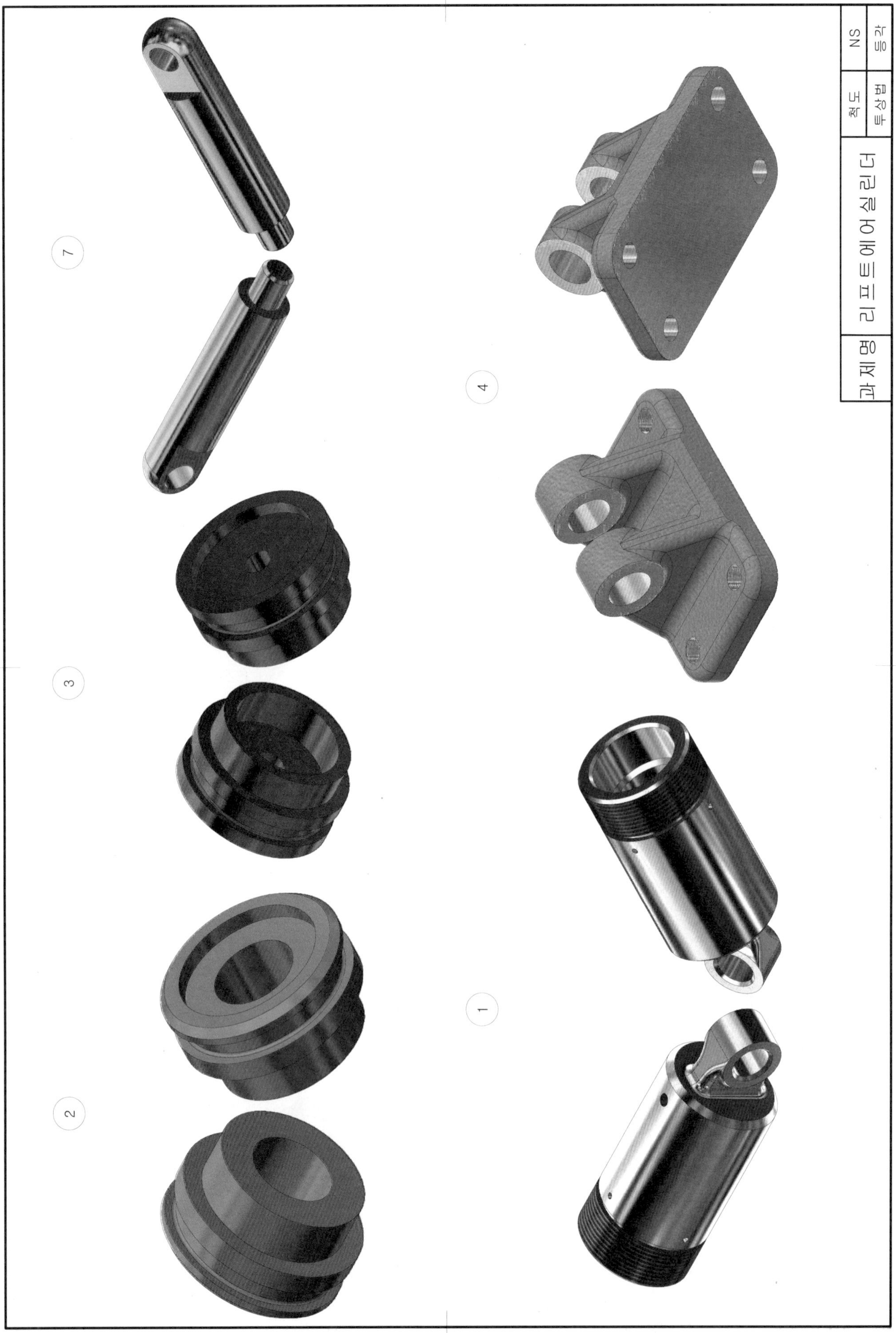

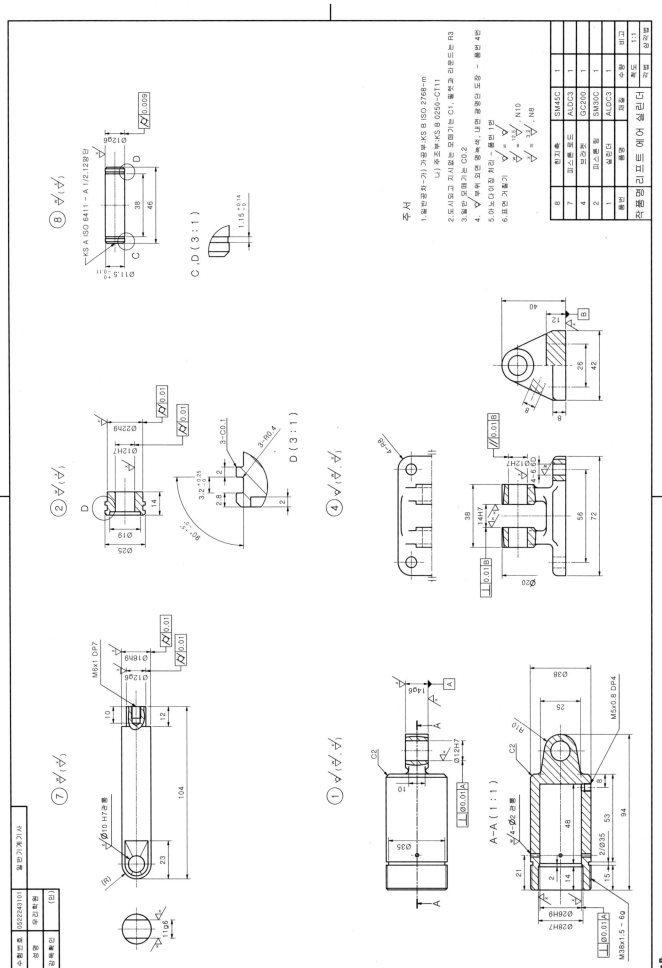

주서
1. 일반공차-가) 가공부:KS B ISO 2768-m
          나) 주조부:KS B 0250-CT11
2. 도시되고 지시없는 모떼기는 C1, 필렛과 라운드는 R3
3. 일반 모떼기는 C0.2
4. 부위 외면 명녹색, 내면 광명단 도장 - 품번 4번
5. 아노다이징 처리 - 품번 1번
6. 표면 거칠기 $\sqrt{}$ $\overset{w}{\underset{}{\nabla}}$ $\frac{}{12.5}$, N10
                    $\overset{x}{\underset{}{\nabla}}$ $\frac{}{3.2}$, N8

8	7		4	2	1	품번	
힌지축	피스톤로드	부시	피스톤링	실린더	품명	작품명 리프트 에어 실린더	
SM45C	ALDC3		GC200	SM30C	ALDC3	재질	
1	1		1	1	1	수량	척도 1:1

10 — 과제도에 따른 해설도

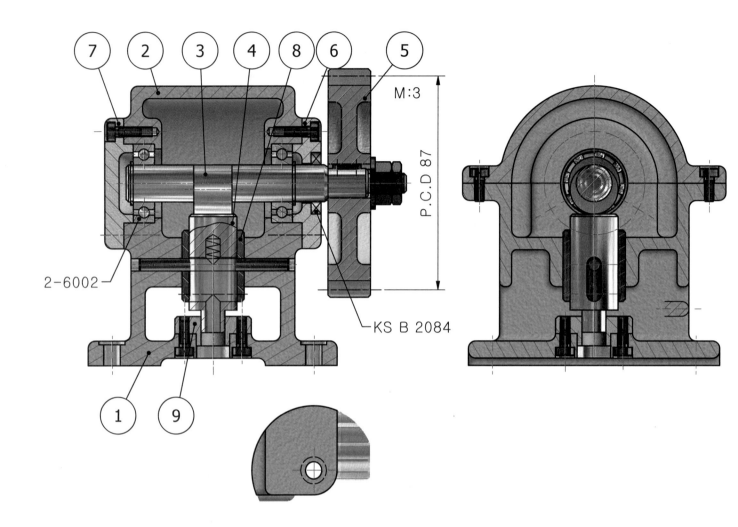

2-6002

M:3

P.C.D 87

KS B 2084

과제도 해설

1. 품번1, 품번2 양쪽(2개소) 구멍에 베어링이 각각 접촉되고 있으므로 가공 방향을 고려하여 접촉면 기준으로 동심도를 적용

2. 품번3 우측단 와셔 및 너트 결합조건인 경우 나사의 틈새 필요 없음

3. 품번3 축용 C형 멈춤링 2개소 KS규격집 "19.멈춤 링" 참조

4. 품번5 작도 시 요목표 필수. KS규격집 "49.기어 요목표" 참조

🔧 펀칭머신(Punching Machine)이란?
   공작물에 펀치로 구멍을 뚫거나 공작물에서 일정한 모양의 조각을 따내는 기계

🔧 과제도에서 저면도가 나오면, 저면도에서만 표현 가능한 치수나 형상이 있다는 점을 유념하여 도면 작도한다.

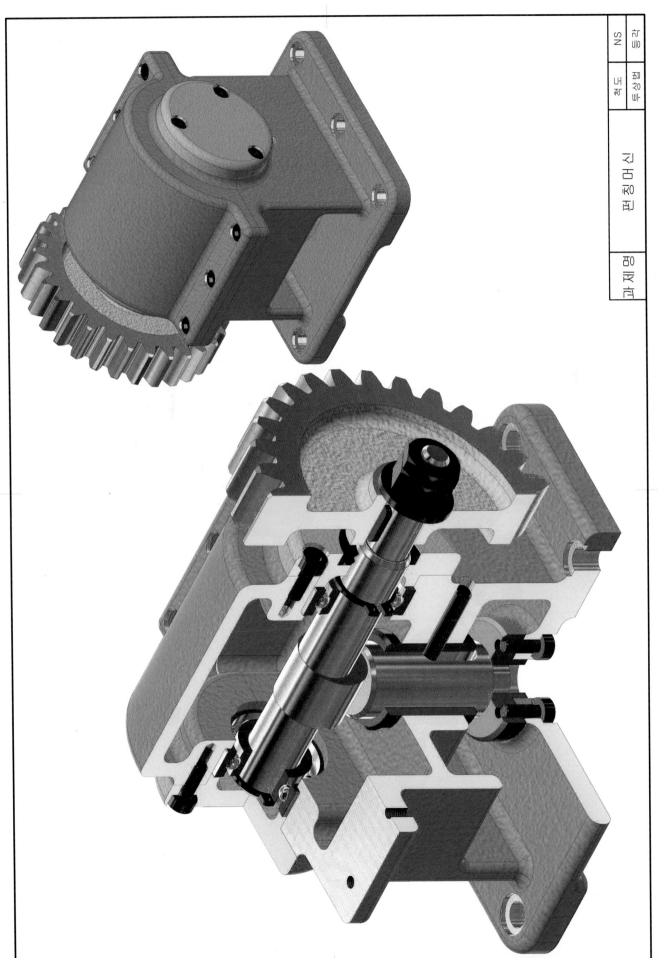

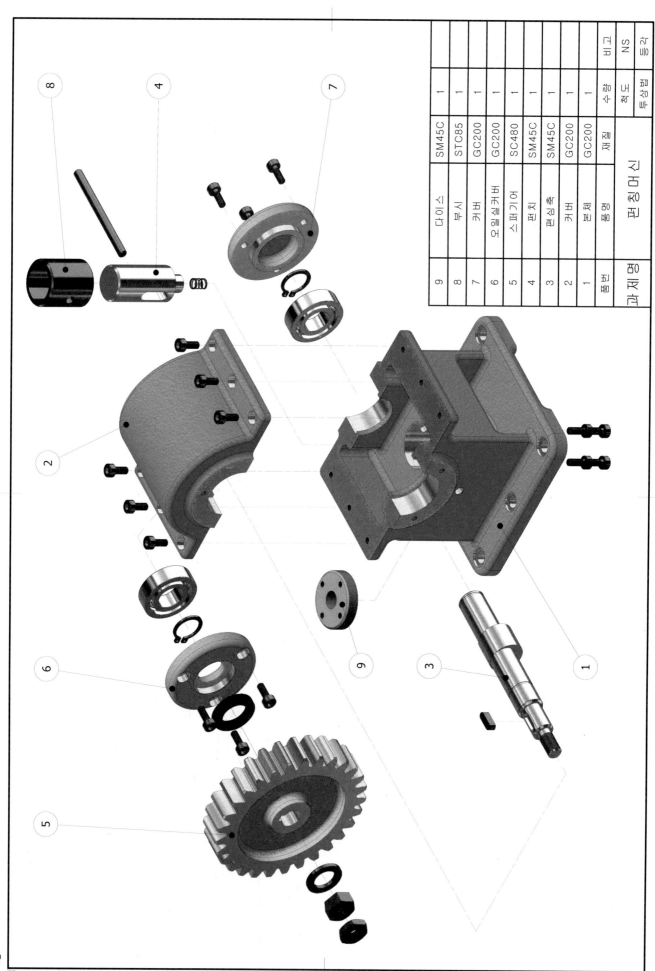

품번	품명	재질	수량	비고
9	다이스	SM45C	1	
8	부시	STC85	1	
7	커버	GC200	1	
6	우일실커버	GC200	1	
5	스퍼기어	SC480	1	
4	펀치	SM45C	1	
3	편심축	SM45C	1	
2	커버	GC200	1	
1	본체	GC200	1	

펀칭머신

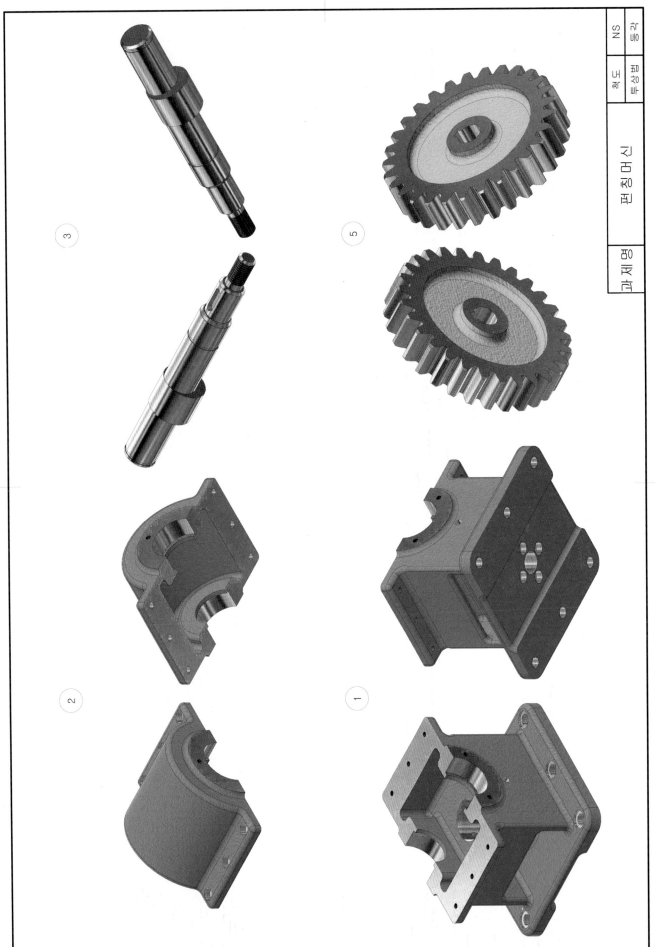

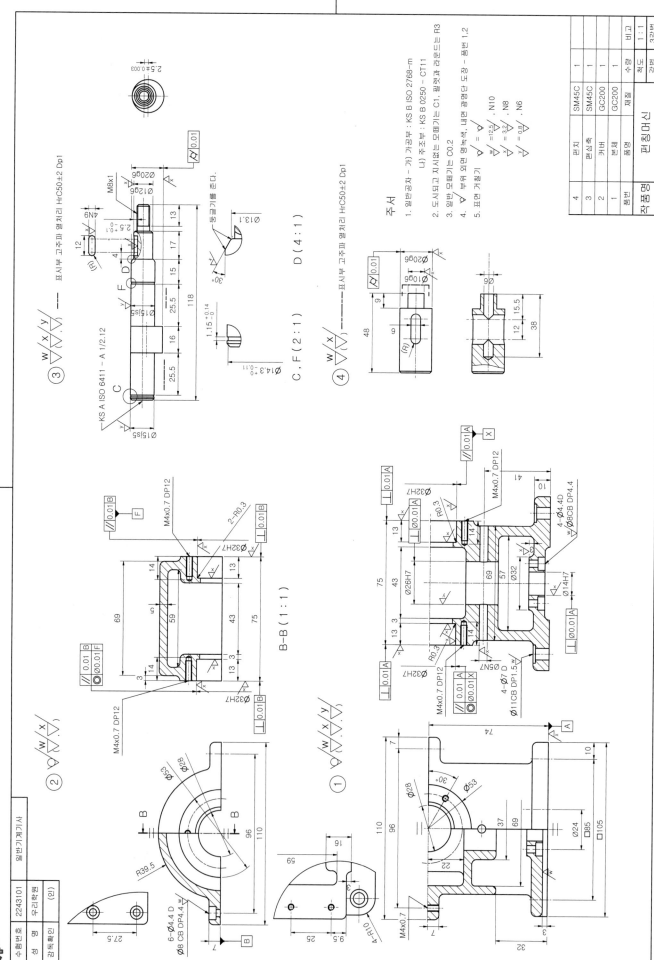

주서
1. 일반공차 - 가) 가공부 : KS B ISO 2768-m
   나) 주조부 : KS B 0250 - CT11
2. 도시되고 지시없는 모떼기는 C1, 필렛과 라운드는 R3
3. 일반 모떼기는 C0.2
4. 부위 외면 명녹색, 내면 광명단 도장 - 품번 1.2
5. 표면 거칠기

$\forall$ =12.5 , N10
$\forall$ = 3.2 , N8
$\forall$ = 0.8 , N6

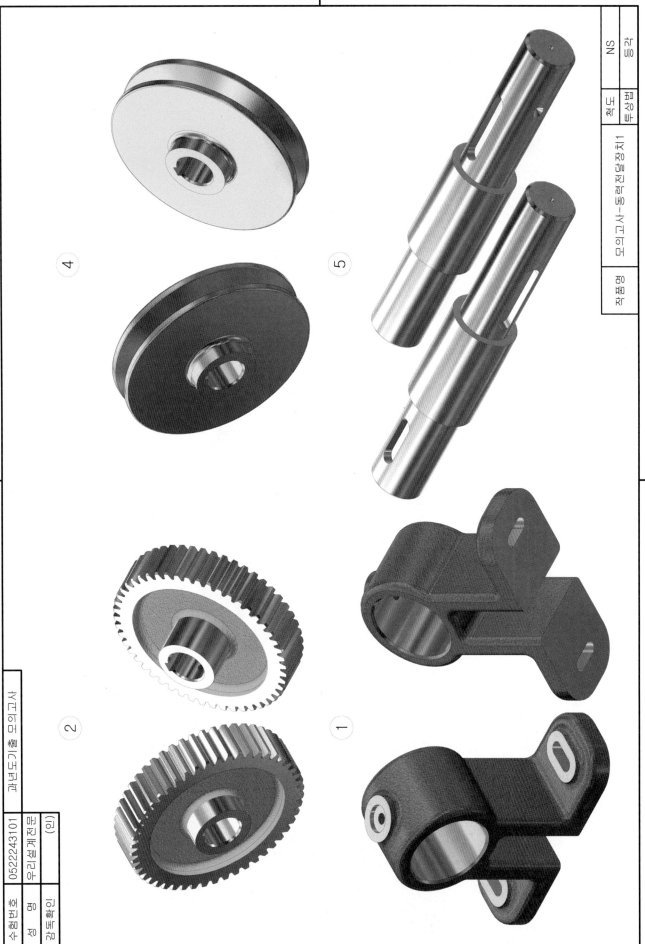

분해도

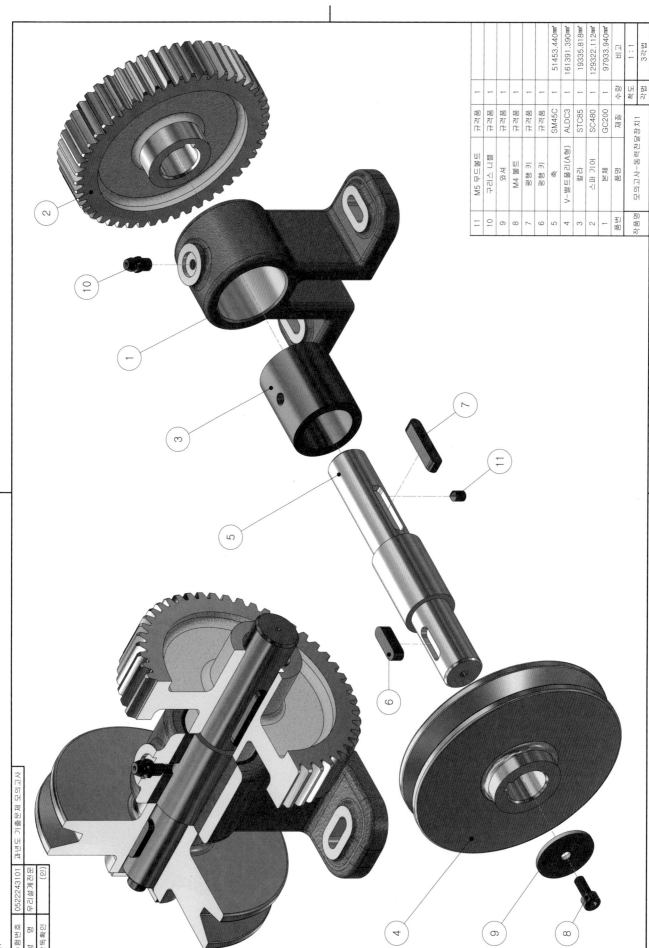

품번	품 명	재 질	수량	비고
11	M5 무드볼트	규격품	1	
10	구리스 니쁠	규격품	1	
9	와셔	규격품	1	
8	M4 볼트	규격품	1	
7	평행 키	규격품	1	
6	평행 키	규격품	1	
5	축	SM45C	1	51453.440㎣
4	V-벨트풀리(A형)	ALDC3	1	161391.390㎣
3	칼라	STC85	1	19335.818㎣
2	스퍼 기어	SC480	1	129322.112㎣
1	본체	GC200	1	97933.940㎣
작품명	모의고사-동력전달장치1	척도	1:1	
		각법	3각법	

인벤터 기계제도 실기 · 실무

한국산업인력공단 기출문제

수험번호 0522243101

품 명

감독위원 (인)

마킹처리요소

620

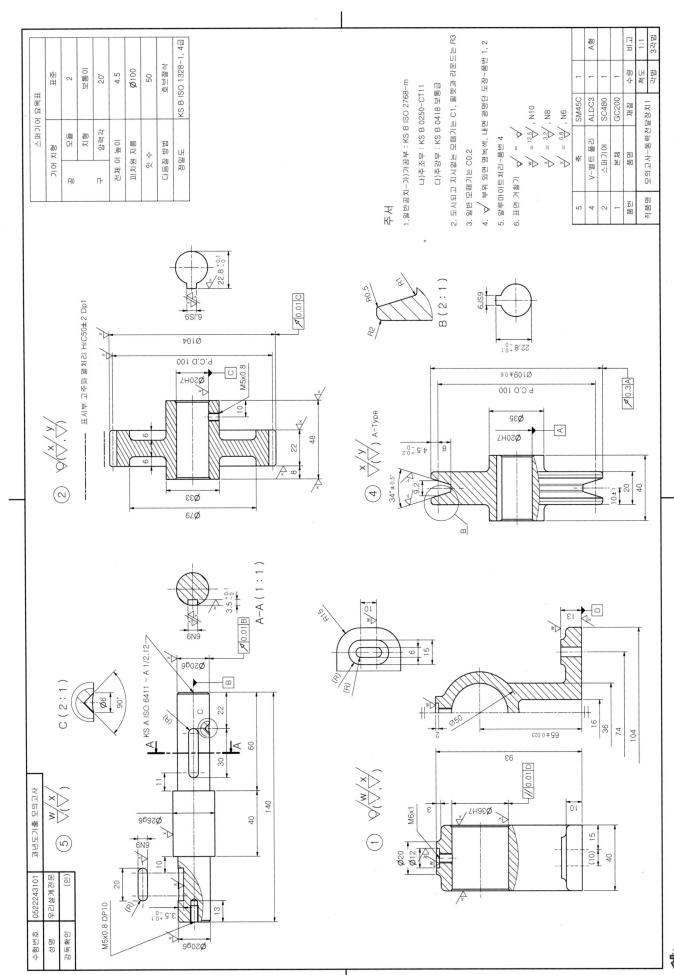

NS

등각

척도

투상법

모의고사-동력전달장치2

작품명

③

②

⑤

①

인벤터 기계제도 실기 · 실무

과년도기출문제 모의고사

0522243101

모의고사

만리설계전문

(인)

수험번호

성   명

감독확인

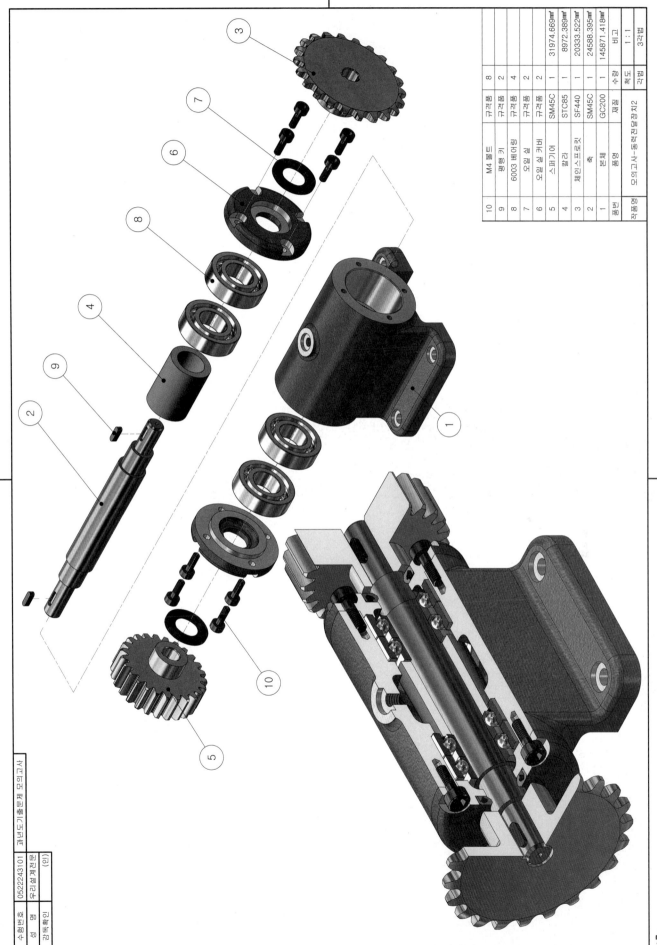

품번	품명	재질	수량	비고
10	M4 볼트	규격품	8	
9	평행 키	규격품	2	
8	6003 베어링	규격품	4	
7	오일실	규격품	2	
6	오일실 커버	규격품	2	
5	스퍼기어	SM45C	1	31974.669㎣
4	칼라	STC85	1	8972.389㎣
3	체인스프로킷	SF440	1	20333.522㎣
2	축	SM45C	1	24588.395㎣
1	본체	GC200	1	145871.418㎣

작품명 | 모의고사-동력전달장치2

척도 | 1:1
각법 | 3각법

수험번호 | 052224310 1
성 명 | 우리들세계진문
감독확인 | (인)

과년도기출문제 모의고사

체인, 스프로킷 요목표

종류	구분		③
체인	호칭		35
	원주피치		9.525
스프로킷	롤러외경		5.08
	잇수		21
	치형		U형
	피치원경		Ø63.91

스퍼기어 요목표

기어 치형		표준
공구	모듈	2
	치형	보통이
	압력각	20°
전체 이 높이		4.5
피치원 지름		Ø50
잇수		25
다듬질 방법		호브절삭
정밀도		KS B ISO 1328-1, 4급

주서

1. 일반공차-가)가공부: KS B ISO 2768-m
   나)주조부:KS B 0250-CT11
   다)단조부:KS B 0426 보통급
2. 도시되고 지시없는 모떼기는 C1, 필렛과 라운드는 R3
3. 일반 모떼기는 C0.2
4. ▽부위 외면 명녹색, 내면 광명단 도장 품번1
5. 표면 거칠기 ──▽ w/ 12.5, N10
   ──▽▽ x/ 3.2, N8
   ──▽▽▽ y/ 0.8, N6

5	스퍼기어	SM45C	1	
3	체인스프로킷	SF440	1	
2	축	SM45C	1	
1	본체	GC200	1	
품번	품명	재질	수량	비고

작품명	모의고사-동력전달장치2	척도	1:1
		각법	삼각법

③ ▽ W/ X/ Y (▽)
───── 표시부 고주파 열처리 HrC50±2 DP1

F (3 : 1)
R10.1
3.JS9
11.4 +0.1 / 0

Ø69
Ø63.91
Ø58.83
Ø25
Ø10H7
14
4.3
⌀ 0.01 D

⑤ ▽ X/ y (▽)
───── 표시부 고주파 열처리 HrC50±2 DP1

3.JS9
11.4 +0.1 / 0
Ø54
P.C.D Ø50
Ø19
Ø10H7
25
15
4.5
⌀ 0.01 E

② ▽ W/ X/ Y (▽)
───── 표시부 고주파 열처리 HrC50±2 DP1

3N9
Ø17jS5 ⌀ 0.01 C
Ø13h8
Ø10h6
Ø13h8
Ø10h6
1.8 +0.1 / 0
7.5
12 (R)
25
13
142
20
13
10
4.5
3N9
1.8 +0.1 / 0
⌀ 0.01 C

KS A ISO 6411 – A 1/2.12 양단

E (2 : 1)
둥글기를 준다
30°

D (2 : 1)
둥글기를 준다
30°
Ø11.2

① ▽ Q/ W/ X (▽)

A–A (1 : 1)

4-M4x0.7 DP8
Ø50
Ø40
Ø35H7
Ø29
Ø38
Ø10
M6x1
R0.3
77
12
22
21
22
12
47
67
4-M4x0.7 DP10
Ø35H7
Ø40
Ø29
// 0.01 A
⌀ 0.01 A B
Ø0.01 A B

R10

Ø16
64
38±0.02
13
38
66
86
A
A
4-Ø5 D
Ø10 CB DP2 w

수험번호	0522243101	
성명	우리설계전임	
감독확인	(인)	

과년도 기출문제 모의고사

3D 참조도

수험번호 0522243101
과년도 기출문제 모의고사
성 명 우리설계전문
감독확인 (인)
작품명 모의고사-동력전달장치3
척도 NS
투상법 등각
①
②
③
④

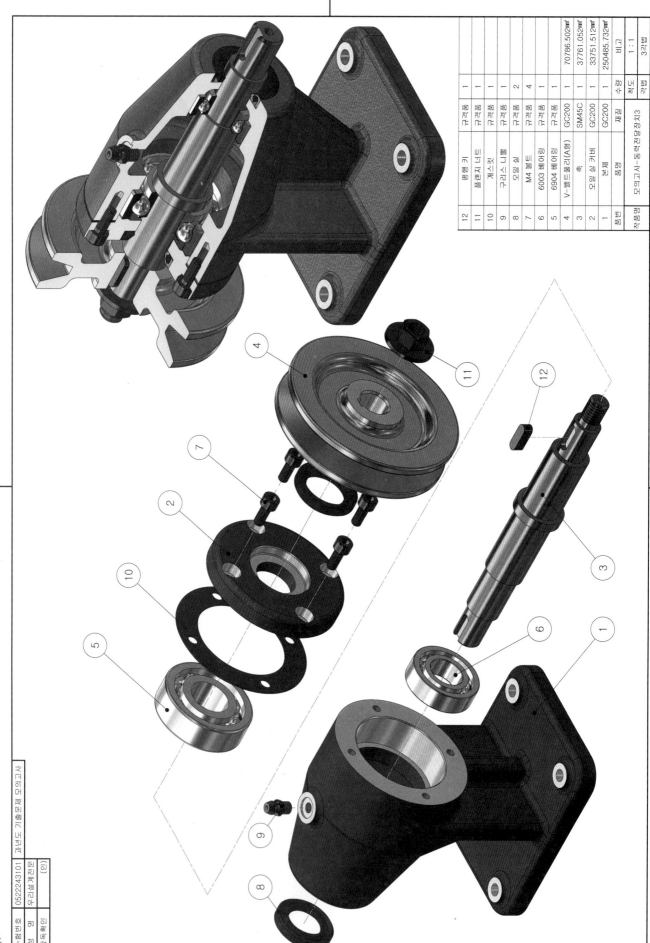

품번	품명	재질	수량	비고
12	평행 키		1	규격품
11	플랜지 너트		1	규격품
10	개스킷		1	규격품
9	구리스 니플		1	규격품
8	오일 실		2	규격품
7	M4 볼트		4	규격품
6	6003 베어링		1	규격품
5	6904 베어링		1	규격품
4	V-벨트풀리(A형)	GC200	1	70786.502㎣
3	축	SM45C	1	37761.052㎣
2	오일 실 커버	GC200	1	33751.512㎣
1	본체	GC200	1	250485.732㎣
품번	품명	재질	수량	비고

작품명 모의고사-동력전달장치3
척도 1 : 1
각법 3각법

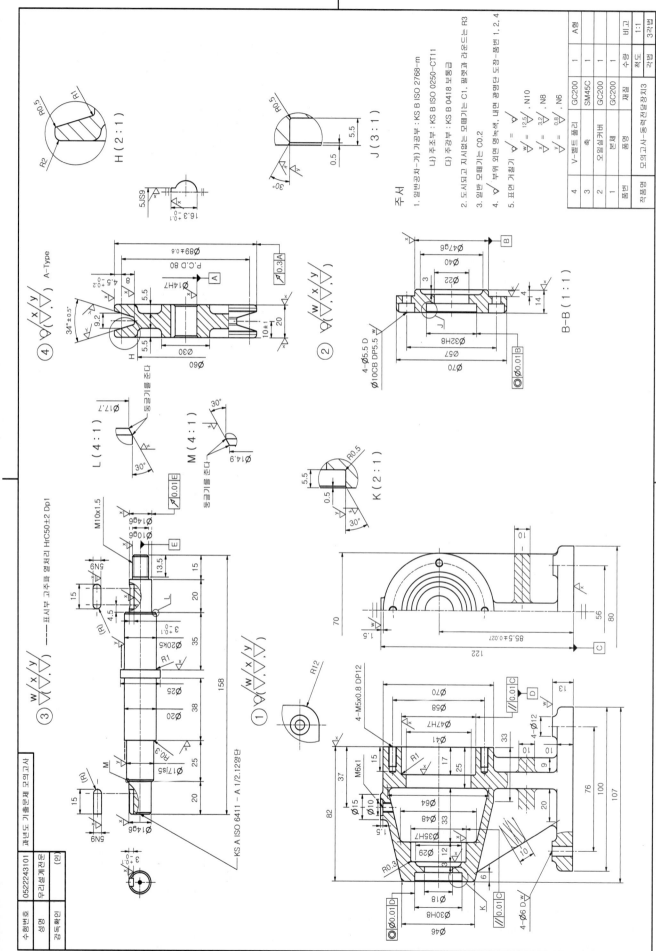

3D 참조도

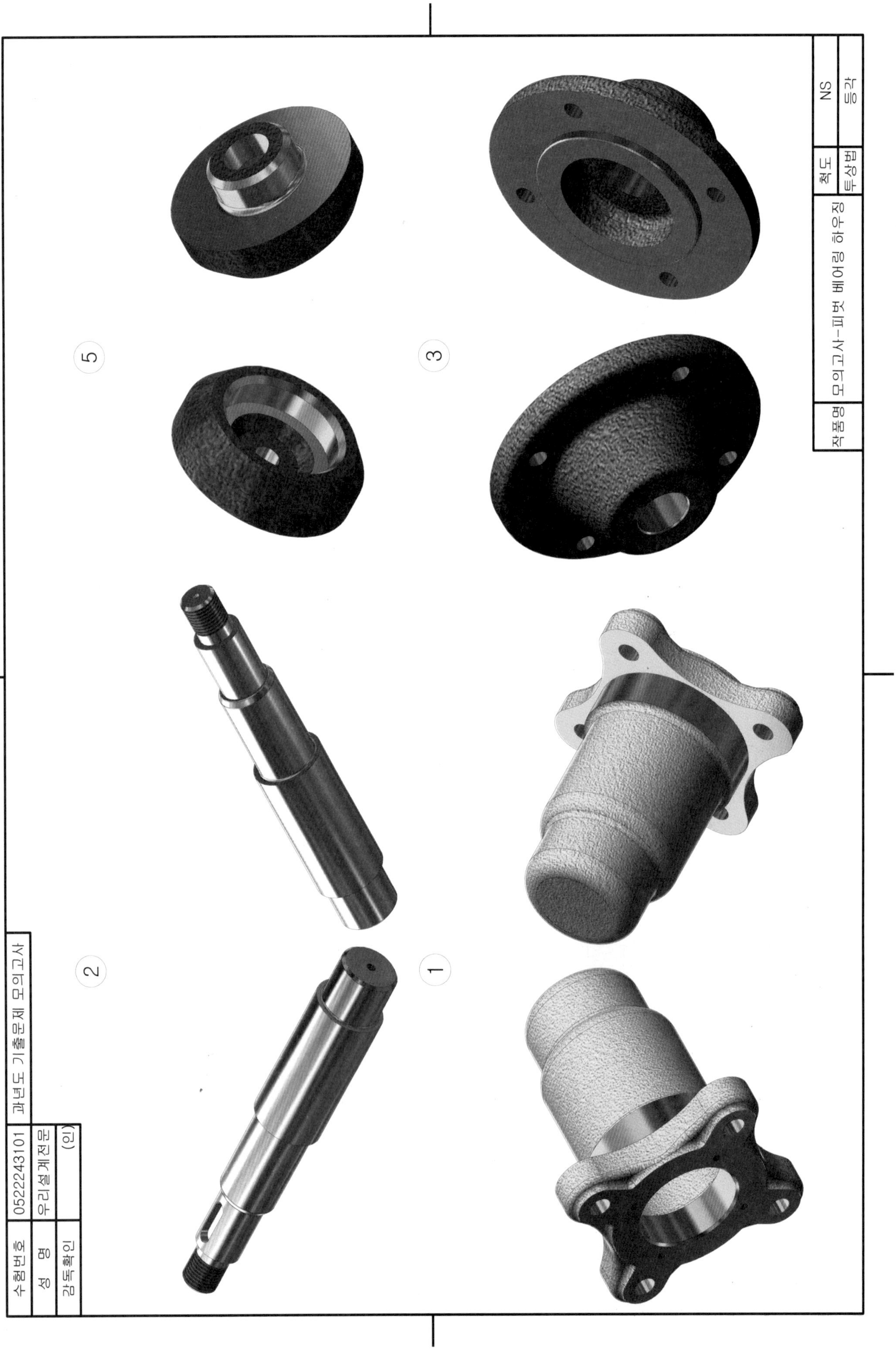
작품명
모의고사-피벗 베어링 하우징
척도
NS
투상법
등각
5
3
2
1
수험번호
0522243101
과년도 기출문제 모의고사
성 명
우리설계전문
감독확인
(인)

품번	품명	재질	수량	비고
14	M12 너트	일반	1	
13	스프링 와셔	일반	1	
12	평 와셔	일반	1	
11	개스킷	일반	1	
10	6004 베어링	일반	2	
9	51202 베어링	일반	1	
8	평행 키	일반	1	
7	새들	일반	1	
6	M4 볼트	일반	5	
5	슬리브	GC200	1	5574.204㎣
4	오일실 커버	GC200	1	2426.658㎣
3	플랜지	GC200	1	67581.615㎣
2	축	SM45C	1	4447.270㎣
1	하우징	GC200	1	193518.123㎣
품번	품명	재질	수량	비고
작품명	모의고사-피벗 베어링 하우징	척도	NS	등각

수험번호 0522243101

관련도 기출문제 모의고사

성 명

감독확인 (인)

아리셀제작팀

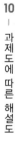

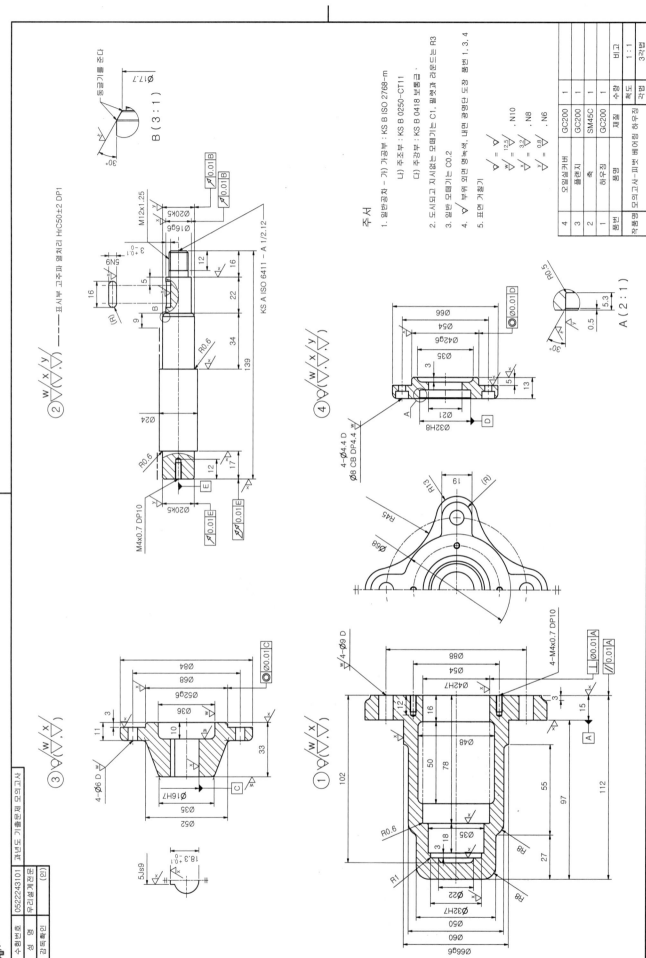

모의고사-피벗 베어링 하우징

주서
1. 일반공차 - 가) 가공부 : KS B ISO 2768-m
   나) 주조부 : KS B 0250-CT11
   다) 주강부 : KS B 0418 보통급
2. 도시되고 지시없는 모떼기는 C1, 필렛과 라운드는 R3
3. 일반 모떼기는 C0.2
4. ▽ 부위 외면 명녹색, 내면 광명단 도장 품번 1, 3, 4
5. 표면 거칠기

품번	품명	재질	수량	비고
4	오일실커버	GC200	1	
3	플랜지	GC200	1	
2	축	SM45C	1	
1	하우징	GC200	1	

작품명	모의고사-피벗 베어링 하우징
척도	1:1
각법	3각법

10	9	8	7	6	5	4	3	2	1	품번	
M12 너트	와셔	축용 멈춤링	구멍용 멈춤링	6205 베어링	6203 베어링	바일 키	2열 V-벨트 풀리	축	본체	품명	작품명 모의고사-V벨트 전동장치
2	1	1	1	1	1	1	1	1	1	수량	
규격품	규격품	규격품	규격품	규격품	규격품	규격품	GC200	SM45C	GC200	재질	
							384113.558㎟	31627.154㎟	32953.124㎟	비고	척도 NS
											각법 등각

인벤터 기계제도 실기 · 실무

과년도 기출문제 모의고사

수험번호	0522243101
성 명	우리설계공학
감독확인	(인)

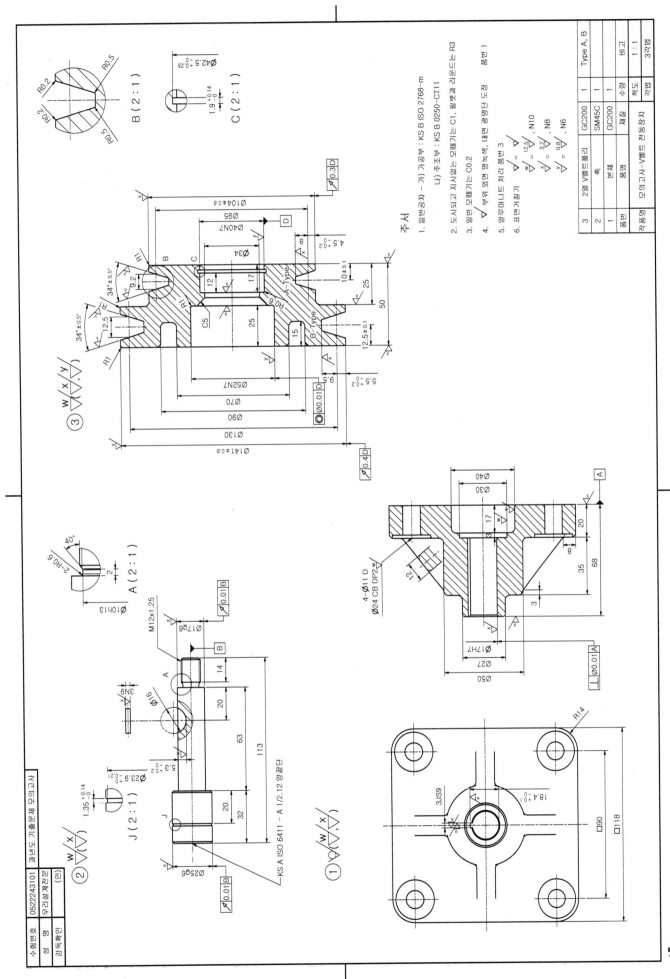

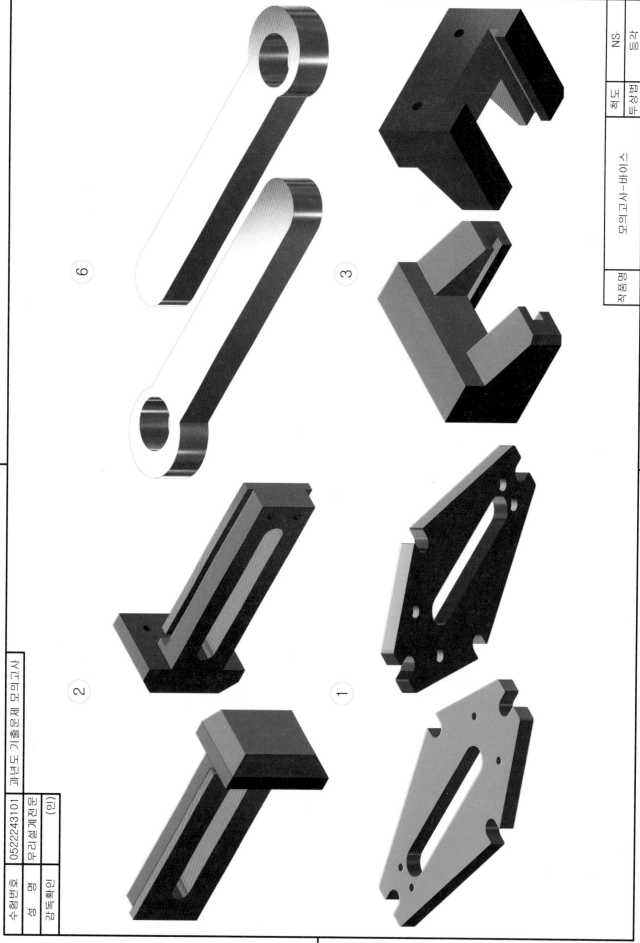

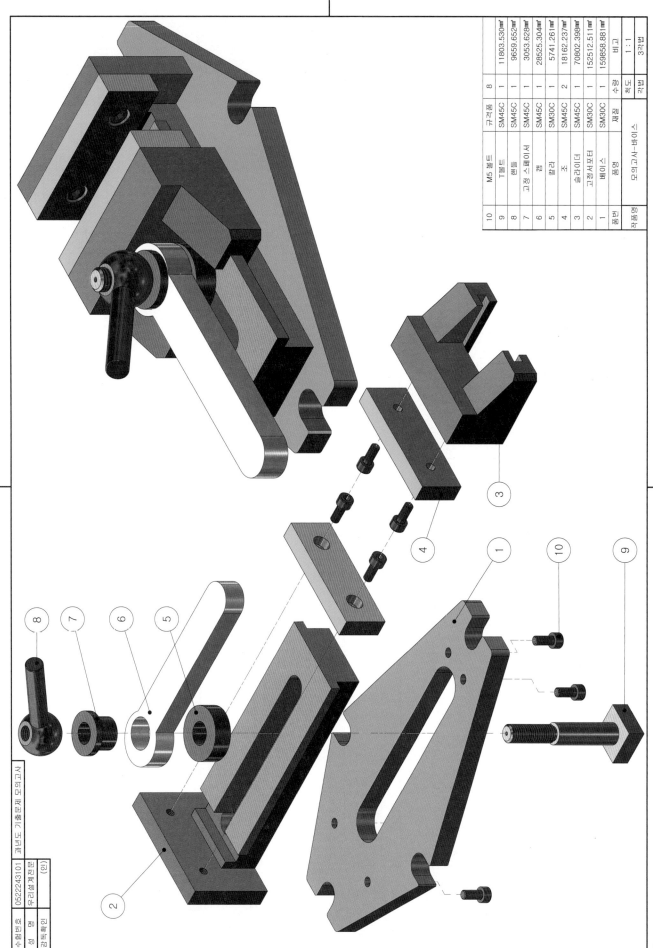

품번	품명	재질	수량	비고
10	M5 볼트	8	8	11803.530㎣
9	T 볼트	SM45C	1	9659.652㎣
8	핸들	SM45C	1	3053.628㎣
7	고정 스페이서	SM45C	1	28525.304㎣
6	캠	SM45C	1	5741.261㎣
5	칼라	SM30C	1	18162.237㎣
4	조	SM45C	2	70802.398㎣
3	슬라이더	SM45C	1	152512.511㎣
2	고정서포터	SM30C	1	159858.881㎣
1	베이스	SM30C	1	
품번	품명	재질	수량	비고

척도 | 1 : 1
각법 | 3각법

작품명 | 모의고사-바이스

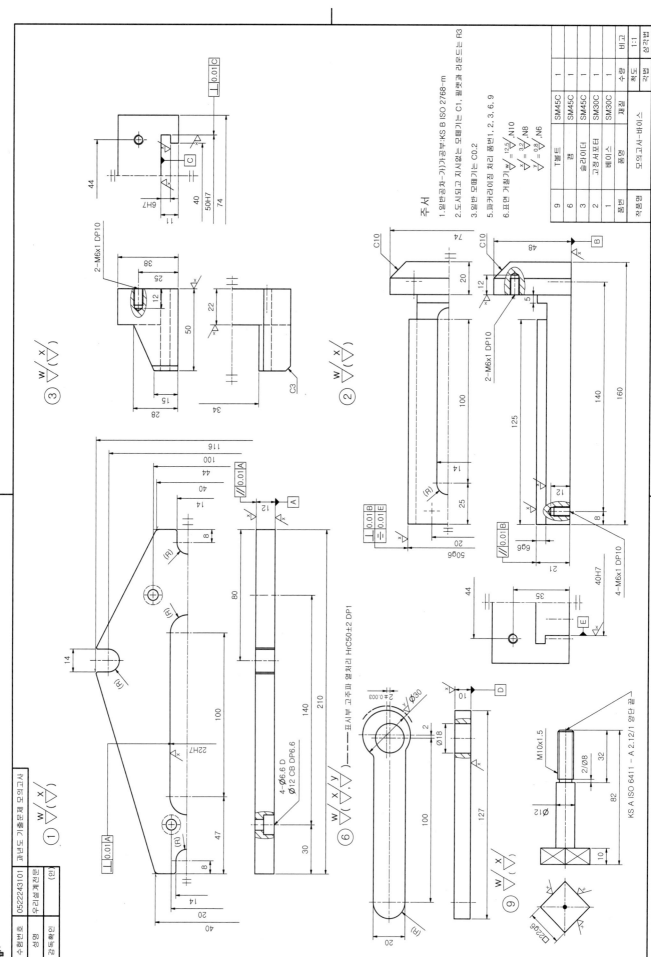

품번	품명	재질	수량	비고
15	오일링	규격품	1	
14	M4 볼트	규격품	9	
13	평 와셔	규격품	1	
12	스프링 와셔	규격품	2	
11	칼라	규격품	2	
10	개스킷	규격품	2	
9	6203 베어링	규격품	1	
8	6x6 평행키	규격품	1	
7	4x4 평행키	GC200	1	20603.52㎣
6	베어링 커버	GC200	1	22442.856㎣
5	오일실 커버	SM45C	1	27331.080㎣
4	축	GC200	1	51549.619㎣
3	V-벨트풀리(M형)	SC480	1	49179.273㎣
2	스퍼 기어	GC200	1	249124.407㎣
1	하우징	재질	수량	비고
작품명	모의고사-기어박스1	척도	NS	각법

인벤터 기계제도 실기 · 실무

③

⑤

②

①

인벤터 기계제도 실기 · 실무

품번	품명	재질	수량	비고
14	맞춤핀	규격품	2	
13	오링	규격품	1	
12	M4 볼트	규격품	16	
11	6203 베어링	규격품	2	
10	4x4 평행키	규격품	1	
9	5x5 평행키	규격품	1	
8	개스킷2	규격품	2	
7	개스킷1	규격품	2	
6	베어링 커버	GC200	1	21794.784
5	오일실 커버	GC200	1	22524.712
4	축	SM45C	1	60862.714
3	이중 스퍼기어	SC480	1	111159.187
2	커버	GC200	1	213466.558
1	하우징	GC200	1	
품번	품명	재질	수량	비고

모의고사-기어박스2

척도 NS

동각

수험번호 0522243101
성 명 과제도 기출문제 우리설계전문
감독확인 (인)

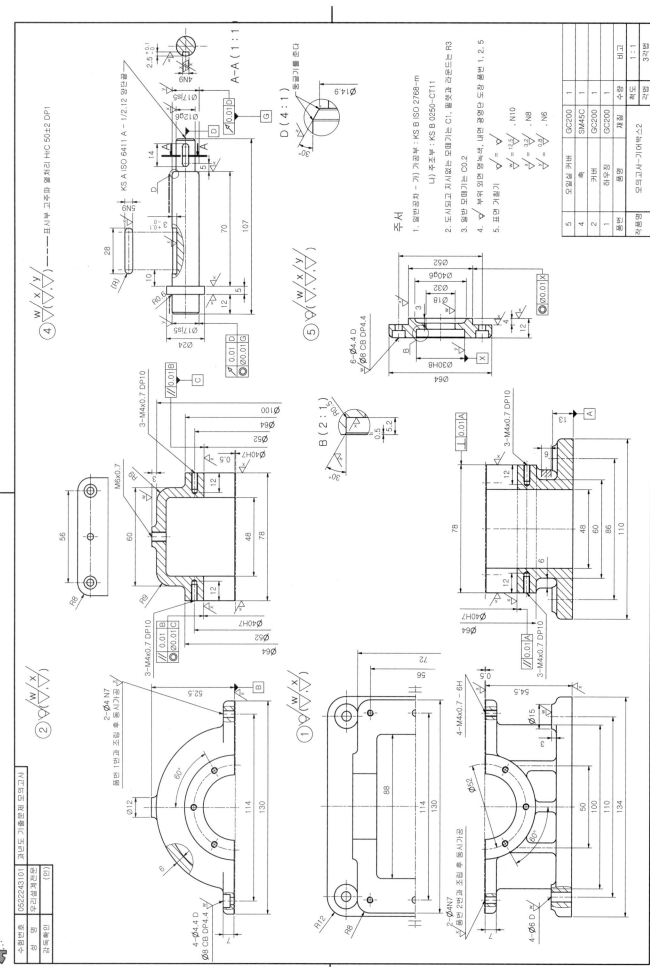

	각도	NS
	투상법	척도
	3각법	미정물-샤프트모
	작품명	영품

수험번호	0522243101	과년도 기출문제 모의고사
성 명	문	설계제작
감독확인	양기리	(인)

⑥

③

②

①

품번	품명	재질	수량	척도	비고
16	고정 핀	규격품	1		
15	M3 볼트	규격품	2		
14	M5 볼트	규격품	4		
13	M4 볼트	규격품	4		
12	힌지 축	SM45C	1		4683.067㎣
11	조	SM45C	2		21683.534㎣
10	곡자 볼	일반	1		
9	누름판	규격품	1		
8	멈춤 나사	규격품	1		19441.501㎣
7	커버	SM30C	1		11597.149㎣
6	셋크 축	SM45C	1		21683.534㎣
5	로케이터	SM45C	1		22890.456㎣
4	슬라이더	SM30C	1		94175.459㎣
3	플레이트	SM30C	1		151279.270㎣
2	지지대	SM30C	1		738897.322㎣
1	본체			NS	
품번	품명	재질	수량	척도	비고

모의고사-클램프

모의고사-클램프

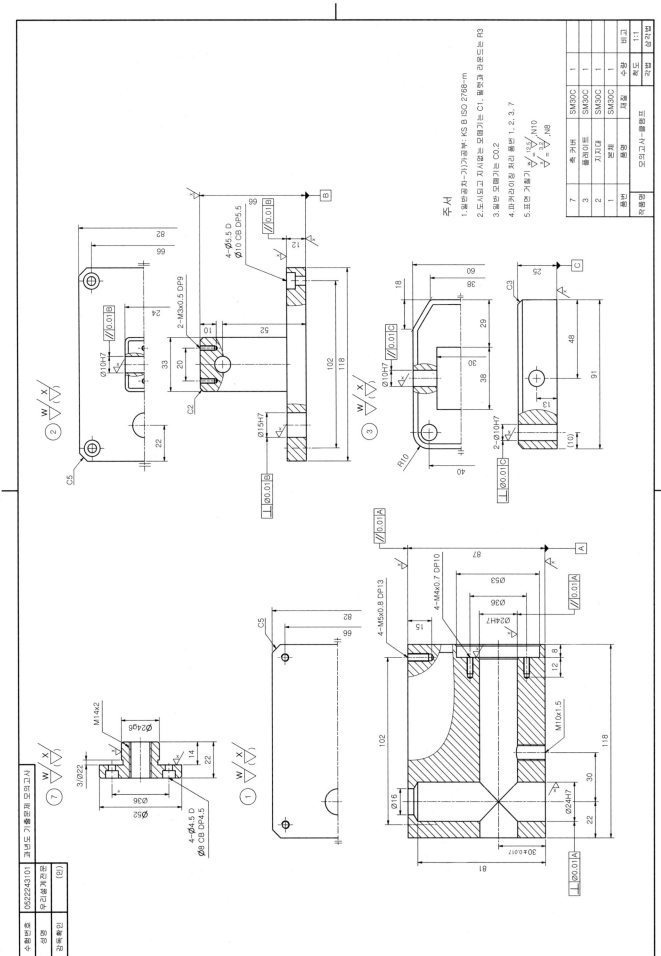

주서
1.일반공차-가)가공부: KS B ISO 2768-m
2.도시되고 지시없는 모떼기는 C1. 필렛과 라운드는 R3
3.일반 모떼기는 C0.2
4.파커라이징 처리 품번 1. 2. 3. 7
5.표면 거칠기 ▽ = 12.5/ .N10
   ▽ = 3.2/ .N8

7	3	2	1	품번	부품명	재질	수량	비고
축 커버	플레이트	지지대	본체	부품명				
SM30C	SM30C	SM30C	SM30C	재질				
1	1	1	1	수량				

모의고사-클램프
작품명

척도 1:1

10
—
과제도에 따른 해설도

수험번호 0522243101 과년도 기출문제 모의고사
성 명 우리설계전문
감독확인 (인)

④

⑤

⑥

①

인벤터 기계제도 실기 · 실무

과년도 기출문제 모의고사

수험번호	0522243101	도면명	모의고사-동력변환장치	척도	NS
성명	민지혜리아			도상대	등각
감독확인	(인)			작품명	

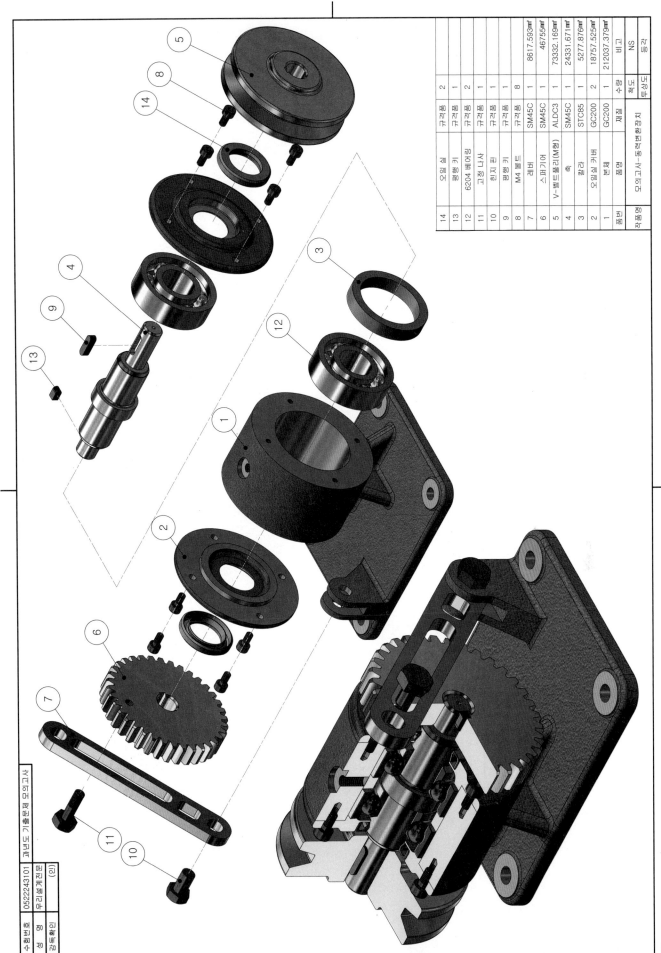

품번	품명	재질	수량	비고
14	오일실	규격품	2	
13	평행키	규격품	1	
12	6204 베어링	규격품	2	
11	고정 나사	규격품	1	
10	힌지 핀	규격품	1	
9	평행키	규격품	1	
8	M4 볼트	규격품	8	
7	레버	SM45C	1	8617.593㎣
6	스퍼기어	SM45C	1	46755㎣
5	V-벨트풀리(M형)	ALDC3	1	73332.169㎣
4	축	SM45C	1	24331.671㎣
3	칼라	STC85	1	5277.876㎣
2	오일실 커버	GC200	2	18757.525㎣
1	본체	GC200	1	212037.379㎣
품번	품명	재질	수량	비고
작품명	모의고사-동력변환장치		척도	NS

수험번호 052224301 | 과제명 기출문제 모의고사 | 성 명 우리들제작소 | 감독확인 (인)

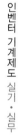

인벤터 기계제도 실기 · 실무

스퍼기어 요목표

기어 치형		표준
공구	모듈	2
	치형	보통이
	압력각	20°
전체 이 높이		4.5
피치원 지름		Ø70
잇수		35
다듬질 방법		호브절삭
정밀도		KS B ISO 1328-1, 4급

주서

1. 일반공차-가)가공부: KS B ISO 2768-m
   나)주조부:KS B 0250-CT11
2. 도시되고 지시없는 모떼기는 C1, 필렛과 라운드는 R3
3. 일반 모떼기는 C0.2
4. ▽부위 외면 명녹색, 내면 광명단 도장 품번1
5. 파커라이징 처리 품번 7
6. 알루미늄 처리 품번 5
7. 표면 거칠기
   $\frac{y}{\nabla} = \frac{12.5}{\nabla}$, N10
   $\frac{x}{\nabla} = \frac{3.2}{\nabla}$, N8
   $\frac{w}{\nabla} = \frac{0.8}{\nabla}$, N6

7	레버	SM45C	1
6	스퍼기어	SM45C	1
5	V-벨트풀리	ALDC3	1
4	축	SM45C	1
1	본체	GC200	1
품번	품명	재질	수량

| 작품명 | 모의고사-동력변환장치 | 척도 | 1:1 |
| | | 각법 | 3각법 |

수험번호	052224310101
수험번호	우리설계공무
감독확인	(인)
과제도 기출문제 모의고사	④

Detail F.G Scale 2:1

J (2 : 1)

M-Type

표시부 고주파 열처리 HrC50±2 DP1

KS A ISO 6411 - A 2.12/1 양단

등글기를 준다.

③

⑤

②

①

NS | 등급

척도 | 투상법

모의고사-드릴지그 1

작품명

과년도 기출문제 모의고사

0522243101

수험번호 | 아리설계전문

성 명

감독확인 | (인)

품번	품명	재질	수량	척도	비고
15	와셔붙이 너트	규격품	1		
14	6각 낮은 너트	규격품	1		
13	6각 너트	규격품	1		
12	평와셔	규격품	1		
11	M6x1	규격품	4		
10	스프링와셔	규격품	4		
9	평와셔	규격품	4		
8	M4 볼트	규격품	4		
7	가공품	일반	1		
6	부시	STC85	4		976.065㎣
5	포스트가이드	SM45C	4		4785.728㎣
4	축	SM45C	1		3731.354㎣
3	C형와셔	SM30C	1		7278.240㎣
2	공작물 홀더	SM30C	1		12977.332㎣
1	베이스	SM30C	1		100702.621㎣
품번	품명	재질	수량	척도	비고
작품명	모의고사-드릴지그1			NS	
				각도	

인벤터 기계제도 실기 · 실무

퍼넷 기출문제 머릿속

수험번호 0522243101
성 명
감독확인 (인)

전기계설비우
(인)

B (4 : 1)

A (2 : 1)

C-C (1)

A-A (1 : 1)

주서

1. 일반공차 - 가) 가공부 : KS B ISO 2768-m
2. 도시되고 지시없는 모떼기는 C1, 둥글기와 라운드는 R3
3. 일반 모떼기는 C0.2
4. 파커라이징 처리
5. 표면 거칠기   품번 1, 2, 3, 5

5	포스트 가이드	SM45C	4
3	C형와셔	SM30C	1
2	공작물 홀더	SM30C	1
1	베이스	SM30C	1
품번	품명	재질	수량

| 작품명 | 모의고사-드릴지그 1 | 척도 | 1:1 |
| | | 각법 | 3각법 |

빗줄형 널링 m=0.5   KS B 0901

10 — 과제도에 따른 해설도

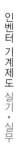

① ② ③ ④

과년도 기출문제 모의고사

수험번호	0522243101		
성　명	만진설계리아		
감독확인	(인)		

인벤터 기계제도 실기 · 실무

	NS	등각
	척도	투상법

모의고사-드릴지그2

작품명

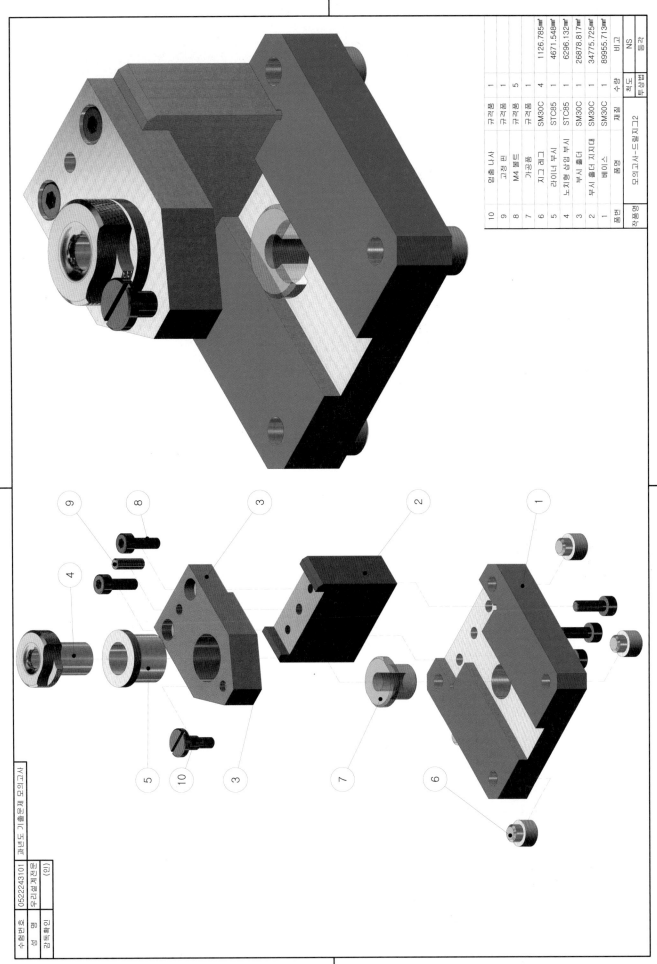

품번	품명	재질	수량	비고
10	멈춤 나사	규격품	1	
9	고정 핀	규격품	1	
8	M4 볼트	규격품	5	
7	가공물	규격품	1	
6	지그 레그	SM30C	4	1126.785㎟
5	라이너 부시	STC85	1	4671.548㎟
4	노치형 삽입 부시	STC85	1	6296.132㎟
3	부시 홀더	SM30C	1	26878.817㎟
2	부시 홀더 지지대	SM30C	1	34775.725㎟
1	베이스	SM30C	1	89955.713㎟
품번	품명	재질	수량	비고
	모의고사-드릴지그2			NS
			척도	각법

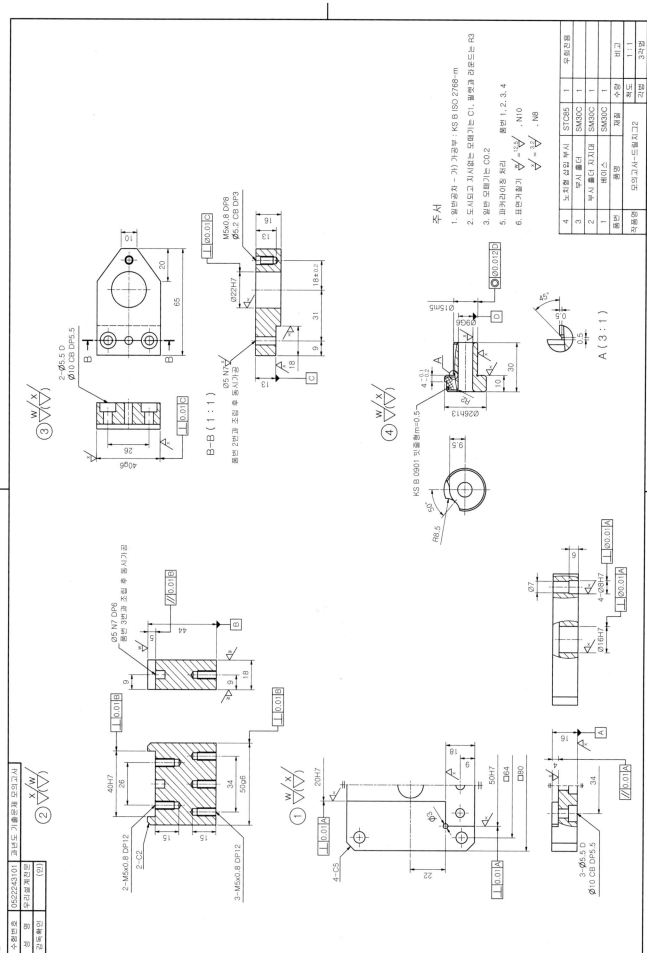

3D 참조도

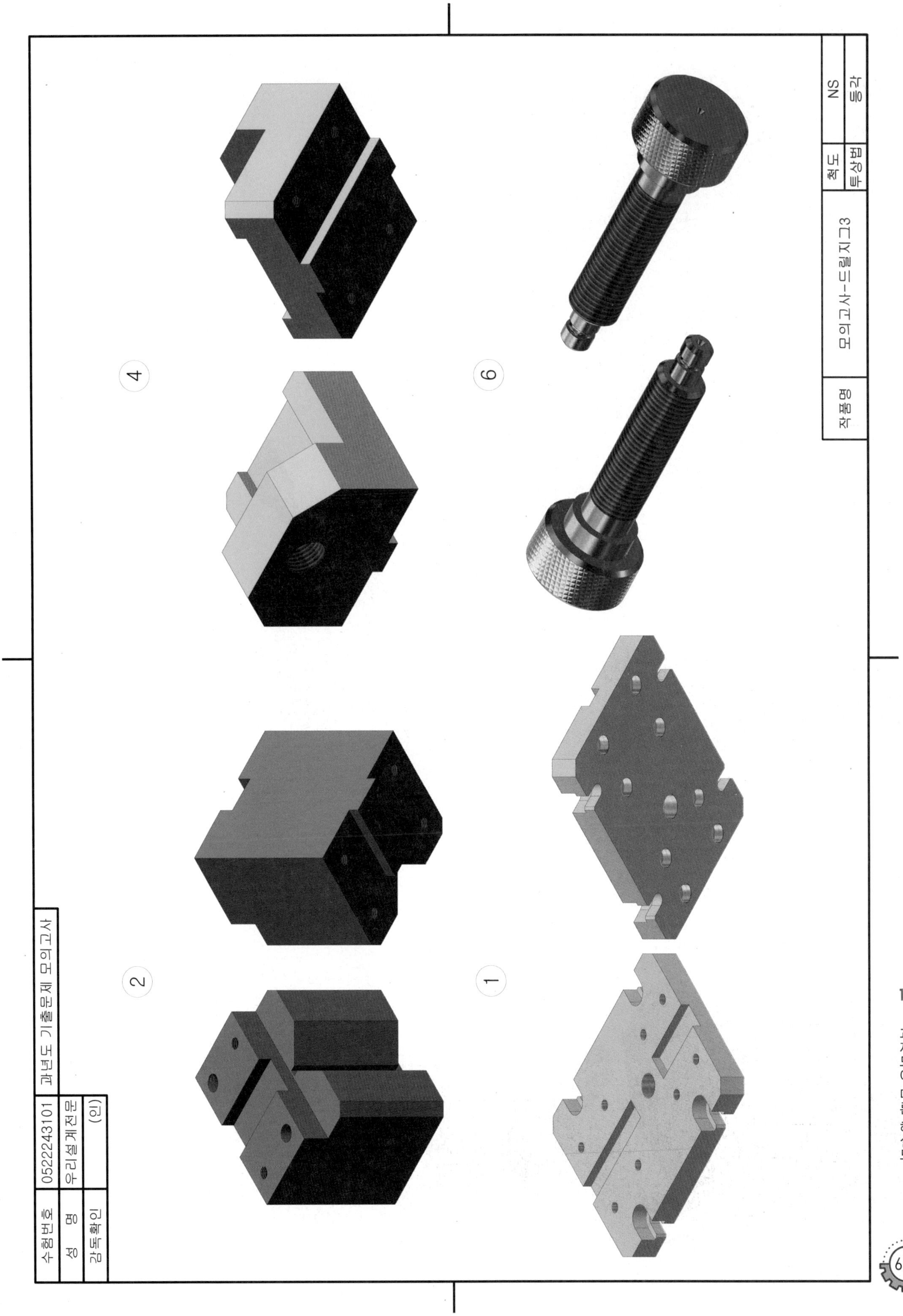
작품명
모의고사-드릴지그3
척도
NS
투상법
등각
4
6
2
1
수험번호
0522243101
성 명
우리설계전문
감독확인
(인)
과년도 기출문제 모의고사

분해도

품번	품명	재질	수량	비고
11	맞춤판	규격품	2	
10	연결판	규격품	1	
9	M4 볼트	규격품	10	
8	드릴 부시	STC85	1	2030.633㎣
7	심	SM30C	1	11545.746㎣
6	널링 축	SM45C	1	14467.662㎣
5	이동 V-블럭조	SM45C	1	41751.163㎣
4	축 지지대	SM30C	1	19514.227㎣
3	부시 홀더	SM30C	1	65304.057㎣
2	고정 V-블럭조	SM45C	1	85654.487㎣
1	베이스	SM30C	1	
품번	품명	재질	수량	비고

작품명 모의고사-드릴지그3 척도 NS 각법 3각

인벤터 기계제도 실기 · 실무

수험번호	052224310101	자격종목	기출문제 모의고사
성 명			우리설계진흥
감독확인	(인)		

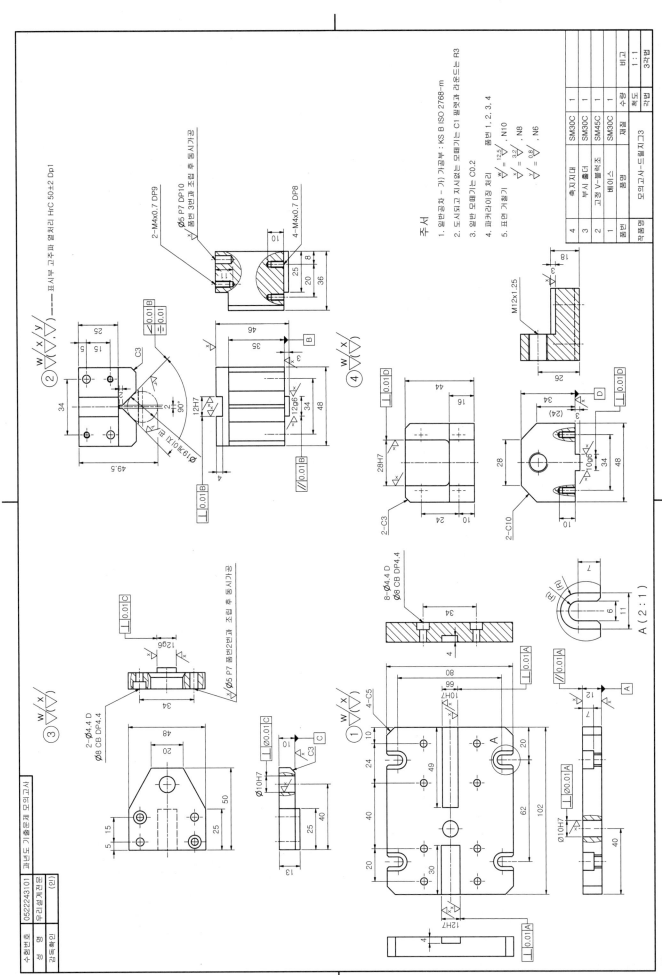

주서

1. 일반공차 - 가) 가공부 : KS B ISO 2768-m
2. 도시되고 지시없는 모떼기는 C1 필렛과 라운드는 R3
3. 일반 모떼기는 C0.2
4. 파카라이징 처리
5. 표면 거칠기 $\frac{w}{\sqrt{}}$ = 12.5 , N10
                  $\frac{x}{\sqrt{}}$ = 3.2 , N8
                  $\frac{y}{\sqrt{}}$ = 0.8 , N6

품번	품명	재질	수량	비고
4	축지지대	SM30C	1	
3	부시 홀더	SM30C	1	
2	고정 V-블럭조	SM45C	1	
1	베이스	SM30C	1	

작품명 : 모의고사-드릴지그3
척도 : 1:1
각법 : 3각법

인벤터 기계제도 실기 · 실무

12		클러	STC85	1		
11		미끄럼베어링	STC85	1		
10		M6 볼트	규격품	2		
9		M4 볼트	규격품	4		
8		M3 볼트	규격품	4		
7		6001 베어링	규격품	1		1556.785㎣
6		베어링커버	GC200	1		8409.457㎣
5		스톱퍼	SM30C	1		16455.582㎣
4		커버	GC200	1		151860.999㎣
3		래크	SM45C	1		34102.894㎣
2		피니언	SM45C	1		
1		하우징	GC200	1		20438.447㎣
품번		품 명	재질	수량	비고	
작품명	모의고사-래크와 피니언 구동장치		척도	도면 특성	NS	등급

수험번호 0522243101 과년도 기출문제 모의고사
성 명 우리세계진문
감독확인 (인)

10
— 과제도에 따른 해설도

659

2D 참조도

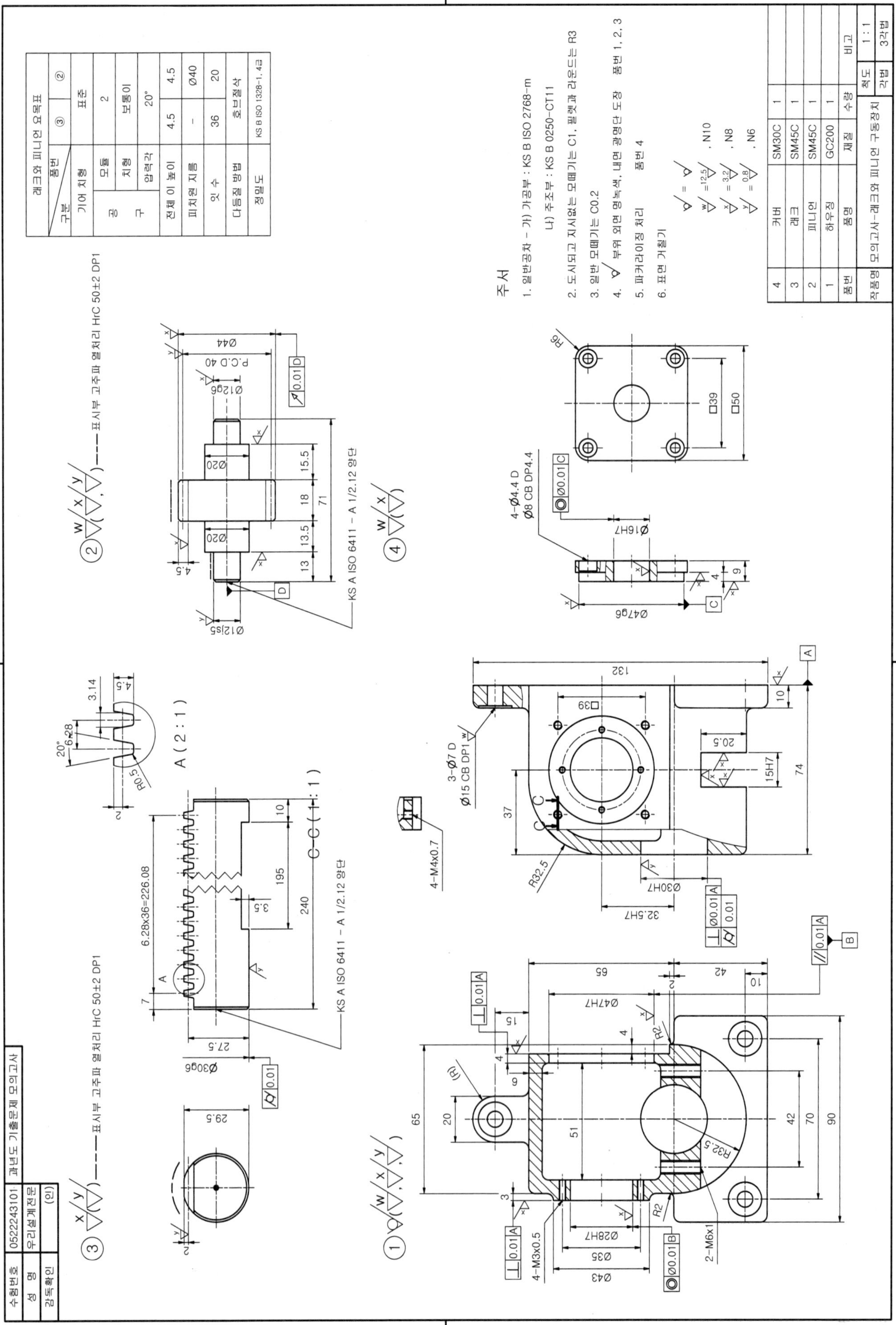
래크와 피니언 요목표
구분 품번 ③ ②
기어 치형 표준
공구 모듈 2
치형 보통이
압력각 20°
전체 이 높이 4.5 4.5
피치원 지름 - Ø40
잇 수 36 20
다듬질 방법 호브절삭
정밀도 KS B ISO 1328-1, 4급
주서
1. 일반공차 - 가) 가공부 : KS B ISO 2768-m
나) 주조부 : KS B 0250-CT11
2. 도시되고 지시없는 모떼기는 C1, 필렛과 라운드는 R3
3. 일반 모떼기는 C0.2
4. 부위 외면 명녹색, 내면 광명단 도장 품번 1, 2, 3
5. 파커라이징 처리 품번 4
6. 표면 거칠기
N10
N8
N6
4 커버 SM30C 1
3 래크 SM45C 1
2 피니언 SM45C 1
1 하우징 GC200 1
품번 품명 재질 수량 비고
작품명 모의고사-래크와 피니언 구동장치 척도 1:1 각법 3각법
수험번호 0522243101
성 명 우리설계전문
감독확인 (인)
과년도 기출문제 모의고사
표시부 고주파 열처리 HrC 50±2 DP1
KS A ISO 6411 - A 1/2.12 양단
A (2 : 1)
C-C (1 : 1)
6.28x36=226.08
4-M4x0.7
3-Ø7 D
Ø15 CB DP1
4-Ø4.4 D
Ø8 CB DP4.4
4-M3x0.5
2-M6x1

3D 참조도

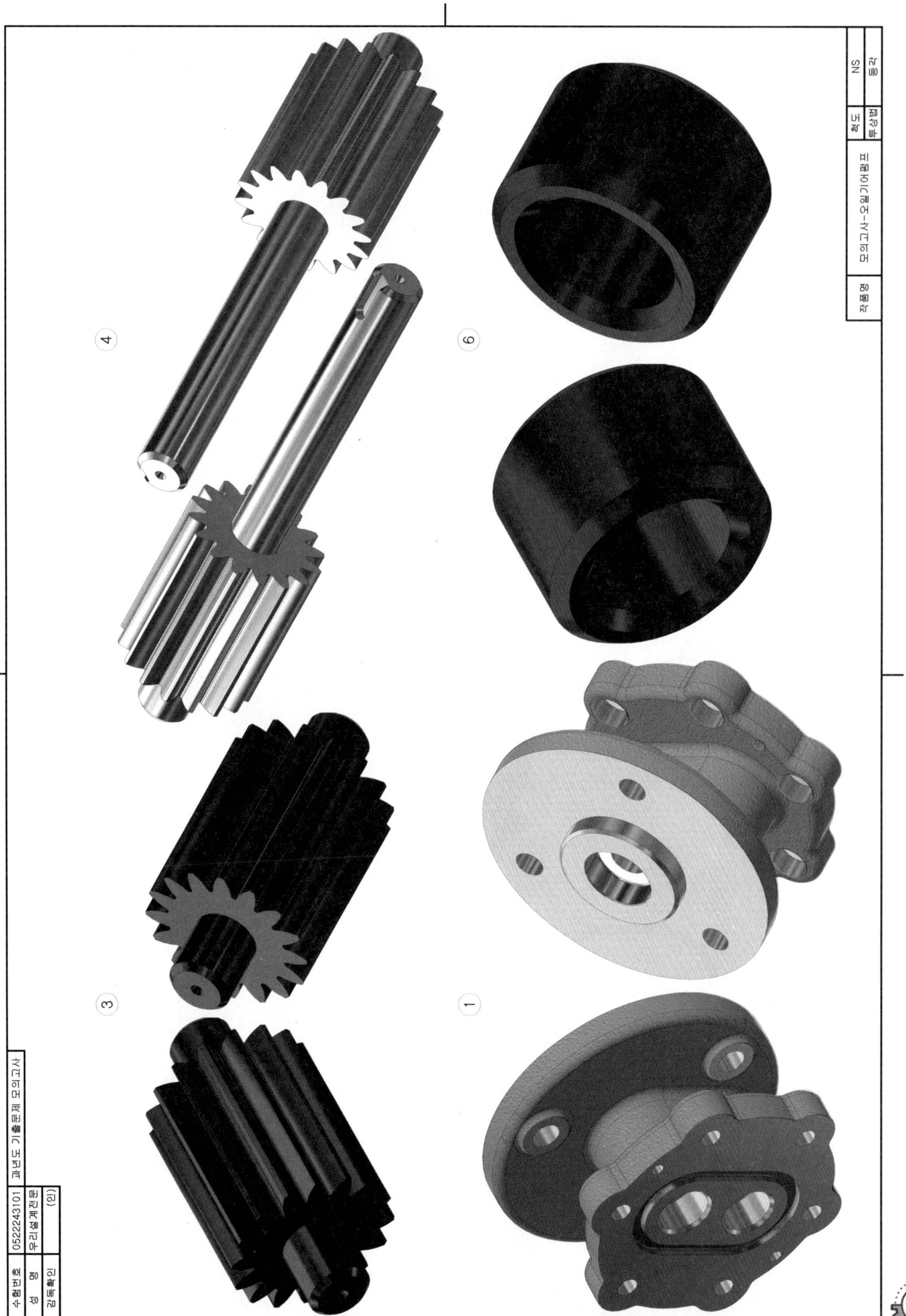

수험번호
0522243101
과년도 기출문제 모의고사
성 명
우리설계전문
감독확인
(인)
작품명
모의고사-오일기어펌프
척도
NS
투상법
등각
①
③
④
⑥

품번	품명	재질	수량	비고
9	오헤싱	꾸러툼	2	NS
8	O-링	꾸러툼	2	등가
7	M6 볼트	꾸러툼	12	
6	미끄럼베어링	STC85	4	
5	하우징	GC200	1	
4	원동 기어축	SM45C	1	
3	종동 기어축	SM45C	1	
2	덮개	GC200	1	
1	본체	GC200	1	

작품명 모의고사-오일기어펌프

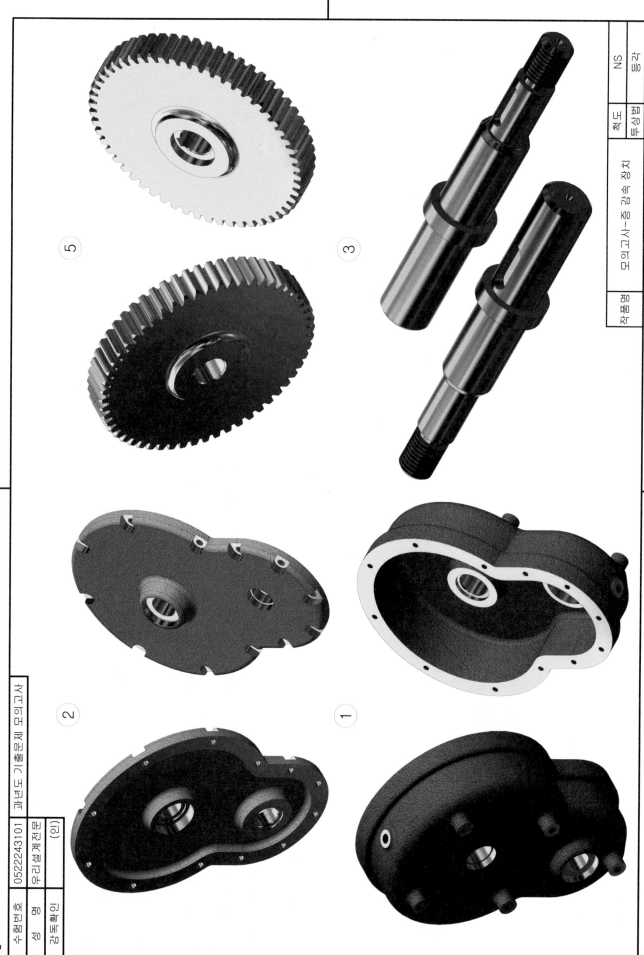

인벤터 기계제도 실기 · 실무

품번	작품명	품명	재질	수량	비고
18		M5 볼트	규격품	1	
17		오일실	규격품	2	
16		구리스 니플	규격품	1	
15		M4 볼트	규격품	12	
14		컵	규격품	1	
13		컵	STC85	1	
12		칼라	STC85	1	
11		베어링 6901	규격품	2	
10		개스킷	규격품	1	
9		평행키	규격품	1	
8		평행키	규격품	1	
7		종동축	SM45C	1	7278.690㎟
6	모의고사-증 감속 장치	스퍼기어	SM45C	1	18663.356㎟
5		스퍼기어	SM45C	1	67595.927㎟
4		원동축	SM45C	1	7866.446㎟
3		커버	GC200	1	7846.455㎟
2		하우징	GC200	1	169784.925㎟
1					NS

수험번호 0522243101
성 명 우리설계전문
감독확인 (인)
과제도 기출문제 모의고사

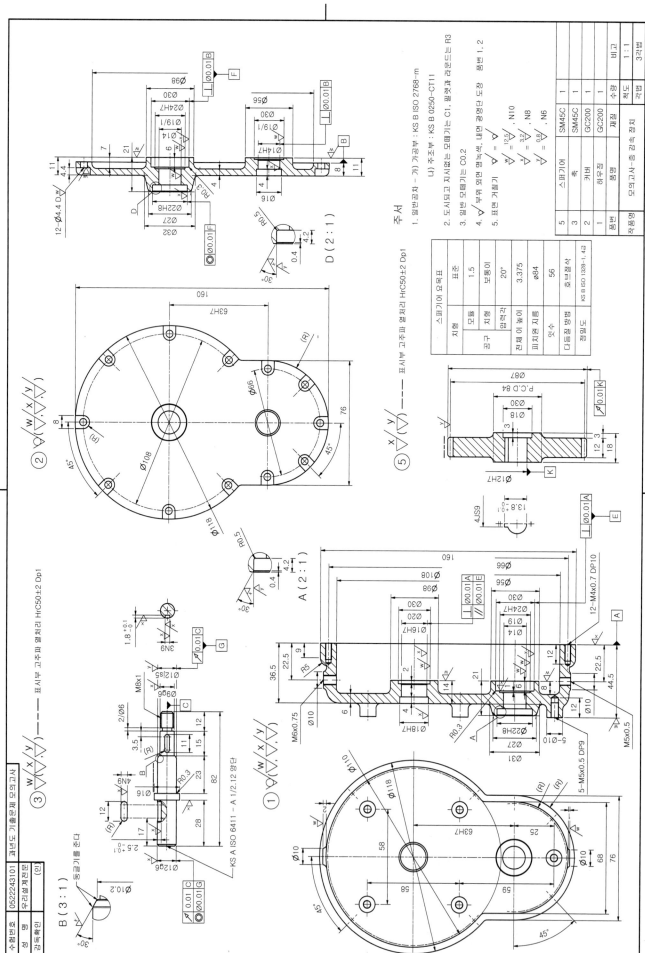

주서
1. 일반공차 - 가) 가공부 : KS B ISO 2768-m
   나) 주조부 : KS B 0250-CT11
2. 도시되고 지시없는 모떼기는 C1, 필렛과 라운드는 R3
3. 일반 모떼기는 C0.2
4. ▽ 부위 외면 명녹색, 내면 광명단 도장
5. 표면 거칠기

스퍼기어					1	SM45C		
축					3	SM45C		
커버					1	GC200		
하우징					1	GC200		
품번	품명			수량	재질			비고

작품명 | 모의고사-증 감속 장치 | 척도 | 1:1
| 각법 | 3각법

스퍼기어 요목표

스퍼기어 요목표		표준
치형		표준
공구	모듈	1.5
	치형	보통이
	압력각	20°
전체 이 높이		3.375
피치원 지름		⌀84
잇수		56
다듬질 방법		호브절삭
정밀도		KS B ISO 1328-1.4급

NS | 등급

척도 | 투상법

모의고사-베어링 장치

작품명

② ⑥

⑦ ①

수험번호 | 0522243101 | 과년도 기출문제 모의고사
성 명 | | 마 아 리 설계 진 전
감독확인 | (인) |

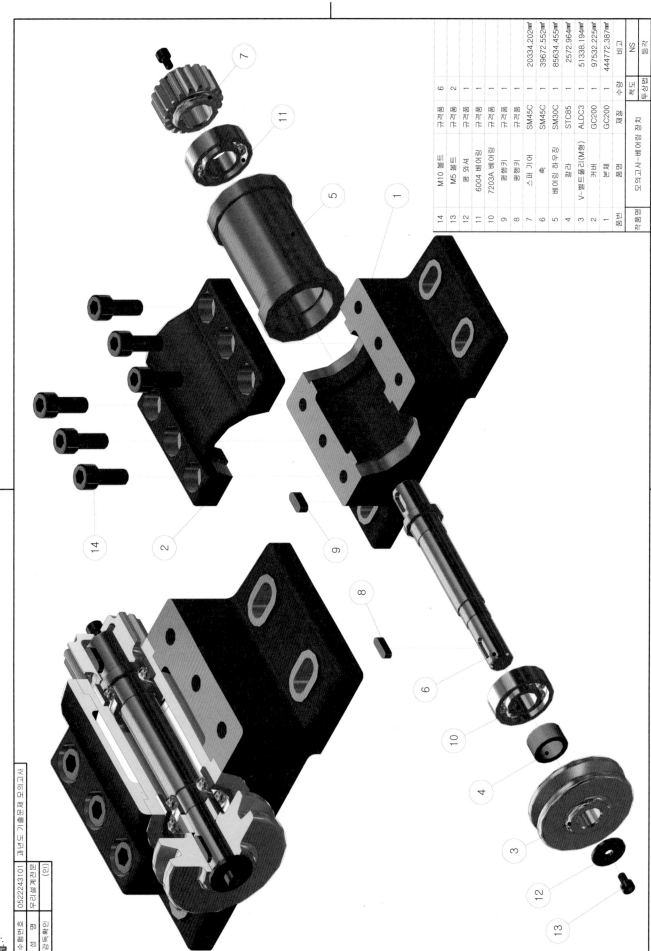

품번	품명	재질	수량	비고
14	M10 볼트	규격품	6	20334.202㎣
13	M5 볼트	규격품	2	39672.552㎣
12	평 와셔	규격품	1	85634.455㎣
11	6004 베어링	규격품	1	2572.964㎣
10	7203A 베어링	규격품	1	51338.194㎣
9	평행기	규격품	1	97532.225㎣
8	평행기	규격품	1	444772.387㎣
7	스퍼 기어	SM45C	1	
6	축	SM45C	1	
5	베어링 하우징	SM30C	1	
4	칼라	STC85	1	
3	V-벨트풀리(M형)	ALDC3	1	
2	커버	GC200	1	
1	본체	GC200	1	
품번	품명	재질	수량	비고
	모의고사-베어링 장치		척도	NS
	작품명		투상법	3각

인벤터 기계제도 실기 · 실무

NS | 등급
척도 | 투상법
모의고사-윈치 롤러
작품명

⑥

④

③

①

과년도 기출문제 모의고사

052224301

수험번호 | 052224301
성 명 | 리설계아
감독확인 | (인)

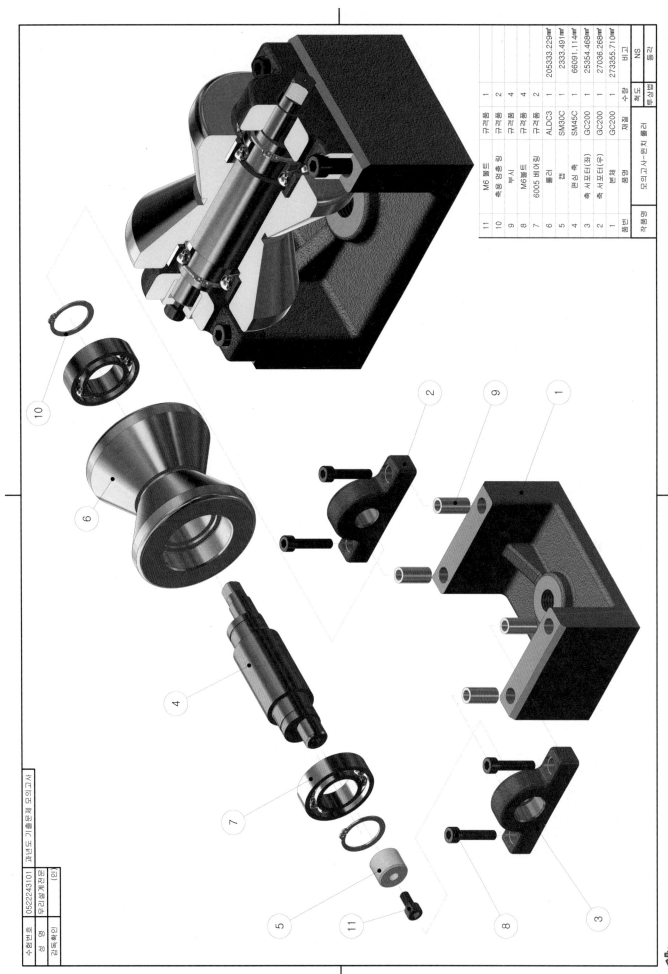

작품명	품명	재질	수량	비고
11	M6 볼트	규격품	1	
10	축용 멈춤링	규격품	2	
9	부시	규격품	4	
8	M6 볼트	규격품	4	
7	6005 베어링	규격품	2	
6	롤러	ALDC3	1	205333.229㎟
5	캡	SM30C	1	2333.491㎟
4	편심 축	SM45C	1	66091.114㎟
3	축서포타(좌)	GC200	1	25354.468㎟
2	축서포타(우)	GC200	1	27036.268㎟
1	본체	GC200	1	273355.710㎟
품번	품명	재질	수량	비고

모의고사-윈치 롤러

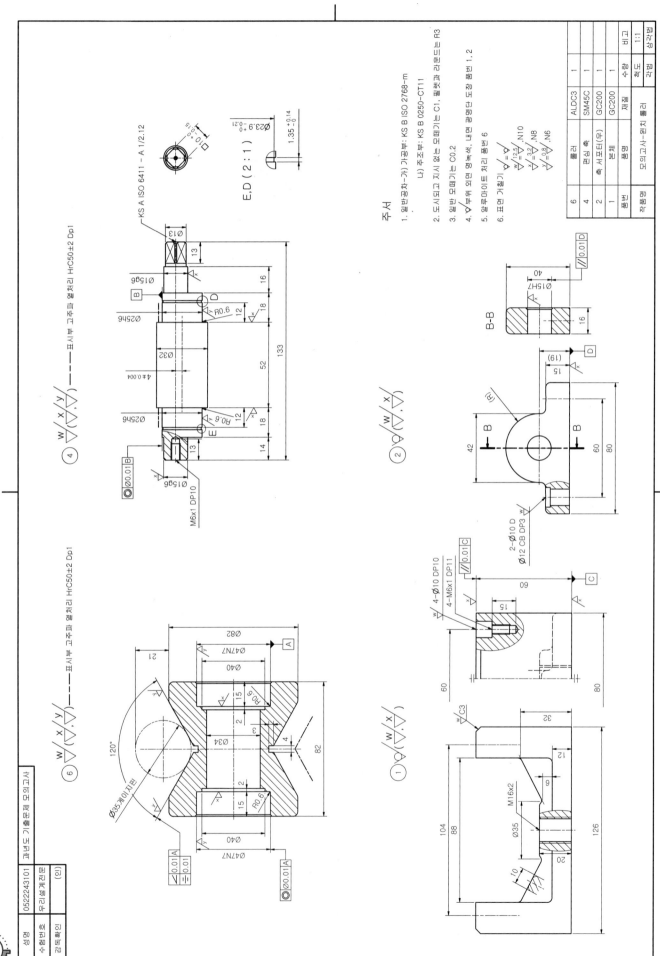

주서
1. 일반공차-가) 가공부 : KS B ISO 2768-m
   나) 주조부 : KS B 0250-CT11
2. 도시되고 지시 없는 모떼기는 C1, 둥글기는 라운드는 R3
3. 일반 모떼기는 C0.2
4. ▽부위 외면 명녹색, 내면 광명단 도장 품번 1, 2
5. 알루마이트 처리 품번 6
6. 표면 거칠기

3D 참조도

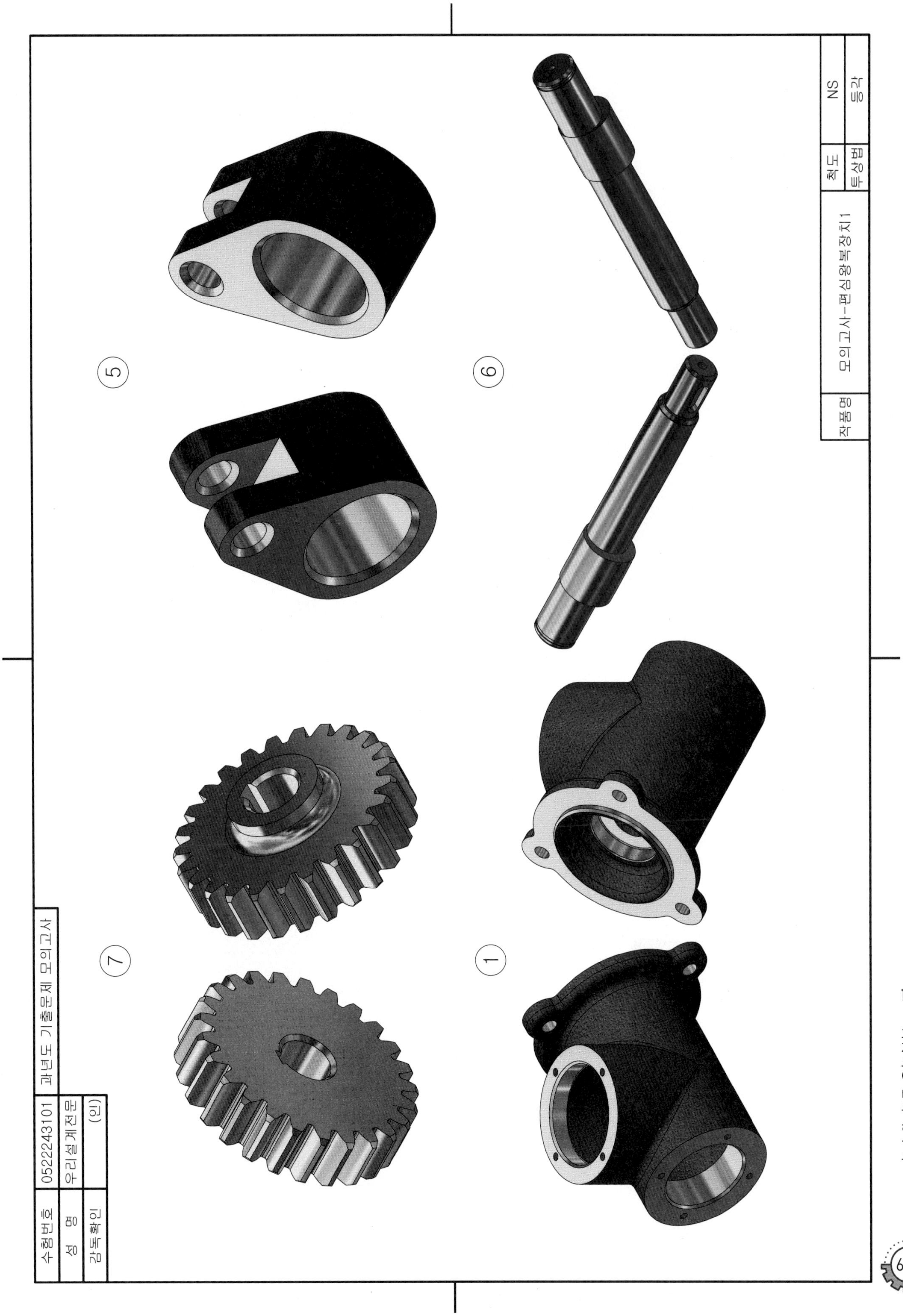

작품명
모의고사-편심왕복장치1
척도
NS
투상법
등각
⑤
⑥
⑦
①
수험번호
0522243101
과년도 기출문제 모의고사
성 명
우리설계전문
감독확인
(인)

품번	품명	재질	수량		비고
			척도	NS	
20	스프링 와셔	규격품	1		
19	평 와셔	규격품	1		
18	오일 실	규격품	1		
17	M4x10	규격품	9		
16	개스킷	규격품	1		
15	축용 멈춤링	규격품	1		
14	고정핀	규격품	1		
13	축용 멈춤링	규격품	1		
12	6202 베어링	규격품	2		
11	4x4 평행키	규격품	1		
10	축용 멈춤링	규격품	2		
9	칼라	STC85	2	1647.242㎣	
8	베어링 커버	GC200	1	19667.582㎣	
7	스퍼 기어	SM45C	1	25270.729㎣	
6	편심 축	SM45C	1	22244.706㎣	
5	티링	STC85	1	8367.330㎣	
4	부시	SM45C	1	3495.572㎣	
3	슬라이더	GC200	1	611.992㎣	
2	슬라이더 커버	GC200	1	20678.177㎣	
1	하우징	GC200	1	152392.336㎣	
품번	품명	재질	수량	척도	비고

작품명 | 모의고사-편심왕복장치1

인벤터 기계제도 실기 · 실무

수험번호 0522243101
성명 우리결계전문
감독확인 (인)
과제명 기출복원문제 조립도

674

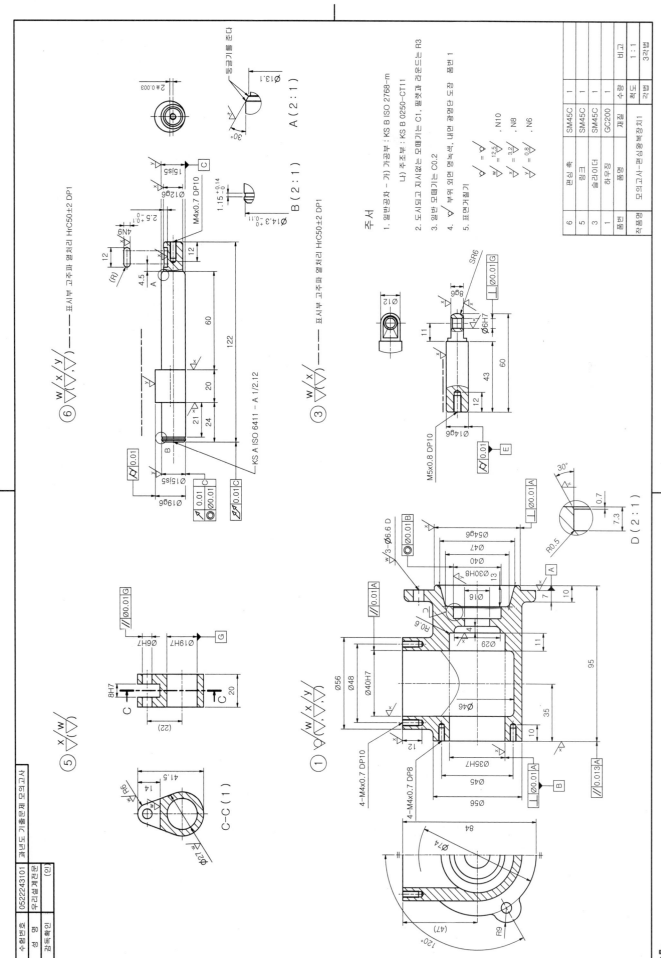

10 — 과제도에 따른 해설도

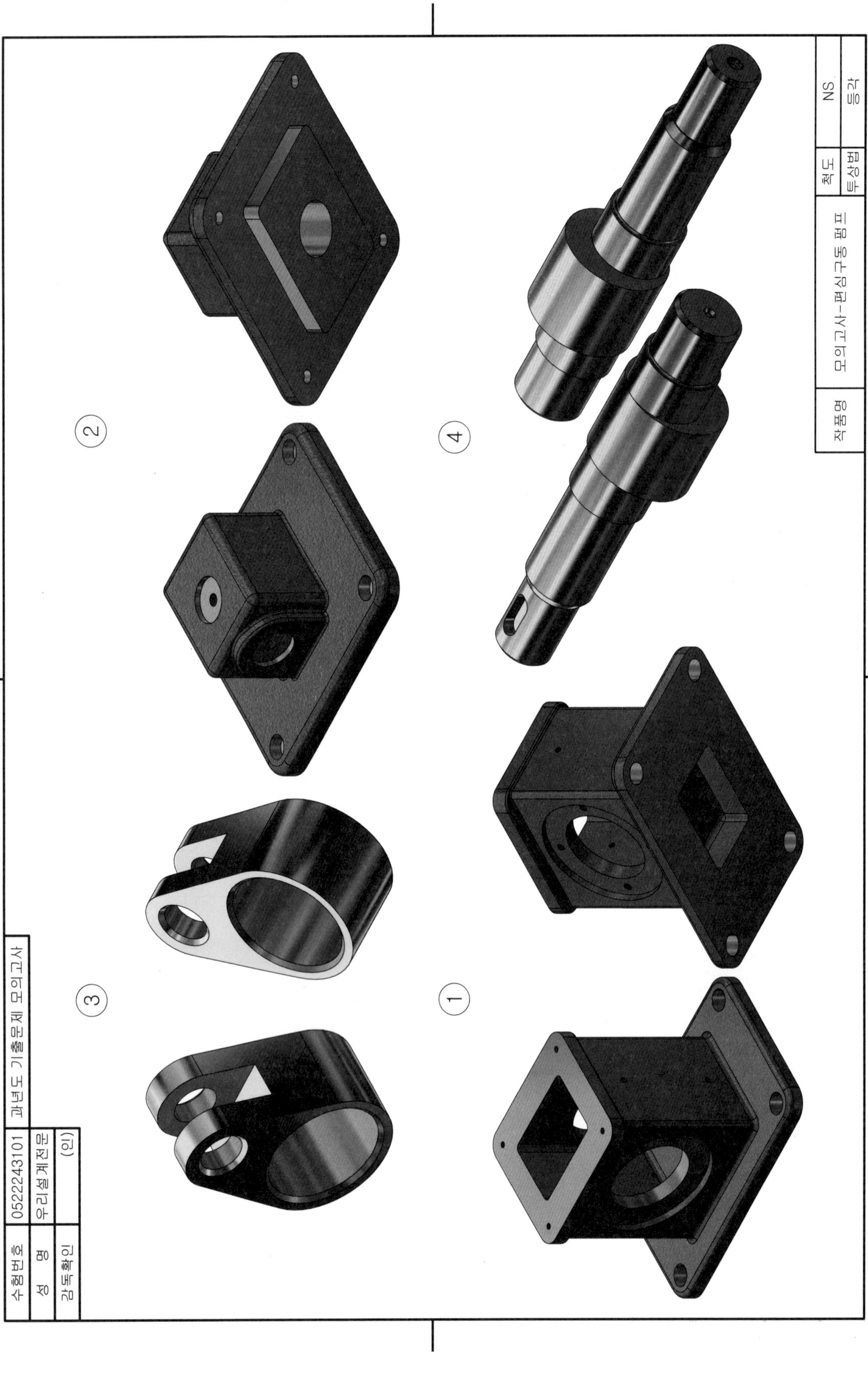
작품명
모의고사-편심구동 펌프
척도
NS
투상법
등각
①
②
③
④
수험번호
0522243101
과년도 기출문제 모의고사
성 명
우리설계전문
감독확인
(인)

14		규격품	1	
13	6203 베어링	규격품	2	2751.487㎣
12	M5 볼트	규격품	8	30622.712㎣
11	평행 키	규격품	1	29314.230㎣
10	M4 볼트	규격품	8	49633.573㎣
9	힌지 핀	SM45C	1	9140.055㎣
8	베어링 커버	GC200	1	29581.088㎣
7	오일실 커버	GC200	1	10492.798㎣
6	V벨트 풀리(M형)	ALDC3	1	95308.486㎣
5	슬라이더	SM45C	1	39457.508㎣
4	편심 축	SM45C	1	
3	링크	SM45C	1	
2	슬라이더 커버	GC200	1	
1	본체	GC200	1	
품번	품명	재질	수량	비고

미래엔 기술편찬위원회

수험번호 0522243101
성 명 우리셀계편찬
감독확인 (인)
과제도 기출문제 모의고사

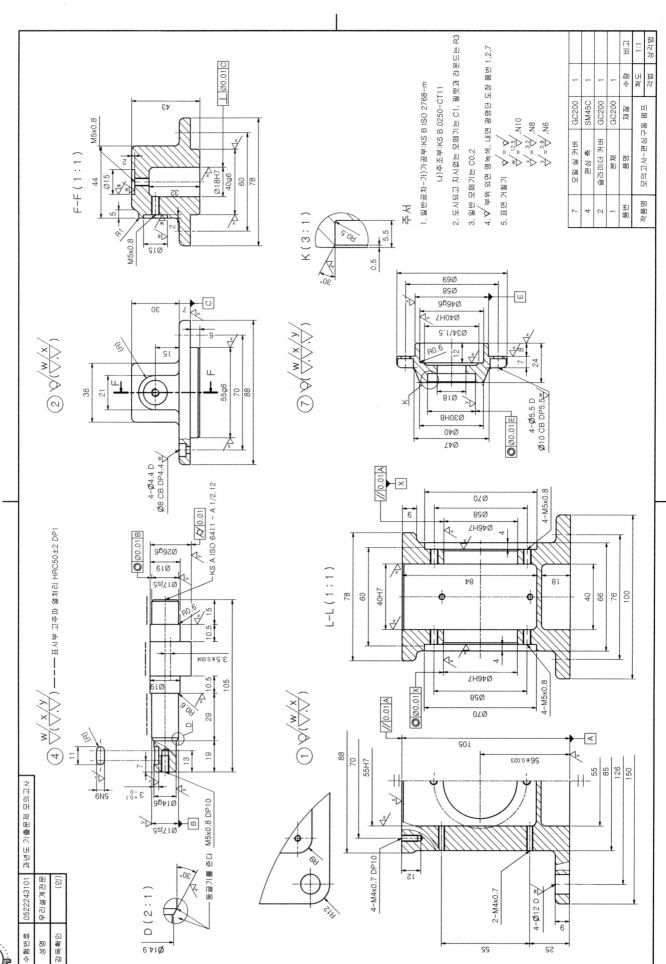

인벤터 기계제도 실기·실무

NS | 등각

척도 | 투상법

모의고사-스윙레버

작품명 | 평면

과년도 기출문제 모의고사

수험번호 | 0522243101
성명 | 기계설계산업
감독확인 | (인)

③

②

⑤

①

품번	품명	재질	수량	비고
5	부시	SM45C	1	
4	힌지볼트	STC3	2	
3	축	SM45C	1	
2	레버	SM45C	1	
1	본체	GC200	1	
품번	품명	재질	수량	비고

작품명 모의고사-스윙레버

척도 NS

각법 3각법

인벤터 기계제도 실기·실무

수험번호 0522243101
성 명 우리렝셍계진문
감독확인 (인)

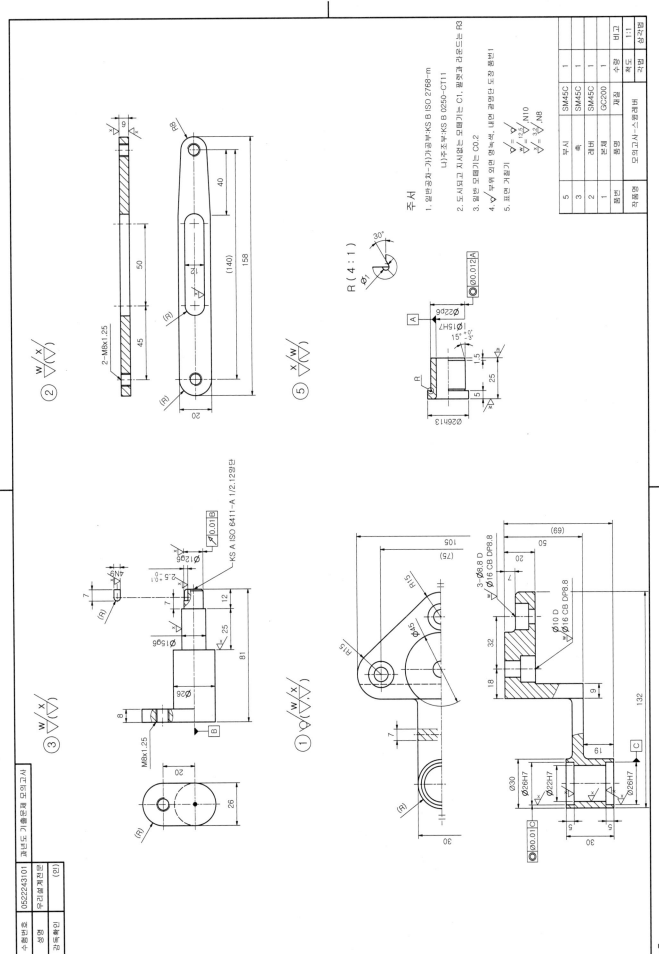

주서
1. 일반공차-가)가공부:KS B ISO 2768-m
　　　　　　나)주조부:KS B 0250-CT11
2. 도시되고 지시없는 모떼기는 C1, 필렛과 라운드는 R3
3. 일반 모떼기는 C0.2
4. ▽부위 외면 명녹색, 내면 광명단 도장 품번1
5. 표면 거칠기
　　▽ = ▽ W = 12.5, N10
　　　　　　x = 3.2, N8

품번	품명	재질	수량	비고
5	부시	SM45C	1	
3	축	SM45C	1	
2	레버	SM45C	1	
1	본체	GC200	1	

도 면 명 | 모의고사-스윙레버
척 도 | 1:1
각 법 | 3각법

작품명

무료 동영상 볼 수 있는 곳

1. 기계의 신: https://www.pro-mecha.com　　**2.** 유튜브: https://www.youtube.com

장마다 QR코드가 삽입되어 있습니다. QR코드를 찍으면 바로 동영상 시청 가능합니다.

❶ 인벤터를 이용한 2D 스케치 방법을 배워보자. (교재 챕터 02강 | 스케치 21강 p.044 ~ p.064)

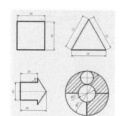  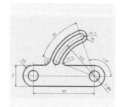 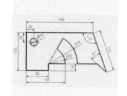

❷ 인벤터를 이용한 3D 모델링 생성 방법을 배워보자. (교재 챕터 03강 | 3D 기초 및 조립 예제 p.68 ~ p.79)

❸ 다양한 3D 모델링을 배우면서 3D 형상 기능을 익혀보자. (교재 챕터 04강 | 기초 투상 및 3각법 실습 예제 p.117 ~ p.148)

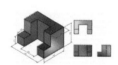 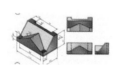  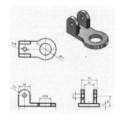

❹ 2D 도면을 바탕으로 3D 모델링을 투상 해보자. (교재 챕터 04강 | 3D 투상 연습 p.149 ~ p.169)

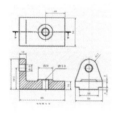 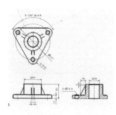 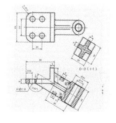 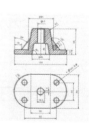

❺ 시험에 자주 출제되는 부품 모델링 작도법을 배우고, 2D 도면 설정 및 도면화 방법을 배워보자.

(교재 챕터 06강 | 시험에 나오는 부품 작도 연습 p.184 ~ p.208)

 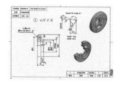 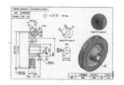 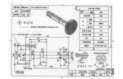

2021년 신유형 설계변경 적용

INVENTOR 기계제도 실기·실무

정가 | 35,000원

지은이 | 이 강 원
펴낸이 | 차 승 녀
펴낸곳 | 도서출판 건기원

2019년 5월 10일 제1판 제1인쇄발행
2021년 5월 25일 제2판 제1인쇄발행

주소 | 경기도 파주시 연다산길 244
전화 | (02)2662-1874~5
팩스 | (02)2665-8281
등록 | 제11-162호, 1998. 11. 24.

ISBN 979-11-5767-591-3 (13560)